防屈曲支撑及其消能减震结构抗震性能研究

吴克川　陶　忠　著

科 学 出 版 社

北　京

内 容 简 介

本书主要研究了防屈曲支撑端部改进措施、防屈曲支撑与框架结构的相互作用机理、防屈曲支撑结构体系的破坏形态及失效机理。针对目前全钢防屈曲支撑外伸连接段的屈曲破坏特点，以及外伸连接段与约束构件端部过渡位置的构造缺陷，提出改善外伸连接段稳定性的构造措施；对防屈曲支撑与钢筋混凝土框架间的相互作用机理进行理论及试验研究，揭示防屈曲支撑的消能减震机理；对防屈曲支撑钢筋混凝土整体框架结构进行振动台试验研究，揭示该结构体系在地震作用下的破坏形态及失效机理，从能量的角度出发研究该结构体系的消能减震特点，分析在地震前后防屈曲支撑的性能变化及差异，并初步尝试探索、评价防屈曲支撑在经历地震作用后继续工作的能力。

本书可供结构工程、防灾减灾及防护工程等领域的研究、设计人员使用，也可作为结构抗震工程技术人员和科研工作者的参考用书。

图书在版编目(CIP)数据

防屈曲支撑及其消能减震结构抗震性能研究/吴克川，陶忠著. —北京：科学出版社，2022.6

ISBN 978-7-03-063575-4

Ⅰ.①防… Ⅱ.①吴… ②陶… Ⅲ.①建筑结构-抗震性能-研究 Ⅳ.①TU352.1

中国版本图书馆 CIP 数据核字（2019）第 273851 号

责任编辑：冯 涛 李程程 / 责任校对：赵丽杰
责任印制：吕春珉 / 封面设计：东方人华平面设计部

科学出版社出版
北京东黄城根北街 16 号
邮政编码：100717
http://www.sciencep.com
北京中科印刷有限公司印刷
科学出版社发行 各地新华书店经销
*
2022 年 6 月第 一 版 开本：787×1092 1/16
2022 年 6 月第一次印刷 印张：14 3/4
字数：350 000

定价：118.00 元

（如有印装质量问题，我社负责调换〈中科〉）
销售部电话 010-62136230 编辑部电话 010-62135319-2030

前言

目前，防屈曲支撑正处于由钢筋混凝土约束构件到钢管混凝土约束构件再到全钢约束构件的发展阶段，各类型防屈曲支撑的整体稳定及局部稳定的相关理论研究已日趋成熟，并在各国学者的研究中得以实践和验证。但在这样的研究背景下，防屈曲支撑外伸连接段在试验中出现屈曲破坏的情况仍然时有发生，这很可能不是设计方法的缺陷，而是端部构造处理上的缺陷所导致的。通常，防屈曲支撑的减震作用主要通过两方面实现：一是弹性阶段为结构提供附加抗侧刚度以减小结构的位移反应；二是弹塑性阶段为结构提供附加阻尼比以耗散输入结构的地震能量，从而减小结构的位移反应和剪力反应。第一种情况研究人员往往较易把握，但第二种情况的不确定因素及影响因素较多，如何选择强度和刚度均与结构匹配的防屈曲支撑，研究人员往往难以把握，这主要是因为对防屈曲支撑与框架结构间的相互作用规律不甚了解。随着防屈曲支撑结构体系在我国工程应用中的日益增多，研究人员对防屈曲支撑结构体系在地震作用下的破坏形态及失效机理兴趣浓厚，但目前对该领域的研究较少。

本书系统地研究了防屈曲支撑端部改进措施、防屈曲支撑与框架结构间的相互作用机理、防屈曲支撑结构体系的破坏形态及失效机理。最后分析了目前研究的不足，并对后续研究工作进行了展望。本书共 6 章，具体内容包括以下几个方面。

1）针对目前全钢防屈曲支撑外伸连接段的屈曲破坏特点，提出改善外伸连接段稳定性的构造措施。

2）对防屈曲支撑与钢筋混凝土框架间的相互作用机理进行试验研究，揭示防屈曲支撑的消能减震机理。

3）研究防屈曲支撑附加给主体框架结构的有效阻尼比变化规律及特点，并对影响附加有效阻尼比的因素进行分析。

4）对防屈曲支撑与钢筋混凝土框架间的相互作用机理进行理论研究，理论推导防屈曲支撑减震结构附加有效阻尼比计算公式，给出结构设计时附加阻尼比的取值建议及与结构参数匹配的防屈曲支撑设计原则。

5）对防屈曲支撑钢筋混凝土整体框架结构进行振动台试验研究，揭示该结构体系在地震作用下的破坏形态及失效机理。

本书汇聚了作者近年来在防屈曲支撑稳定设计及其结构体系消能减震机理方面的最新研究成果，研究工作得到了云南师范大学叶燎原教授、昆明理工大学白羽教授、昆明理工大学潘文教授等专家的指导和帮助，在此表示衷心感谢。

限于作者水平，书中难免有不足之处，敬请读者提出宝贵意见。

目　录

第1章 绪　　论

1.1 研 究 背 景

地震作用[1]是地震地面运动引起结构产生的动力效应，是一种整体型作用。地震的发生具有相当的随机性和破坏性，因此地震是人类所面临的较严重的自然灾害之一，地震给人类造成的生命财产损失不计其数。我国地域辽阔，被包围在欧亚地震带和环太平洋地震带之间，是世界上少有的地震多发国家。在全球大陆地区的大地震中，约有四分之一至三分之一发生在我国，因此我国也是地震灾害较为严重的国家之一。1976 年 7 月 28 日，我国唐山发生 7.8 级大地震，造成 242769 人死亡，直接经济损失为 50 多亿美元，位列 20 世纪世界地震史死亡人数第二，仅次于海原地震；1999 年 9 月 21 日，我国台湾集集发生 7.6 级大地震，造成 2400 余人死亡，直接经济损失为 90 多亿美元；2008 年 5 月 21 日，我国汶川发生 8.0 级大地震，造成 69227 人死亡，直接经济损失为 2300 多亿美元；2013 年 4 月 20 日，我国芦山发生 7.0 级大地震，造成 217 人死亡，直接经济损失为 20 多亿美元。历次大地震均给人们的生命财产造成重大损失，震害情况如图 1-1 所示。

（a）唐山地震　（b）集集地震

（c）汶川地震　（d）芦山地震

图 1-1　近年我国历次大地震震害情况

地震不但可以在短暂的时间内将一座城市变为废墟，而且有可能引发滑坡、泥石流、火灾及疾病等导致人员二次伤亡和财产二次损失的次生灾害。表 1-1 列出了 21 世纪造成死亡人数超过 1000 人的地震记录。

表 1-1　21 世纪造成死亡人数超过 1000 人的地震

地震发生时间	地震发生地区	死亡人数/人	地震震级
2004 年 12 月 26 日	印度尼西亚苏门答腊岛	300000	8.7
2005 年 10 月 8 日	南亚次大陆	86000	7.8
2008 年 5 月 12 日	中国汶川	69227	8.0
2008 年 9 月 30 日	萨摩亚群岛	1200	8.0
2008 年 9 月 30 日	印度尼西亚苏门答腊岛	1350	7.7
2010 年 1 月 12 日	海地南部	270000	7.3
2010 年 2 月 27 日	智利	35000	8.8
2010 年 4 月 7 日	印度尼西亚苏门答腊岛	1300	7.8
2010 年 4 月 14 日	中国玉树	2698	7.1
2011 年 3 月 11 日	日本三陆冲	19533	9.0
2015 年 4 月 25 日	尼泊尔博克拉	8786	8.1
2018 年 9 月 28 日	印度尼西亚中苏拉威西省	2091	7.4

工程结构作为地震灾害主要的载体，其在地震作用下的安全性与人员伤亡及社会经济损失密切相关。在全球上百次伤亡巨大的地震中，大部分的生命财产损失是由建筑物抗震性能不足在地震中倒塌所导致的[2]。传统的结构抗震设计方法主要依靠结构自身的强度和塑性变形能力抵御地震作用，即“硬碰硬”的“硬抗”抗震设计方法，其原理如图 1-2（a）所示。

随着人们对地震作用及建筑物在地震作用下的性能表现的深入研究，传统的抗震设计思路已有所突破，研究人员认识到，地震作用于结构而言本质上是一种能量输入的体现，而结构的响应则是地震作用结果的一种反馈，我们总是希望结构在地震作用下的反馈足够小，大致可通过两种途径予以实现：一种为减少地震能量输入，对此我们显得无能为力；另一种为消散掉输入结构的大部分能量，消能减震的控制设计思想便属于第二种办法，其通过在结构上设置消能减震装置，并与原结构组成新的抗震体系，这一新的抗震体系在消能能力及动力特性上有较大变化，使之能显著减小结构的地震反应，其作用原理如图 1-2（b）所示。该技术最先源于美国、日本等发达国家，并得到广泛应用[3-4]。我国自 2001 年首次将消能减震设计纳入《建筑抗震设计规范》（GB 50011—2001）[已作废，现为《建筑抗震设计规范（2016 年版）》（GB 50011—2010）] 以来，该项技术在国内取得长足发展。2013 年颁布实施了《建筑消能减震技术规程》（JGJ 297—2013）[5]，消能减震结构的设计标准及应用规范日趋完善，将进一步促进该项技术在我国的推广与应用。

消能装置根据其不同的耗能原理可分为速度相关型消能器和位移相关型消能器[6]。防屈曲支撑（buckling-restrained brace，BRB）属于位移相关型消能器，由于其构造简单、耗能能力稳定，在国内外新建及加固工程中得到广泛应用[7-8]，其通过给结构附加抗侧刚度和阻尼比来降低结构地震反应，其消能减震原理如图 1-3 所示。

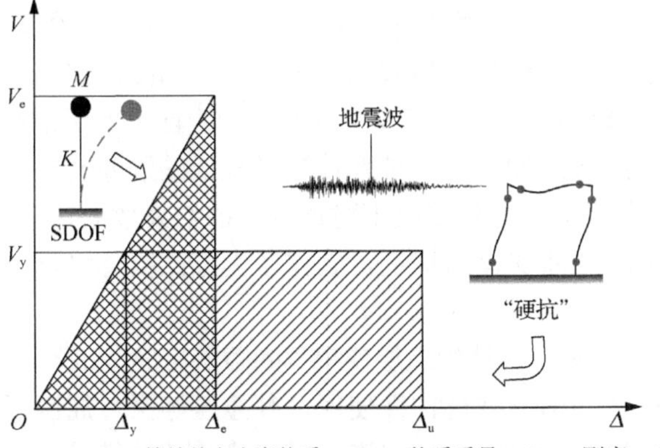

SDOF——等效单自由度体系；M——体系质量；K——刚度；V_e——弹性承载力；V_y——屈服承载力；Δ_y——屈服位移；Δ_e——弹性位移；Δ_u——极限位移。

（a）传统抗震思路

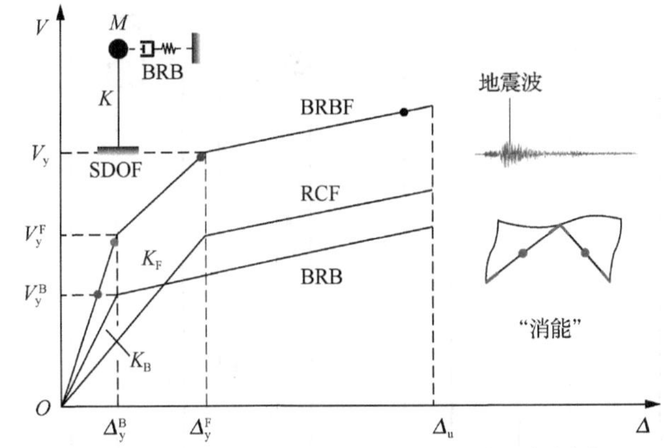

BRB——防屈曲支撑；BRBF——防屈曲支撑框架；RCF——钢筋混凝土框架；SDOF——等效单自由度体系；K_F——框架刚度；K_B——防屈曲支撑刚度；V_y^F——框架屈服时的承载力；V_y^B——BRB 屈服时的承载力；Δ_y^B——BRB 屈服时体系的位移；Δ_y^F——框架屈服时体系的位移。

（b）消能减震抗震思路

图 1-2 结构抗震原理图

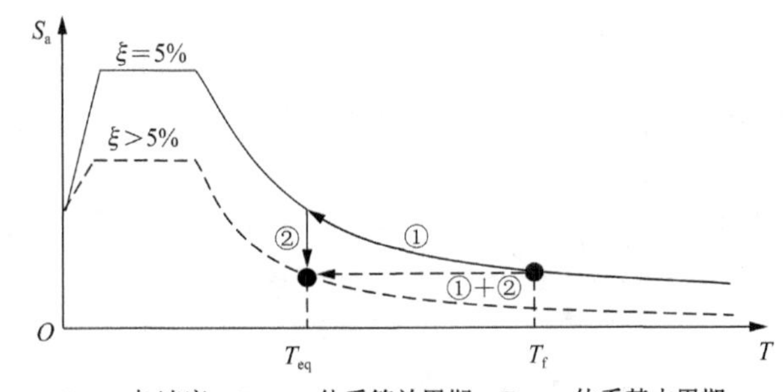

S_a——加速度；T_{eq}——体系等效周期；T_f——体系基本周期。

①——BRB 附加刚度引起的周期减小过程；②——BRB 附加阻尼比引起的地震作用下周期减小过程。

图 1-3 防屈曲支撑消能减震原理

1.2 防屈曲支撑研究现状及进展

1.2.1 防屈曲支撑的提出

防屈曲支撑的雏形于 1973 年由 Wakabayashi 等[9]提出，1976 年 Kimura 等[10]首先尝试将普通支撑置于方形钢套管中，并在支撑与套管之间灌注混凝土，在往复拉压试验过程中，由于混凝土与钢支撑界面受到钢支撑的挤压而逐渐开裂破坏，形成较大间隙，钢支撑发生局部失稳现象，因此对稳定性的提高十分有限。1980 年 Mochizuki 等[11]直接采用钢筋混凝土包裹钢支撑，并在支撑与钢筋混凝土层之间加入了一种弹性模量较低的隔离材料，但在低周疲劳试验过程中发现，随着混凝土的开裂，外包混凝土对钢支撑的约束效果逐渐下降。在此基础上，Wada 等[12]研究和改进了防屈曲支撑的构造，制作了无黏结支撑（unbonded brace，UBB），并进行了构造试验。

防屈曲支撑主要由核心单元、约束单元及无黏结构造层或空气间隙层组成，如图 1-4（a）所示，可作为结构体系的水平抗侧力构件和消能减震构件使用，其拉压等强，屈服后力学性能稳定，当采用低屈服点钢材作为支撑时，滞回曲线饱满，低周疲劳性能优异，其受力性能与普通支撑的比较如图 1-4（b）所示。

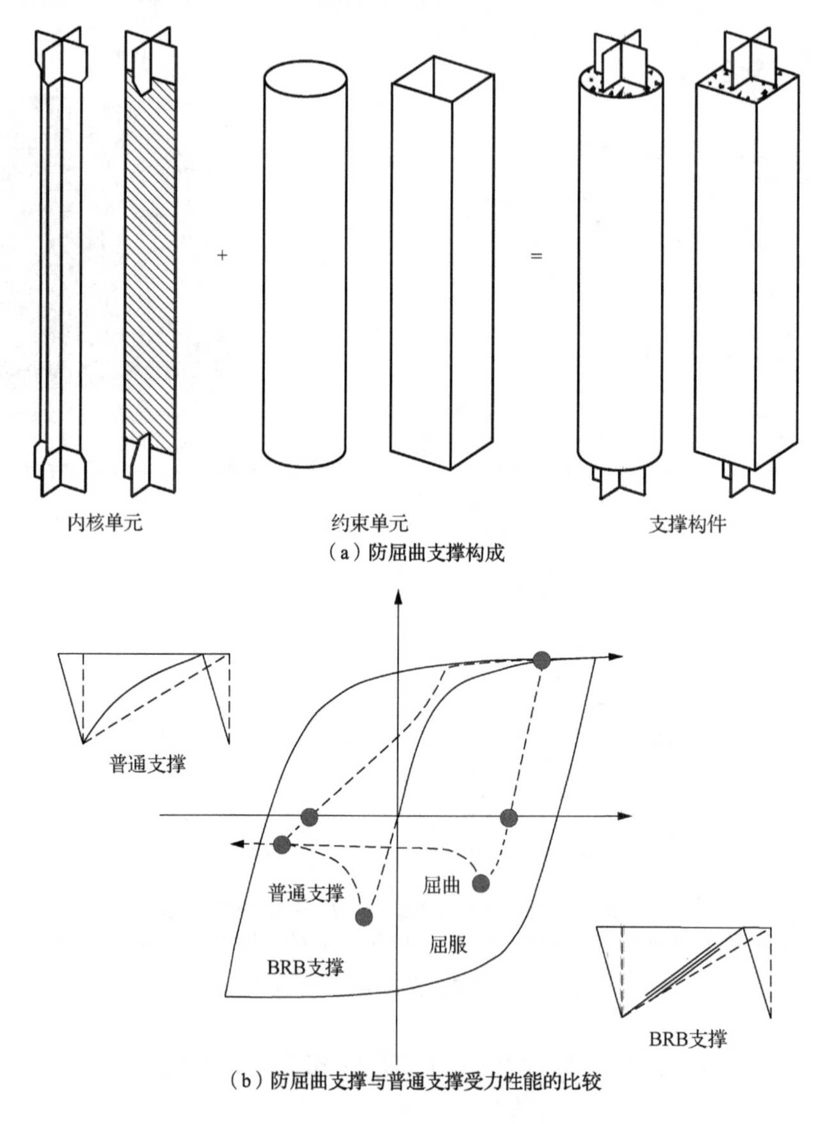

（a）防屈曲支撑构成

（b）防屈曲支撑与普通支撑受力性能的比较

图 1-4　防屈曲支撑构造及力学性能

防屈曲支撑的核心单元又称核心钢支撑或芯材，是防屈曲支撑中的主要受力元件，由特定强度的钢材制成，一般采用低屈服点钢材。常见的截面形式为十字形、T 形、双 T 形、一字形或管形，分别适用于不同的刚度要求和耗能需求[13]。外围约束单元通常可采用钢管、钢筋混凝土或钢管混凝土作为约束机制，根据约束单元的不同可将防屈曲支撑分为钢管混凝土型防屈曲支撑、钢筋混凝土型防屈曲支撑和全钢型防屈曲支撑，如图 1-5 所示。

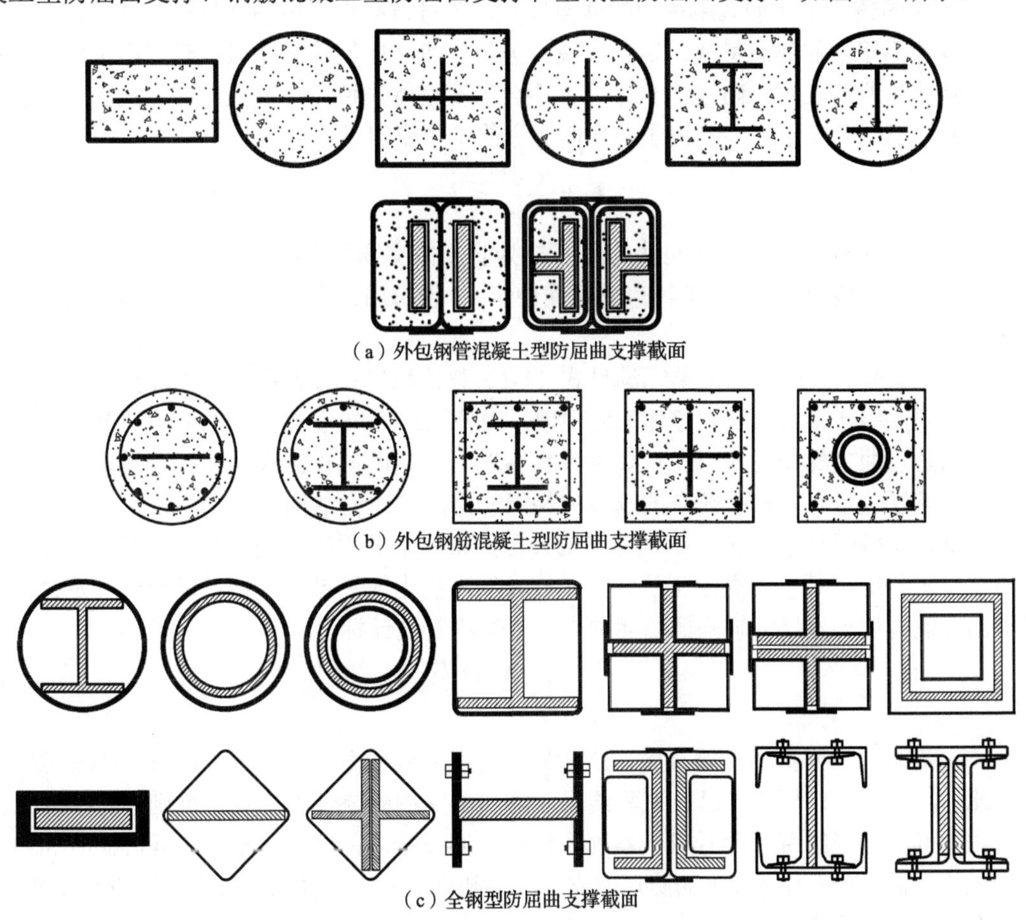

（a）外包钢管混凝土型防屈曲支撑截面

（b）外包钢筋混凝土型防屈曲支撑截面

（c）全钢型防屈曲支撑截面

图 1-5 防屈曲支撑常用截面形式

其中，作用于防屈曲支撑的轴向力与轴向变形全部由核心单元承受，由于核心单元与外围约束单元间有一层无黏结材料构造或设置有一定间隙的空气层，外围约束单元仅通过自身足够的抗弯刚度和强度来保证核心单元不发生侧向失稳，不承担轴向荷载作用。日本学者和田章等[14]在深入研究防屈曲支撑的性能后，提出并发展了基于消能减震原理的建筑结构损伤控制设计理念，认为防屈曲支撑由于弥补了普通支撑受压屈曲的缺陷，在地震往复作用下可通过其自身的拉压塑性变形耗散输入结构的地震震动能量，通过合理的设计，可使防屈曲支撑在地震作用下先于主体梁柱等构件进入屈服工作阶段，将地震能量集中到该种构件上首先进行消耗，以至结构不出现严重的损伤，充当结构的“保险丝”，从而达到损伤控制的目的。这种基于消能减震原理的损伤控制设计思想一经提出便引起了工程设计界和学术界的浓烈兴趣，尤其表现为对防屈曲支撑性能、设计和应用的高度关注[15]，相关技术也在各发达国家和地区，如美国、日本等得到广泛应用[16]，并成为当前工程领域的热点研究技术和方向。

1.2.2 防屈曲支撑构件稳定设计理论研究进展

在防屈曲支撑的稳定设计方法研究方面，作为较早的研究之一，Wada 等[17]对 5 根采用一字形钢内芯，钢管混凝土作为外围约束单元的防屈曲支撑进行了往复拉压试验研究，全部 5 根支撑的核心单元均采用相同的截面尺寸，芯材材料均采用同一材料，外围约束单元分别具有各不相同的截面特性，试验发现，当防屈曲支撑的实际屈服承载力小于外围约束单元的弹性屈曲荷载时，防屈曲支撑内芯不会出现整体失稳情况，且滞回耗能能力也较为稳定，并基于试验结果初步提出了防屈曲支撑的整体稳定设计准则，即

$$F_{e}=\frac{\pi^{2}EI}{l^{2}}\geqslant F_{y} \tag{1-1}$$

式中，F_e 为外围约束单元弹性屈曲荷载；F_y 为防屈曲支撑的实际屈服承载力；E 为外围约束单元材料弹性模量；I 为外围约束单元惯性矩；l 为防屈曲支撑两端实际作用点间的有效长度。

在以上试验中，外围约束单元满足式（1-1）整体稳定设计标准的防屈曲支撑均表现出良好的滞回性能，且均未发生整体失稳现象；而外围约束单元未满足式（1-1）整体稳定设计标准的防屈曲支撑在受压时出现整体失稳情况。早期的试验结果表明：合理设计的防屈曲支撑抗震性能良好，具有较高的延性和耗能能力，可作为结构抗震元件。

Fujimoto 等[18]研究认为，合理准确的外围约束单元的强度与刚度准则，是保证防屈曲支撑在受压情况下具有较高受压承载力和较大变形能力的关键，并通过理论分析及试验结果给出考虑构件初始尺寸缺陷的防屈曲支撑整体稳定设计标准：

$$\frac{F_{e}}{F_{y}}\geqslant 1+\frac{\pi^{2}Ev_{0}D}{2\sigma_{y}l^{2}} \tag{1-2}$$

式中，v_0 为防屈曲支撑的初始挠度；D 为外围约束单元截面高度；σ_y 为钢材屈服强度。

此外，Black 等[19]基于已有试验结果对防屈曲支撑的整体稳定设计准则进行了理论推导，认为可将外围约束单元看成一系列连续约束的弹簧，并分析了核心单元的高阶屈曲模态，给出了基于弹性力学理论的防屈曲支撑端部扭转失稳临界条件，其给出的设计式如下：

整体稳定设计式为

$$F_{e}=\frac{\pi^{2}(EI_{1}+EI_{t})}{kl^{2}}\geqslant F_{y} \tag{1-3}$$

高阶屈曲临界应力为

$$\sigma_{e}=\frac{2\sqrt{\beta E_{t}I_{1}}}{A_{1}} \tag{1-4}$$

扭转失稳临界应力为

$$\sigma_{cr}=\frac{E_{t}}{3}\left(\frac{\pi^{2}b^{2}}{3l^{2}}+\sqrt{\frac{E}{E_{t}}}\right)\frac{t^{2}}{b^{2}} \tag{1-5}$$

式中，E_t 为钢材的切线模量；I_1、I_t 分别为核心单元和外围约束单元的惯性矩；A_1 为核心单元截面面积；β 为分布的弹簧劲度系数；t 为连接段厚度；b 为连接段宽度。

Yoshida 等[20]基于能量法分析研究了保证防屈曲支撑核心单元不发生高阶屈曲的外围约束单元刚度需求，以及在相应屈曲模态下外围约束单元所能实际提供的侧向约束刚度，其理论模型如图 1-6 所示。核心单元产生高阶多波屈曲模态后，假定核心单元与外围约束

单元处的点接触为铰接模型，并把该点接触简化为线弹性弹簧连接，将轴向作用力对构件所做的功及弹簧的弹性势能之和视为系统的总能量，并认为系统的临界失稳状态为系统总能量达到最大值时出现。研究结果表明，最不利情况为第一阶失稳模态，若外围约束构件提供的侧向刚度能保证防屈曲支撑不产生一阶失稳模态，则其他更高阶的失稳也很容易得到保证，确保不发生一阶失稳的需求侧向刚度 K_r 与外围约束单元提供的侧向刚度 K_p 之间应满足下列关系式：

$$K_r = \frac{4nF_{cr}}{l} \geqslant K_p = \frac{48n^3E_bI_b}{l^3} \tag{1-6}$$

式中，E_bI_b 为约束构件抗弯刚度；n 为失稳半波数，n=1 时的条件即为防屈曲支撑整体稳定的设计标准。但 Yoshida 等[21]后来的试验发现，防屈曲支撑的实际试验结果与理论分析结果差别较大，当约束单元提供的侧向约束刚度为防止失稳所需需求约束刚度的 6 倍以上时，可保证防屈曲支撑的整体稳定性。

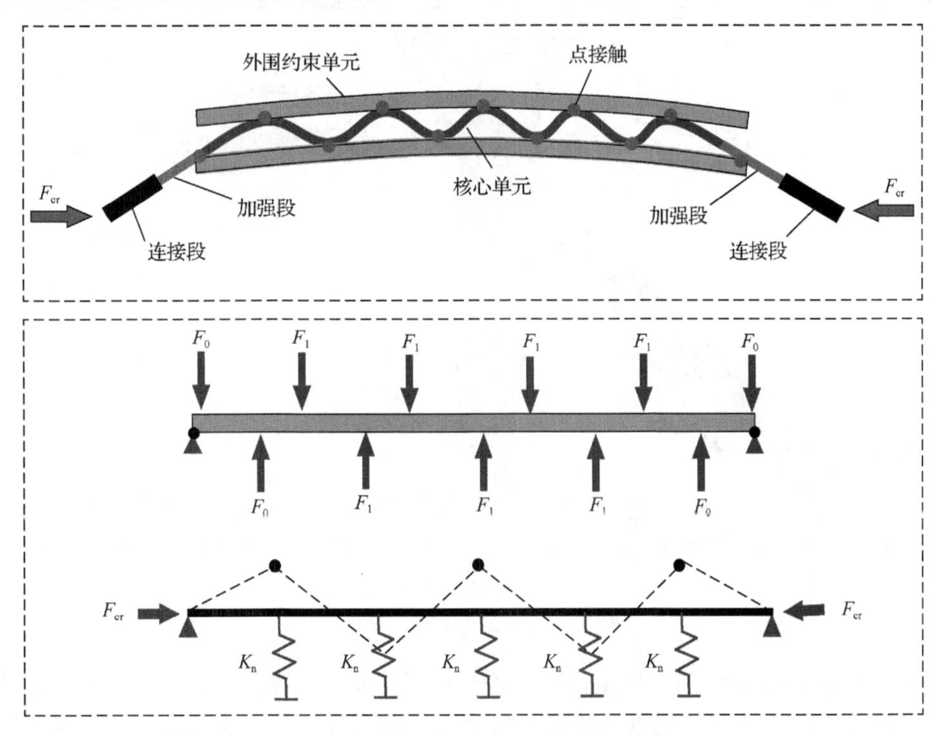

图 1-6 Yoshida 等[20]提出的理论模型

Usami 等[22]推导了基于抗弯承载力的防屈曲支撑整体稳定设计方法，给出了防屈曲核心单元受压时，外围约束单元所承受的最大弯矩，并通过调整系数调整在不同屈曲模态下，该弯矩值的变化。他们认为当约束单元具有足够的抗弯刚度和强度时，整体失稳将出现在核心单元发生高阶屈曲后，但当约束构件的抗弯刚度及强度不足时，防屈曲支撑可能在核心单元与外围约束单元发生接触时出现失稳现象，建议在进行防屈曲支撑的整体稳定设计时，应考虑作用于约束单元的弯矩作用。Usami 等对 4 根全钢型防屈曲支撑进行了低周往复荷载试验，其中 2 根防屈曲支撑的外围约束单元的强度及刚度均较弱，另外 2 根防屈曲支撑的外围约束单元则具有足够的强度和刚度。试验中采用的防屈曲支撑截面形式如图 1-7（a）所示，节点连接细部构造如图 1-7（b）所示，试验装置如图 1-7（c）所示。试验结果表明，外围约束单元具有足够强度和刚度的防屈曲支撑没有发生整体失稳情况，表现出稳定的滞回性能；而约束刚度和强度不足的防屈曲支撑则在受压时，出现了整体失稳现象，并且导致其受拉性能同样受到影响。

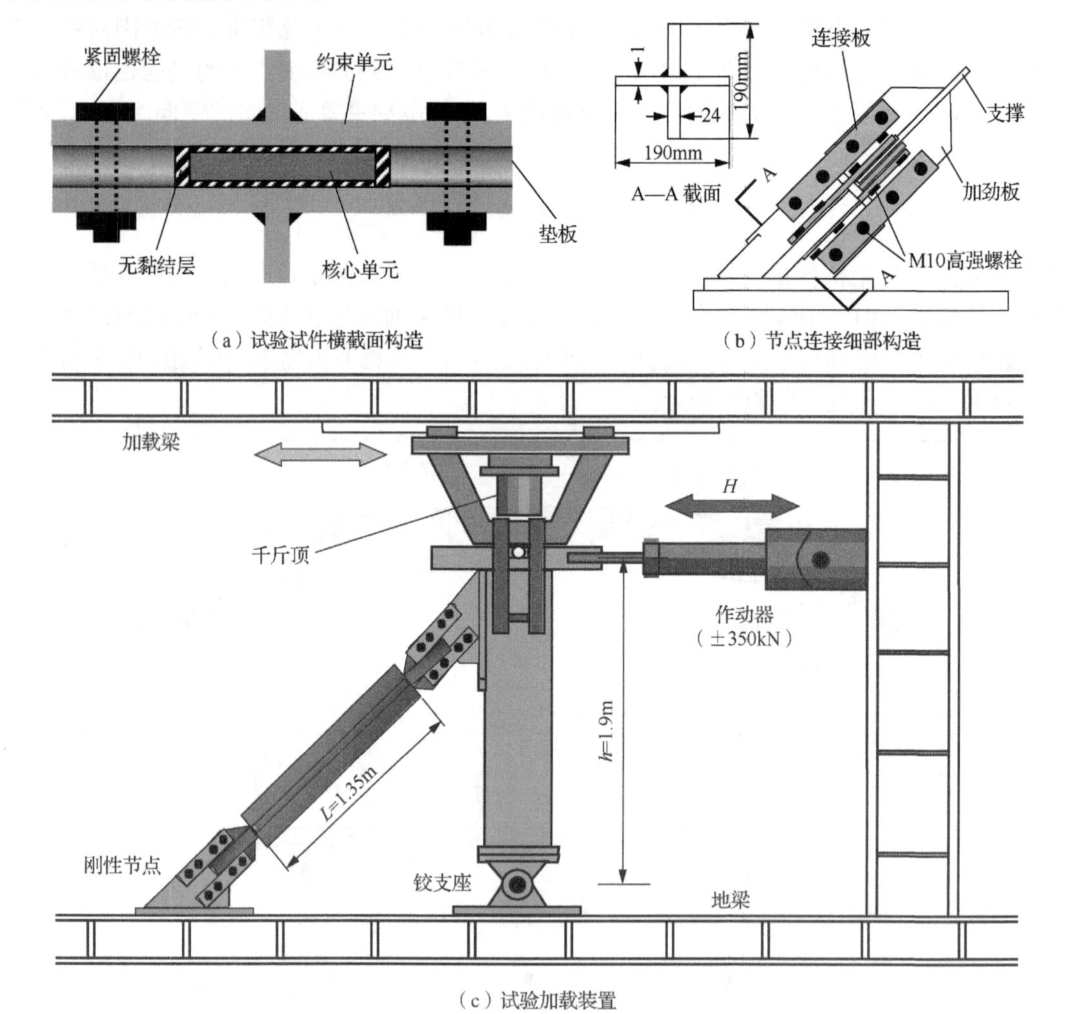

（a）试验试件横截面构造　　（b）节点连接细部构造

（c）试验加载装置

图 1-7　Usami 等[22]的试验研究

Nagao 和 Takahashi[23]采用增量微分理论分析了防屈曲支撑的整体稳定性，结果表明，临界失稳荷载与外围约束单元承受的最大弯矩及弯曲变形有关，认为防屈曲支撑的整体稳定设计应同时考虑强度准则和刚度准则之间的相关性关系，但其给出的整体稳定设计式本质上仍是基于抗弯承载力的设计，并未建立整体稳定设计中外围约束单元侧向刚度和强度的相关性关系。在 Nagao 和 Takahashi 的研究基础上，Inoue 等[24-25]对约束单元强度与刚度之间的关系进行了深入研究，并给出量纲为 1 的设计准则，即

$$\left(1-\frac{1}{n_{\mathrm{E}}^{\mathrm{B}}}\right)m_{\mathrm{y}}^{\mathrm{B}}>\frac{a}{l_{\mathrm{b}}} \tag{1-7}$$

式中，$n_{\mathrm{E}}^{\mathrm{B}}$ 为约束刚度比，$n_{\mathrm{E}}^{\mathrm{B}}=F_{\mathrm{e}}/F_{\mathrm{y}}$；$m_{\mathrm{y}}^{B}$ 为弯矩比，$m_{\mathrm{y}}^{\mathrm{B}}=M_{\mathrm{y}}^{\mathrm{B}}/(F_{\mathrm{y}}l)$，$M_{\mathrm{y}}^{\mathrm{B}}$ 为约束部件屈服弯矩；a 为 BRB 初始挠度；l_{b} 为 BRB 长度。

从式（1-7）中可以看出，外围约束单元的侧向约束刚度与强度是相关的，但式（1-7）并未考虑核心单元与约束单元间的间隙，以及防屈曲支撑屈服后芯材材性性能变化的影响，但仍然为后来被国际上广泛接受的防屈曲支撑稳定设计理论奠定了基础。

Kuwahara 等[26]在 Inoue 等研究的基础上，在考虑约束单元与核心单元间的间隙及材料应变强化效应的影响后，基于全钢型防屈曲支撑的试验结果给出了防屈曲支撑的整体稳定设计式，即

$$\left(1-\frac{1}{n_{\mathrm{E}}^{\mathrm{B}}}\right)m_{\mathrm{y}}^{\mathrm{B}}>\frac{\nu_0+2c}{l_{\mathrm{b}}} \tag{1-8}$$

式中，ν_0 为外围约束单元的跨中初始挠度；c 为外围约束单元与核心单元之间的间隙。

试验结果[27]表明，采用式（1-8）能较好地预测防屈曲支撑的整体屈曲荷载，并与试验实测得到的整体屈曲荷载较为吻合。该整体稳定设计标准曾在一段时间内成为国内及国际上的主流设计准则。

赵俊贤等[28-29]在总结了以上设计方法的理论不足后，基于两端铰接连接形式的防屈曲支撑在试验中的破坏形态（总结为C形、S形及L形屈曲转动破坏形态），如图1-8所示，精细化地分析了防屈曲支撑外伸段的屈曲破坏机理及耗能段的整体失稳机理，并提出了考虑节点转动的防屈曲支撑外伸段稳定设计方法，建议按式（1-9）进行防屈曲支撑外伸段的平面内稳定设计：

$$\phi\left(\omega\beta\frac{F_{\mathrm{yc}}}{F_{\mathrm{yp}}}+\frac{M_{\mathrm{cp,c}}}{M_{\mathrm{yp}}}\right)<1 \tag{1-9}$$

式中，ϕ 为稳定承载力调整系数；β 及 ω 分别为防屈曲支撑在设计位移下的受压强化调整系数和材料应变硬化系数；F_{yc} 为防屈曲支撑根据材性试验结果实际计算得到的屈曲承载力；F_{yp} 为防屈曲支撑外伸段根据材性试验结果实际计算得到的屈服轴力；M_{yp} 为防屈曲支撑根据材性试验结果实际计算得到的外伸段控制截面平面内屈服弯矩；$M_{\mathrm{cp,c}}$ 为防屈曲支撑外伸段控制截面平面内设计弯矩。

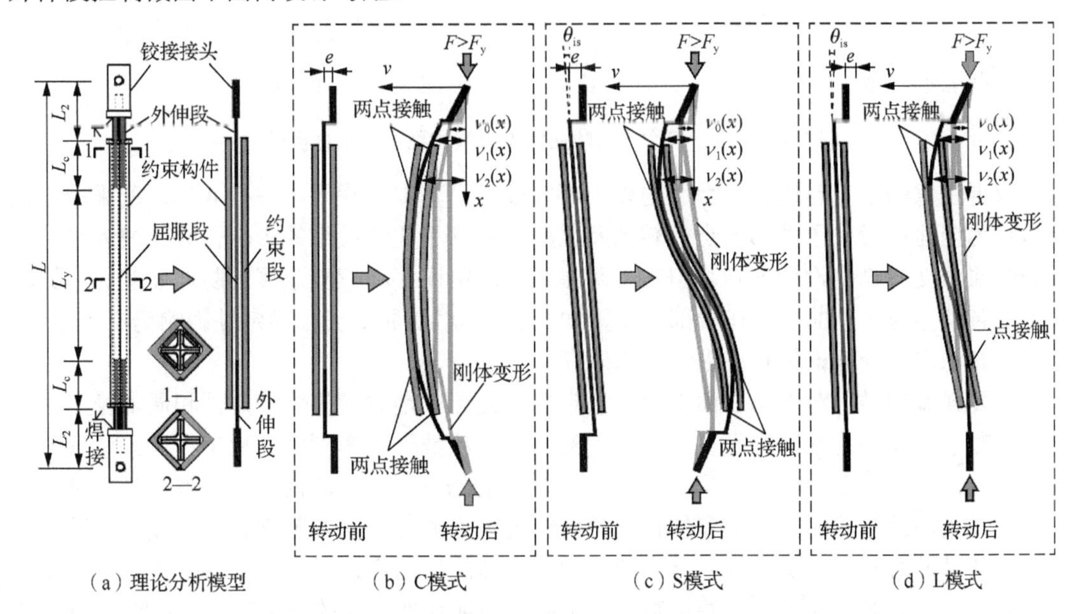

（a）理论分析模型　（b）C模式　（c）S模式　（d）L模式

图1-8 赵俊贤等[28-29]的防屈曲支撑外伸段稳定分析理论模型

与此同时，赵俊贤等[28-29]根据其在试验过程中所发现的一些新出现的防屈曲支撑整体屈曲破坏现象，分析了防屈曲支撑端部弯矩及弯曲变形模式的产生机理，揭示了端部弯矩对防屈曲支撑整体稳定性的影响，并进行了相应的参数分析，从而提出了考虑节点转动的

防屈曲支撑整体稳定设计方法。其理论分析模型如图 1-9 所示，并基于试验结果给出了带端部套筒的两端铰接防屈曲支撑平面内整体稳定设计式，即

$$\phi\left[\omega(\beta-1)\frac{F_{\mathrm{yc}}}{F_{\mathrm{yp}}}+\frac{M_{\max}}{M_{\mathrm{yb}}}\right]<1 \tag{1-10}$$

式中，M_{yb} 为防屈曲支撑根据材性试验结果实际计算得到的外围约束单元平面内屈服弯矩；$M_{\max}$ 为防屈曲支撑外围约束单元控制截面平面内设计弯矩。

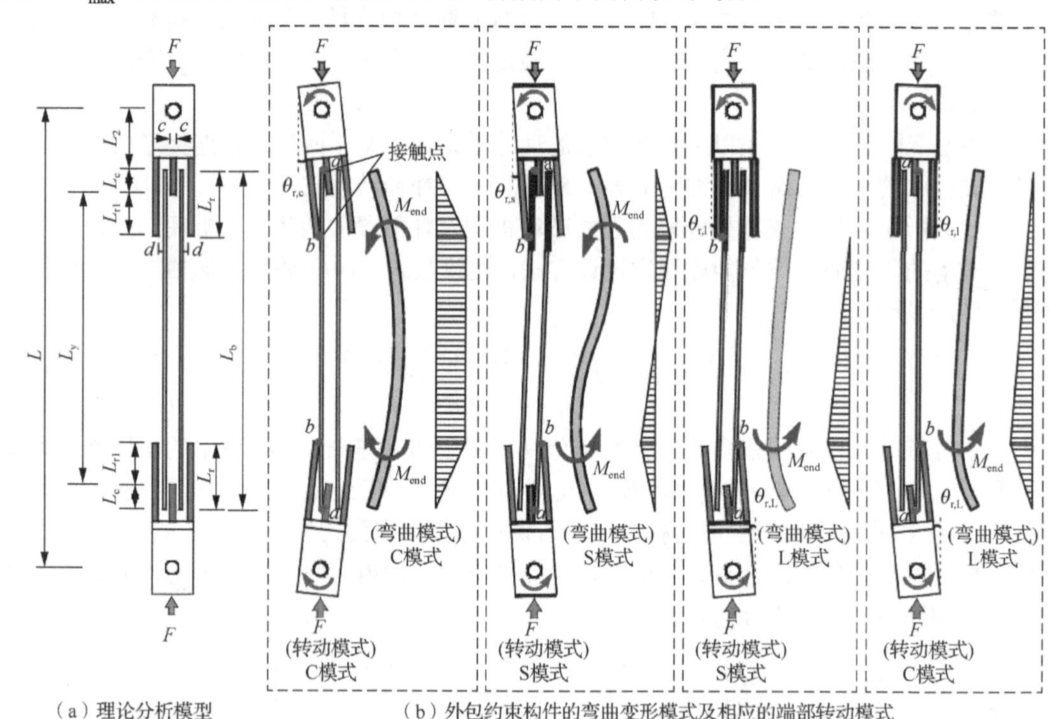

图 1-9　赵俊贤等[28-29]的防屈曲支撑整体稳定理论分析模型

值得注意的是，赵俊贤等[28-29]的以上研究成果已基本被我国相关行业标准所采用，由于其较为全面地考虑了端部节点的转动及强度、刚度相关性关系的影响，因此成为目前主流的防屈曲支撑稳定设计准则。但对于两端采用焊接连接和螺栓连接的防屈曲支撑，梁柱节点的转动会使防屈曲支撑在端部产生附加弯曲，其对防屈曲支撑稳定性影响仍不容忽视，因此，其稳定设计理论仍有待更深入的研究。

需要强调的是，对于防屈曲支撑的稳定性研究无非是对其整体稳定性和局部稳定性的研究。对于整体稳定性研究而言[30-36]，大致经历了从基于抗弯刚度的稳定设计方法到基于抗弯承载力的稳定设计方法，再到刚度-强度的设计方法，目前国内外对于各种类型及不同连接边界条件的防屈曲支撑的整体稳定性研究已较为成熟。从各国学者的研究结果看，也可以印证目前对防屈曲支撑的整体失稳控制较为理想。同样，对于防屈曲支撑的局部稳定性而言，也有较多研究[37-41]，譬如基于约束构件局部弹性刚度的局部稳定设计[39]，基于约束构件局部承载力的局部稳定设计[40]，以及考虑端部转动的防屈曲支撑局部稳定设计[41]，其设计理论同样趋于成熟。

相反地，对于防屈曲支撑外伸段的稳定性研究，虽国内外也有相关的设计方法及理论研究[42]，但防屈曲支撑外伸段屈曲破坏现象在各国研究人员的试验中屡见不鲜[43]，尤其在

大变形情况下，这一现象表现更为突出，这极大程度地限制了防屈曲支撑的性能发挥。防屈曲支撑外伸段的屈曲破坏通常发生在外伸段与外围约束构件的交界面处，这与防屈曲支撑两端的连接段处于无约束状态有很大关系。不仅如此，通常，防屈曲支撑过渡段处须留出一部分耗能段伸缩变形的距离，该部位仍然处于无约束状态，这就使防屈曲支撑连接段末端（过渡段处）成为薄弱部位，而此处由于外围约束构件的弯曲变形而产生横向剪力，致使该部位形成塑性铰，如图 1-10 所示，这是防屈曲外伸段屈曲破坏的原因之一。同样，外伸段截面面积与耗能段截面面积的比值大小、初弯曲的大小、外伸段的长度等参数均在不同程度上影响平面内及平面外的稳定性[44]。若对端部加以改进，辅之以合理的外伸段稳定设计，即对防屈曲支撑连接段与外围约束单元的交界面处采取合理的构造改进措施，则可改善防屈曲支撑外伸段的稳定性问题。本书第 2 章将针对此设想进行细致的研究与试验验证。

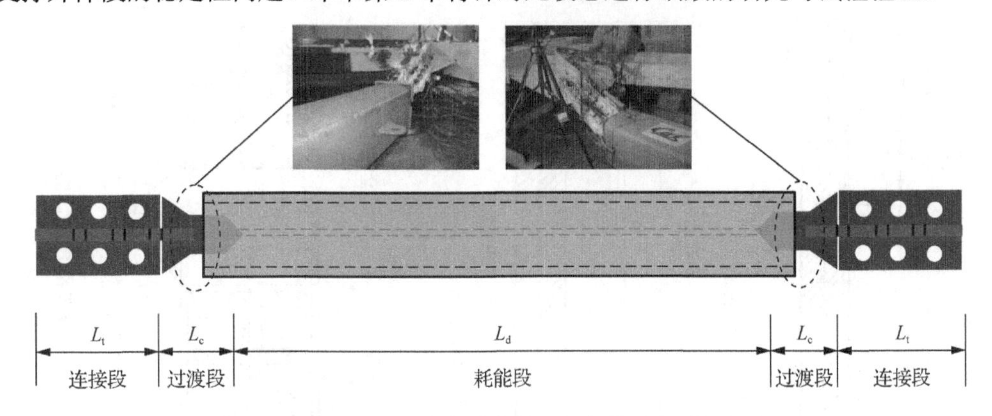

图 1-10 防屈曲支撑外伸连接段一般构造及破坏状态

1.2.3 防屈曲支撑构件抗震性能试验研究进展

在防屈曲支撑构件的抗震性能试验研究方面，Takeuchi 等[45]对外包钢管混凝土，一字形内核芯板的防屈曲支撑进行了不同加载位移幅值下的低周往复试验，主要研究了防屈曲支撑外包钢管壁厚度与芯板局部屈曲的相互关系。试验中制作了 3 种不同外套管壁厚的防屈曲支撑，壁厚分别为 2mm、2.3mm 和 6mm。试验结果表明，在弹性范围内，各构件的理论稳定承载力均远大于其屈服承载力，但当内核芯板屈服后，材料的切线模量降低到弹性模量的 3%～5%，因而其局部稳定承载力也随之降低，当内核芯板的应变达到 2%时，外套管壁较薄的构件发生失稳现象。Takeuchi 等的具体试验研究及部分研究结果如图 1-11 所示。

Dusicka 和 Tinker[46]提出一种超轻型铝制四角钢内芯防屈曲支撑，如图 1-12（a）所示。由于传统的防屈曲支撑通常使用钢管混凝土或全钢套管作为约束构件，且须保证核心单元的稳定性，因此需有相当的截面惯性矩，从而增加了防屈曲支撑的自身质量，基于此，提出超轻型防屈曲支撑的概念。制作原型试件，内芯材料采用铝，约束单元采用纤维增强复合材料（fiber reinforced polymer，FRP）包裹，约束单元由 4 根方钢管组成，并在约束单元两端采用端套筒进行加强，基于带防屈曲支撑的单自由度体系预测了防屈曲支撑在受压状态下的整体稳定性，并根据低周往复的试验结果进行了精细化的有限元仿真模拟，模拟结果如图 1-12（b）所示。结果表明，解析公式有可能会过低估计防屈曲支撑核心单元对于外围约束单元的约束刚度需求。同时，发现铝制防屈曲支撑的循环加载硬化效应明显低于普通钢制防屈曲支撑，加之其质量为普通钢管混凝土防屈曲支撑及全钢防屈曲支撑的 27%～41%，因此，更便于工程应用。

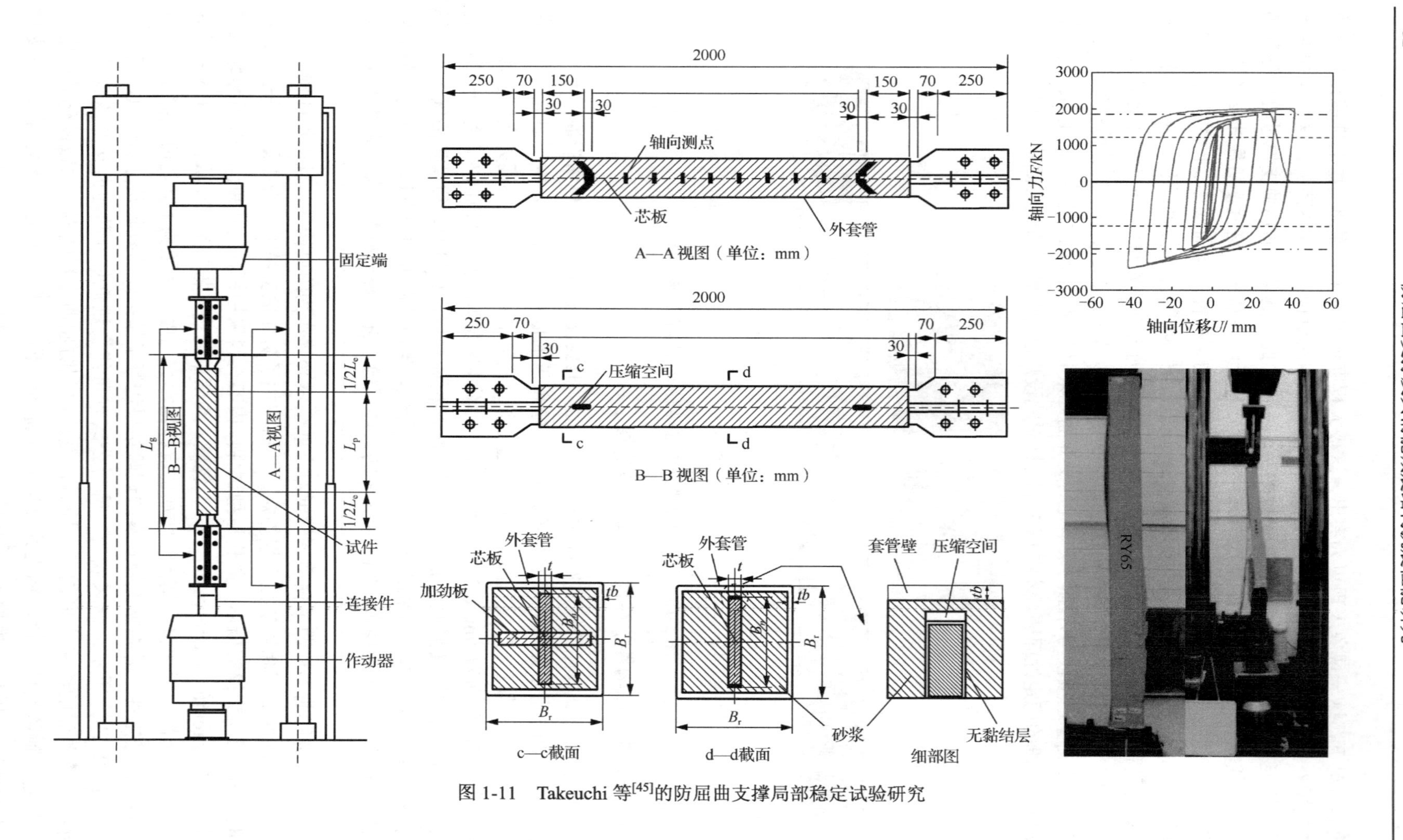

图 1-11 Takeuchi 等[45]的防屈曲支撑局部稳定试验研究

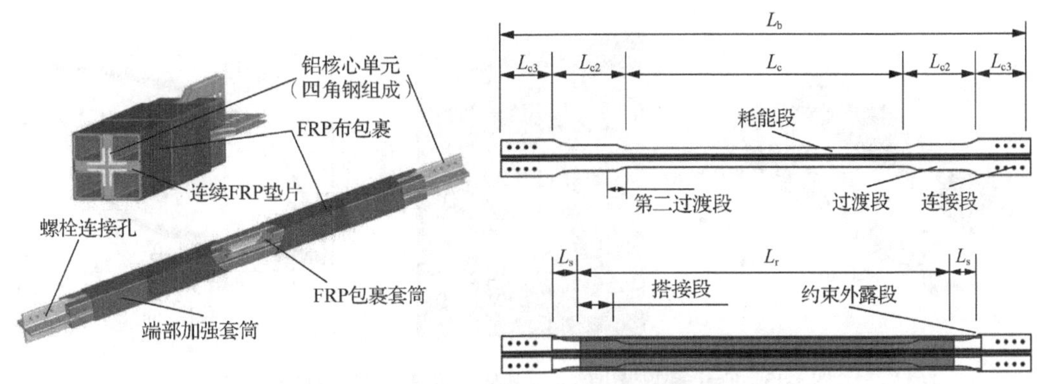

（a）Dusicka 和 Tinker[46]提出的铝制四角钢防屈曲支撑

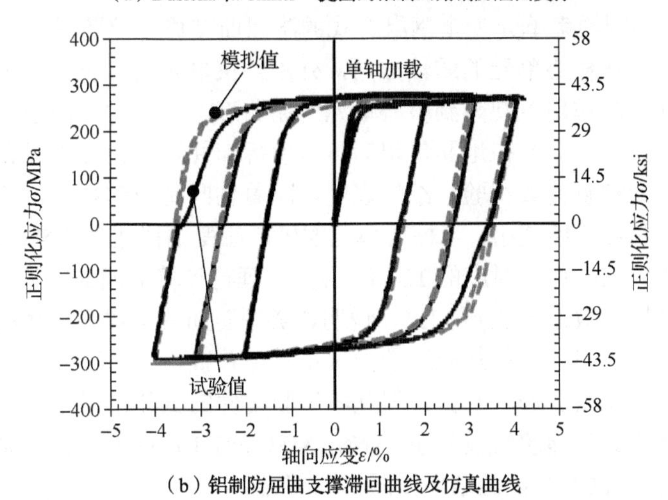

（b）铝制防屈曲支撑滞回曲线及仿真曲线

图 1-12 Dusicka 和 Tinker[46]的铝制防屈曲支撑及试验研究

Tsai 等[47]提出一种多节强化式防屈曲支撑（multi-curve buckling restrained brace，MC-BRB），该类型防屈曲支撑与传统防屈曲支撑同样也是由主核心受力单元与屈曲约束单元组合而成，不同的是，主核心受力单元中的耗能段不是一段，而是根据对防屈曲支撑的性能需求设计制作成多段式。该类型防屈曲支撑直接避免了使用无黏结材料在材料上的选用及相关组件在制造施工上的构造工艺困扰，为研究该类型防屈曲支撑的迟滞消能能力，对该类型防屈曲支撑进行了美国钢结构建筑设计规范ANSI/AISC 360-16建议的标准加载历程下的低周往复试验研究，试验结果如下。

1）多节强化式防屈曲支撑的拉力与压力强度均高于屈服强度，且拉力与压力强度之差在 2%的应变幅值下，最大差异值仅约为 11.8%。

2）全钢套管作为约束单元，在试验中起到了良好的约束作用，并且加工制造方便、质量稳定。

3）在 2%的应变幅值下，无强度退化现象出现。

4）多节强化式防屈曲支撑失稳承载力较高，不易产生屈曲现象，且由于效能段长度较短，在较小应变幅值下便进入屈服消能状态。

试验试件及结果如图 1-13 所示。

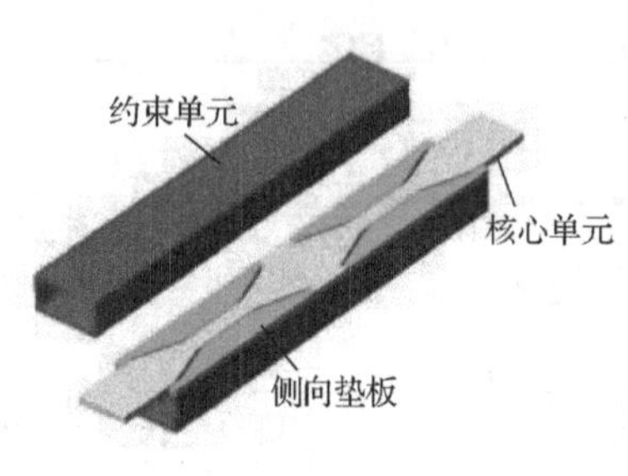

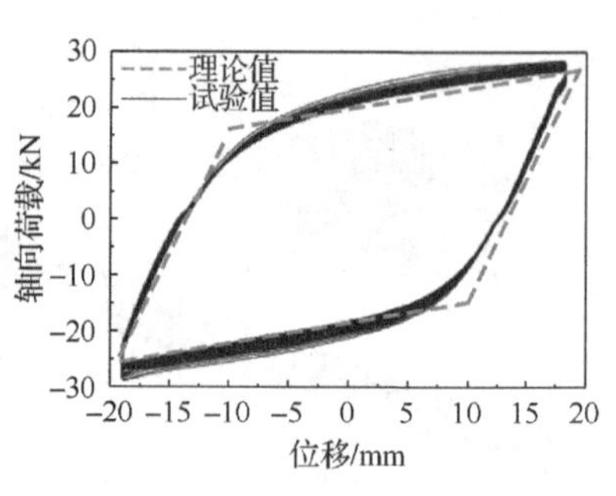

图 1-13　Tsai 等[47]提出的多节强化式防屈曲支撑及试验研究

Wu 等[48]提出外围约束单元为全钢组合式的防屈曲支撑，该防屈曲支撑的外围约束单元并非全封闭式的，在核心单元的弱轴方向，外围约束单元留有一定距离的间隙，因此可方便在试验中或在地震作用下观察到核心单元的屈曲形态。同时，由于外围约束单元采用螺栓将各型钢进行组合，因此在地震作用后可方便拆卸并更换核心单元。对该类型防屈曲支撑进行变幅值低周往复荷载试验，结果表明，随着轴向荷载的增大，防屈曲支撑在受压状态下的屈曲半波长度不断减小，当核心单元的轴向应变幅值达到 3.5%时，弱轴方向产生的屈曲半波长度约为核心单元厚度的 12 倍，并且与理论计算的屈曲半波长度十分吻合，防屈曲支撑的累计延性系数最大达到 1326，说明该类型防屈曲支撑具有优越的耗能能力。最后分析该类型防屈曲支撑在各级加载下的拉压不平衡系数，结果表明，随着加载幅值的增大，支撑拉压不平衡系数有增大趋势，但从各试验构件的试验结果来看，最大拉压不平衡系数均未超过美国钢结构建筑抗震规范 ANSI/AISC 341-16 对防屈曲支撑拉压不平衡系数 1.3 的限值要求。试验试件及试验结果如图 1-14 所示。

通常，工程中应用较多的防屈曲支撑多为十字形或一字形钢板构成的单核心形式，对于吨位较大的防屈曲支撑与主体结构梁柱的连接，每一端需用 8 片连接钢板及两套以上的螺栓，以致连接段会较长，从而该部位易引起失稳。为改善上述连接的不足，Tsai 等[49]研制出了由双钢板组成核心单元的防屈曲支撑。该支撑由两个独立核心单元组成，外围约束构件为矩形方钢管，芯材端部为 T 形截面，如图 1-15（a）所示。由于其构造的特点，在与主体结构梁柱连接时，可方便地连接到梁柱节点板上，如图 1-15（b）所示。Tsai 等对提出的双核心防屈曲支撑进行理论分析及试验研究，探究了该类型防屈曲支撑的低周往复性能及低周疲劳性能，结果表明，理论分析结果与试验结果十分吻合，该类型防屈曲支撑表现出良好的滞回性能和疲劳性能，试验得到的低周往复荷载曲线和低周往复疲劳曲线如图 1-15（c）所示。

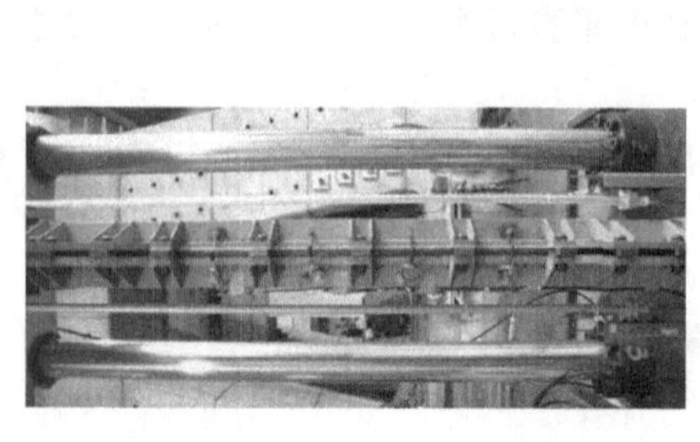

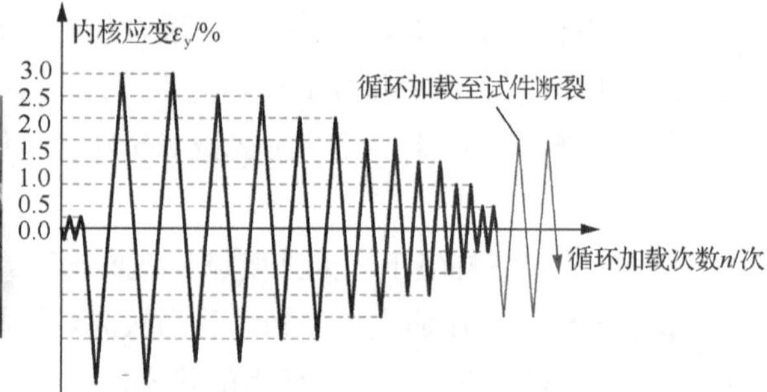

（a）Wu 等[48]提出的防屈曲支撑及试验加载曲线

图 1-14　Wu 等[48]提出的防屈曲支撑及试验研究

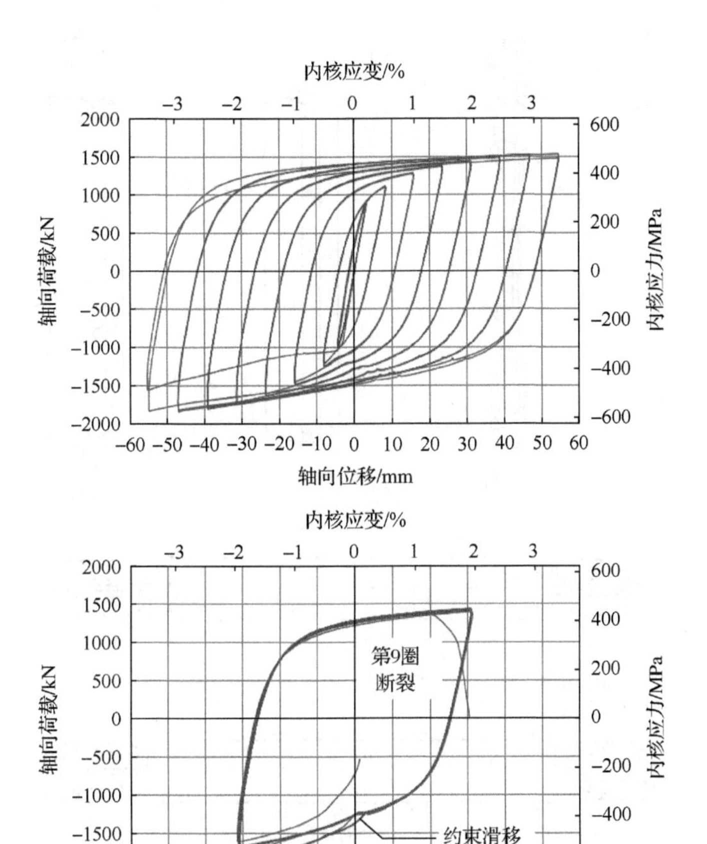

（b）W160t20-1 防屈曲支撑滞回曲线及低周疲劳曲线

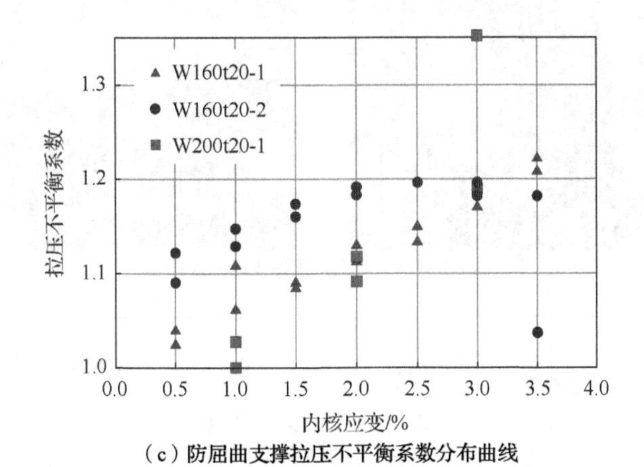

（c）防屈曲支撑拉压不平衡系数分布曲线

图 1-14（续）

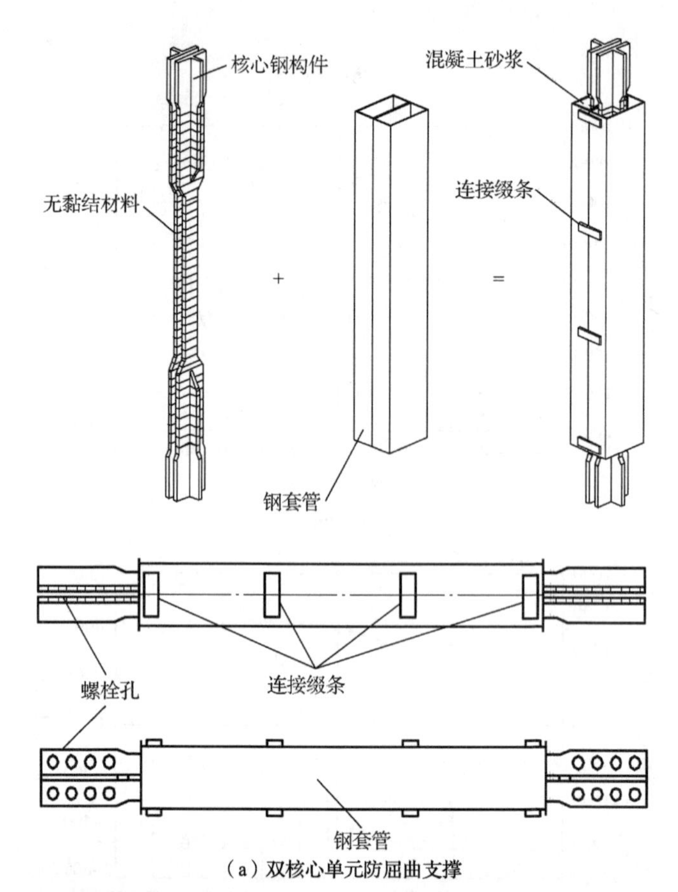

（a）双核心单元防屈曲支撑

（b）双核心单元防屈曲支撑的连接

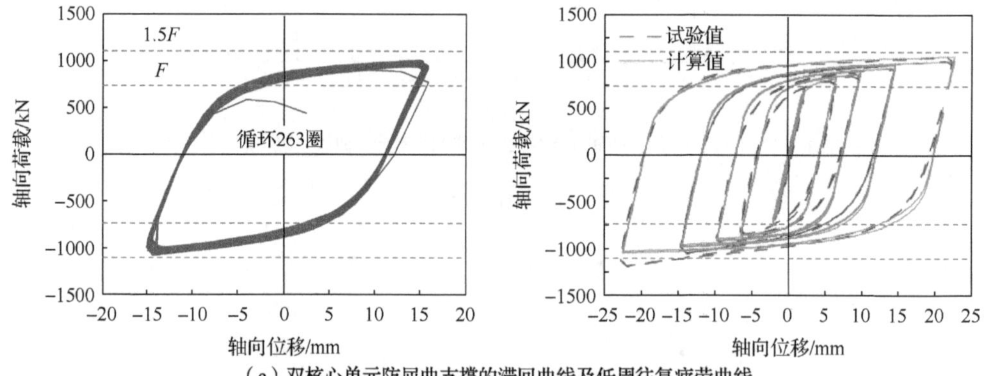

（c）双核心单元防屈曲支撑的滞回曲线及低周往复疲劳曲线

图 1-15　Tsai 等[49]提出的双核心单元防屈曲支撑及试验研究

Tsai 等[49]的试验研究发现，双核心单元防屈曲支撑在受力较大的情况下仍有出现端部平面外失稳的可能性，这是由于吨位较大的防屈曲支撑往往需要更多数量的螺栓来进行连接，从而无可避免地间接增加了连接段的长度。基于此，Wei 和 Tsai 提出了一种端部开槽式焊接连接的防屈曲支撑（weldedend-slot buckling-restrained brace，WES-BRB）[50]，其与主体结构的连接采用与节点板焊接的连接方式［图 1-16（a）］，其横向及纵向构成如图 1-16（b）所示，该类型防屈曲支撑在构造上的改变，使连接段长度比采用普通螺栓连接方式的有所减小，而且无须采用连接缀板进行搭接，因而间接增加了防屈曲支撑连接段平面外稳定性。该类型防屈曲支撑在我国台湾地区已有所应用，但目前仍处于进一步研究和探索的阶段。Tsai 等[49]对该类型防屈曲支撑进行了低周往复荷载性能试验及低周疲劳性能试验，如图 1-16（c）所示，试验结果表明，合理构造的该类型防屈曲支撑具有良好的滞回性能和耗能能力，但在低周疲劳特性方面，构造及工艺上的处理可能会降低防屈曲支撑在疲劳特性方面的性能表现。

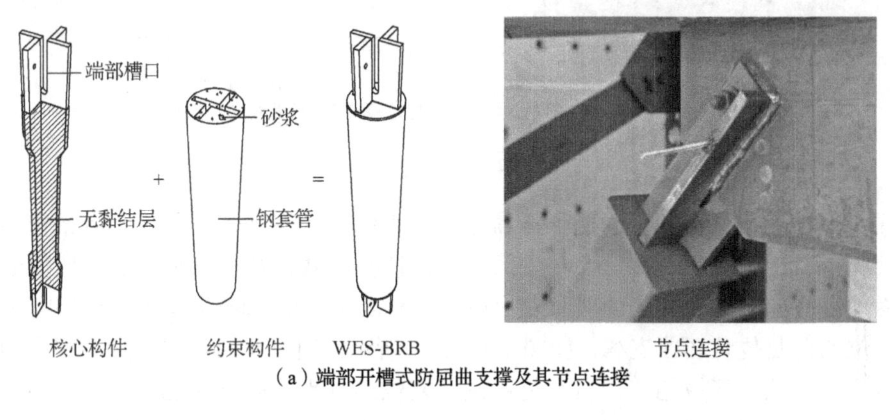

（a）端部开槽式防屈曲支撑及其节点连接

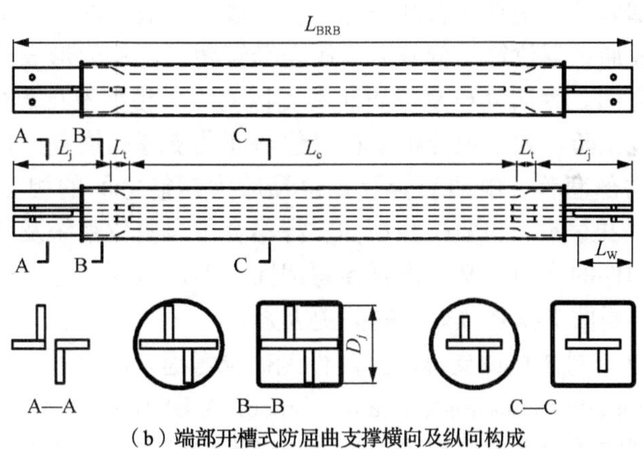

（b）端部开槽式防屈曲支撑横向及纵向构成

图 1-16 Wei 和 Tsai[50]提出的端部开槽式防屈曲支撑及试验研究

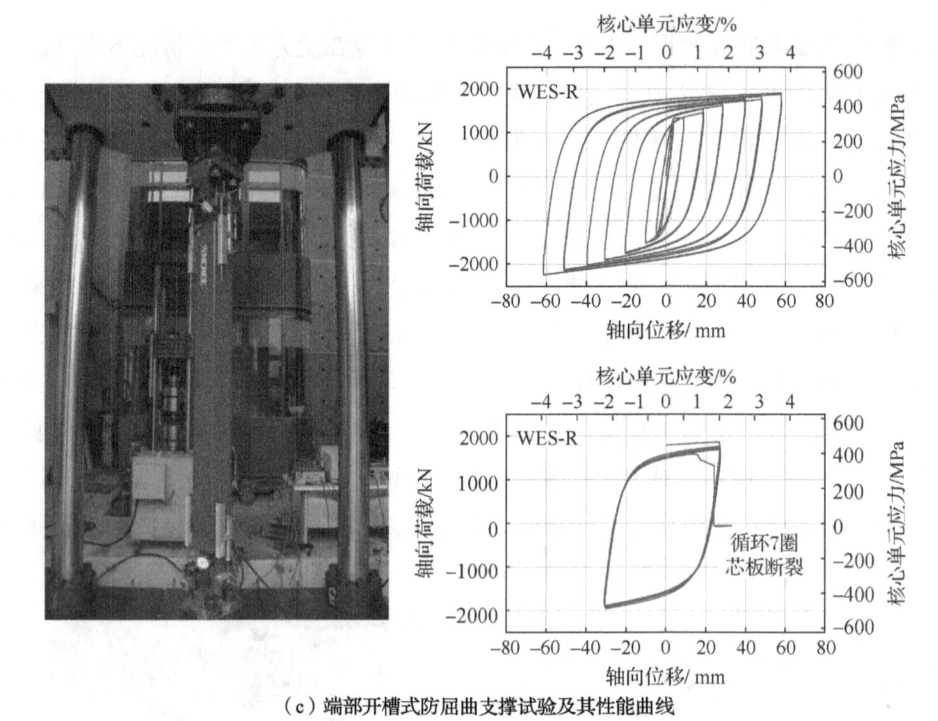

（c）端部开槽式防屈曲支撑试验及其性能曲线

图 1-16（续）

防屈曲支撑为位移控制型消能器，需通过较大的塑性变形消散外部输入的能量，这导致防屈曲支撑在经历较大地震后会产生部分难以恢复的残余塑性变形，已有研究表明[51]，历经罕遇地震后的防屈曲支撑的残余变形可达 0.5%～0.7%。基于此，Miller 等[52]提出一种可自动回位的自复位防屈曲支撑，如图 1-17（a）所示，通过在防屈曲支撑中设置自复位筋提供自复位力，从而形成相应的自复位系统。复位筋分别锚固于防屈曲支撑左右两端端板处。约束构件由内部套管、中部套管及外部套管组成，端板与内外套管间仅有接触力，无其他相互作用，端板通过复位筋的预应力紧压在套管两端，从而形成自平衡体系，耗能内芯设置在内外套管之间。为研究自复位防屈曲支撑的力学模型及抗震性能，Miller 等进行了低周往复荷载性能试验，宏观地分析了自复位防屈曲支撑的恢复力特点，并探究了耗能内芯、外部套管、内部套管、中间套管及复位预应力钢筋之间的相互协同作用机理，如图 1-17（b）所示。结果表明，自复位防屈曲支撑结合了自复位系统及传统防屈曲支撑的优点，既能起到耗能构件的作用，又能恢复参与塑性变形，但同时也指出，复位钢筋预应力的大小是自复位型防屈曲支撑复位效果的关键因素。

Piedrafita 等[53]基于对防屈曲支撑的抗震性能需求考虑，提出了一种由多模块化组成的防屈曲支撑（multi modular buckling-restrained brace，MBRB），如图 1-18（a）所示，这种特别的设计使该类型防屈曲支撑的屈服承载力和屈服位移可根据使用的模块进行调整，模块的形状为齿轮状，由基本的剪切耗能单元组成，如图 1-18（b）所示。Piedrafita 等[53]对该类型防屈曲支撑进行了试验研究和数值模拟分析，结果表明，试验结果能较好地与数值模拟分析结果吻合，并且该类型防屈曲支撑耗能能力稳定，有较高的累计延性，塑性变形能力良好，其试验装置及数值模拟分析如图 1-18（c）所示。

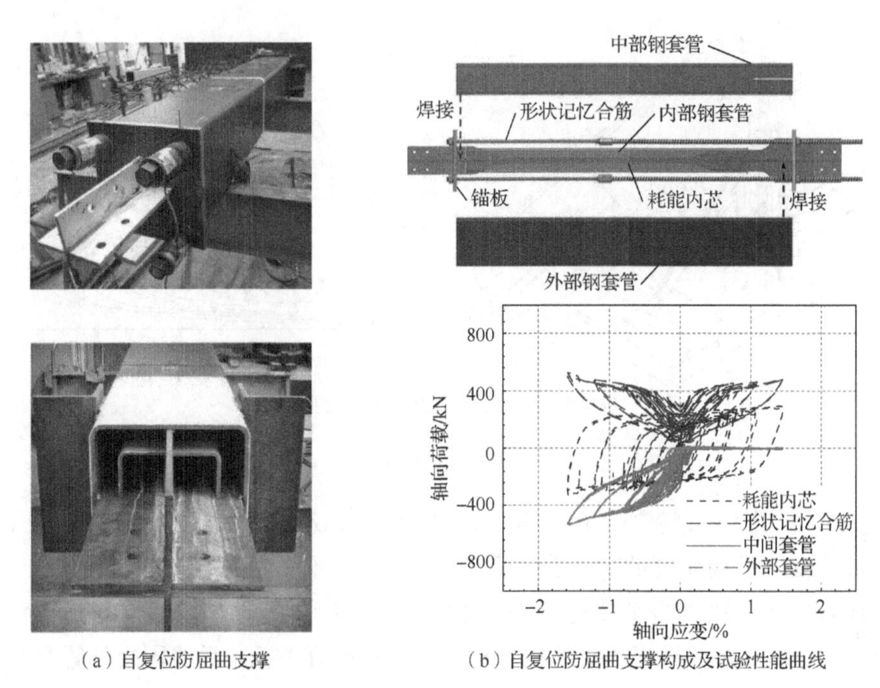

（a）自复位防屈曲支撑　　（b）自复位防屈曲支撑构成及试验性能曲线

图 1-17 Miller 等[52]提出的自复位防屈曲支撑及试验研究

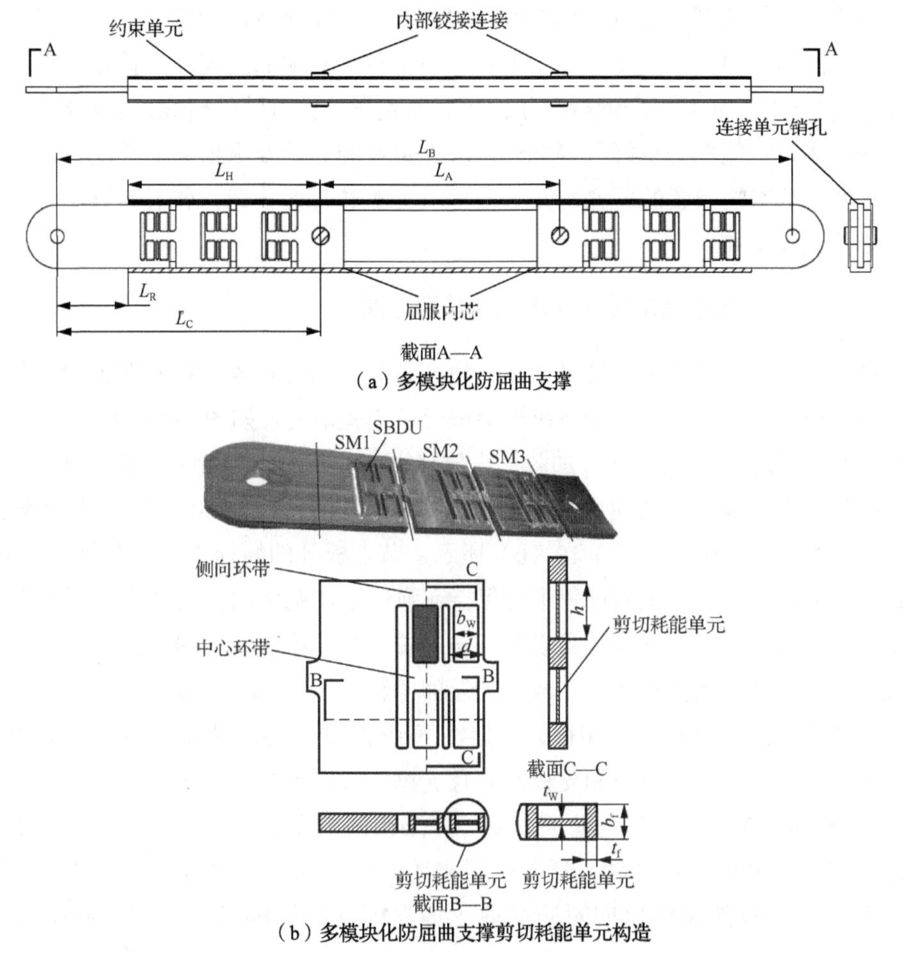

（a）多模块化防屈曲支撑

（b）多模块化防屈曲支撑剪切耗能单元构造

图 1-18 Piedrafita 等[53]提出的多模块化防屈曲支撑及试验研究

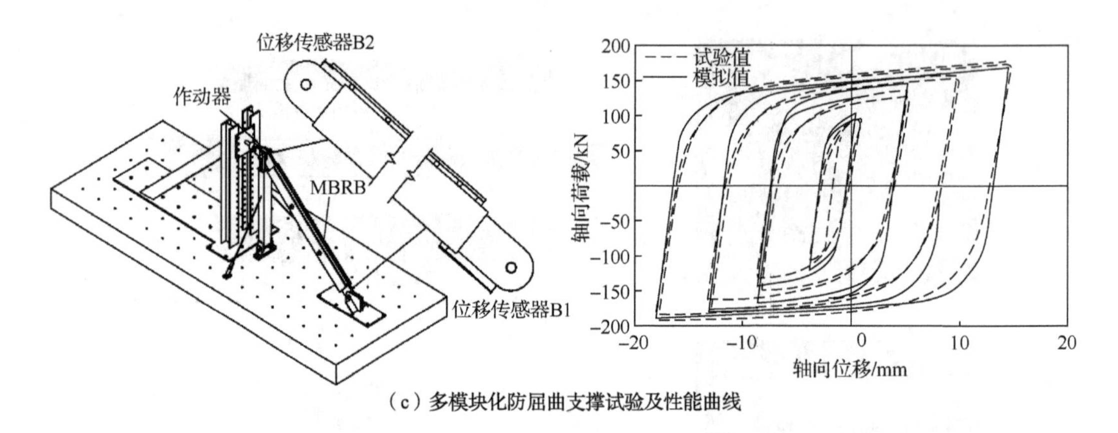

（c）多模块化防屈曲支撑试验及性能曲线

图 1-18（续）

总结 Tsai 等[47]、Wu 等[48]、Tsai 等[49]、Wei 等[50]、Zhu 等[51]、Miller 等[52]及 Piedrafita 等[53]的研究可知，目前研究的防屈曲支撑的种类较多，但在各种类型的防屈曲支撑的研究中不时出现防屈曲支撑外伸连接段的平面内及平面外失稳现象，对此，虽有研究人员进行了理论化分析，但在对其进行改进的构造措施及试验研究方面，目前国内外鲜有报道。Tsai 等[54]研究学者开发出的双 T 形截面防屈曲支撑及端部槽口连接式防屈曲支撑，极大程度地减小了外伸连接段的长度，能较好地控制防屈曲支撑外伸连接段的稳定性，但其构造仅对于该特殊类型的防屈曲支撑实用，对于工程应用中较为普遍的防屈曲支撑则不再具有可实施性。另外，目前对于采用国产钢材制作的防屈曲支撑的抗震性能研究，结论多集中于“滞回曲线十分饱满，耗能能力良好”等描述，缺乏定量的分析及纵横向的性能比较，对其失效模式及滞回性能影响因素的研究也并不多见。在本书的第 2 章，作者将针对上述问题进行理论及相关试验研究。

1.2.4　防屈曲支撑平面框架抗震性能研究现状及进展

在防屈曲支撑二维平面框架抗震性能的研究方面，Aiken 等[55]针对在美国加利福尼亚州首次使用防屈曲支撑的结构的子系统框架进行了试验研究，如图 1-19（a）所示。试验按照 Sabelli[56]的要求进行标准加载，加载最大位移为 2%的层间位移角。将 3 组试件分别进行试验，在第 1 组试验中，防屈曲支撑表现出稳定的滞回特性，与防屈曲支撑相连接的梁柱及节点板均发生了屈服，如图 1-19（b）所示，节点板处的螺栓未发生滑移和断裂现象，但中梁跨中的节点板在整个试验过程中均保持在弹性工作范围内。第 2 组试验更换了第 1 组试验中的支撑和节点板，试验结果表明，防屈曲支撑同样具有优良的滞回性能，框架子系统的极限承载力几乎保持不变，在较大的层间侧移下，上部柱脚及节点板首先进入屈服状态［图 1-19（c）］，随后柱脚的塑性铰开始往下延伸扩展到整个柱高度范围内。第 3 组试验更换了第 2 组试验中的节点板和支撑，并且支撑的截面形式采用十字形，相比于第 1 组和第 2 组试验，第 3 组试验对与防屈曲支撑相连接的节点板进行了加强处理，在节点板的自由边焊接两个方向的加劲肋，试验结果表明，防屈曲支撑表现出良好的耗能能力，焊缝的开裂及节点板的屈曲表明对防屈曲支撑与框架结构的相互作用仍有待进一步的研究。

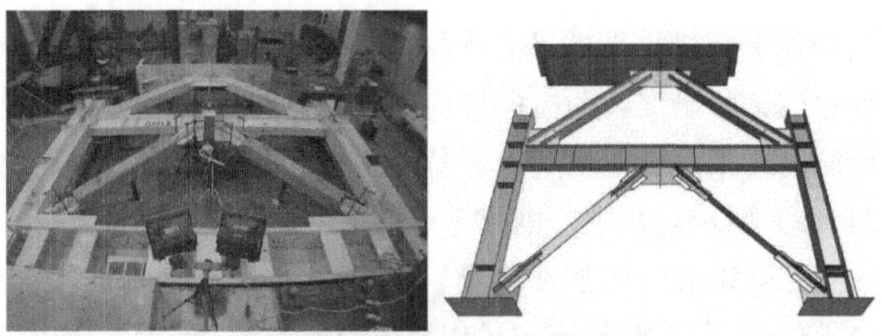

（a）防屈曲支撑框架子系统试验模型

（b）与防屈曲支撑连接的柱基础节点板屈服

（c）与防屈曲支撑连接的柱腹板剪切屈曲

图 1-19　Aiken 等[55]的防屈曲支撑框架试验研究

Chen 等[57]对比了普通中心支撑框架和防屈曲支撑框架的性能差异，如图 1-20 所示。其研究结果表明，普通中心支撑虽能较大程度地提高结构抵抗变形的能力，但随之变化的是结构的楼层加速度也相应增加，这可能会导致结构反而更不安全，并且可能会增加维护非结构构件的成本。对于防屈曲支撑框架，其结构整体刚度可能会低于普通中心支撑框架，但在历经地震作用后，防屈曲支撑框架会有更大的残余变形。采用 OpenSEES 有限元软件对上述两种框架结构进行了有限元模拟对比分析，分析结果与试验结果较为吻合。

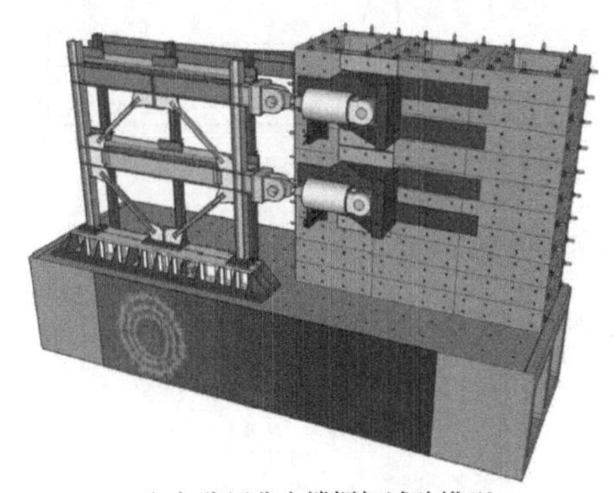

（a）防屈曲支撑框架试验模型

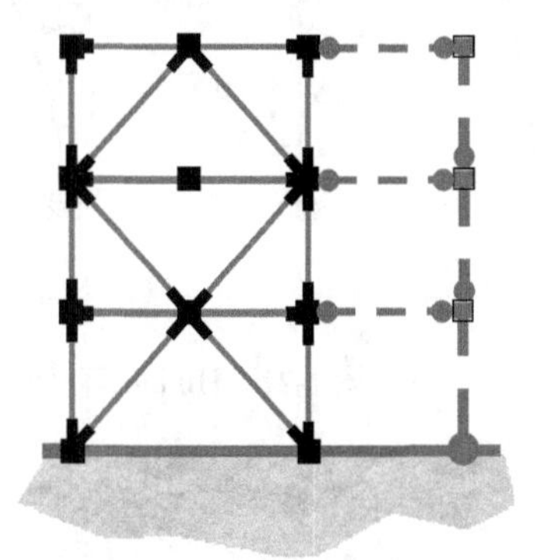

（b）普通支撑框架 OpenSEES 模型

图 1-20　Chen 等[57]对防屈曲支撑框架与普通支撑框架的对比试验研究

Hikino 等[58]对防屈曲支撑框架的平面外稳定性进行了研究，他们制作了两榀不同的防屈曲支撑框架进行对比试验研究。两榀框架均为单层单跨框架，防屈曲支撑在框架中均为人字形布置，均无侧向约束，以便框架更容易受到平面外稳定性的影响，防屈曲支撑框架试验模型如图 1-21（a）所示。其中，框架 1 中的 BRB 采用标准的防屈曲支撑，框架 2 中的 BRB 采用端部长度可调节的防屈曲支撑，并提出了 4 种基本的平面外失稳模型，如图 1-21（b）所示。采用一条实际地震记录作为振动台的激励输入，如图 1-21（c）所示。试验结果表明，框架 1 表现出良好的抗震性能，在地震输入结束后其残余变形较小；框架 2 在防屈曲支撑发生平面外失稳前同样表现出良好的抗震性能，由于防屈曲支撑及框架梁的失稳，框架 2 中的防屈曲支撑未能实现全截面屈服，两框架的试验结果对比如图 1-21（d）所示。

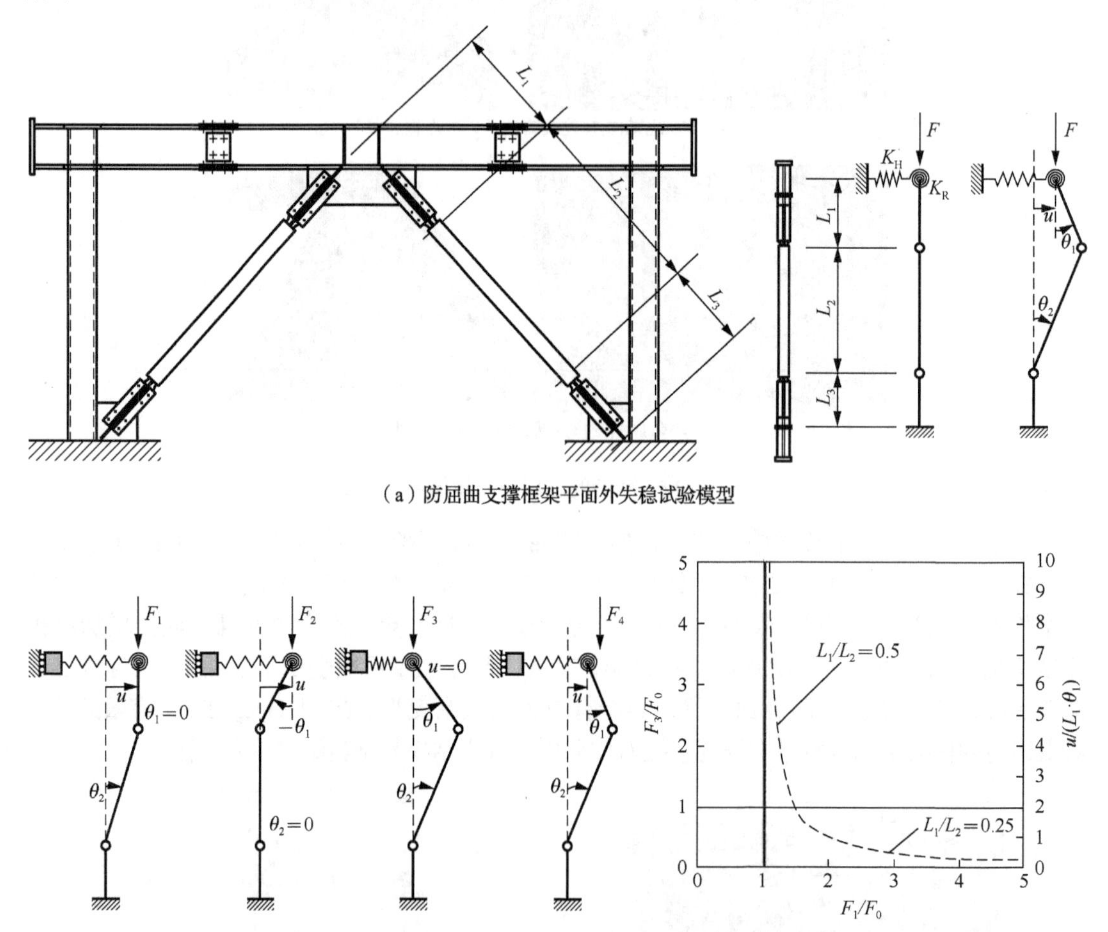

（b）防屈曲支撑框架 4 种基本的平面外失稳模型

图 1-21　Hikino 等[58]的防屈曲支撑框架平面外失稳模型及试验研究

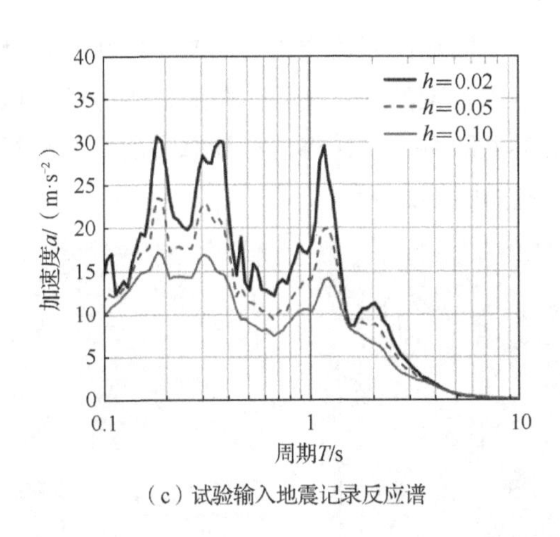

（c）试验输入地震记录反应谱

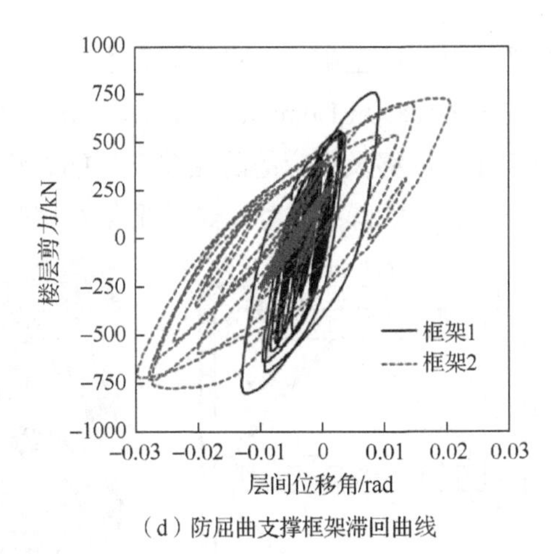

（d）防屈曲支撑框架滞回曲线

图 1-21（续）

Tsai 等[59]以我国台湾地区台北市某办公楼采用防屈曲支撑进行加固为工程背景，对装有双核心单元防屈曲支撑的框架进行了 1/2 的大比例缩尺模型试验，试验装置如图 1-22（a）所示。试验加载制度采用美国钢结构建筑抗震规范 ANSI/AISC 341-16 规定的标准时程进行加载，加载位移幅值为对应的楼层侧移角，为 0.015rad，试验结束后再以对应于楼层侧移角为 0.01rad 进行疲劳性能试验直至构件破坏。试验结果表明，双核心单元防屈曲支撑表现出良好的滞回特性，耗能能力稳定，约 90%的地震输入能量被其耗散，在疲劳特性方面同样有令人满意的表现，该类型防屈曲支撑具有较短的消能段，由于两端截面较大可提供框架更高的侧向刚度，但加载到第 2 次循环时，出现了防屈曲支撑外伸连接段平面外失稳的现象，在反向加载过程中其余支撑也在相同部位出现了平面失稳现象。试验得到的滞回曲线如图 1-22（b）所示。

（a）框架试验装置

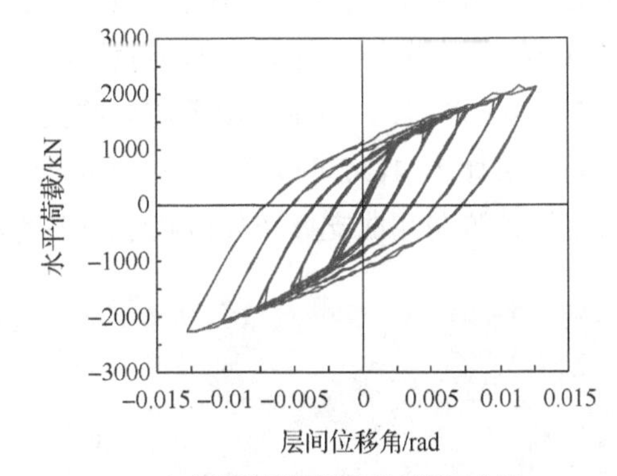

（b）试验框架荷载-位移滞回曲线

图 1-22 Tsai 等[59]的双核心防屈曲支撑框架试验研究

Tsai 等[60]对三层足尺防屈曲支撑钢框架进行了拟动力试验研究，试验中框架加设 3 种类型共 6 根防屈曲支撑，各类型防屈曲支撑与框架的连接类型均不相同，分别为普通加劲肋焊接连接、槽口式焊接连接及双加劲肋焊接连接，采用天然地震波作为激励荷载，考察防屈曲支撑及整体框架结构在试验过程中的性态反应。试验结果表明，各防屈曲支撑能有效分担作用于结构的水平地震力，并能耗散输入结构的大部分地震能量。Tsai 等在大量试验及理论研究的基础上，设计并开发了一款用于不同端部连接类型防屈曲支撑相关设计的软件——Brace On Demand（BOD），用户仅需输入框架的几何参数、防屈曲支撑的屈服承载力和屈服位移及相应的防屈曲支撑端部连接类型即可，软件将自动计算出所需节点板尺寸大小及相应的焊缝尺寸。试验框架及试验装置如图 1-23 所示。

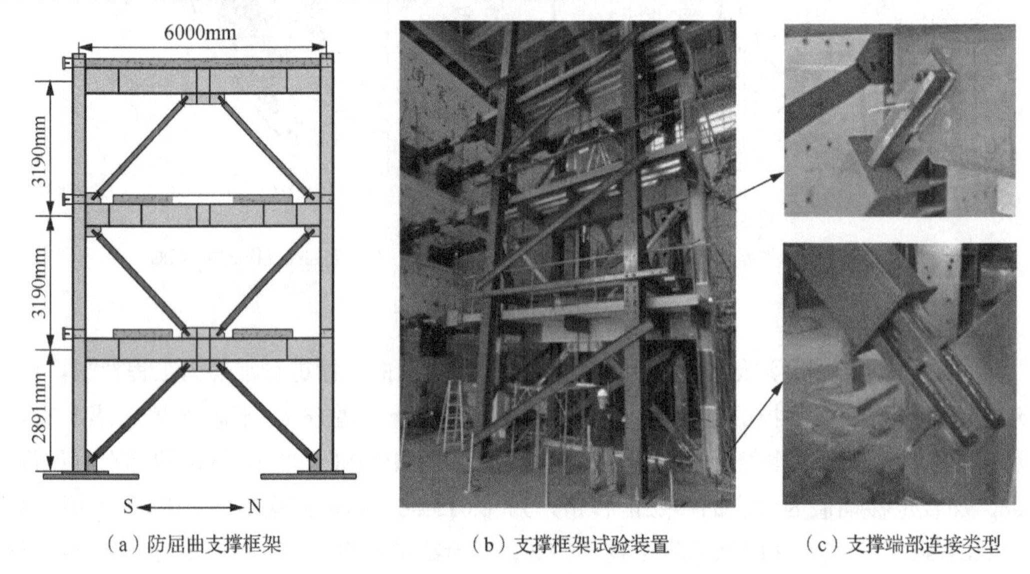

（a）防屈曲支撑框架　（b）支撑框架试验装置　（c）支撑端部连接类型

图 1-23　Tsai 等[60]的三层足尺防屈曲支撑框架拟动力试验研究

Gaetano 等[61]对一采用防屈曲支撑加固的两层实体结构进行了试验研究，在实体结构中，防屈曲支撑置于框架的填充墙内，采用分配加载系统对结构各楼层进行加载，所采用的防屈曲支撑为全钢可拆卸式防屈曲支撑，该支撑留有观察核心单元变形情况的缝隙，可方便观察到防屈曲支撑在外荷载激励作用下的变形情况，实体结构试验情况及加载系统如图 1-24（a）和（b）所示。试验过程中，防屈曲支撑出现了整体失稳和局部失稳情况，如图 1-24（c）和（d）所示，由于防屈曲支撑的整体失稳产生较大的侧向变形，填充墙破坏。试验结果如图 1-24（e）和（f）所示，结果表明，现有的防屈曲支撑及其体系设计理论能较好地预测防屈曲支撑在外荷载激励下的性能表现。

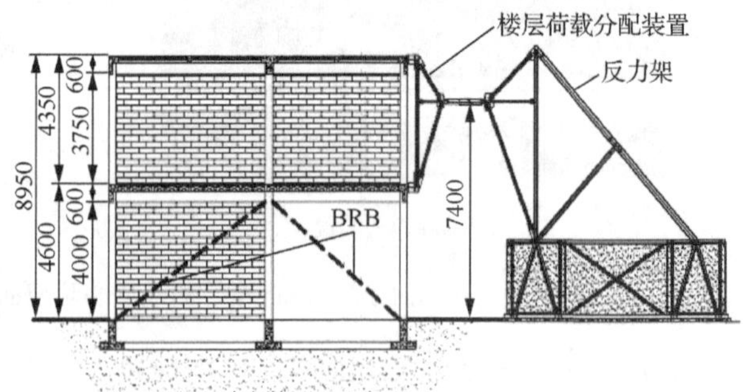

（a）实体结构试验　（b）试验加载系统（单位：mm）

图 1-24　Gaetano 等[61]的实体防屈曲支撑结构试验研究

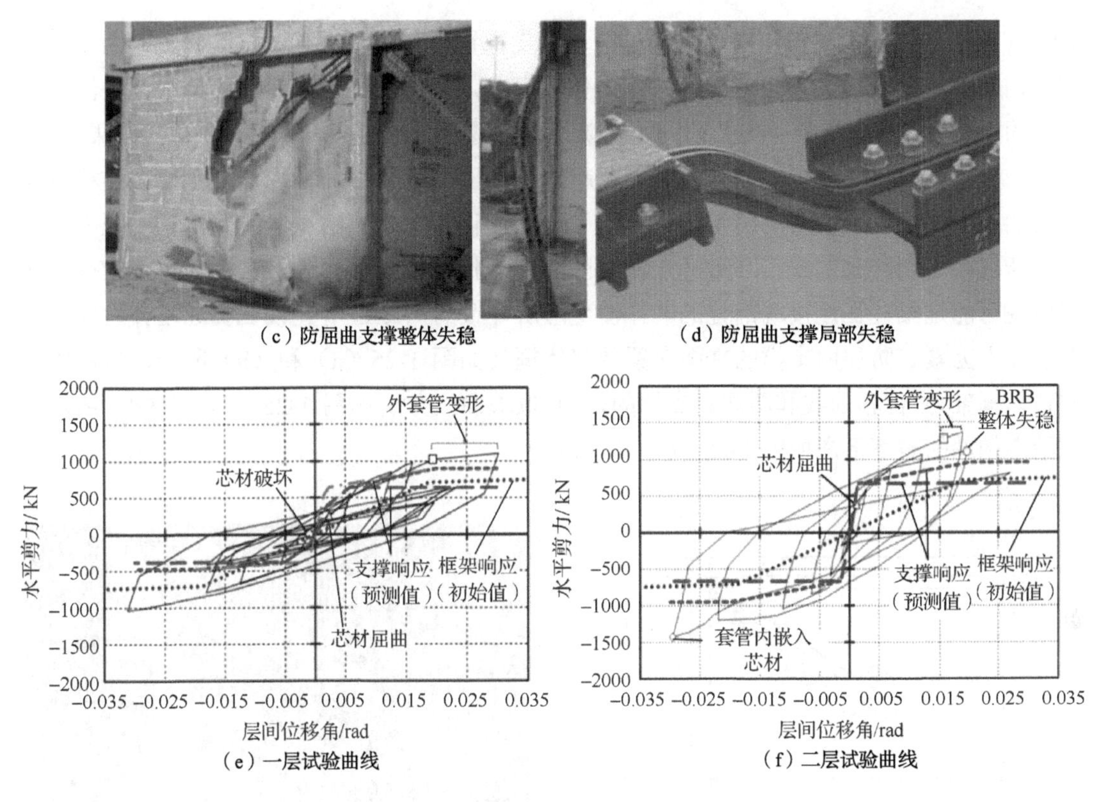

（c）防屈曲支撑整体失稳　（d）防屈曲支撑局部失稳

（e）一层试验曲线　（f）二层试验曲线

图 1-24（续）

值得说明的是，对于防屈曲支撑平面框架抗震性能的研究，以上各学者的研究关注点大都聚集在构件的损伤及防屈曲支撑的耗能能力和整体破坏形态上，鲜有学者对防屈曲支撑与主体框架间的相互作用机理进行揭示。作者认为，由于防屈曲支撑能够实现拉压屈服耗能，从这个角度看，可认为其是一种位移型阻尼器，在对防屈曲支撑平面框架的研究中，应从本质上揭示防屈曲支撑的耗能机制与结构的减震机理间的相互关系，主要表现在不同变形形态下，防屈曲支撑附加给结构有效阻尼比是如何变化的，受到哪些因素的影响，主次要因素是什么，这些问题都有必要进行深入系统的研究。必须强调的是，目前我国大部分工程是按照多遇地震作用影响进行设计的，该阶段为结构增加一定的阻尼可能是投资方和业主等愿意接受的结果。因此，在多遇地震作用下防屈曲支撑的耗能机理成为结构抗震安全性设计的关键因素，但多遇地震作用下即屈服意味着罕遇地震作用下防屈曲支撑核心段将产生很大的塑性应变。前些年国内低屈服点钢材的性能及供货量都不太满足要求，随着我国低屈服点钢材生产工艺的进步，这一问题看起来可以得到解决，所以仍应当从理论上分析低屈服点防屈曲支撑在罕遇地震作用下的延性需求及变形截止条件。本书第 4 章将针对防屈曲支撑平面框架中两者的相互作用机理进行深入系统的理论研究，并通过试验研究分析影响其相互作用的关键因素，通过理论推导低屈服点防屈曲支撑在罕遇地震作用下的延性需求及变形截止条件。

1.2.5　防屈曲支撑整体结构抗震性能研究现状及进展

目前，国内外对防屈曲支撑整体框架结构的抗震性能及作用机理均有相关研究。Keith

等[62]在明尼苏达大学对三层接近足尺的防屈曲支撑钢框架模型进行了试验研究，由于普通钢结构的地震反应较大程度上与其抗侧力体系有关，通常的试验研究主要集中在关注抗力构件的性能上，其在试验中主要研究了与防屈曲支撑相连的连接件的性能。试验结果表明，防屈曲支撑框架体系在耗能能力方面远远超过美国现有规范[63]对防屈曲支撑框架结构耗能能力的要求；但在大变形的情况下，出现了一些人们不愿见到的试验现象，首先框架在大变形情况下出现严重的损伤与破坏，同时防屈曲支撑产生了平面外的失稳现象，这些情况的出现可能是梁柱在连接端部分的非弹性变形所导致的，Keith 等建议在实际设计时应予以考虑以上因素。防屈曲支撑的立面布置及整体框架如图 1-25（a）和（b）所示，试验得到的整体框架力-位移曲线和防屈曲支撑的轴力-位移曲线分别如图 1-25（c）和（d）所示，试验中构件的破坏形态如图 1-25（e）和（f）所示。

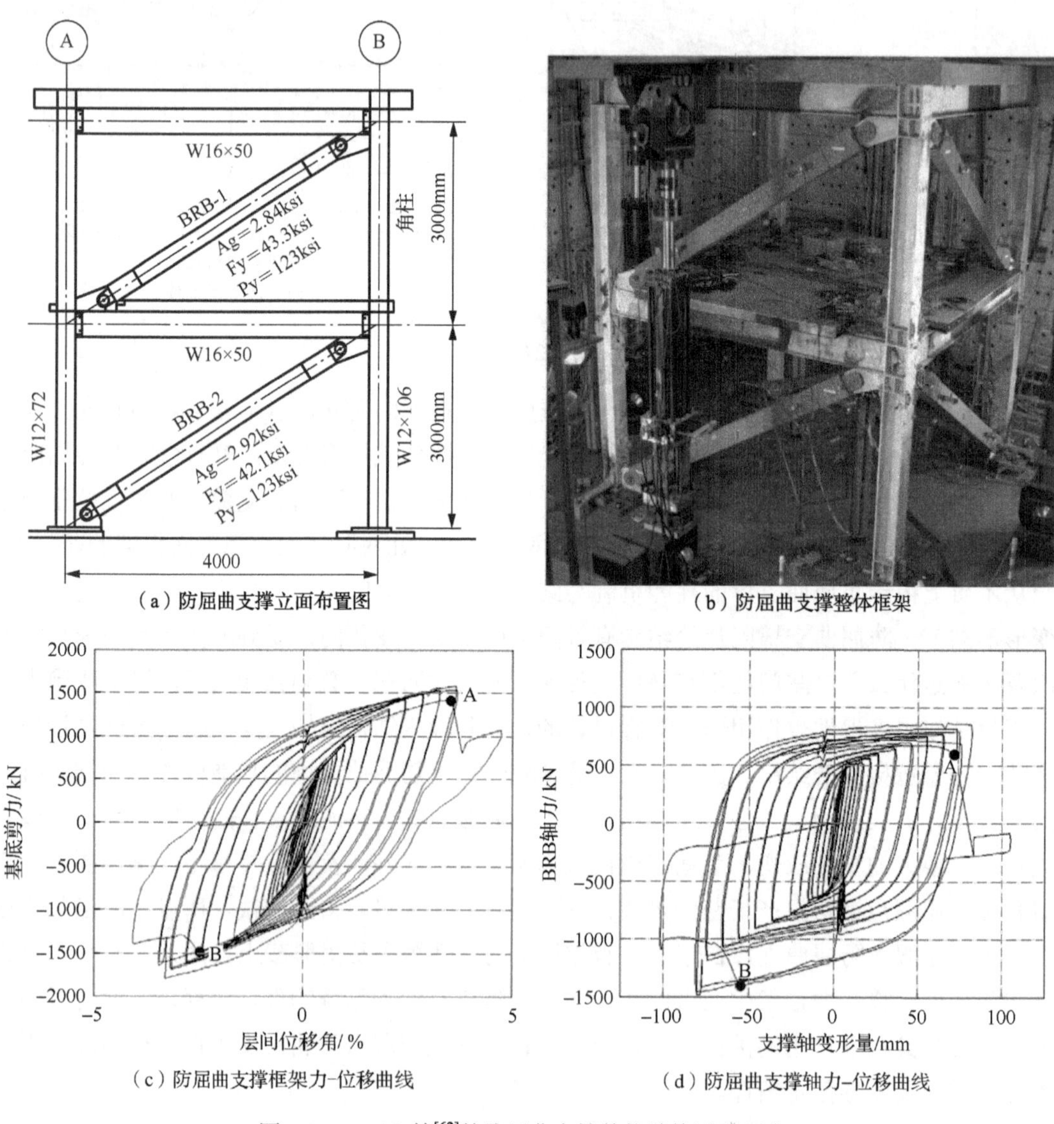

（a）防屈曲支撑立面布置图　（b）防屈曲支撑整体框架

（c）防屈曲支撑框架力-位移曲线　（d）防屈曲支撑轴力-位移曲线

图 1-25　Keith 等[62]的防屈曲支撑整体结构试验研究

（e）BRB 连接梁端破坏

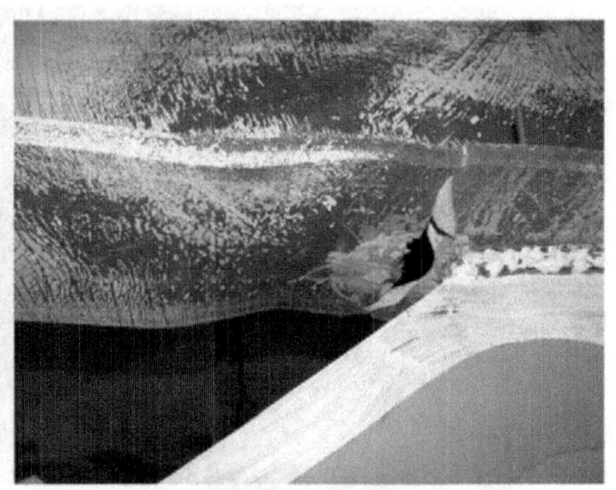

（f）连接板端部破坏

图 1-25（续）

Chen 等[64]对装有低屈服点钢防屈曲支撑框架结构进行了振动台试验，试验中的模型为 1∶2.5 的缩尺模型。模型共三层，第一层层高为 4m，其余楼层高度均为 3.5m，防屈曲支撑在框架中的布置方式为单斜撑布置，梁柱等构件均采用 A36 钢。试验采用天然地震波作为激励荷载，首先输入白噪声以确定结构的动力特性，在试验过程中，将地震波的加速度峰值调整为 0.1g～1.2g，逐级增大荷载激励，同时输入结构脉冲以使结构自由振动。试验结果如图 1-26 所示。

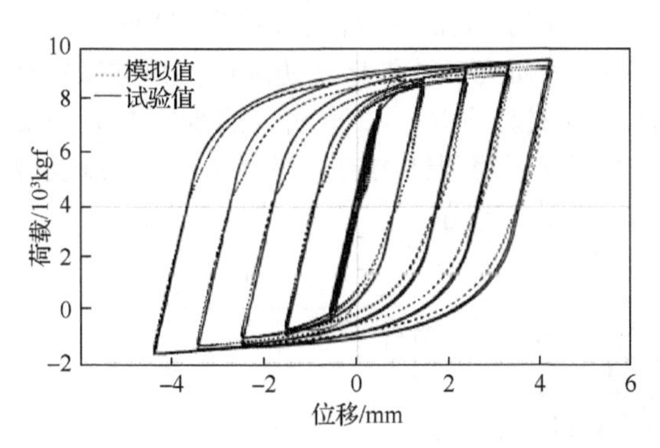

图 1-26　Chen 等[64]的防屈曲支撑整体结构试验研究结果

注：1kgf = 9.80665N。

Yu 等[65]针对在日本 E-Defense 振动台上进行的五层足尺防屈曲支撑钢框架结构振动台试验，研究了防屈曲支撑框架结构体系的非线性分析模型技术，并且在试验之前针对试验模型进行了“盲分析”竞赛，来自世界各地的研究人员提供了各种各样的数值分析模型以预测防屈曲支撑钢框架结构在试验过程中的动力反应。其中最具代表性的数值分析模型使用三维壳单元考虑了防屈曲支撑节点的刚度影响，数值分析模型中的防屈曲支撑参数通过组织者对防屈曲支撑构件进行试验后予以提供。试验模型、试验结果及数值模拟结果如图 1-27 所示。

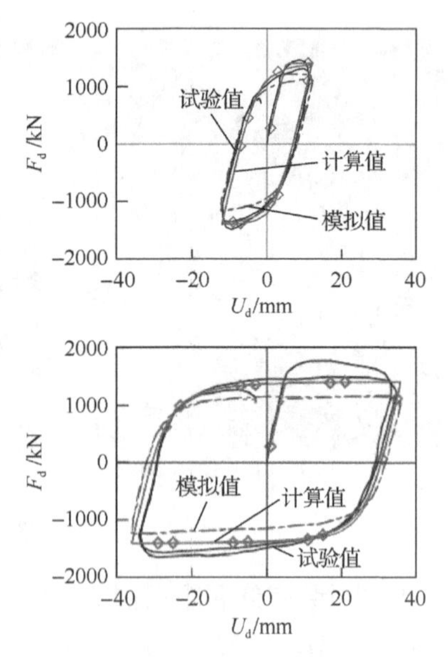

（a）足尺防屈曲支撑钢框架　　（b）荷载-位移试验曲线

图 1-27　足尺防屈曲支撑钢框架结构试验研究

Tsai 等[66]对一个三层足尺防屈曲支撑钢框架进行了振动台试验研究，如图 1-28 所示。防屈曲支撑为 Tsai 等研究人员提出的多节强化式防屈曲支撑，框架的平面尺寸为长 4.5m，宽 3.0m，首层及标准层层高均为 3.0m，梁柱尺寸均为 H200mm×150mm×6mm×9mm，首层及标准层配重均为 6936kg。为研究多节强化式防屈曲支撑的减震性能，对带该类型防屈曲支撑足尺钢框架进行振动台试验研究，试验输入的地震激励荷载为 El Centro 地震波和 Chi-Chi 地震波。试验主要研究了模型结构的位移反应、加速度反应及防屈曲支撑的性能表现，主要试验结果如图 1-28（c）所示。

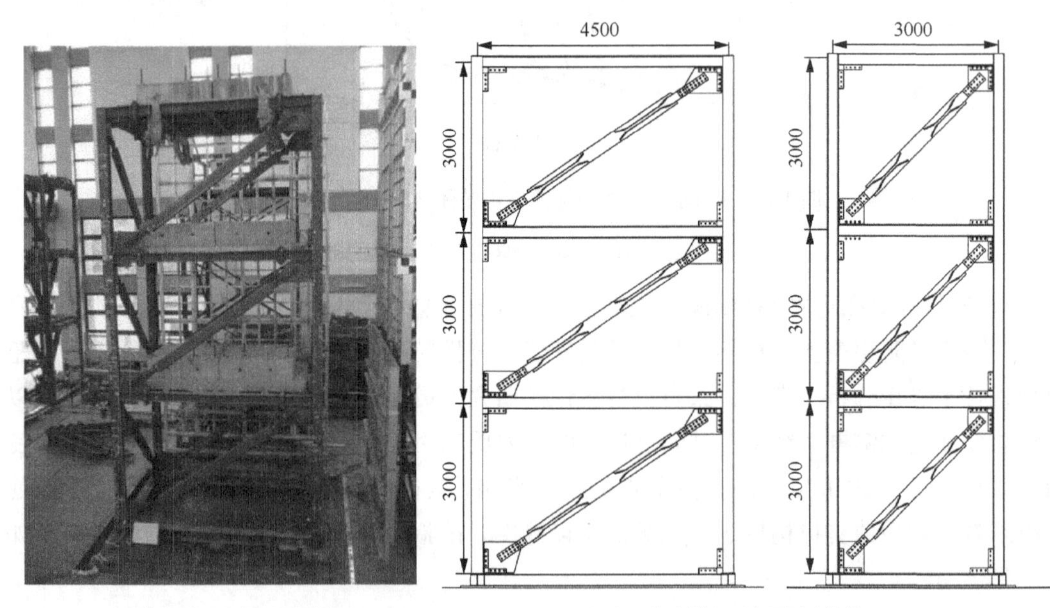

（a）带多节强化式BRB钢框架　　（b）防屈曲支撑立面布置图（单位：mm）

图 1-28　Tsai 等[66]的带多节强化式防屈曲支撑框架试验研究

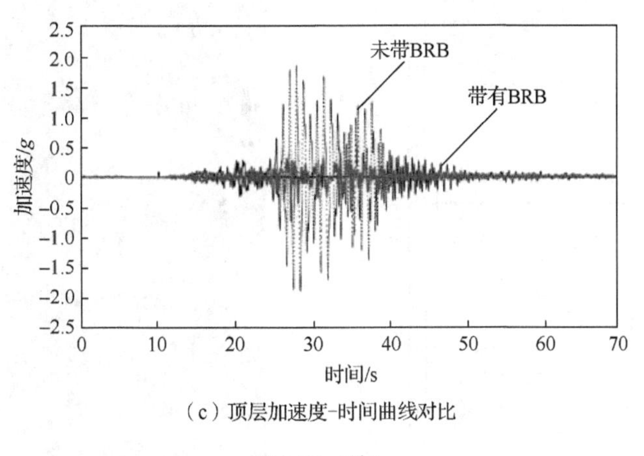

（c）顶层加速度-时间曲线对比

图 1-28（续）

Berman 等[67]对一种新型节点连接的防屈曲支撑钢框架进行了拟静力试验研究。传统的防屈曲支撑与主体结构的连接通常通过连接节点板实现，节点板通常会与主体结构梁柱连接，但结构产生变形时梁柱会有开合效应，即由于节点的变形而使梁柱间不再保持垂直的几何关系。这些不利因素的影响往往在实际设计中会被忽略，为了减少这种不利因素的影响，他们提出了一种偏离柱面的防屈曲支撑节点连接方式，如图 1-29（a）和（b）所示。该种节点板仅与框架梁相连接，而偏离柱面一定的距离，这种连接方式可改变剪力的传递机制，并预测了结构在大变形情况下的可能塑性分布情况。防屈曲支撑的立面布置及整体试验框架结构如图 1-29（c）和（d）所示，试验中梁柱的损伤情况如图 1-29（e）和（f）所示，试验中得到的框架抗震性能曲线及能量耗散情况如图 1-29（g）和（h）所示。

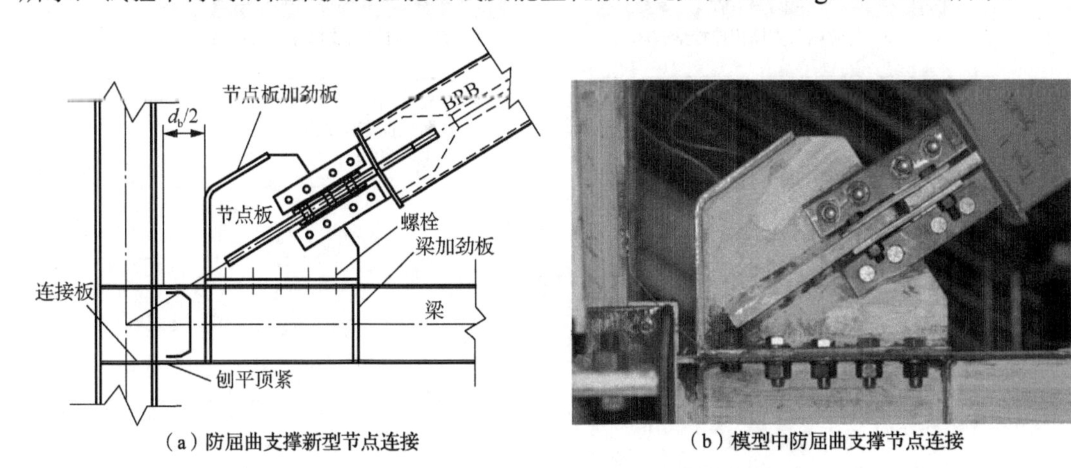

（a）防屈曲支撑新型节点连接　　（b）模型中防屈曲支撑节点连接

图 1-29 Berman 等[67]的防屈曲支撑钢框架试验研究

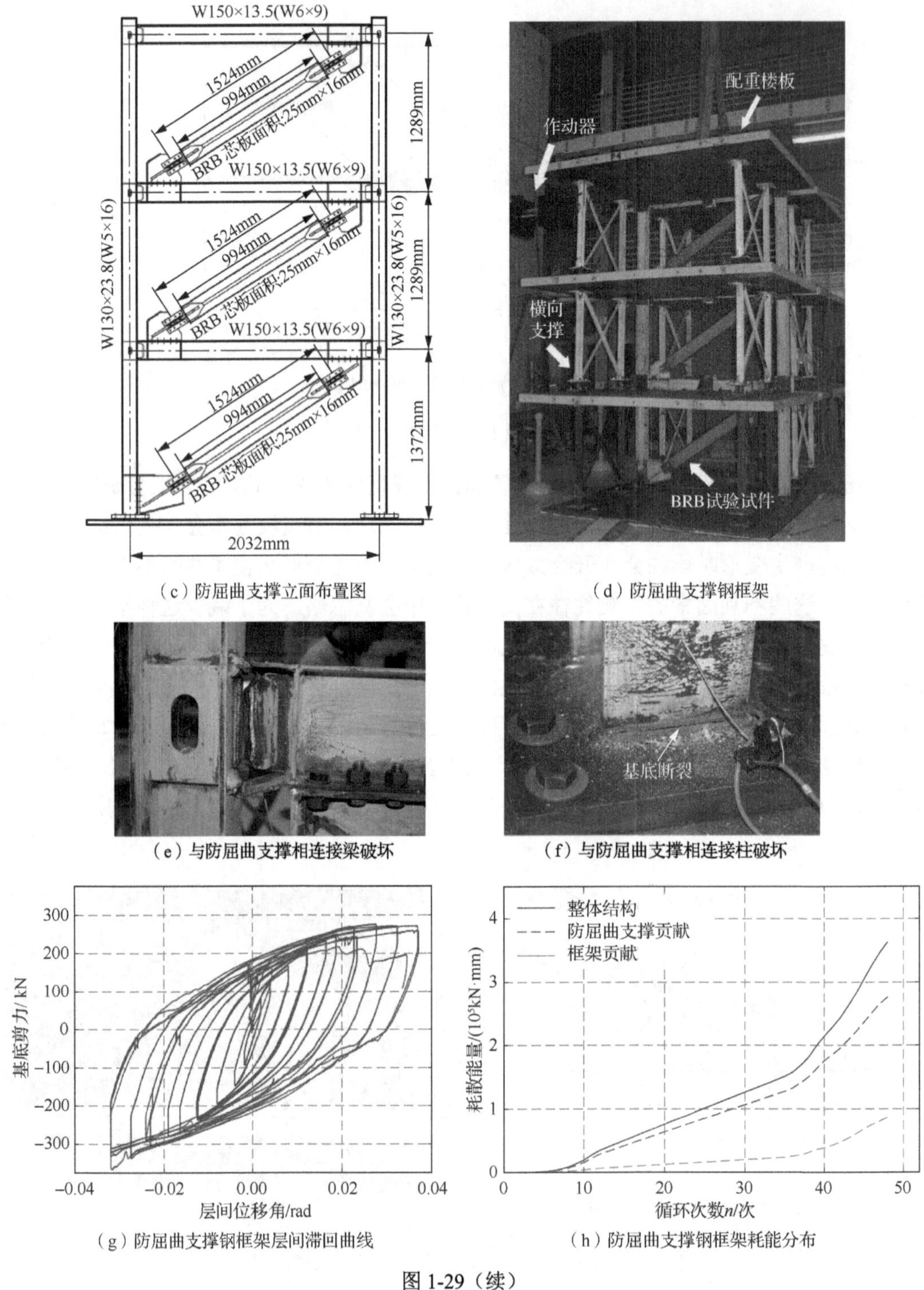

（c）防屈曲支撑立面布置图　（d）防屈曲支撑钢框架

（e）与防屈曲支撑相连接梁破坏　（f）与防屈曲支撑相连接柱破坏

（g）防屈曲支撑钢框架层间滞回曲线　（h）防屈曲支撑钢框架耗能分布

图 1-29（续）

值得注意的是，目前大多数对防屈曲支撑整体结构的研究均是对钢框架结构进行的，大部分是以振动台试验研究为主要研究方法和手段，研究人员关注的焦点同样集中在防屈曲支撑的耗能能力及减震性能上，加上大部分试验是针对钢框架进行的，很难做破坏甚至是倒塌试验，因此对防屈曲支撑及防屈曲支撑框架结构体系的破坏失效机理的研究显得有些力不从心。目前，防屈曲支撑广泛应用于钢筋混凝土框架结构中，但对带防屈曲支撑的钢筋混凝土框架结构的整体抗震性能的系统试验研究在国内外鲜有报道。作者认为，更应当引起人们注意的是，目前全球正处于地震活跃时期，防屈曲支撑在经历地震作用后，是否还能继续正常工作，如何评价及检测其是否能够达到继续工作的能力，是否需要更换，更换的标准是什么，学术领域及工程应用领域对于这些问题的研究很少。本书第5章针对上述问题，对带防屈曲支撑钢筋混凝土框架结构进行系统深入的试验研究，以期初步探索上述问题的应对解决途径，并从本质上揭示防屈曲支撑框架结构体系的减震作用机理及破坏失效机理。

1.3 防屈曲支撑在国内的研究

1.3.1 防屈曲支撑构件的研究

我国对防屈曲支撑的研究起步晚于日本及欧美等国家和地区，最初的研究可追溯至2004年前后，此后，此项研究便引起了学术领域及工程领域的高度关注和广泛兴趣。主要研究点仍然集中在防屈曲支撑的构造措施、稳定性及低周疲劳特性这几方面，但其根本出发点都是通过不同的途径来更好地实现支撑受压不屈曲而全截面屈服耗能，作者以为，这应该是围绕防屈曲支撑的系列研究的最终目的。因此，对于防屈曲支撑构件而言，其构造措施、稳定性及低周疲劳特性应当是较为基础的3个研究方面，防屈曲支撑的构造措施与其稳定性密切相关，甚至会导致不同的构造处理间与之对应的设计方法及受力机理均有所差异，低周疲劳特性也随之受到影响。此外，作者认为防屈曲支撑根据不同的工程应用模式，在一定的情况下可以认为其起到支撑的作用，但从另外的角度也可认为其是一种阻尼器，只有通过采取合理的构造措施及可靠的稳定设计方法来解决在受压后的屈曲行为，才能实现其阻尼器的功能。因此，构造措施及稳定性又是防屈曲支撑3个基本研究方面中较为重要和关键的两项内容。

对于防屈曲支撑构件的研究，郭彦林等[13]采用基于抗弯刚度的设计方法对防屈曲支撑的整体稳定性及局部稳定性进行了分析，并给出了相应的设计建议，这为后来的研究人员对防屈曲支撑的更深入研究奠定了理论基础。

李妍[68]对一字形内芯及十字形内芯全钢防屈曲支撑进行了低周往复荷载试验研究，试验中的两种不同类型防屈曲支撑的外围约束单元有所不同，在试验中表现出较大的滞回性能差异，部分试件由于约束作用过弱，出现了整体屈曲破坏及约束单元撕裂现象，但构造合理的试件在试验中仍表现出优良的性能。该试验应当是国内较早的对全钢防屈曲支撑合理构造的摸索，并为后来全钢防屈曲支撑的发展做出了贡献，两种不同类型的防屈曲支撑的试验结果如图1-30所示。

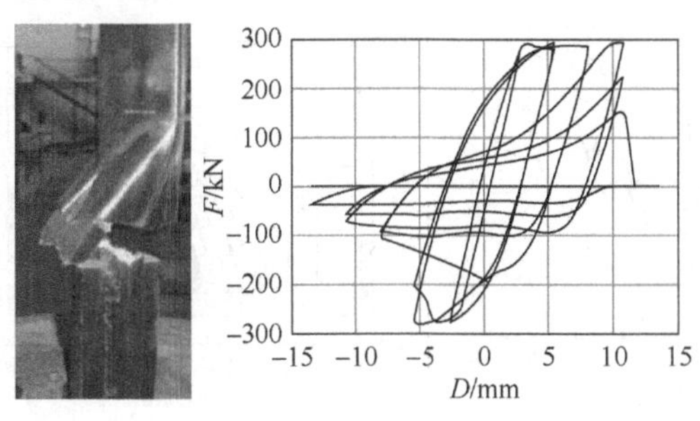

（a）一字形内芯防屈曲支撑试验

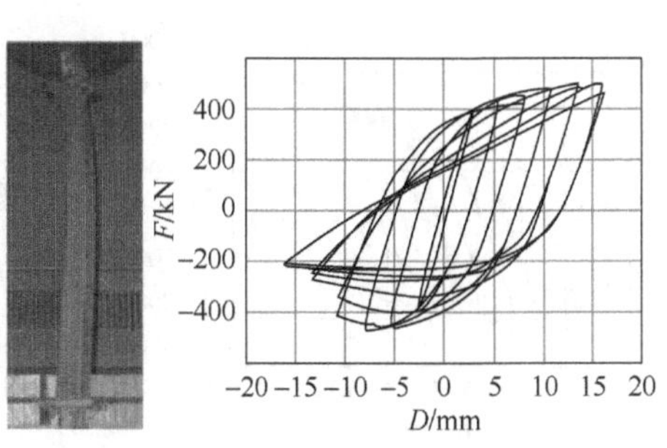

（b）十字形内芯防屈曲支撑试验

图1-30 李妍[68]的全钢防屈曲支撑试验研究

李国强等[69]针对国内常用的 Q235 钢进行了大量的防屈曲支撑研制工作，相继成功开发出 TJⅠ型和 TJⅡ型防屈曲支撑，研究了其滞回性能和弹塑性滞回规则，并基于试验结果提出了该类型防屈曲支撑的本构模型。该类型防屈曲支撑由于稳定和优良的滞回性能，在国内得到广泛的推广和应用，并制定了防屈曲支撑的推广应用技术规程和标准，这对推动防屈曲支撑的工程应用有积极的意义。该研究团队对该类型防屈曲支撑进行了大量的试验研究，包括稳定性、低周疲劳特性、累计延性及耗能能力等指标以及振动台试验，部分试验结果如图 1-31 所示。

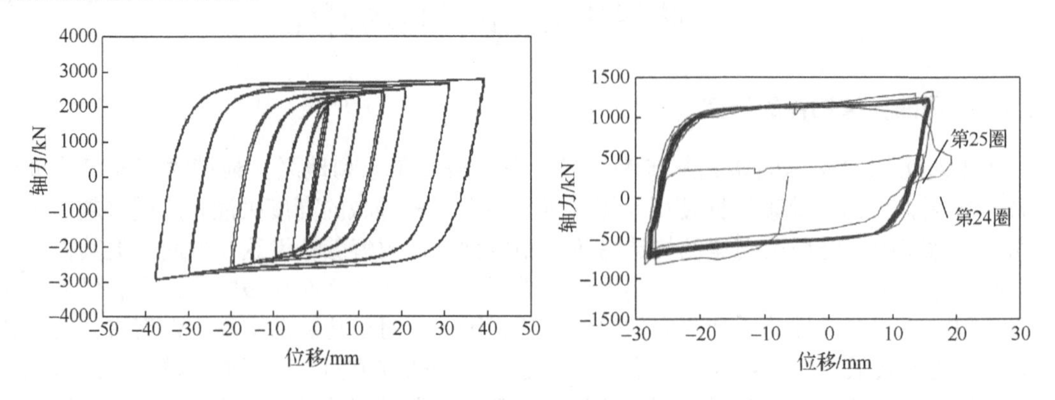

图 1-31 李国强等[69]的 TJ 型防屈曲支撑试验研究

周云等[70]设计了一种全钢装配式防屈曲支撑［图 1-32（a）］并对其构造及滞回性能进行了试验研究。结果表明，该装配式防屈曲支撑较传统防屈曲支撑更易控制加工及装配精度，并且同样具有稳定的滞回耗能能力，试验结果如图 1-32（b）所示。

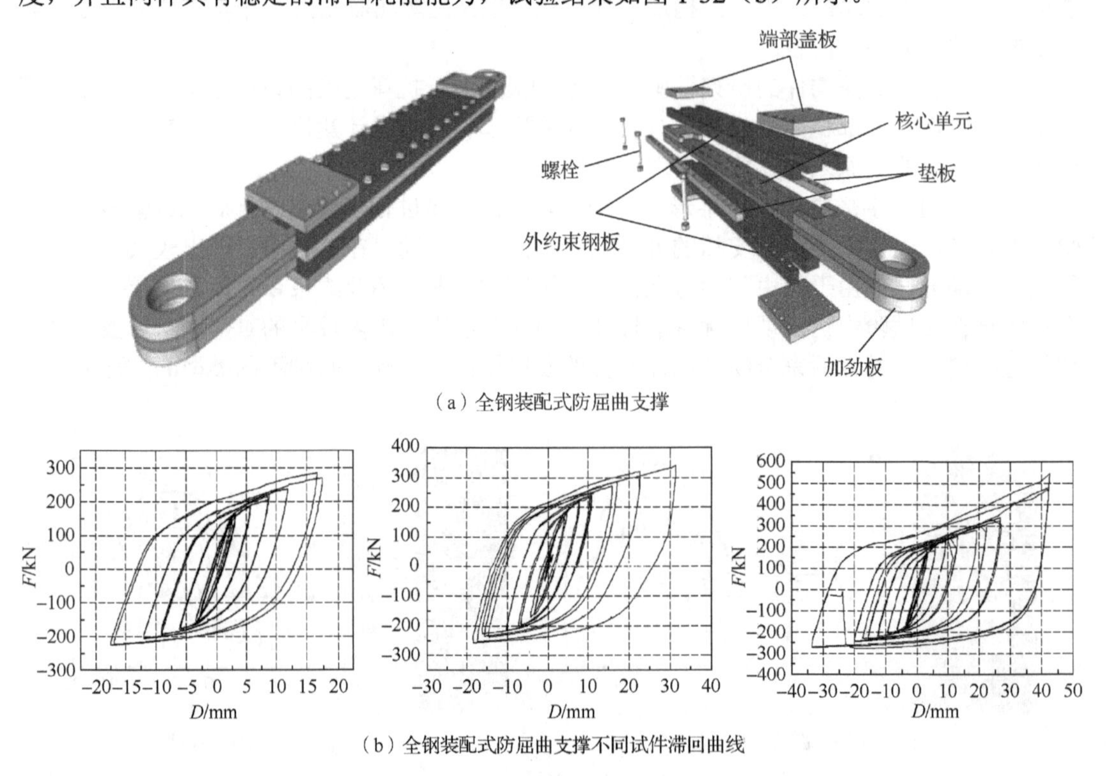

（a）全钢装配式防屈曲支撑

（b）全钢装配式防屈曲支撑不同试件滞回曲线

图 1-32 周云等[70]的全钢装配式防屈曲支撑试验研究

程光煜等[71]结合国外的设计经验，总结了防屈曲钢支撑的设计方法及设计步骤，并建议相关的设计要求，结合实际工程对外包钢筋混凝土约束构件的防屈曲钢支撑进行了试验研究。结果表明，设计的BRB支撑可充分发挥核心钢支撑的材料强度，支撑在达到截面屈服荷载前未发生失稳破坏，达到了防屈曲的目的。拉压反复试验表明，原设计支撑低周疲劳性能满足美国规范FEMA450的相关要求。试件的破坏及滞回曲线如图1-33所示。

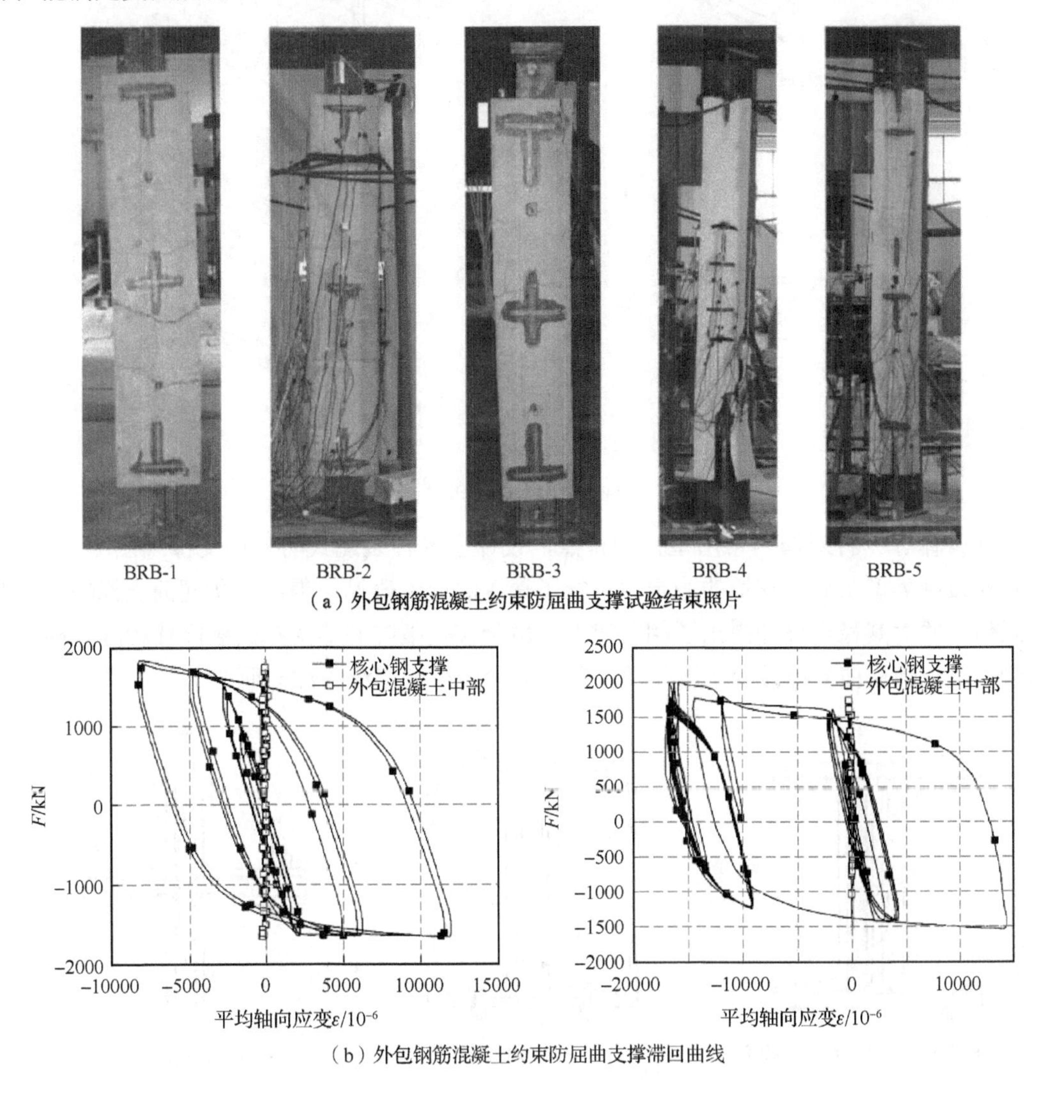

图1-33 程光煜等[71]的外包钢筋混凝土约束防屈曲支撑试验研究

Zhao等[72]在分析已有全钢防屈曲支撑的缺陷后提出一种全新全钢防屈曲支撑（all steel buckling restrained brace，ABRB），如图1-34所示。其内芯由4根角钢拼接而成，在中间部位进行点焊，消除了焊接对防屈曲支撑性能的不利影响，约束部分则采用2根角钢肢尖相扣的方式浅度焊接而成。Zhao等研究人员对ABRB进行了试验研究，主要研究了端部不同连接方式及不同构造的限位卡方式对低周疲劳特性的影响，并对一些可能影响防屈曲支撑滞回性能的工艺进行了研究。

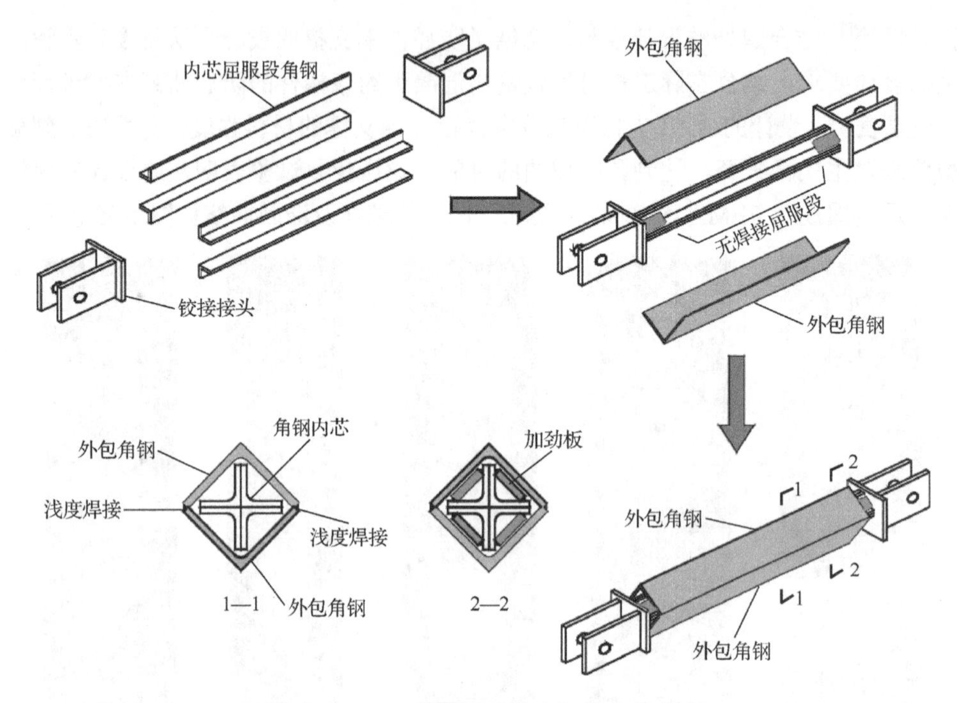

图 1-34　Zhao 等[72]提出的全钢防屈曲支撑

郭彦林等[73]针对国内常用型钢的特点，设计了多种装配式防屈曲支撑（图 1-35），并分别对每种类型防屈曲支撑的稳定性进行了深入的理论研究，得出了防屈曲支撑约束比的界限值，并对其稳定设计提出了相关建议。由于该类型防屈曲支撑的装配化程度较高，较钢管混凝土防屈曲支撑减少了湿作业，在未来应当得到广泛关注与研究。

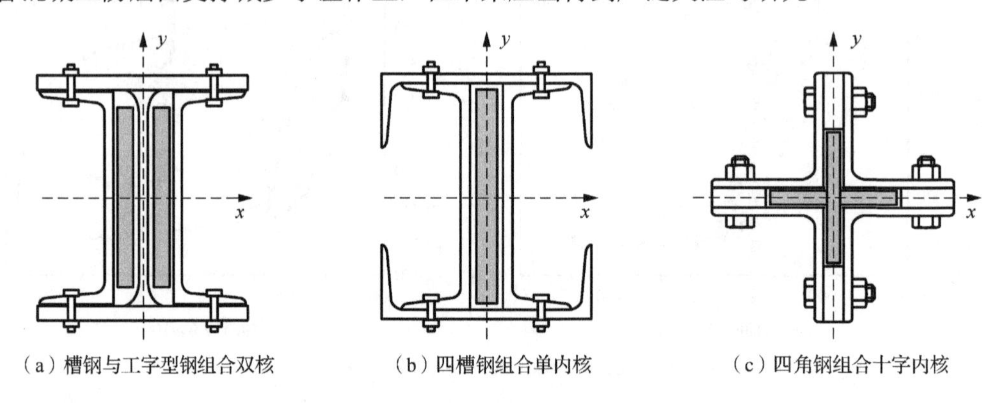

（a）槽钢与工字型钢组合双核　（b）四槽钢组合单内核　（c）四角钢组合十字内核

图 1-35　郭彦林等[73]提出的新型装配式防屈曲支撑

高向宇等[74]设计了组合热轧角钢防屈曲支撑，提出用端部加强方法制作组合热轧角钢防屈曲支撑的钢芯，并对设计、制作的 7 个试件进行了低周往复荷载试验研究，其中 4 个试件采用热轧角钢、3 个试件采用热轧钢板，端部加强型角钢内芯分别采用了错十字形和 T 形两种截面形式，并采用工作段焊接与非焊接两种组合方式。研究表明，用上述成型方法制作的组合热轧角钢防屈曲支撑在构造、耗能能力、延性等抗震性能指标方面均达到了国内外规范的要求。试验试件构造如图 1-36 所示。

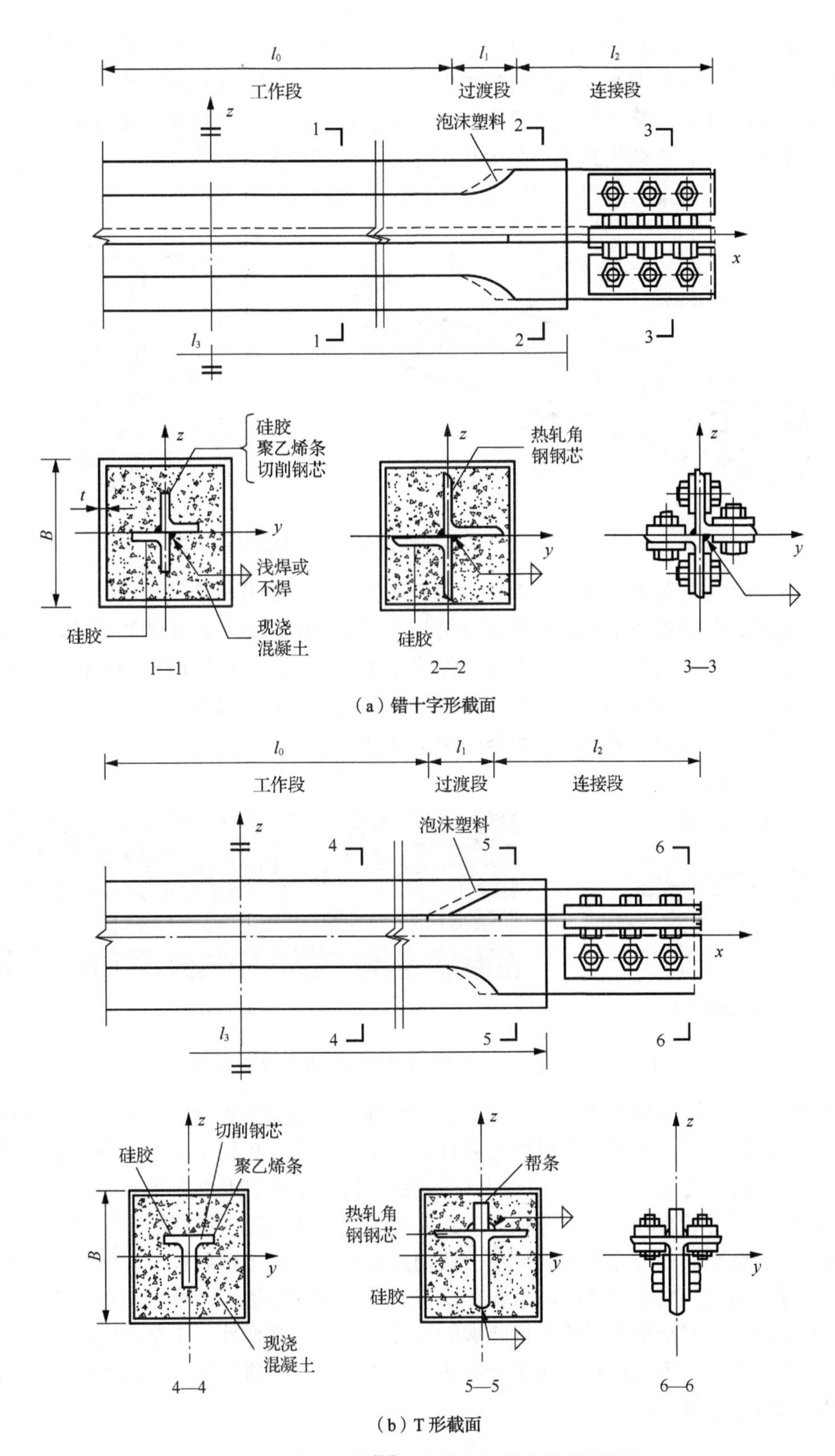

图 1-36　高向宇等[74]提出的防屈曲支撑截面构造

王佼姣等[75]对日本住金关西工业株式会社研发的双腹板式钢制防屈曲支撑的性能进行了研究，该类型支撑外围约束构件由双腹板普通 H 型钢内填充橡胶材料组成，钢芯采用日本低屈服点钢材制作，整体构造形式简单，如图 1-37 所示。王佼姣等主要分析了该类型支撑的滞回耗能能力、失效模式等，数值模拟结果与试验结果吻合度较高，并通过大量数值模拟算例给出了该类型防屈曲支撑在设计中应注意的问题及相关设计建议。

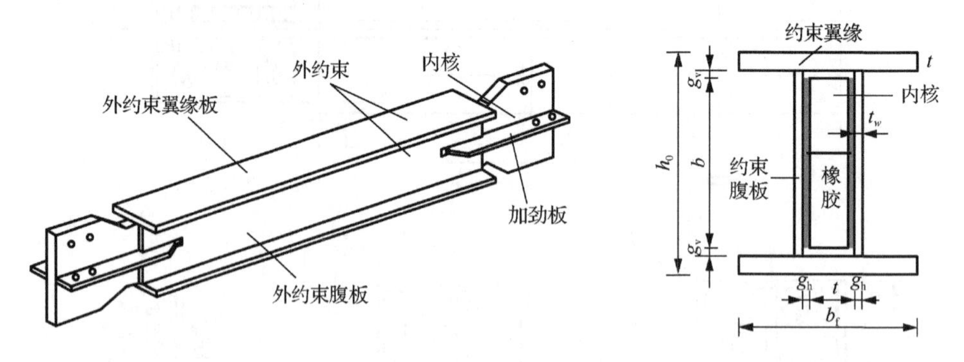

图 1-37　日本住金关西工业株式会社研发的防屈曲支撑

姜子钦[76]对方矩管装配式防屈曲支撑进行了深入的理论分析及试验研究，主要考察了初始尺寸缺陷、外围约束单元强度和刚度等设计参数对防屈曲支撑性能的影响，并理论分析了两端铰接连接方式的稳定设计方法，结合理论推导进行了试验研究和数值模拟分析，为方矩管装配式防屈曲支撑的合理设计及工程应用提供了充足可靠的理论依据。方矩管装配式防屈曲支撑的截面构造及破坏形态如图 1-38 所示。

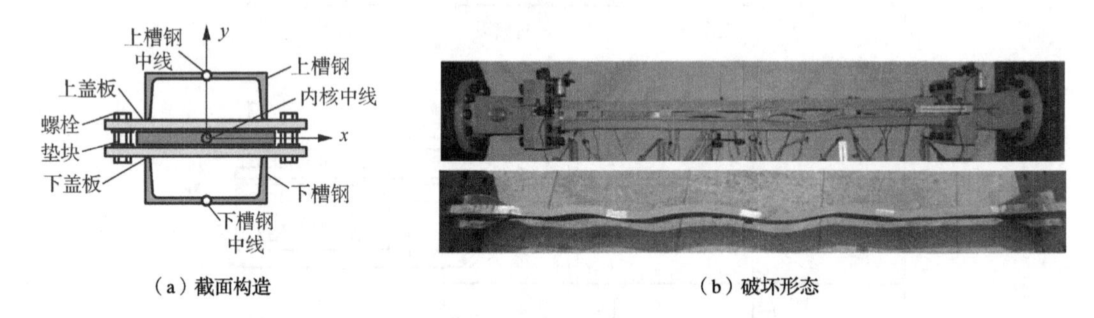

（a）截面构造　　（b）破坏形态

图 1-38　方矩管装配式防屈曲支撑截面构造及破坏形态

值得注意的是，防屈曲支撑正经历着由钢筋混凝土约束型到钢管混凝土约束型再到全钢装配式的发展，这主要是因为以往的整体约束型防屈曲支撑加工工艺复杂，加工精度难以保证，尤其是对于无黏结材料的选用，无黏结层的厚度控制及钢芯单元与外围约束构件间的间隙控制等都具有较大的实施难度，这些不利因素的存在，往往使生产加工成本较高。作者认为，全钢防屈曲支撑的出现可使上述问题在一定程度上得到解决，但目前对于全钢防屈曲支撑的研究仍然不够全面，主要有以下 3 个方面的原因：①全钢防屈曲支撑的截面形式具有多样性；②全钢防屈曲支撑两端的连接方式具有多样性；③全钢防屈曲支撑的构造特点具有多样性。因此，有必要对全钢防屈曲支撑在试验研究及工程应用中出现的不利影响因素进行系统研究。

1.3.2 防屈曲支撑平面框架的研究

目前国内对于防屈曲支撑平面框架的研究屈指可数，大概始于20世纪90年代，大部分试验是以静力循环加载为主，都主要重点关注结构的整体抗震性能。

顾炉忠等[77]制作了三榀抗侧移刚度相同的钢筋混凝土框架，但各榀框架中防屈曲支撑刚度和布置形式不尽相同。通过对其进行拟静力试验，研究了防屈曲支撑混凝土框架的抗震性能，主要包括各防屈曲支撑框架在试验中的开裂情况，承载能力曲线，耗能曲线，骨架曲线及防屈曲支撑的耗能能力等。

武娜等[78]针对既有建筑抗震性能不足的缺点，有针对性地研究了加设防屈曲支撑的加固技术，并对一内嵌式钢框架加固混凝土框架结构进行了低周反复荷载试验研究。结果表明，防屈曲支撑具有稳定的耗能能力，并在较大程度上提高了结构的抗震承载力，内嵌式钢框架传力可靠。

吴徽等[79]同样对防屈曲支撑的加固技术进行了相关研究，并对外贴防屈曲支撑框架的加固技术进行了试验研究。结果表明，防屈曲支撑的存在使框架在大震作用后仍具有较高的承载能力，防屈曲支撑先于框架屈服，实现了结构的多道设防要求，并可作为一种可替换元件进行更换。

郭玉荣和黄民元[80]对防屈曲耗能支撑钢管混凝土柱-钢梁组合框架子结构进行了拟动力试验研究。试验按照1∶3的比例进行缩尺，按照多遇烈度、设防烈度及罕遇烈度水准进行逐级加载，试验采用Imperial Valley和Northridge两条天然地震波。结果表明，防屈曲支撑框架在各水准地震作用下均表现出良好的抗震能力。

总结以上各研究人员的研究可知，国内对于防屈曲支撑平面框架的研究，与国外的研究相类似，主要关注结构的整体抗震性能，包括防屈曲支撑的耗能能力、框架的承载能力等各项性能指标。但并未从本质上揭示防屈曲支撑与框架间的相互作用机理，也鲜有考虑防屈曲支撑与框架间相互作用的影响因素。

1.3.3 防屈曲支撑整体框架的研究

目前，国内对于防屈曲支撑整体框架抗震性能的研究可以说是屈指可数，而且仅有的少数研究也大多是针对防屈曲支撑钢框架进行的。近些年防屈曲支撑在钢筋混凝土框架结构中的应用日益增多，因此有必要对防屈曲支撑钢筋混凝土框架在地震作用下的性能表现进行深入研究，尤其是该结构体系的破坏机理及失效模式、震前和历经地震后防屈曲支撑的性能变化及差异、结构各项能量分布等。

胡大柱等[81]针对铰接钢框架结构体系的特点和抗震性能提出防屈曲支撑铰接框架结构体系，这种体系可以看成单道防线及单重抗侧力体系，防屈曲支撑的性能表现直接影响该结构体系的抗震性能。他们也对一个足尺防屈曲支撑铰接框架结构进行了振动台试验，主要研究了该结构体系在地震作用下的动力特性、剪力反应、位移反应及破坏形态。结果表明，在地震输入加速度峰值为1.2g时，结构层间位移角为1/100，防屈曲支撑进入屈服耗能工作状态，且未出现屈曲破坏，框架梁、框架柱仍保持在弹性工作阶段，防屈曲支撑铰接框架结构体系可用于地震地区。

程绍革等[82]对一单跨两层防屈曲支撑钢框架进行了振动台试验研究，钢框架梁柱截面尺寸均为H200mm×160mm×8mm×12mm，防屈曲支撑在模型结构中均为人字形布置，试验工况选用 3 条天然波和 1 条人工波作为地震输入。试验主要分析了结构的加速度反应，防屈曲支撑的耗能情况及不同水准地震作用下模型结构的各项能量分布情况。结果表明，地震输入加速度峰值小于 0.06*g* 时，防屈曲支撑仅为结构提供附加刚度；地震输入加速度峰值大于 0.06*g* 时，防屈曲支撑通过自身塑性变形耗散地震输入能量；台面输入加速度为 0.1*g* 时，防屈曲支撑大约可耗散地震输入总能量的 20%～40%。

郝晓燕等[83]对装有腹板式钢制防屈曲支撑的钢框架结构进行了振动台试验研究，并与普通支撑钢框架的抗震性能进行了对比分析，主要研究了腹板式钢制防屈曲支撑与普通支撑在动力荷载下的力学特性，对比了两者的减震性能，并采用有限元方法进行了数值模拟分析。结果表明，腹板式钢制防屈曲支撑对结构位移反应有较好的控制，可将其视为一种阻尼器。多遇地震作用下，两框架结构位移反应相当，随地震激励的增大，腹板式钢制防屈曲支撑框架的位移与普通支撑框架相比要小得多，腹板式钢制防屈曲支撑可先于梁柱等构件进入塑性耗能阶段，耗散地震输入结构的大部分能量，减小结构的地震反应。

黄蔚[84]对单层防屈曲支撑钢筋混凝土框架进行了振动台试验研究，主要分析了模型结构的动力特性、试验过程中模型结构的破坏现象、模型结构加速度及位移反应、防屈曲支撑的受力特点等，并研究分析了防屈曲支撑框架结构的等效线性化设计方法。

近年来防屈曲支撑结构体系在工程中的应用日益增多，作者认为，有必要对防屈曲支撑大量应用的钢筋混凝土框架结构的抗震性能进行系统深入的研究，尤其是该结构体系在地震作用下的破坏失效机理、防屈曲支撑与结构间的相互作用关系及影响因素等，更应当从本质上去揭示防屈曲支撑框架结构体系的消能减震机理。

1.4　已有研究的局限性

以上内容对国内外关于防屈曲支撑的稳定设计方法、构造及稳定性试验研究，防屈曲支撑平面框架的抗震及防屈曲支撑整体框架的抗震性能进行了回顾和总结。目前已有研究的局限性及有待进一步研究的问题，主要有以下几个方面。

1）防屈曲支撑构件的研究正处于由钢筋混凝土约束构件到钢管混凝土约束构件再到全钢防屈曲支撑的阶段，对于上述各类型防屈曲支撑的整体稳定及局部稳定的理论研究已日趋成熟，并在各国人员的研究中得以实践和验证。研究人员通常非常关心各类防屈曲支撑的截面构造形式是否合理，稳定设计理论及方法是否可靠，但在这样的研究背景下，防屈曲支撑外伸连接段在试验中出现屈曲破坏的情况仍然时有发生。作者认为，这并不是已有的设计方法出了问题，而有可能是由防屈曲支撑构件端部构造处理上的缺陷所导致的，但该类研究仍少见报道，因此有必要对其进行研究。

2）目前对于防屈曲支撑平面框架的研究，研究人员主要关注的焦点为防屈曲支撑的耗能能力、框架的抗震承载力及耗能能力等，鲜有对防屈曲支撑与主体框架间的相互作用机理进行揭示。作者认为，由于防屈曲支撑能够实现拉压屈服耗能，从这个角度看，可认为其是一种位移型阻尼器，在对防屈曲支撑平面框架的研究中，应从本质上揭示防屈曲支撑的耗能机制与结构的减震机理间的相互关系。

3）国内外对于防屈曲支撑整体框架的抗震性能研究，目前采用较多、也较为直接和可靠的研究手段为振动台试验，且大多针对防屈曲支撑钢框架进行相关研究。钢材的材料特性，限制了研究人员通过振动台试验对防屈曲支撑整体框架结构体系的消能减震机理及破坏失效模式等进行了解，尤其对于在国内工程中应用较多的防屈曲支撑钢筋混凝土框架结构体系。

1.5 主要研究内容和研究方法

1.5.1 研究内容

针对前面叙述的在已有研究中存在的不足及尚待进一步研究的问题，本书主要开展了以下工作。

1）在第 2 章中，针对目前全钢防屈曲支撑外伸连接段的屈曲破坏特点，以及外伸连接段与约束构件端部过渡处的构造缺陷，提出了一种改进构造措施，对端部改进型的 3 个全钢防屈曲支撑试件进行了滞回性能试验研究，3 个试件的型号各不相同，较为详细地介绍了具体的构造改进方式及生产加工方式，并指出在生产过程中的注意事项。对端部改进型全钢防屈曲支撑的抗震性能指标进行了合理评价，包括滞回耗能能力、破坏形态等，并采用 ABAQUS 软件建立精细化有限元模型进行对比分析，从而验证端部的构造改进措施是否能有效改善防屈曲支撑外伸连接段的稳定性。

2）在第 3 章中，对防屈曲支撑与钢筋混凝土框架间的相互作用机理进行试验研究，制作了三榀防屈曲支撑钢筋混凝土框架，它们的抗侧刚度比（防屈曲支撑抗侧刚度与框架抗侧刚度之比）分别为 3、5、7，其中防屈曲支撑采用第 2 章中介绍的端部改进型全钢防屈曲支撑。通过对框架结构进行低周往复荷载性能试验，揭示了防屈曲支撑的消能减震机理，以及与主体框架结构不同工作状态（弹性和弹塑性）间的相互关系，发现了防屈曲支撑附加给结构有效阻尼比的变化规律及特点，对影响因素进行了分析，并采用 SeismoStruct 软件建立了有限元分析模型进行参数分析，为第 4 章的相关取值建议及设计准则奠定基础。

3）在第 4 章中，对防屈曲支撑与钢筋混凝土框架间的相互作用机理进行理论研究，针对第 3 章试验中发现的防屈曲支撑附加给结构有效阻尼比的变化规律及特点，理论推导了防屈曲支撑附加给结构的有效阻尼比计算公式，分析了结构在不同状态（弹性和弹塑性）时，影响防屈曲支撑耗能能力的各项因素，并基于分析结果给出了结构设计时附加阻尼比的取值建议及防屈曲支撑的设计准则。针对防屈曲支撑不同的工程应用模式，理论推导了防屈曲支撑型阻尼器在罕遇地震作用下的变形需求及截止条件，并建立单自由度及多自由有限元分析模型验证推导结论的正确性。

4）在第 5 章中，对防屈曲支撑钢筋混凝土整体框架结构进行了振动台试验研究，揭示了该结构体系在地震作用下的逐步破坏失效机理；从能量的角度出发，研究了该结构体系的消能减震特点；研究分析了在经历地震前后防屈曲支撑的性能变化及差异，初步尝试探索评价防屈曲支撑在经历地震作用后继续工作的能力；介绍了采用 MATLAB 处理振动台试验数据的相关原理及技术；并对如何评价和检测震后防屈曲支撑的性能及相应的更换标准进行了展望。

根据以上的各项研究内容，本书共分 6 章，除去第 1 章绪论和第 6 章结论与展望，制定了以下研究路线，如图 1-39 所示。首先针对传统全钢防屈曲支撑构造的缺陷提出相应的端部构造改进措施，并对端部改进型全钢防屈曲支撑进行了全面的研究和评价。然后对带端部改进型全钢防屈曲支撑的钢筋混凝土平面框架进行了低周往复荷载试验，研究防屈曲支撑与混凝土框架间的相互作用机理及影响因素，并通过理论公式推导从本质上揭示其相互作用机理。最后对防屈曲支撑钢筋混凝土框架进行了振动台试验，揭示了防屈曲支撑结构体系的破坏形态及失效机理，初步尝试探索评价震后的防屈曲支撑的性能变化及差异，为未来防屈曲支撑更换准则的编制提供相应的试验参考。

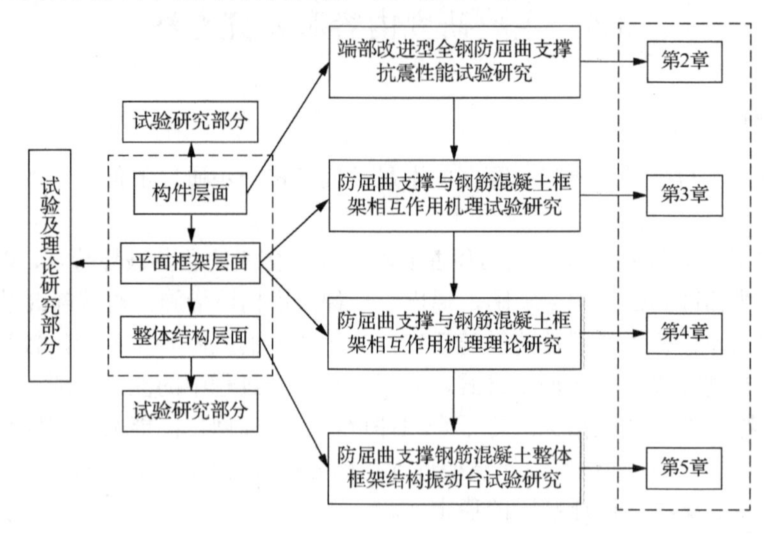

图 1-39　本书的总体研究思路及主要内容

1.5.2　研究方法

根据本书的研究内容及研究特点，采用理论推导、数值模拟、静力试验研究及振动台试验研究等方法进行研究。

1. 理论推导

以美国建筑抗震加固指南 A7C33[85]基于能量法的附加有效阻尼比计算方法为基础，参考已有的研究成果[86]，理论推导防屈曲支撑主体结构处于不同工作状态（弹性及弹塑性）时，其附加给结构的有效阻尼比计算式，并对该附加阻尼比的变化规律进行研究，对防屈曲支撑结构设计时的附加阻尼比取值、防屈曲支撑的设计准则，基于理论推导结果给出相应建议，从本质上揭示防屈曲支撑与主体框架结构间相互作用的消能减震机理。

2. 数值模拟

采用通用有限元软件 ABAQUS 建立端部改进型全钢防屈曲支撑的精细化有限元分析模型，对其进行低周往复加载分析，主要考察端部构造措施改进以后防屈曲支撑的整体稳定性、局部稳定性、失效模式、耗能能力、低周疲劳特性等，可验证试验结果的可靠性，并检验所提改进措施的有效性。采用 SeismoStruct 建立防屈曲支撑平面框架的有限元分析模型，并对相关影响因素进行参数分析。

3. 静力试验研究

对端部改进型防屈曲支撑及带该防屈曲支撑的钢筋混凝土平面框架进行低周往复荷载静力试验研究，主要研究端部的构造改进措施是否合理有效，防屈曲支撑与主体框架结构间的相互作用机理及影响因素，同时也包括防屈曲支撑的耗能能力、框架的抗震承载力及失效模式等。

4. 振动台试验研究

对防屈曲支撑钢筋混凝土框架进行人工质量的振动台试验研究，主要研究该结构体系的破坏形态及机理，防屈曲支撑在历经数次实际强震作用前后的性能变化及差异，结构的各项能量分布，防屈曲支撑分配地震剪力的规律等，并对如何评价和检测震后防屈曲支撑的性能及相应的更换标准进行了展望。

第 2 章　端部改进型全钢防屈曲支撑抗震性能试验研究

2.1　引　　言

对于防屈曲支撑构件的研究，稳定性、低周疲劳特性及构造措施是最为主要的三个研究方面。目前对于防屈曲支撑的稳定设计理论及设计方法已日趋成熟[87]，而关于构造措施的研究应放在三项基本研究的首要位置，因为即便有可靠成熟的设计方法及设计理论，若构造处理不当，同样有可能会影响防屈曲支撑实现拉压屈服耗能。虽然国内外在防屈曲支撑的构造措施方面也有不少研究，但多数研究人员主要关注防屈曲支撑的截面形式构造、板件尺寸比例构造等方面[88]。值得注意的是，在国内外研究人员的试验中防屈曲支撑外伸连接段时常出现平面内及平面外失稳（图 2-1），试验及分析结构表明[89-90]这种现象的产生很有可能并非源于设计理论，并且可以观察到一个特殊的现象，两端采用螺栓连接的防屈曲支撑，相比较采用铰接连接或焊接连接的情况更容易出现外伸连接段失稳的情况。作者认为，产生这种情况主要有以下 4 个方面的原因。

1）防屈曲支撑在大震下的受力需求较大，致使需要较多数量的螺栓进行连接，这种情况下外伸连接段的长度需求较大。

2）通常的情况是，防屈曲支撑过渡段处需留出一部分耗能段伸缩变形的距离，该部位仍然处于无约束状态，这就使防屈曲支撑连接段变截面处（过渡段处）成为薄弱部位。

3）过渡段处外围约束构件的弯曲变形产生横向剪力，致使该部位形成塑性铰，芯板单元的高阶屈曲同样在该部位产生较大的横向接触力。

4）端部转动及构件的初始尺寸缺陷致使端部产生附加弯矩。

图 2-1　防屈曲支撑外伸连接段失稳破坏

作者在本章针对前面所述传统防屈曲支撑，尤其是全钢防屈曲支撑（包括部分日本新日铁公司及日本住金关西工业株式会社生产的全钢防屈曲支撑）在端部构造上的不足之处，提出端部构造改进措施。为检验该构造措施是否能有效改善防屈曲支撑外伸连接段的稳定性，设计并制作了 3 个不同吨位的端部改进型全钢防屈曲支撑试件，并对其进行低周往复加载试验，对端部改进后的防屈曲支撑的滞回耗能能力、拉压不平衡特性、低周疲劳特性、延性、累积塑性变形能力进行了分析，以综合评价端部改进后防屈曲支撑的抗震性能。

2.2　全钢防屈曲支撑端部构造改进措施

已有的研究结果表明[91]，防屈曲支撑外伸连接段的屈曲破坏实际为一种压弯破坏形式，赵俊贤等[92]基于边缘纤维屈服准则建立了钢芯外伸连接段的稳定设计准则，其理论模型如图 2-2 所示。其通过二阶计算求解防屈曲支撑外伸连接段控制截面处的最不利弯矩值，根据外伸段抗力模型建议稳定设计准则。式(2-1)为外伸连接段控制截面处的弯矩值，式(2-2)为外伸连接段的稳定设计准则。

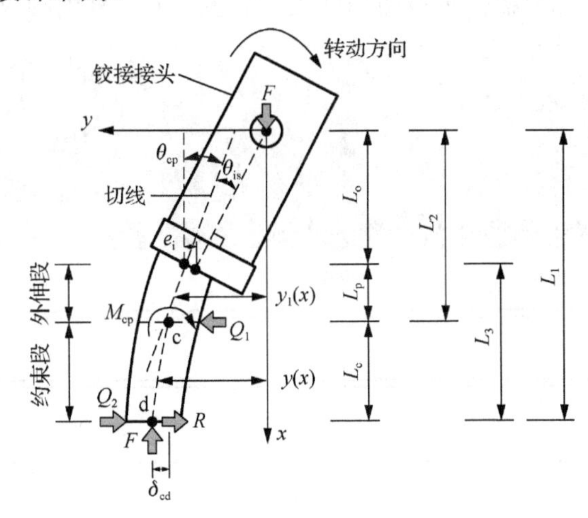

图 2-2　赵俊贤等[92]提出的外伸连接段稳定分析模型

$$M_{cp} = Fy_1(x)|_{x=L_2} = m_1\frac{Q_1}{k} + m_2F(\theta_{is}L_o + e_i) \tag{2-1}$$

式中，$k=\sqrt{\dfrac{F}{E_pI_p}}$；$m_1$、$m_2$ 分别为与 r_o、r_p、r_c、k_{ep}、k_{eb} 及 I_p 有关的量纲为 1 的参数；θ_{is} 为初始转角。

$$\frac{W_p}{2A_pL_p} + \frac{f(r_o,r_p,r_c;k_{ep},k_{eb};c,\delta_o,e_i)}{2L_p} < m_{yp} \tag{2-2}$$

式中，f 为防屈曲支撑端部转动的函数；m_{yp} 为支撑外伸连接段的量纲为 1 的强度参数。

分析式（2-1）可知，防屈曲支撑外伸连接段控制截面的弯矩随外伸连接段长度的增大而增加，这就从侧面反映出外伸连接段长度为影响其稳定性的因素之一。同样，根据式(2-1)可知，避免端部的转角变形也可减小控制截面处的附加弯矩值。需要特别强调的是，由于防屈曲支撑的连接要求等因素，有的防屈曲支撑很难通过设计保证其外伸连接段的稳定性[93]，在这种不利情况下，可通过采用恰当的端部构造措施限制外伸连接段的屈曲破坏，可以尝试的改进措施主要包括以下两个方面。

1）减小外伸连接段的长度，将过渡段置于外围约束构件内部。

2）延长外围约束构件的长度，外围约束构件的延伸增加了对防屈曲支撑外伸连接段的约束刚度，减小了其在压弯作用下的端部转角变形。

从理论分析角度来看，这两个方面的改变都将改善防屈曲支撑外伸连接段的稳定性。但在实际情况中这种改进是否有效，需采用试验的手段进行相应的验证，包括独立的防屈曲支撑构件及在整体结构中工作的防屈曲支撑构件。

传统全钢防屈曲支撑过渡段通常的构造做法如图 2-3 所示，从图中可以清晰地看出，由于外伸连接段与过渡段交界面处于无约束状态，这一部位在大变形情况下自然成为薄弱环节。已有的试验研究也发现[94-95]，该类型构造的防屈曲支撑在大变形情况下出现了外伸连接段平面内屈曲的现象。端部改进后的全钢防屈曲支撑的具体构造如图 2-4 所示，外围约束构件长度延长至外伸连接段，相当于减小外伸连接段的长度，将过渡段置于约束构件内部，但这需要额外增加垫板来形成防屈曲支撑芯板单元与外围约束单元间的空隙。

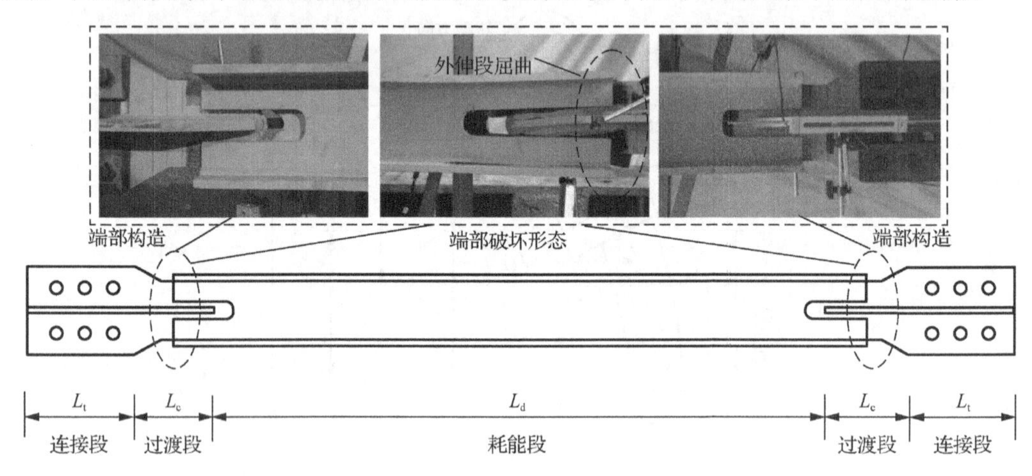

图 2-3　全钢防屈曲支撑过渡段通常的构造做法及破坏模式

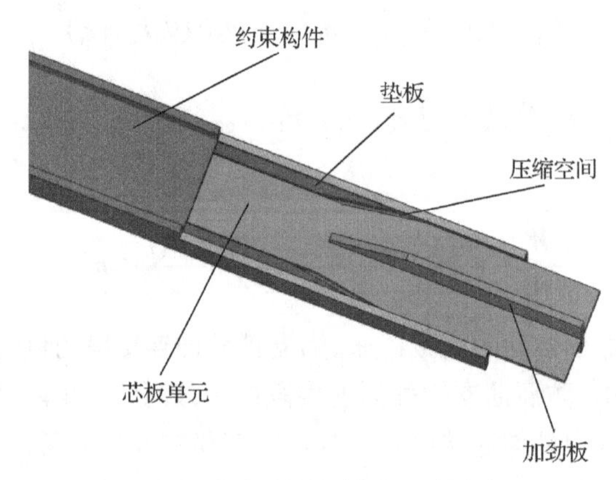

（a）全钢防屈曲支撑端部改进后剖切图

图 2-4　全钢防屈曲支撑端部的改进构造做法及剖切图

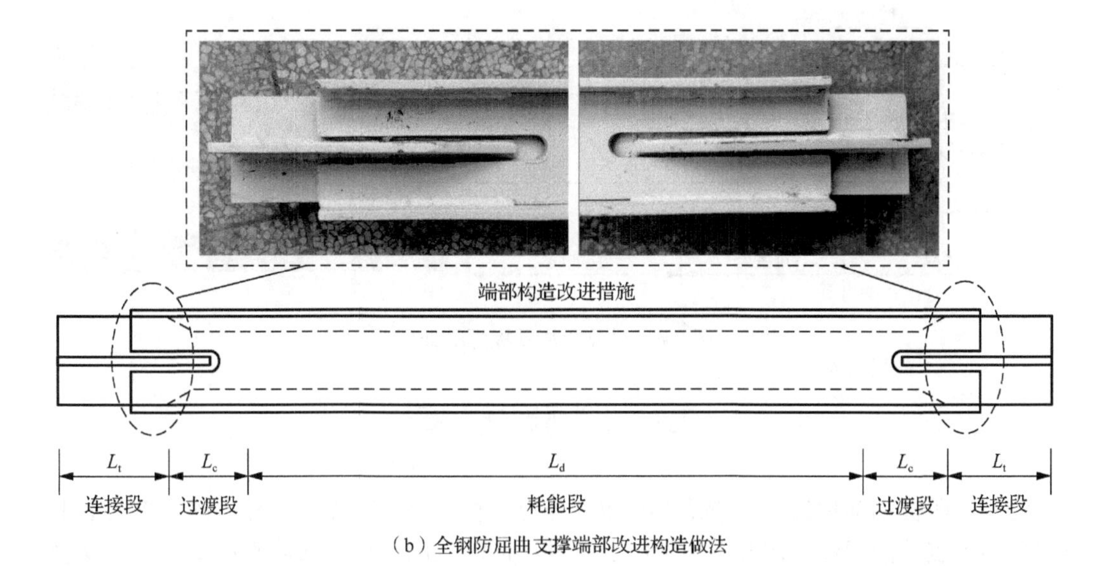

（b）全钢防屈曲支撑端部改进构造做法

图 2-4（续）

除了上述端部构造改进措施外，作者还特别关注了芯板单元端部加劲板的焊接工艺问题。如图 2-5 所示，为保证防屈曲支撑的连接段及过渡段在设计承载力作用下保持在弹性工作范围，通常须加强连接段并增大过渡段的截面面积，一般的做法是通过焊接加劲板的方式来增大该部位的横截面面积。已有的试验研究表明[96]，加劲板末端的焊接残余应力会相对集中，从而致使本应从中部的断裂转移到该部位，这将很大程度上影响防屈曲支撑的低周疲劳特性。因此，在进行端部改进型全钢防屈曲支撑的加工制作过程中，采取了更为合理的方法减小该部位的焊接残余应力集中，具体为在焊缝焊至加劲板末端 15mm 位置时停止施焊，如图 2-6 所示。此种施焊工艺可减小该部位的焊接残余应力，并禁止在焊前打火起弧及咬边焊接，注意避免在该部位进行绕焊和点焊操作，采用小电压及小电流焊接，以减小热影响区及焊接缺陷。需要注意的是，加劲板不能延伸至耗能段，应在加劲板焊缝末端沿轴向进行圆滑处理。

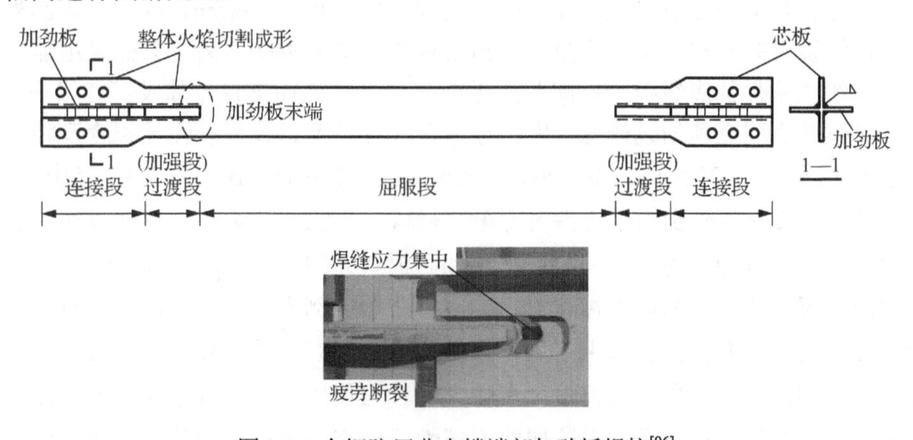

图 2-5　全钢防屈曲支撑端部加劲板焊接[96]

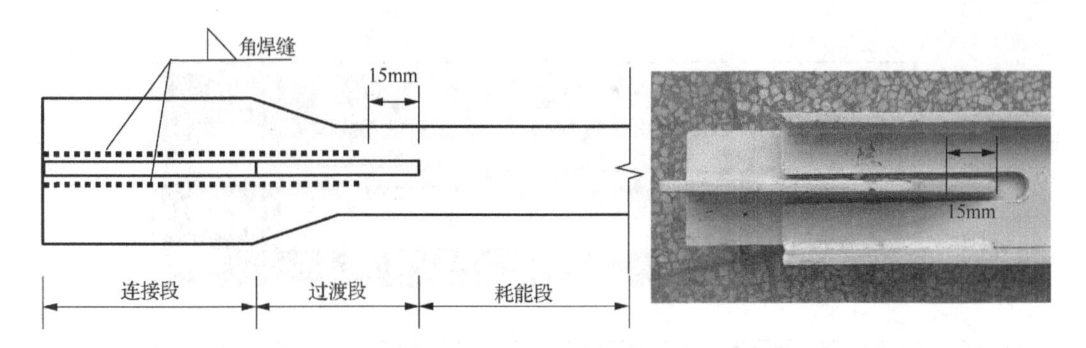

图 2-6　过渡段加劲板焊缝处理

2.3　试 验 方 案

为验证所提端部构造改进措施的有效性与可靠性，并考察端部改进后的全钢防屈曲支撑的各项抗震性能指标，作者设计制作了 3 种不同吨位的全钢防屈曲支撑试件，共 9 个，分别对每一种型号中的 1 个防屈曲支撑进行低周往复加载试验，编号依次为 ABRB 3、ABRB 5、ABRB 7，其余 6 个在本书第 3 章中用于平面框架的试验研究。以下主要从试件的设计与制作、试验试件参数、材料力学参数、试验加载装置及测点布置、试验加载制度等方面来介绍试验方案。

2.3.1　端部改进型全钢防屈曲支撑的设计与制作

端部改进后的全钢防屈曲支撑与普通的全钢防屈曲支撑的组成相同，由外围约束单元及芯板单元组成。其中，外围约束构件为焊接而成的双腹板 H 形钢套管，由两块钢腹板夹住上下平行的翼缘板焊接而成，外围约束构件与芯板单元的各个表面间的间隙设置为 0.6mm 的均匀空气间隙层，间隙的设置须满足防屈曲支撑在受压时由于泊松效应引起的横向膨胀变形，芯板单元采用一字形的截面形式。需要说明的是，外围约束构件延伸至外伸连接段，仅通过控制约束构件的尺寸无法实现 0.6mm 的间隙要求。这是因为外围约束构件延伸至外伸连接段后，防屈曲支撑连接段的截面面积比耗能段截面面积大很多，若在端部控制间隙为 0.6mm，则在耗能段芯板单元厚度方向的间隙显然要超出 0.6mm，因此，需额外增加垫板，以实现间隙控制要求。由于钢垫板承担芯板单元的接触挤压力，只需采用点焊的方式将其固定在约束构件的翼缘板上，端部改进后的全钢防屈曲支撑整体及部件组成如图 2-7 所示。3 种不同类型支撑的设计总长度、连接段设计长度、过渡段设计长度及耗能段设计长度分别为 1910mm、230mm、100mm、1250mm，具体参数将在本章 2.3.2 节中详细介绍。

全钢防屈曲支撑的外围约束构件内无填充材料（砂浆或混凝土），仅通过在芯板单元四周与约束构件间设置均匀的空气间隙层来保证芯板单元的轴向运动，并且防屈曲支撑在工程结构中的布置方式通常为单斜撑布置、人字形布置或倒人字形布置，这就有可能致使外围约束构件在自重和摩擦力的作用下沿支撑轴向产生相对滑动，并将导致芯板单元的外伸连接段长度一端增长，而另一端缩短。在较大的轴力作用下，芯板单元外伸连接段长度长的一端容易发生弯折破坏，不利于防屈曲支撑性能的充分发挥，因此需采取合理的限制其自由滑动的措施，但限位措施不应影响防屈曲支撑的各项性能，包括低周疲劳特性等。目前限位的方式主要有中间限位方式和一端限位方式，实际设计中采用较多的是中间限位方式。中间限位方式可认为支撑的总变形平均分配到支撑两端，有利于减少芯板单元与约束单元之间的摩擦力及芯板单元与约束单元之间的压缩空间，提高外伸连接段的稳定性，还有利于使耗能段的变形沿轴向均匀分布，提高芯板单元的局部稳定性。一端限位方式可认为支撑的总变形全部集中在支撑变形的一端，因此，所预留的压缩空间须满足支撑的极限变形能力。必须强调的是，无论采取哪种限位措施，都只能限制约束构件沿轴向的刚体位移，而其他方向上的刚体位移需得到释放。若限制了约束构件除轴线方向外的其他方向上的刚体运动，芯板单元受压时产生的横向膨胀有可能受到约束单元的阻碍，从而导致芯板单元受到的摩擦力急剧增大。已有的研究成果表明[97]，不同形式的限位卡对防屈曲支撑低周疲劳特性的影响区别较为显著，总体上看，截面圆滑过渡型限位卡对防屈曲支撑抗震性能的影响要小于截面突变型限位卡。本章中用于试验的端部改进型全钢防屈曲支撑采用中间限位卡的方式限制约束构件沿轴向的滑动，限位处采用倒角的方式进行圆滑处理，以减小该部位的截面突变对防屈曲支撑低周疲劳特性的影响，具体限位构造如图 2-8 所示。

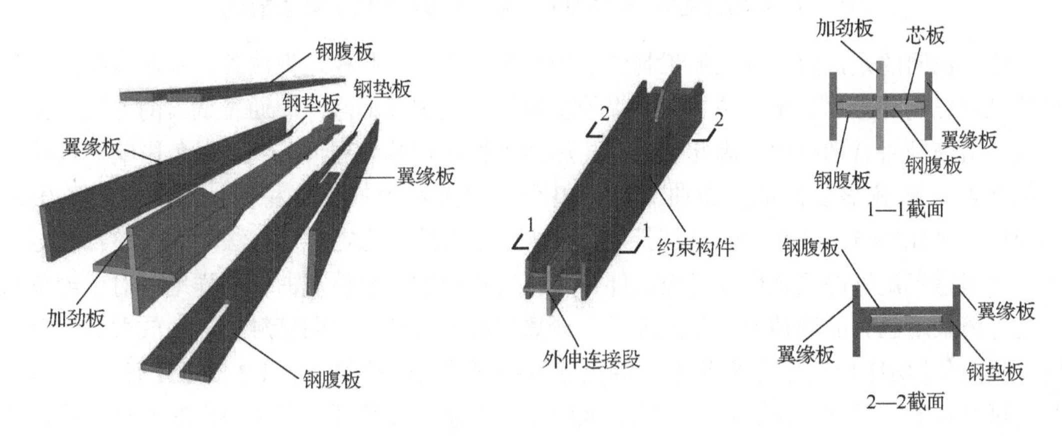

图 2-7　端部改进型全钢防屈曲支撑

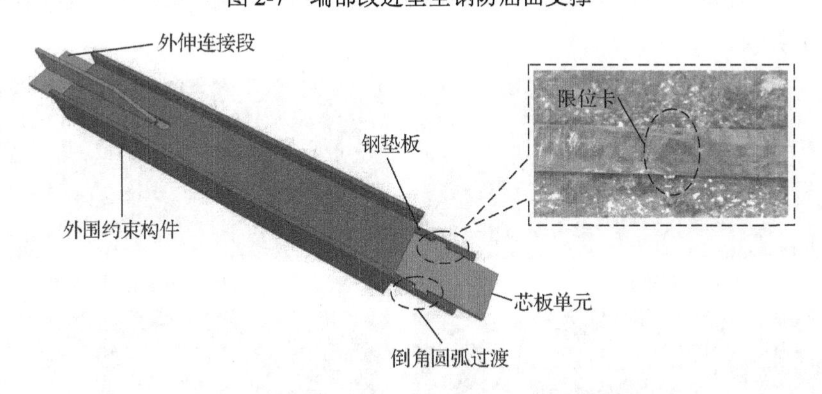

图 2-8　端部改进型全钢防屈曲支撑限位措施

需要说明的是，外围约束构件延伸至外伸连接段后，过渡段被置于约束构件内部，相对芯板单元耗能段的长度而言，这就需要相应地减小钢垫板的长度，形成内部的压缩空间，从而保证芯板单元在设计位移范围内可以自由伸缩变形。压缩空间可采用空气层或是填充松软材料的方式，但填充松软材料可能会因为材料选用不当或材料被压缩至产生较大弹性模量形成相应的反力。同时在加工制作时应需注意的是，压缩空间不能留置过大，以保证外伸连接段部分的稳定性，避免在约束构件内形成过多的空腔而导致耗能段局部屈曲。因此，在进行预留压缩空间设计前，需计算出支撑的轴向设计位移，以此作为预留压缩空间大小的设计依据。根据本章中防屈曲支撑的加载制度（具体见 2.3.5 节相关内容），在防屈曲支撑的两端各预留 35mm 的压缩空间，该空间按经验算已能满足防屈曲支撑芯板单元 3%的应变需求（支撑两端平均各分担 1.5%的应变），并有一定的冗余度以考虑加工时产生的误差，具体做法如图 2-9 所示。

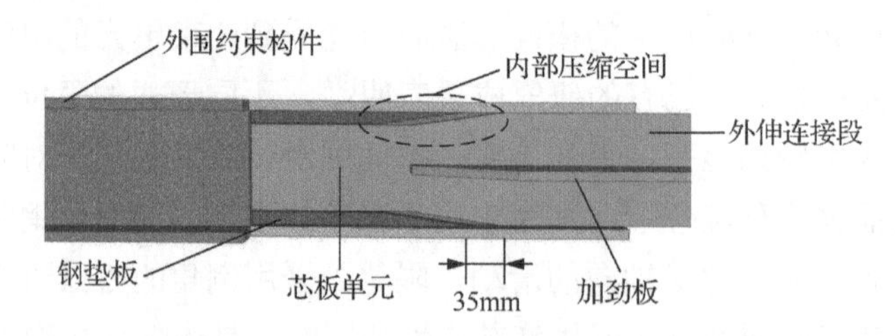

图 2-9　端部改进型全钢防屈曲支撑内部预留压缩空间构造做法

值得说明的是，除了以上加工制作过程中所采取的一些构造做法外，本次试验的主要目的是验证端部改进后全钢防屈曲支撑的抗震性能及破坏形态，即通过试验的方法验证端部改进措施是否合理有效，因此须避免防屈曲支撑出现整体屈曲破坏，以免影响对试验结果的判断。这就需要保证防屈曲支撑在整个试验过程中的整体稳定性，对于试验中的 ABRB 3、ABRB 5、ABRB 7 均根据目前的强度-刚度整体稳定设计方法[98]进行整体稳定设计，并考虑了足够的冗余度以避免试件在试验过程中发生整体屈曲。同样地，对于约束构件的焊缝采用已有的接触力估算公式[99]，计算出相应的最大法向接触力，并放大 20%后，用于确定角焊缝的尺寸，加劲板的焊缝尺寸根据支撑极限承载力的 1.2 倍进行确定。总之，基于试验目的，最终须排除各项可能出现的干扰因素，以验证本章中提出的改进构造措施是否可靠有效。端部改进型全钢防屈曲支撑的加工、制作、组装过程及最终制作完成的构件如图 2-10 所示。

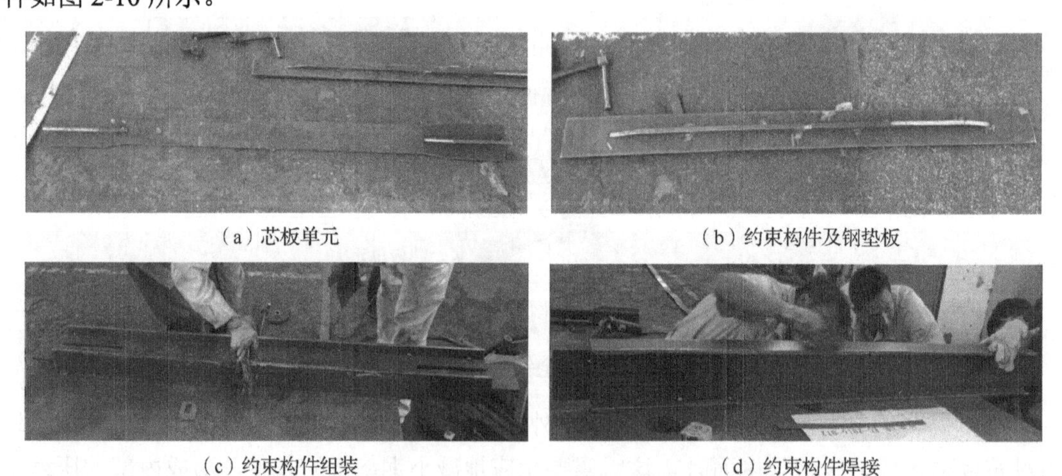

（a）芯板单元　（b）约束构件及钢垫板

（c）约束构件组装　（d）约束构件焊接

图 2-10　端部改进型全钢防屈曲支撑制作加工过程

（e）防屈曲支撑内部组成

（f）防屈曲支撑成品

图 2-10（续）

2.3.2　试验试件参数

用于低周往复加载试验的端部改进型全钢防屈曲支撑共 3 种型号，各 1 个，共计 3 个，分别编号为 ABRB 3、ABRB 5、ABRB 7，各试件组成部件的几何尺寸列于表 2-1 中。其中，ABRB 7 的承载力最大，ABRB 5 次之，ABRB 3 最小，各部件材料均采用 Q235 钢。需要注意的是，由于在芯板单元的居中部位设置了限制其自由滑动的限位卡，该部位截面面积会稍大于耗能段截面面积，但考虑到合理设计的防屈曲支撑的理想破坏位置为耗能段中间附近位置，对该部位进行倒角圆滑处理，以尽量减小该部位截面面积的增大对防屈曲支撑低周疲劳性能的影响。基于以上考虑，作者认为，可忽略该部位的截面面积变化对防屈曲支撑整体性能的影响。另外，需要注意的是，约束构件沿轴向的自由滑动限位是通过将限位卡置于约束构件垫板上的限位卡槽来实现的，限位卡槽的尺寸应设计合理，较小的限位卡槽尺寸会导致防屈曲支撑无法进行组装，较大的限位卡槽尺寸将无法实现限位功能。本次试验构件的限位卡槽与限位卡各邻近面的间隙均设置为 1mm，具体尺寸为 28mm×8mm，如图 2-11 所示。

表 2-1　端部改进型全钢防屈曲支撑部件几何尺寸

试件编号	芯板单元			约束构件翼缘		约束构件腹板		钢垫板		间隙
	b_c/mm	t_c/mm	A_c/mm^2	b_f/mm	t_f/mm	b_w/mm	t_w/mm	b_s/mm	t_s/mm	c/mm
ABRB 3	51	10	510	102	10	122	10	34	12	0.6
ABRB 5	90	10	900	102	10	122	10	15	12	0.6
ABRB 7	96	12	1152	114	15	154	15	28	14	0.6

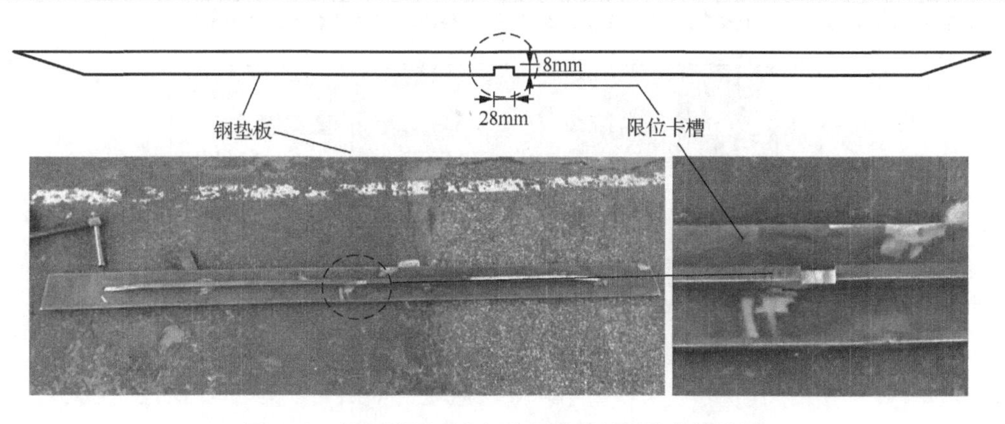

图 2-11　端部改进型全钢防屈曲支撑限位卡槽设置

ABRB 3、ABRB 5、ABRB 7 试件的整体几何尺寸列于表 2-2 中，3 个试件的连接段长度、过渡段长度、耗能段长度及试件总长度分别为 230mm、100mm、1250mm、1910mm，外围约束构件的总长度均为 1710mm，在外围约束构件的腹板两端进行开槽，以保证支撑在工作过程中正常压缩变形，3 个试件的耗能段截面形式均采用一字形截面。试件 ABRB 3 的约束比设计为 6，试件 ABRB 5 的约束比设计为 5，试件 ABRB 7 的约束比设计为 8。约束比指防屈曲支撑外围约束构件的弹性屈曲承载力与芯板单元的屈服承载力之比[100]，是衡量防屈曲支撑构件外围约束刚度和承载能力的一个关键参数，其取值直接关系到防屈曲支撑的稳定性能。Kimura 等[101]的试验研究表明，当防屈曲支撑的约束比大于 1.9 时，能够保证较好的滞回性能。日本学者 Fujimoto 等[102]根据其研究成果建议约束比取值为 1.5～2.17，值得说明的是，Fujimoto 等的研究成果已被日本相关规范采纳[103]。但必须强调的是，以上约束比建议值均为针对钢管混凝土约束型防屈曲支撑给出的，由于本章的试验目的主要是验证针对全钢防屈曲支撑提出的端部改进措施的合理性与有效性，因此须排除其他可能出现的不利因素，以免造成对试验目的的干扰。于是将本章中用于试验的全钢防屈曲支撑的约束比人为进行放大处理，以保证防屈曲支撑在试验过程中的稳定性，不致影响对试验结果的定性判断。为确保放大之后的约束比能有效保证支撑的整体稳定性，与目前主流的整体稳定约束条件[104]进行了比较，如图 2-12 所示，从图中可以看出，各试件的整体稳定安全余度处于较高水平，即使在各试件承载力达到极限附近时，其强度、刚度相关性参数仍满足约束条件，即处于图 2-12 中的安全域，因此可保证其在达到极限承载力前不发生整体屈曲破坏。

表 2-2　端部改进型全钢防屈曲支撑整体几何尺寸

试件编号	材料编号	芯板单元				芯板形式	约束单元	面积比		约束比
		L_t/mm	L_c/mm	L_d/mm	L_s/mm		L_r/mm	A_t/A_d	A_c/A_d	P_{cr}/P_y
ABRB 3	①、②、③、④	230	100	1250	1910	一字形	1710	2.8	1.8	6
ABRB 5	①、②、③、④	230	100	1250	1910	一字形	1710	2.8	1.8	5
ABRB 7	①、②、③、④	230	100	1250	1910	一字形	1710	2.8	1.8	8

注：表中 L_t、L_c、L_d、L_s、L_r 具体含义如图 2-2 和图 2-3 所示，材料编号具体见本章 2.3.3 节相关内容。

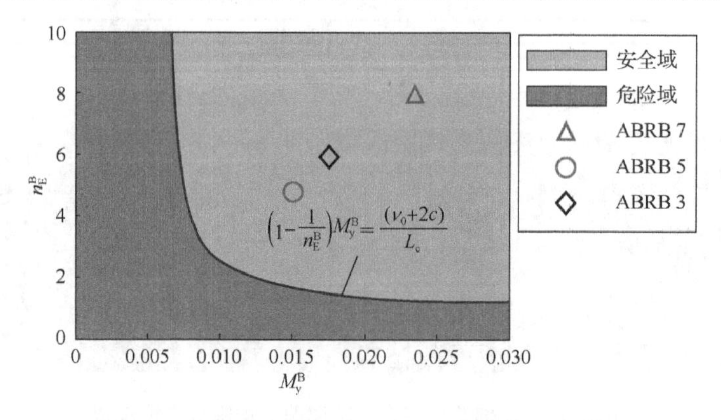

图 2-12　端部改进型全钢防屈曲支撑限位卡槽设置

3 个试件的面积比 A_t/A_d 均取 2.8，A_c/A_d 均取 1.8，即端部改进型全钢防屈曲支撑弹性连接段横截面面积与屈服耗能段的横截面面积之比取 2.8，过渡段横截面面积与屈服耗能段的横截面面积之比取 1.8。其确定原则为，防屈曲支撑在 1.2 倍极限承载力作用下，连接段及过渡段仍旧保持在弹性工作范围内。目前防屈曲支撑在该部位的一般性构造要求为，A_t/A_d 取值在 1.5～2.0 范围内，A_c/A_d 取值在 2.5～3.0 范围内。3 个试件的正视图及俯视图如图 2-13 所示。

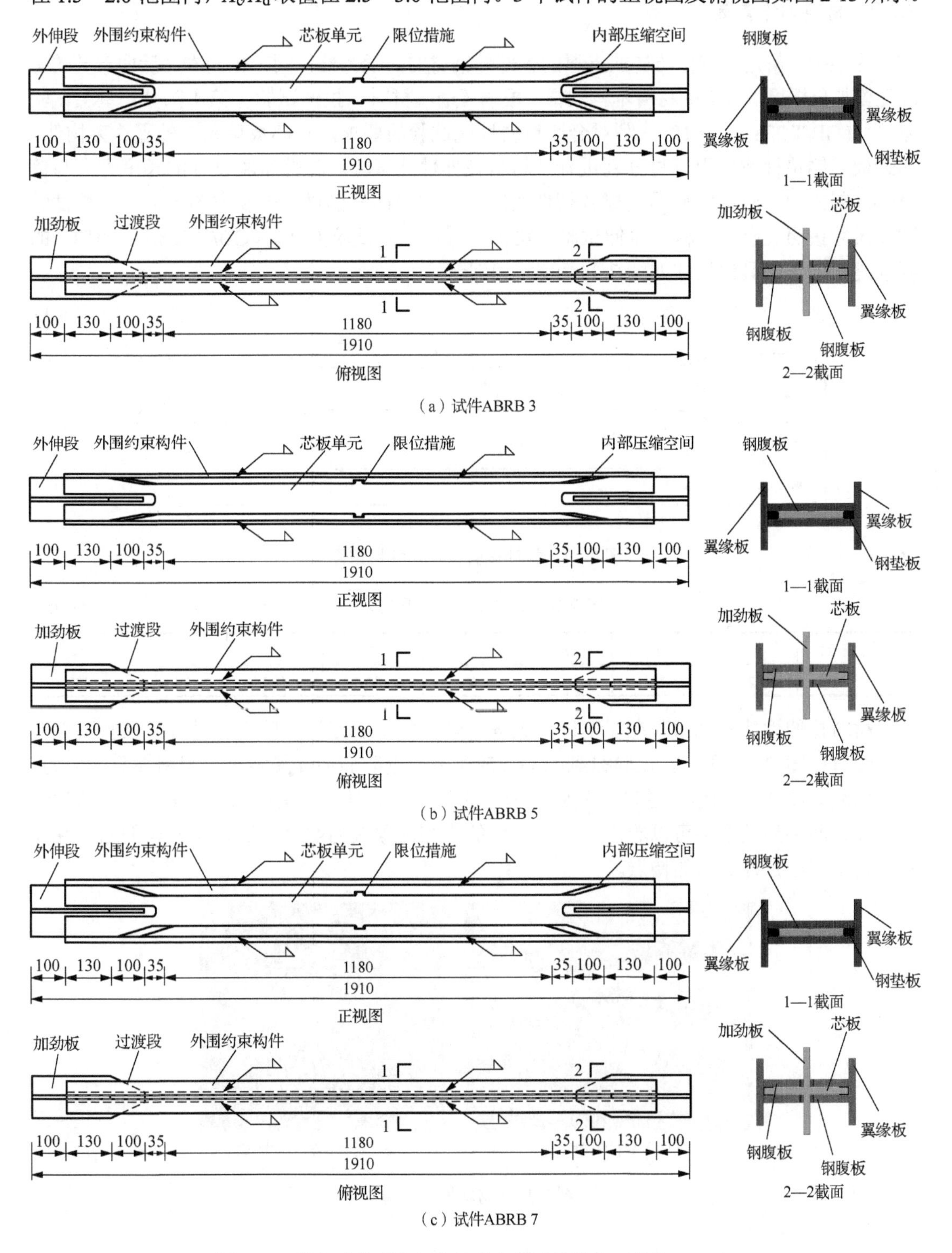

图 2-13　端部改进型全钢防屈曲支撑试件构造（单位：mm）

以上 3 个试验试件的型号均不相同，主要是为了考察端部的构造改进措施对不同吨位的防屈曲支撑稳定性是否均可靠有效，以进一步研究可能蕴含其中的关键影响因素及关键问题。

2.3.3 材料力学参数

为准确了解用于制作防屈曲支撑的各部件钢材的力学特性，同时也为本文后面章节的有限元模拟分析提供可靠的材料本构数据，根据《金属材料　拉伸试验　第 1 部分：室温试验方法》（GB/T 228.1—2010）[105]对金属材料性能试验的要求，对芯板单元、外围约束构件、加劲板、钢垫板所使用钢材分别进行了材料拉伸性能试验。材性试验试件的长度方向与钢材的轧制方向一致，防屈曲支撑各部件的取材方向同样与钢材的轧制方向一致。材性试验试件尺寸按照《金属材料　拉伸试验　第 1 部分：室温试验方法》（GB/T 228.1—2010）的要求进行确定，具体尺寸如图 2-14 和表 2-3 所示。

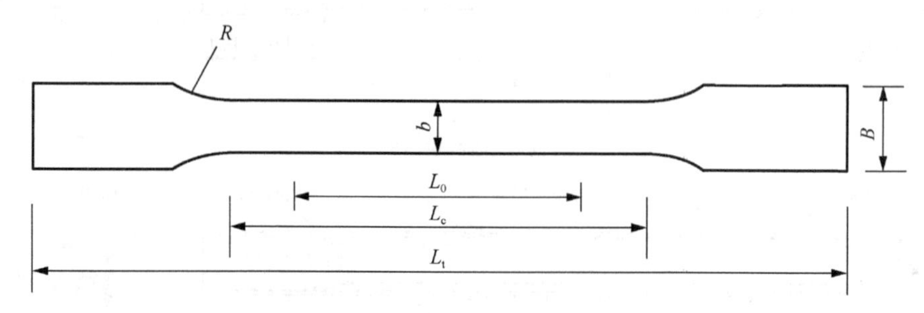

图 2-14　材性试验试件尺寸标识图

表 2-3　材性试验试件尺寸表　　单位：mm

试件编号	材料	t	b	B	R	L_0	L_c	L_t
①～④	Q 235	25	25	40	30	125	200	400

材料拉伸性能测试试验在昆明理工大学力学实验中心万能试验机上进行，试验试件及加载装置如图 2-15 所示。试验得到的端部改进型全钢防屈曲支撑各部件材料典型的应力-应变曲线如图 2-16 所示，通过试验曲线确定的各部件材料力学指标如表 2-4 所示。从材性试验试件断裂后的形态可以看出，截面产生的收缩现象较为明显，这说明材料的延性性能较好，呈现出延性破坏的特点。

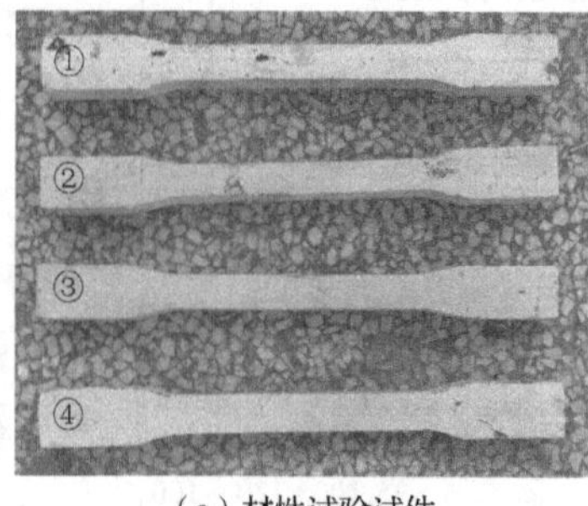

（a）材性试验试件

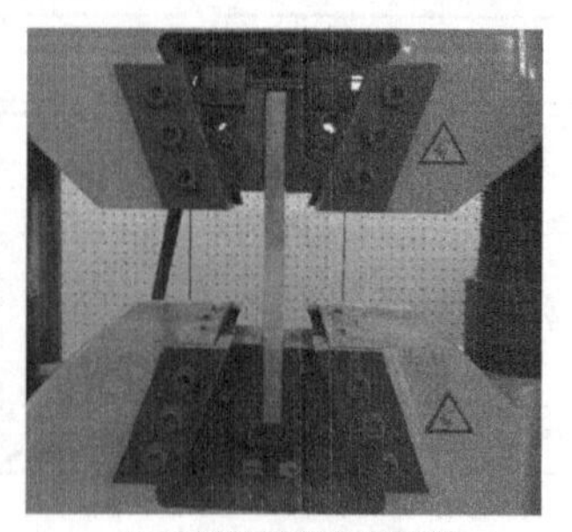

（b）材性试验加载装置

图 2-15　材料性能试验

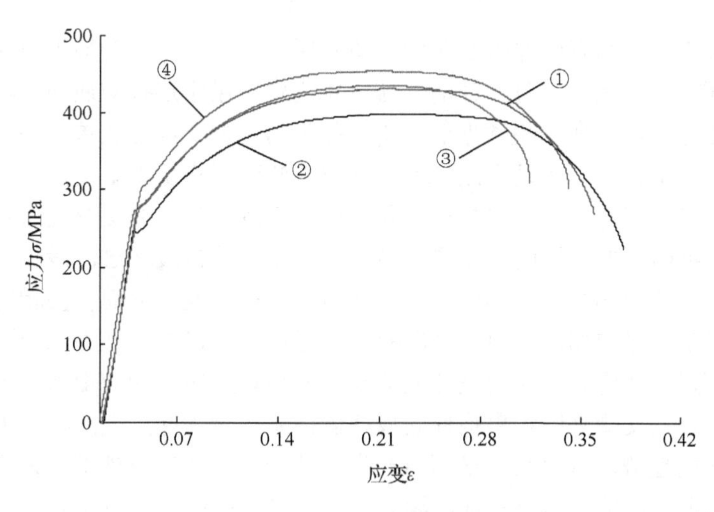

图 2-16　钢材应力-应变曲线

表 2-4　钢材力学性能

类别	材料编号	屈服强度 f_y /MPa	抗拉强度 f_u /MPa	弹性模量 E /MPa	断后伸长率 A / %	截面收缩率 Z / %
芯板单元	①	289.1	426.3	1.96×10^5	27.3	61.5
约束构件	②	273.5	389.7	2.01×10^5	30.0	63.7
加劲板	③	292.7	429.8	1.98×10^5	23.4	49.7
钢垫板	④	305.2	451.1	2.02×10^5	26.9	58.9

2.3.4　试验加载装置及测点布置

端部改进型全钢防屈曲支撑低周往复荷载性能试验在云南省工程抗震研究所实验室的 150ton 电液伺服试验机上进行，试验加载装置如图 2-17 所示。试验机由电液伺服作动器、传感器、定向支座、反力架等组成，作动器最大拉压力量程为 1500kN，力传感器安装在作动器上，用于采集作动器输出的荷载-位移数据。3 个试验试件两端的连接方式均为焊接连接，通过将其焊接在连接板上，进而将连接板通过高强螺栓固定在试验机上，最终实现防屈曲支撑两端的固接。

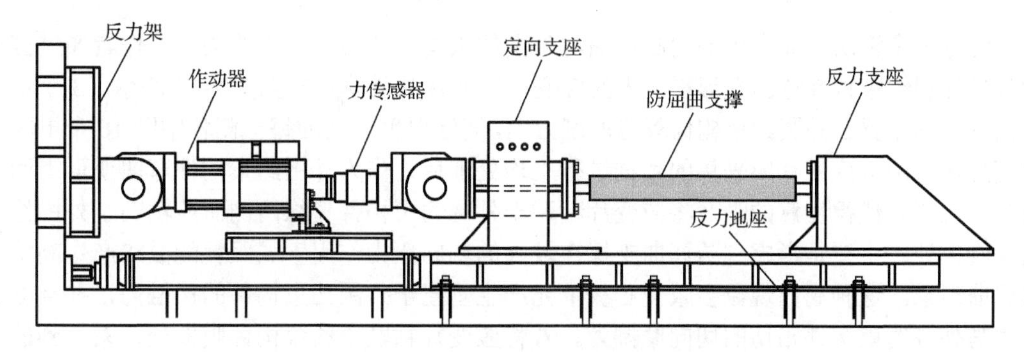

图 2-17　试验加载装置示意图

对于防屈曲支撑轴向变形的采集，通过 2 个拉线式位移计进行测量，2 个位移计分别编号为 D1 和 D2。位移指标既能够反映防屈曲支撑的变形能力，又能够体现防屈曲支撑的低周疲劳性能，因此，对其进行准确的采集和处理显得尤为关键。2 个拉线式位移计分别布设在防屈曲支撑外围约束构件腹板两侧，即防屈曲支撑的弯曲变形平面内（芯板单元弱轴平面内），如图 2-18 所示，位移计的两端分别固定在用于连接防屈曲支撑与试验机的连接钢板上。将 2 个位移计所采集数据的平均值作为防屈曲支撑芯板单元的轴向变形值。值得注意的是，上述位移计的布设方法测得的支撑轴向变形实质上是支撑弹性连接段、弹性过渡段及屈服耗能段三部分的轴向变形总和。但考虑到当防屈曲支撑屈服耗能段进入塑性工作阶段时，根据防屈曲支撑的工作原理与设计要求，连接段和过渡段仍旧保持在弹性工作范围内，因此，这两部分的变形值相对于屈服耗能段的变形值而言会相对较小，认为其可忽略。也就是说，当防屈曲支撑的轴向变形超过屈服变形进入塑性工作阶段以后，位移计所采集数据可近似认为其反映的是防屈曲支撑屈服耗能段的轴向变形。另外，需要说明的是，位移计布设在支撑外围约束构件腹板两侧，主要是考虑到支撑在较大的轴力作用下会有绕弱轴屈曲的趋势，从而在该平面内产生弯曲变形，即支撑外围约束构件腹板两侧的轴向变形会因弯曲的影响而略有差别，因此，将其平均值作为防屈曲支撑的轴向变形。

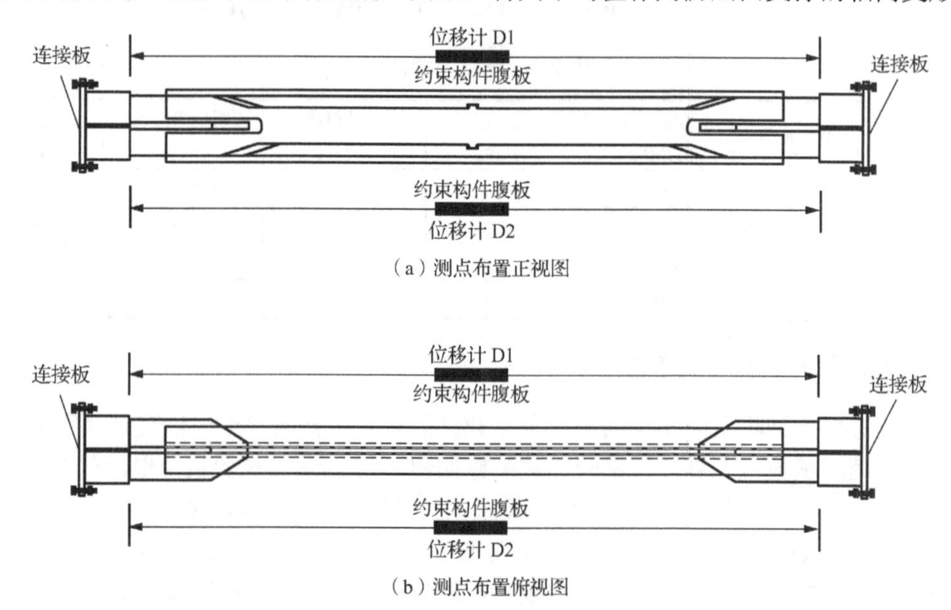

（a）测点布置正视图

（b）测点布置俯视图

图 2-18 位移传感器布置

为分析全钢防屈曲支撑的内芯屈曲与外围约束构件弯曲变形间的关系，作者通过应变片测量外围约束构件弯曲变形平面内的应变，应变片的具体布置如图 2-19 所示。3 个试件的应变片均布置在外围约束构件翼缘厚度方向，翼缘厚度方向的每一侧各粘贴 16 个电阻式应变片，将两侧应变片所采集的数据进行平均处理后，作为外围约束构件弯曲变形平面内的弯曲应变。值得注意的是，将应变片粘贴于外围约束构件翼缘两侧而非粘贴于外围约束构件腹板处，主要是考虑到防屈曲支撑在较大的轴向压力作用下屈服耗能段将产生高阶多波屈曲现象。这种屈曲现象会致使芯板单元产生垂直于外围约束构件的接触力，并且随之产生与外围约束构件相切的切向摩擦力。若将应变片粘贴于约束构件腹板处，采集到的应变数据主要反映的是由接触力引起的约束构件局部变形，而约束构件的上下翼缘板则远离接触力的局部挤压区，认为接触力对该位置的局部应变影响可以忽略不计。应变数据的采集与拉线式位移计数据的采集同步进行，并约定外围约束构件左侧翼缘板受拉时为正向弯曲变形，左侧翼缘板受压时为负向弯曲变形。

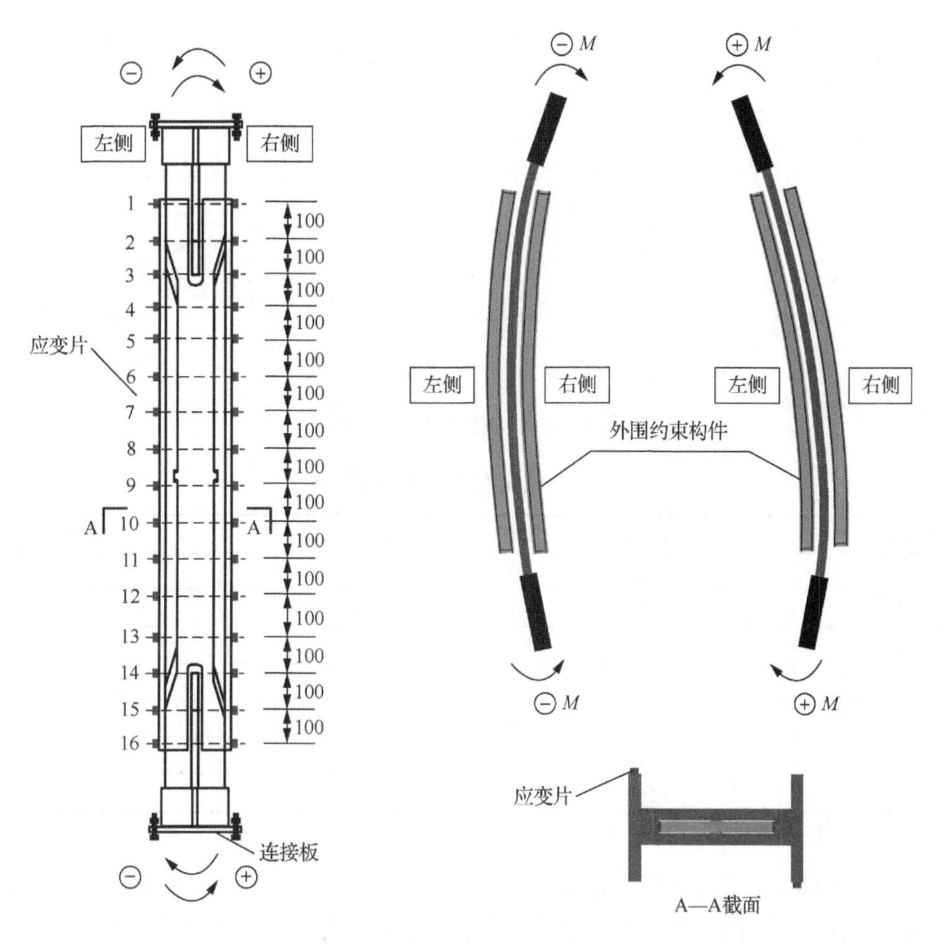

图 2-19　应变片布置方案

2.3.5　试验加载制度

防屈曲支撑试件的低周往复加载制度采用位移控制的加载模式，以试件的总长度为基准，参考《建筑抗震设计规范（2016 年版）》（GB 50011—2010）[106]中对防屈曲支撑性能试验的要求，对防屈曲支撑试件进行标准加载。以试件的轴向位移作为加载控制参数，分别在 $l/800$、$l/600$、$l/300$、$l/200$、$l/150$、$l/100$ 位移幅值下进行低周往复加载，各级循环加载次数均为 3 次，以考察防屈曲支撑在不同加载位移幅值下的强度和刚度退化情况。此外，在 $l/80$ 位移幅值下对试件进行低周往复循环加载直至试件断裂破坏，以考察防屈曲支撑的低周疲劳性能。具体试验位移控制加载制度如图 2-20 和表 2-5 所示。其中，l 为防屈曲支撑试件芯板单元的总长度。试验过程中，试件通过连接钢板与试验机相连，因此会出现相应的连接变形及系统误差，在试验前应进行误差标定，并在加载过程中考虑该部分误差对加载位移幅值的影响，最终以作动器的位移传感器输出数据作为控制位移。

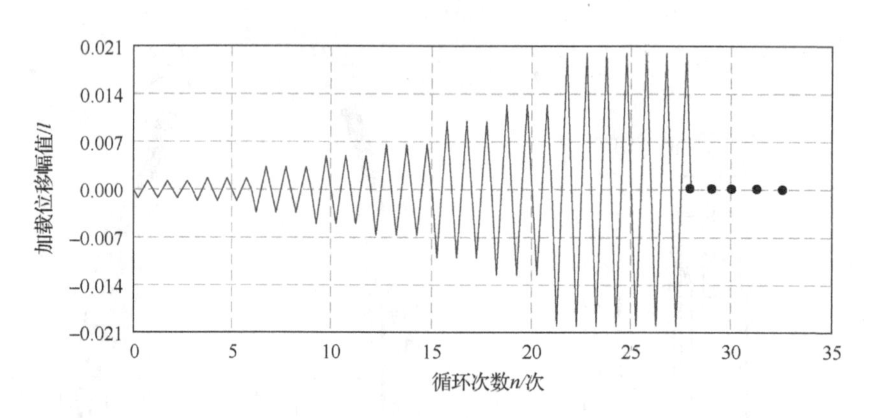

图 2-20　试验加载制度示意图

表 2-5　试验加载制度详细信息

加载级别	应变幅值 ε_p/%	位移幅值 Δ_p /mm	循环次数 n/次
1	0.13	2.39	3
2	0.17	3.18	3
3	0.33	6.37	3
4	0.50	9.55	3
5	0.67	12.73	3
6	1.00	19.10	3
7	1.25	23.88	—

注：表中“—”表示循环加载至试件断裂失效。

需要说明的是，《建筑抗震设计规范（2016 年版）》（GB 50011—2010）[106]及《高层民用建筑钢结构技术规程》（JGJ 99—2015）[87]中均对防屈曲支撑的性能要求及试验加载制度做出了相应规定，均规定在 l/300、l/200、l/150、l/100 的加载位移幅值下进行低周往复加载。本次试验加载中，在参考上述规范的基础上，分别增加了 l/800、l/600、l/80 这 3 个级别的加载位移，增加的前两个加载位移级别主要是为了更加准确地测量防屈曲支撑的实际轴向刚度，增加的最后一个加载位移级别主要是为了考察防屈曲支撑在大应变幅值下的滞回性能及低周疲劳特性。

2.4　试验结果及分析

2.4.1　试验现象及失效模式

试验过程中，试件 ABRB 3、ABRB 5 及 ABRB 7 在 l/800～l/200 加载位移幅值下无明显变化。试件 ABRB 3 加载至 l/150（约 12.73mm）位移幅值时，在进行该位移幅值下的第 2 次加载时构件发出较大的断裂声响。经检查，防屈曲支撑芯板单元未断裂失效，而是防屈曲支撑外围约束构件翼缘板与腹板间的部分点焊缝断裂后发出的响声。焊缝出现断裂的主要原因是，在试件加工制作初期，考虑到外围约束构件翼缘和腹板间采用焊接的方法进行拼装，为减小焊接残余变形引起构件过大的初始弯曲变形缺陷，采用断续焊的方式进行焊接组装，即约束构件翼缘和腹板间的焊缝是不连续的，部分位置未进行焊接，如图 2-21（a）所示。必须强调的是，后来的试验结果表明，这种减小初始变形缺陷措施的合理性有待进一步研究分析。试件 ABRB 5 及试件 ABRB 7 在此加载位移幅值下无明显变化，主要是由于这两种试件在外围约束构件腹板与翼缘间未焊接的部位进行了填充焊，如图 2-21（b）和（c）所示，也就相当于该试件外围约束构件腹板与翼缘间采用通长焊缝进行焊接组装。

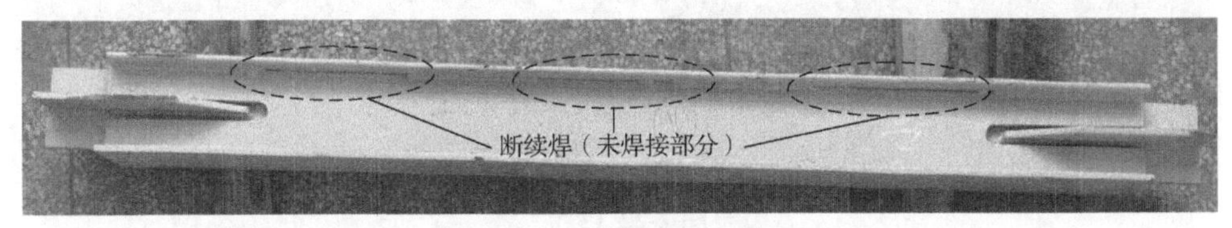

（a）试件ABRB 3外围约束构件断续焊

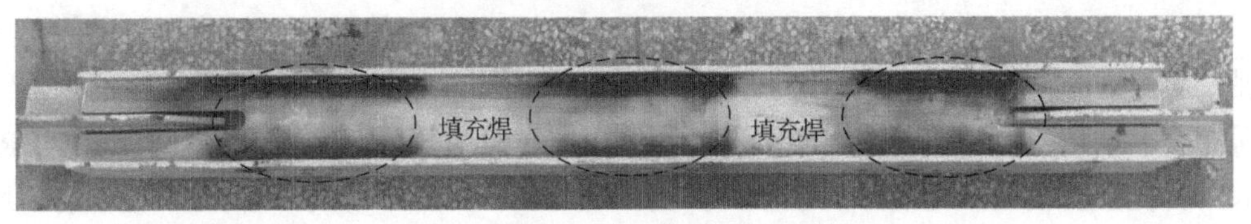

（b）试件ABRB 5外围约束构件填充焊

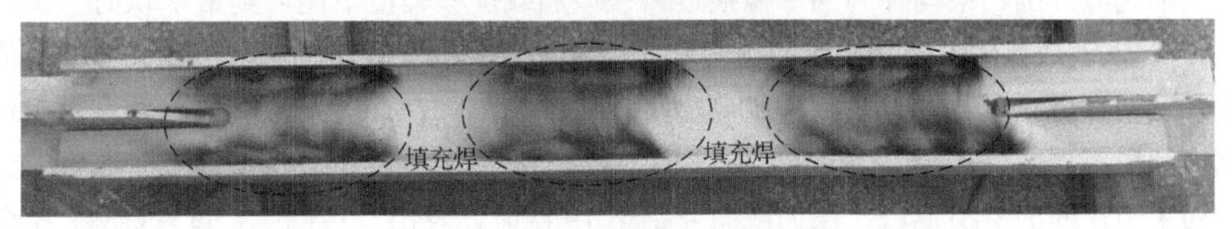

（c）试件ABRB 7外围约束构件填充焊

图 2-21　全钢防屈曲支撑外围约束构件焊接组装

当试验加载至 l/100 位移幅值时，试件 ABRB 3 局部变形幅值较大，随着荷载循环次数的增加，试件发出"刺刺"的摩擦声，最终在其端部出现局部屈曲破坏，并伴有一声闷响。经检查芯板单元拉伸断裂，试验停止，如图 2-22 所示，并且出现局部屈曲的位置正好在外围约束构件未焊接部位。不难分析该位置发生局部失稳的原因，主要是在防屈曲支撑受压的过程中，芯板单元由于弯曲变形对外围约束构件产生局部挤压力，而外围约束构件未焊接部位可看成一个两边支承的简支板，其抗弯刚度远远小于同尺寸四边支撑的弹性板。也就相当于在该局部位置，防屈曲支撑芯板单元缺乏外围约束构件的有效约束，同时，该部位进行开槽处理（为释放芯板单元的轴向运动空间），也同样削弱了该部位的刚度，因此其抗弯能力不足以抵抗芯板单元对约束构件的局部挤压力作用，故而在该部位出现较为集中的局部屈曲失稳现象，但未出现整体屈曲情况。关于支撑芯板单元的局部屈曲机理及通常在端部出现局部屈曲现象的进一步分析及解释详见本章 2.5 节。试件 ABRB 5 及试件 ABRB 7 无明显变化，无局部失稳及整体失稳情况出现。

（a）约束构件左侧腹板局部屈曲

（b）约束构件右侧腹板局部屈曲

图 2-22　试件 ABRB 3 局部屈曲及破坏形态

（c）芯板单元断裂

图 2-22（续）

当试验加载至 $l/80$ 位移幅值时，试件 ABRB 5 发出较大的声响。经检查，芯板单元未断裂，而是部分填充焊缝发生破坏，从而发出较大的响声。随着荷载循环次数的增加，试件同样发出“刺刺”的摩擦声，并出现小幅值的局部屈曲现象，局部屈曲位置与试件 ABRB 3 相似，出现在加载端靠近端部的位置，如图 2-23（a）和（b）所示，从图中可以清晰地看到芯板单元与外围约束构件间的摩擦痕迹。在该加载位移幅值下循环到第 7 次时，试件断裂，如图 2-23（c）所示，并发出巨大声响，停止加载。试件 ABRB 7 在该加载位移幅值下的前几次循环中无明显变化，随着加载循环次数的增加，在靠近加载端的试件端部出现微小幅值的局部屈曲，如图 2-24（a）和（b）所示，从图中同样可以清晰地看到芯板单元与外围约束构件间的摩擦痕迹，在加载循环到第 19 次时，发出一声闷响，试件断裂。3 个试件的外围约束构件在设计上均满足局部稳定所需强度和刚度，经验算其局部稳定性也满足要求，但 3 个试件均在不同程度上出现了局部屈曲失稳现象。这一反常现象说明对于防屈曲支撑的局部稳定性可能还有其他较为关键的影响因素，根据后面内容的相关分析，作者认为，这一关键因素极有可能是芯板单元与外围约束构件间的摩擦效应。

（a）约束构件左侧腹板局部屈曲

（b）约束构件右侧腹板局部屈曲

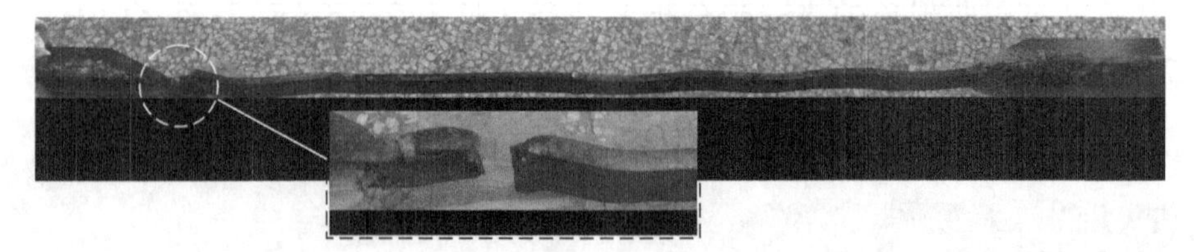

（c）芯板单元断裂

图 2-23　试件 ABRB 5 局部屈曲及破坏形态

（a）约束构件左侧腹板局部屈曲

（b）约束构件右侧腹板局部屈曲

（c）芯板单元断裂

图 2-24　试件 ABRB 7 局部屈曲及破坏形态

总结试件 ABRB 3、ABRB 5 及 ABRB 7 在试验过程中的试验现象及破坏形态可知：

1）3 个试件在各级位移幅值加载下均未出现整体屈曲现象，外围约束构件在试验过程中始终保持平直状态。

2）3 个试件在各级位移幅值加载下外伸连接段均未出现弯曲变形或失稳现象。

3）3 个试件均在不同程度上出现局部屈曲失稳情况。

4）局部屈曲失稳位置均发生在靠近芯板单元屈服段端部附近，并且最终断裂位置也在相同部位。

5）芯板单元均产生明显的高阶多波屈曲模态，且靠近试件端部的波曲长度比试件中部的波曲长度更小。

3 个试件在整个试验过程中均未出现外伸连接段失稳及破坏的趋势和现象，从试验现象观察层面上看，本章所提出的防屈曲支撑端部改进措施起到了提高外伸连接段稳定性的作用，并有效限制了防屈曲支撑在该部位的破坏失效。表 2-6 中汇总了各加载级别下不同试件的试验现象及破坏形态。

表 2-6　各加载级别下试件的试验现象及破坏形态汇总

加载幅值	ABRB 3	ABRB 5	ABRB 7
$l/800$ 循环	●	●	●
$l/600$ 循环	▲	▲	▲
$l/300$ 循环	▲★	▲	▲
$l/200$ 循环	▲★	▲	▲
$l/150$ 循环	▲★■	▲★	▲★
$l/100$ 循环	■◆▲★	▲★■	▲★
$l/80$ 循环	—	■◆▲★	■◆▲★
累积循环次数/次	18	25	37
破坏失效形态			

注：●表示试件无明显变化；▲表示试件有轻微摩擦声；★表示试件有局部变形出现；■表示试件发出较大断裂响声；◆表示试件断裂失效；表示试件端部局部屈曲失稳。

2.4.2 滞回性能分析

试件 ABRB 3、ABRB 5 及 ABRB 7 的荷载-位移滞回曲线如图 2-25 所示。力的正负号分别代表试件受到拉力和压力，图 2-25 中受压为正，受拉为负。从图 2-25 中可以看出，在 $l/800$～$l/600$ 加载位移幅值下，3 个试件的滞回曲线面积都不大，说明此时构件的耗能能力较弱。这主要是由于 3 个试件在此位移幅值下刚进入弹塑性工作阶段，并且在此阶段 3 个试件荷载-位移曲线表现为理想的线性关系。随着加载位移幅值的增大，3 个试件的轴向拉压荷载也不断增大，滞回曲线面积也随之增大，滞回曲线形状呈现出圆润饱满的梭形，未出现捏拢、反 S 形、滑移等情况，表现出良好的滞回耗能能力。

试件 ABRB 3 在加载至 $l/150$（12.73mm）之前，各级位移幅值下往复循环加载得到的各圈滞回曲线基本重合，说明防屈曲支撑在循环荷载作用下的滞回耗能能力十分稳定，并且未出现明显的强度及刚度退化现象。但注意到试件在受压过程中滞回曲线开始出现抖动现象，这主要是因为在该级位移加载下，芯板单元的局部屈曲对外围约束构件产生较大的局部法向挤压力，点焊缝发生断裂，较大的法向挤压力致使构件在受压过程中引起较大的摩擦效应，因此在受压过程中，滞回曲线出现轻微抖动现象。当试件 ABRB 3 加载至 $l/100$（19.1mm）时，试件出现较为明显的强度和刚度退化现象，同时从滞回曲线可以看出，在该级位移加载循环作用下，各圈滞回曲线在受拉及受压过程中均表现出一定的不重合性，这是因为支撑在靠近加载端端部发生较大幅值的局部屈曲失稳现象。当第 1 次加载受压时，开始出现局部屈曲失稳后，试件在受拉过程中虽被拉直，但当再次受压时，产生更大幅值的局部屈曲，因而其强度及刚度均发生退化。从滞回曲线上可以看出，试件 ABRB 3 在各级位移幅值加载下，均表现出较好的拉压对称性。

试件 ABRB 5 在加载至 $l/100$ 之前，均表现出良好的滞回耗能能力，各圈滞回曲线重合程度较好，表明其循环加载性能较为稳定，但随着加载位移幅值的增大，试件开始出现一定程度上的拉压不对称性。当加载至 $l/100$ 时，在受压过程中，滞回曲线开始出现轻微抖动。当加载至 $l/80$ 时，在该级循环加载下的滞回曲线在受压位移峰值附近出现不重合及强化现象，这同样是由于芯板单元发生局部屈曲失稳及与外围约束构件间产生较大切向摩擦力引起的。

试件 ABRB 7 在加载过程中表现出与试件 ABRB 5 相似的力学性能，但其滞回曲线在整个试验加载过程中均未出现抖动情况，同样在最后一级加载过程中，在受压位移峰值附近出现了各圈滞回曲线不重合及强化现象。

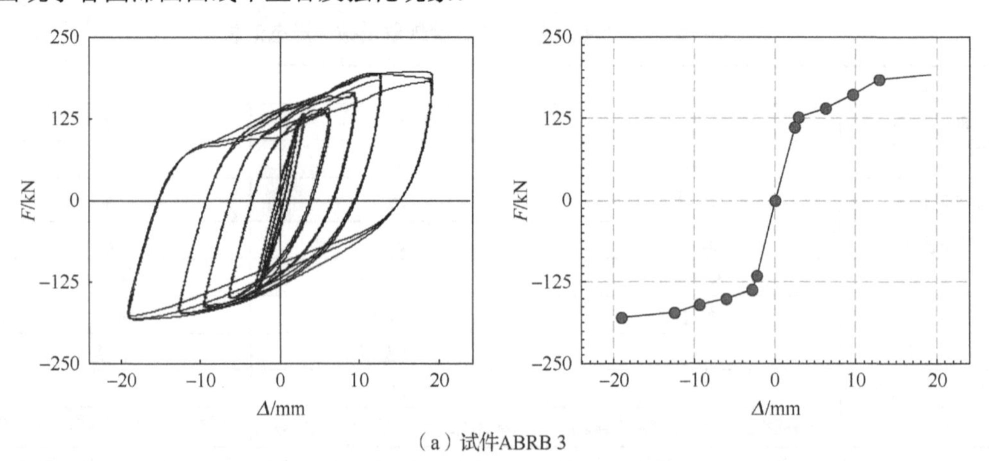

（a）试件ABRB 3

图 2-25　端部改进型全钢防屈曲支撑荷载-位移滞回曲线

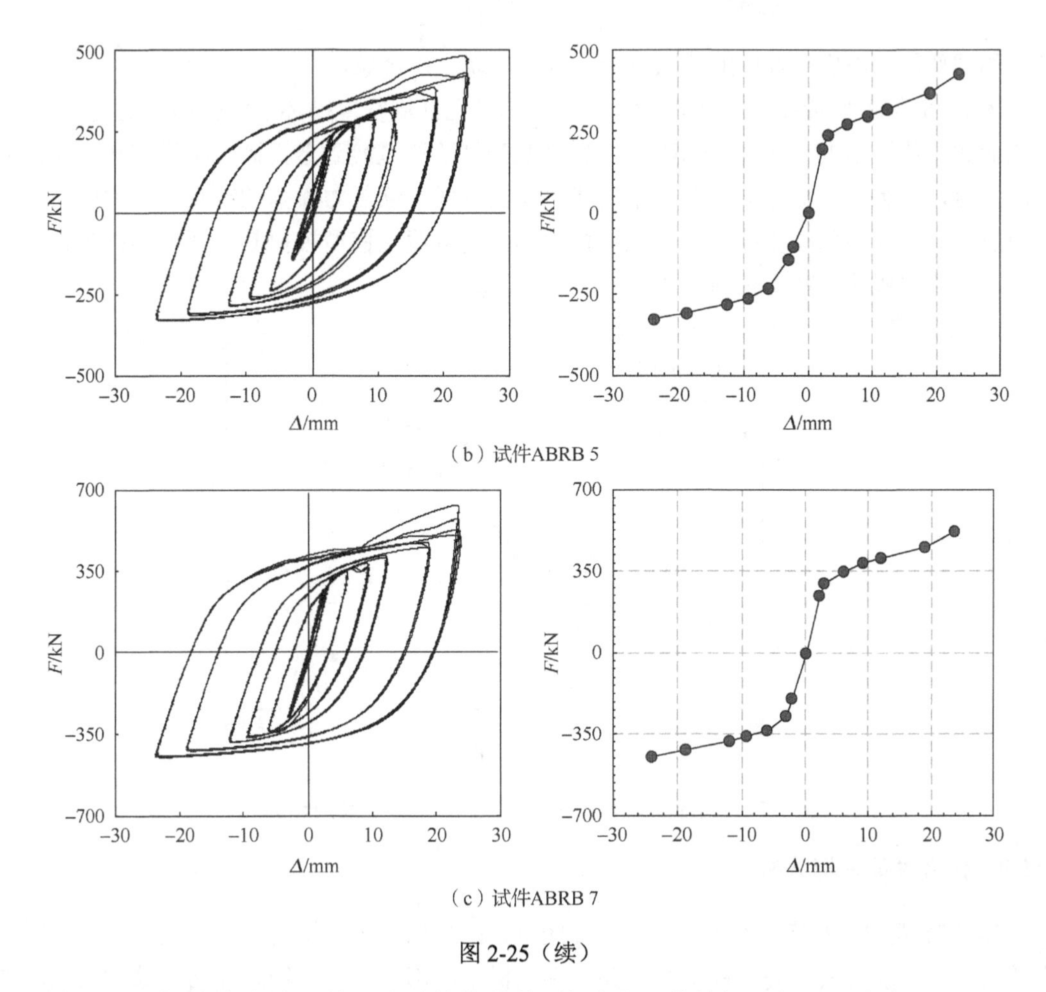

（b）试件ABRB 5

（c）试件ABRB 7

图 2-25（续）

除以上分析的特点外，从 3 个试件的荷载-位移滞回曲线还可知以下内容。

1）3 个试件进入屈服耗能阶段后，尤其在较大加载位移幅值下拉压切线刚度有所差异，在各级加载中均存在支撑压力略大于支撑拉力的现象。随着加载位移幅值的增大，支撑拉压受力不平衡的现象越发显著。出现此情况的主要原因是，芯板单元在受压过程中将产生侧向弯曲变形，从而在法向挤压外围约束构件。由于这种接触效应的存在，当支撑芯板单元与外围约束构件间产生相对运动时，便会在两者间产生摩擦效应，而在受拉过程中，受压时产生侧向弯曲变形的构件被拉直，这种由接触引起的摩擦效应也随之减小，从而使支撑受力出现拉压不平衡现象。随着轴向加载位移幅值的增大，支撑芯板单元开始产生高阶多波屈曲现象，这种高阶模态将致使芯板单元与外围约束构件间的接触面积增大，也就间接增大了两者间的摩擦力，从而导致在大位移幅值下，这种拉压受力不平衡现象表现得更加突出。

2）尽管 3 个试件的荷载-位移滞回曲线都十分饱满，但同时也观察到，试件 ABRB 5 及试件 ABRB 7 在 $l/80$ 加载位移幅值下，受压过程各圈滞回曲线出现不重合情况。随着在大位移幅值下循环次数的增加，这种各圈曲线不重合的情况更加突出。当反向拉伸加载时，各圈曲线又重新趋于重合，并且未出现强度及刚度退化现象。这极有可能是因为芯板单元产生多波高阶屈曲模态后，在芯板单元较大幅值波曲处集中了弯曲残余变形，当支撑受拉时，这些弯曲残余变形虽会减小，但并不能被完全消除至平直状态，当支撑再次受压时，将在相同部位集中更大幅值的残余变形，因此出现上述现象。

图 2-26 为试件 ABRB 3、ABRB 5 及 ABRB 7 在低周往复循环荷载作用下的荷载-位移对比曲线。从图 2-26 中可以看出，3 个试件从弹性阶段过渡到塑性硬化阶段有较为明显的屈服拐点，并且呈对称分布，即整个曲线呈现出双线性恢复力模型的特点。这说明对于端部改进后的全钢防屈曲支撑在有限元分析中可采用双线性模型模拟其滞回力学行为，3 个试件的拉压屈服荷载基本相同。

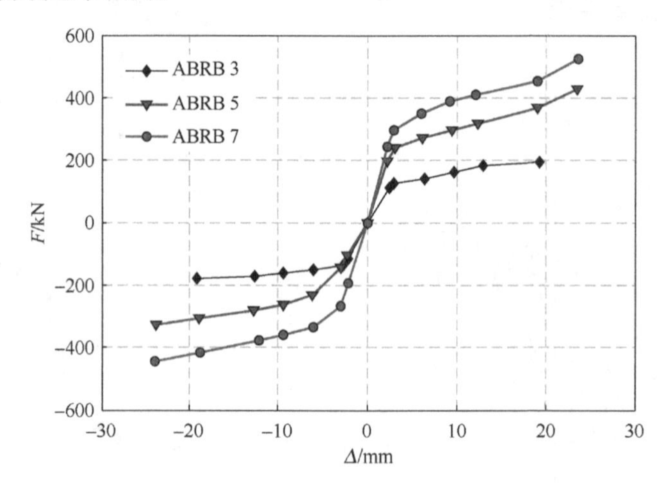

图 2-26　端部改进型全钢防屈曲支撑荷载-位移对比曲线

2.4.3　抗震性能指标分析

2.4.1 节及 2.4.2 节内容验证了针对传统全钢防屈曲支撑外围连接段构造上的不足所提出的改进措施能有效提高其稳定性，并定性分析了端部改进后全钢防屈曲支撑的滞回耗能能力。本节从定量的角度，通过试验数据进一步分析端部改进后全钢防屈曲支撑的各项抗震性能指标，以考察其是否满足工程应用层面的要求。主要分析了弹性刚度、割线刚度、屈服承载力、屈服位移、极限位移、拉压承载力不平衡特性、应变与延性、累积塑性变形能力、累积滞回耗能能力、循环强化、低周疲劳寿命等性能指标，以综合全面地评价端部改进后全钢防屈曲支撑的抗震性能。

1. 弹性刚度与割线刚度

防屈曲支撑的轴向刚度实际上为等效刚度，由于防屈曲支撑在纵向由连接段、过渡段及耗能段串联而成，因此，其在轴向的刚度为 3 部分的串联刚度，即

$$K_{\mathrm{e}}=\frac{1}{2/K_{1}+2/K_{\mathrm{t}}+K_{\mathrm{c}}} \tag{2-3}$$

式中，K_1、K_t、K_c 分别为防屈曲支撑连接段、过渡段及耗能段的轴向弹性刚度，如图 2-27 所示。实测等效轴向刚度可根据支撑滞回曲线在弹性阶段的数据进行线性回归得到，采用 MATLAB 软件对 3 个试件实测数据进行线性回归得到的等效轴向刚度如图 2-28 所示。

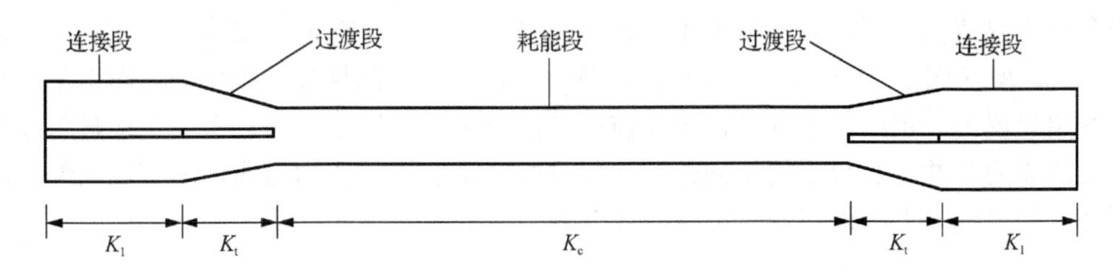

图 2-27 端部改进型全钢防屈曲支撑等效轴向刚度定义

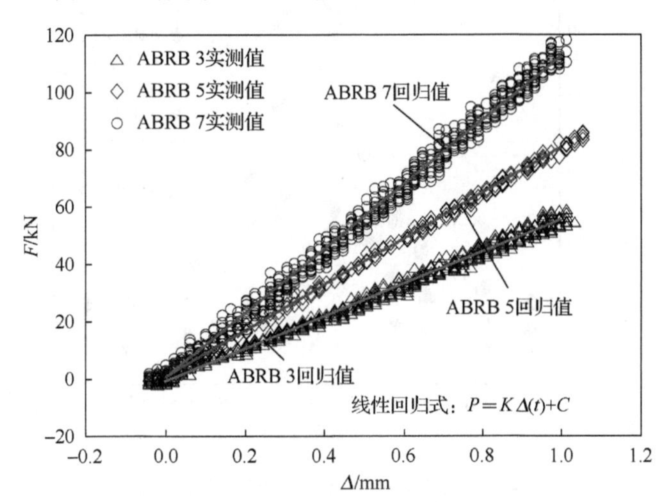

图 2-28 防屈曲支撑等效轴向刚度线性回归

根据防屈曲支撑实测数据线性回归得到各试件的初始等效轴向刚度分别为 58kN/mm、92kN/mm、113kN/mm。各试件的实测等效轴向刚度与理论计算得到的等效轴向刚度的差值均控制在 8%的误差范围内，与理论计算值间的差异将在本节“9. 防屈曲支撑抗震性能参数汇总”中进行详细分析。由于支撑在弹性工作阶段，芯板单元对外围约束构件的挤压作用较小，可不考虑两者间的摩擦效应对支撑刚度的贡献作用，因此支撑的设计等效轴向刚度与实际等效轴向刚度相差无几。

在防屈曲支撑框架的有限元分析模型中，尤其对于弹塑性有限元分析模型，支撑通常表现出较强的非线性性能。因此，国内外的学者提出一种近似考虑防屈曲支撑非线性行为的设计分析方法——等价线性化方法[107-108]。该方法中的线性化等效实则为将支撑的割线刚度看成其等效刚度，因此，防屈曲支撑割线刚度的变化规律对防屈曲支撑结构的设计和分析显得较为关键。割线刚度可根据支撑试验荷载-位移滞回曲线计算，由于 3 个试件在各级加载位移幅值下均在不同程度上表现出一定的拉压承载力不对称性，因此，分别计算了各试件在拉压循环作用下的割线刚度，即

$$K_i^+ = \frac{P_i^+}{\Delta_i^+ - \Delta_0},\ K_i^- = \frac{P_i^-}{\Delta_i^- - \Delta_0} \tag{2-4}$$

式中，P_i 为第 i 次循环下滞回曲线上对应拉压加载位移幅值处的拉压轴向荷载；Δ_i 为与 P_i 对应的第 i 次循环下滞回曲线上拉压加载位移幅值；Δ_0 为同一循环加载下轴向荷载为零时拉压位移的中值。

图 2-29 为 ABRB 3、ABRB 5 及 ABRB 7 在各级加载位移幅值下的实测割线刚度随支撑轴向位移的变化关系。从图 2-29 中可以看出，3 个试件的抗拉压刚度基本呈对称分布，

对应各位移幅值循环下的割线刚度重合程度较好，说明支撑在循环荷载作用下的力学性能较为稳定。但从图 2-29 中也可以看出，随着轴向位移加载的增加，拉压循环作用下的割线刚度开始表现出一定的非对称性，这在前面的内容中已进行了分析，主要是接触引起的摩擦效应造成的，并且在较小的轴向位移加载阶段，刚度下降较为迅速，随着轴向位移加载的增加，割线刚度下降速率较为平缓，并有趋于稳定的趋势。

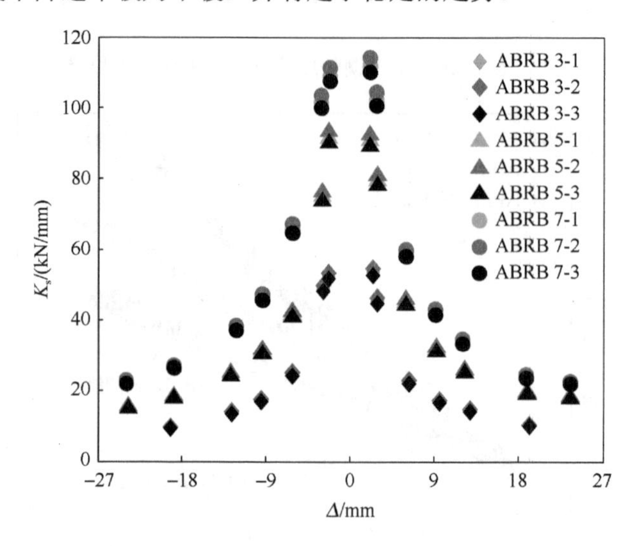

图 2-29 实测割线刚度与支撑轴向位移关系

2. 屈服承载力与屈服位移

3 个试件的等效屈服承载力及等效屈服位移根据荷载-位移滞回曲线中首次从弹性到弹塑性阶段的数据进行求解，求解等效屈服承载力及等效屈服位移的方法较多，如几何作图法[109]、等能量法[110]、Park 法[111]等。本文中采用几何作图法求解各试件的等效屈服承载力及等效屈服位移，求解示意图如图 2-30 所示。求解过程如下：作通过原点的切线，再通过最高水平点作水平直线，两者相交于点 B；通过点 B 作垂线，与滞回曲线相交于点 C，连接原点与 C 点，并作延长线，与最高水平线相交于点 D；过点 D 作垂线，与滞回曲线相交于点 E，则点 E 为屈服点，对应荷载和位移即为等效屈服承载力及等效屈服位移，具体数值将在本节“9. 防屈曲支撑抗震性能参数汇总”中介绍。

3. 拉压承载力不平衡系数

防屈曲支撑芯板单元与外围约束构件间虽设有空气间隙层，但在受压过程中，侧向弯曲变形引起的接触效应将在两者间产生切向摩擦力，从而使支撑的拉压荷载峰值存在差异，因此引入拉压不平衡系数 β 来考虑这种差异性。该系数为防屈曲支撑荷载-位移滞回曲线第 i 圈循环中的最大受压荷载与最大受拉荷载之比，即 $\beta = P_{\max}^{c} / P_{\max}^{t}$。该系数主要反映了防屈曲支撑芯板单元与外围约束构件间的摩擦效应对支撑拉压承载力不对称性的影响，该系数越大，表明支撑拉压承载力不平衡性越突出，即支撑芯板单元与外围约束构件间的摩擦效应越显著。美国抗震设计手册[112]对钢制防屈曲支撑拉压承载力不平衡系数 β 做出不超过 1.3 的规定。图 2-31 为试件 ABRB 3、ABRB 5 及 ABRB 7 在各级加载位移循环下的拉压承载力不平衡系数 β 的分布，图中不平衡系数值为在各级位移幅值循环下的第 3 圈最大压拉荷载比值。

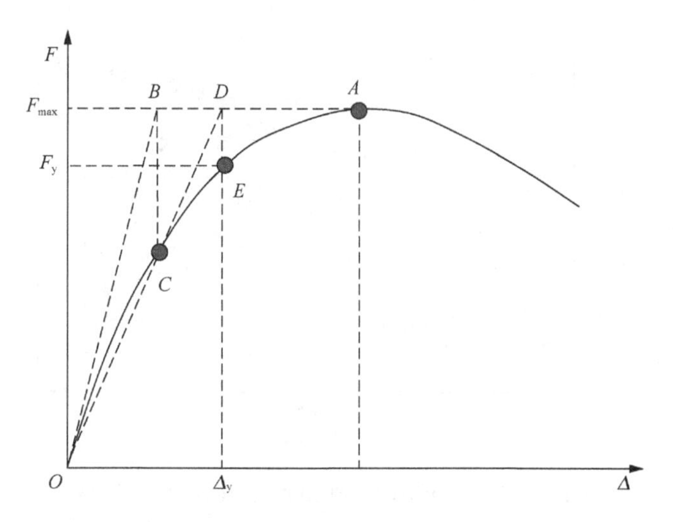

图 2-30　屈服承载力及屈服位移求解示意图（几何作图法）

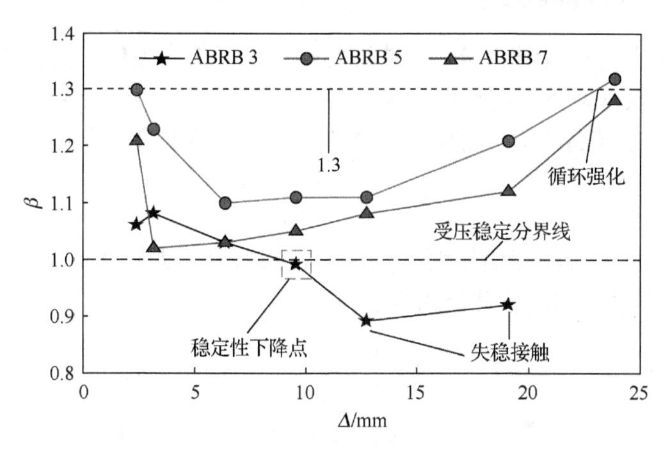

图 2-31　拉压承载力不平衡系数分布

从图 2-31 中可以看出，各试件在 $l/100$ 加载位移幅值及其以前的拉压承载力不平衡系数在 0.89～1.30 范围内，均满足美国抗震设计手册[112]规定的不超过 1.3 的要求。但同时也注意到，试件 ABRB 3 在后期加载阶段出现了拉压承载力不平衡系数小于 1 的情况，这主要是因为该试件在后期加载阶段出现局部屈曲失稳现象，使构件的受压承载力降低，因此出现受压承载力低于受拉承载力的现象。试件 ABRB 5 在 $l/80$ 加载位移幅值下的不平衡系数略大于 1.3，这主要是由芯板单元与外围约束构件间相互接触而产生较大的摩擦效应造成的。

对于试件 ABRB 7 也观察到另一个特殊的现象，在最后一级 $l/80$ 加载位移幅值下，随着循环加载次数的增加，试件出现较为明显的受压循环强化效应，受压承载力随着循环次数的增加持续增大，如图 2-32 中的小图所示。因此，其拉压承载力不平衡系数也随之增大，最大值达 1.79，已远超过美国抗震设计手册[112]的要求。这同样是芯板单元与外围约束构件间的摩擦力过大造成的，具体原因分析见 2.4.2 节。

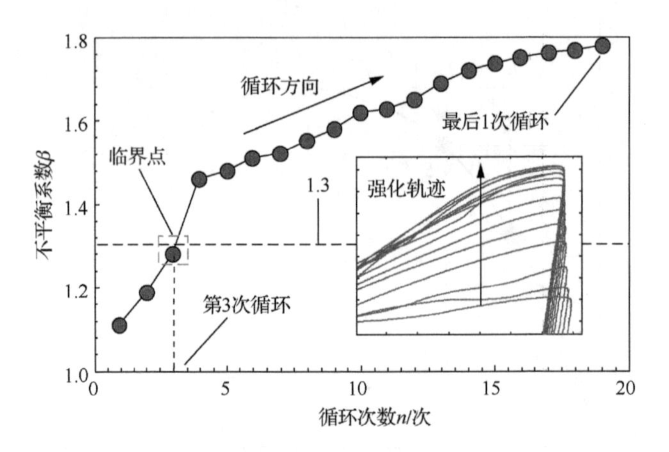

图 2-32　试件 ABRB 7 不平衡系数随循环次数的变化

4. 耗能系数及等效黏滞阻尼比

防屈曲支撑属于位移型消能器，耗能能力是评价其抗震性能的重要指标，耗能系数及等效黏滞阻尼比能较好地体现防屈曲支撑在各工况下耗能能力[113]。耗能系数是指在一次往复循环加载下，支撑所耗散的输入能量与支撑在该级加载下的最大应变能之比，按下式计算：

$$\varphi = \frac{S_{AFDE}}{S_{OAB} + S_{OCD}} \tag{2-5}$$

式中，S_{AFDE} 为防屈曲支撑滞回曲线面积；S_{OAB} 及 S_{OCD} 分别为图 2-33 中三角形 OAB 和三角形 OCD 的面积，即最大加载位移处的应变能。

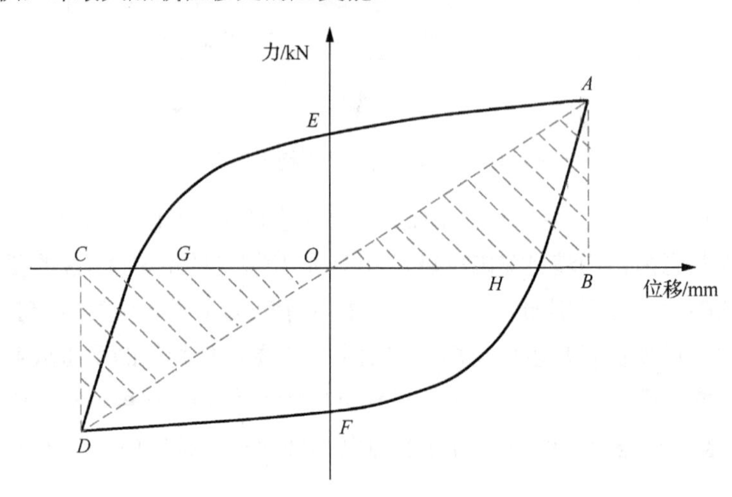

图 2-33　耗能系数及等效黏滞阻尼比求解示意图

防屈曲支撑在往复循环荷载作用下，其刚度及强度的退化将影响滞回曲线的形状与面积，这一变化可通过等效黏滞阻尼比 ζ 予以反映。等效黏滞阻尼比基于能量守恒原理，反映出构件耗散输入能量的能力，其值为构件在某一级循环荷载作用下滞回曲线面积与等效弹性体在相同位移幅值下的弹性应变能之比，考虑到滞回曲线的拉压非对称，分别取滞回曲线的正向加载及负向加载，按式（2-6）及式（2-7）计算：

$$\zeta_{\mathrm{eq}}^{+} = \frac{1}{2\pi}\frac{S_{AGH}}{S_{OAB}} \tag{2-6}$$

$$\zeta_{\text{eq}}^{-}=\frac{1}{2\pi}\frac{S_{DGH}}{S_{OCD}} \tag{2-7}$$

式中，S_{AGH}、S_{DGH} 分别为防屈曲支撑正向加载及负向加载时的滞回曲线面积。

图 2-34 及图 2-35 分别为试件 ABRB 3、ABRB 5 及 ABRB 7 在各级加载位移幅值下的耗能系数分布图及等效黏滞阻尼比统计图。

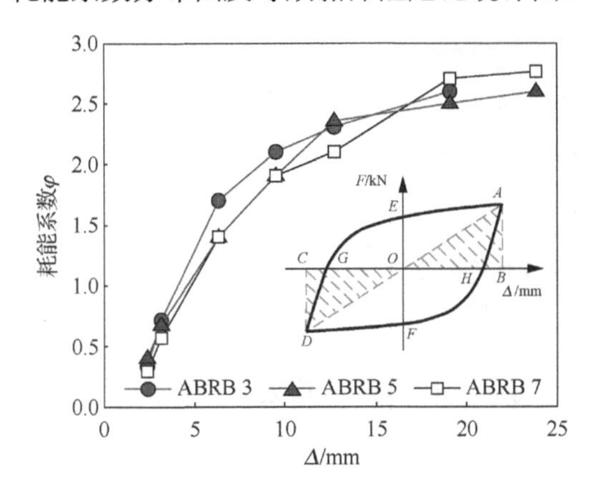

图 2-34　耗能系数分布图

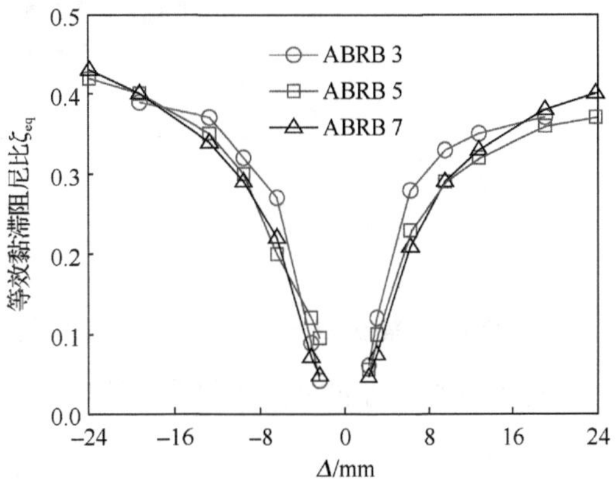

图 2-35　等效黏滞阻尼比统计图

从图 2-34 中可以看出，3 个试件的耗能系数均随着轴向加载位移幅值的增大而增大，在加载阶段后期，其增大速率变得平缓，并有趋于稳定的趋势。同样地，从图 2-35 中可以看出，3 个试件的等效黏滞阻尼比也随轴向加载位移幅值的增大而增大，3 个试件的等效黏滞阻尼比最大值分别为 39.3%、42.5%及 43.2%，并且在受压循环过程中的值较受拉循环过程中的值要大，在轴向位移增加到一定程度后，其值的变化同样有趋于稳定的趋势。

5. 循环强化系数

由前文的分析可知，防屈曲支撑在循环荷载作用下表现出一定的循环强化效应，这种效应在较大加载位移幅值下表现得更为明显。循环强化系数 ψ 定义如下：试件在各级加载位移循环下的各圈滞回曲线最大拉压荷载与第一圈滞回曲线的最大拉压荷载之比，规定受拉方向为正，受压方向为负。图 2-36 为试件 ABRB 3、ABRB 5 及 ABRB 7 的循环强化系数随试件的循环次数的变化趋势图。从图 2-36 中可以看出，3 个试件在各级荷载循环作用下表现出不同程度的循环强化效应，并且随着循环次数的增加，循环强化系数呈递增趋势。试件 ABRB 3 在受拉循环荷载作用下的循环强化系数为 1～1.54，在受压循环荷载作用下的循环强化系数为 1～1.97；试件 ABRB 5 在受拉循环荷载作用下的循环强化系数为 1～1.72，在受压循环荷载作用下的循环强化系数为 1～3.09；试件 ABRB 7 在受拉循环荷载作用下的循环强化系数为 1～1.85，在受压循环荷载作用下的循环强化系数为 1～2.41，说明各试件的拉压循环强化系数存在一定的不对称性，但各试件较大的应变强化说明其芯材的性能得到较为充分的利用。

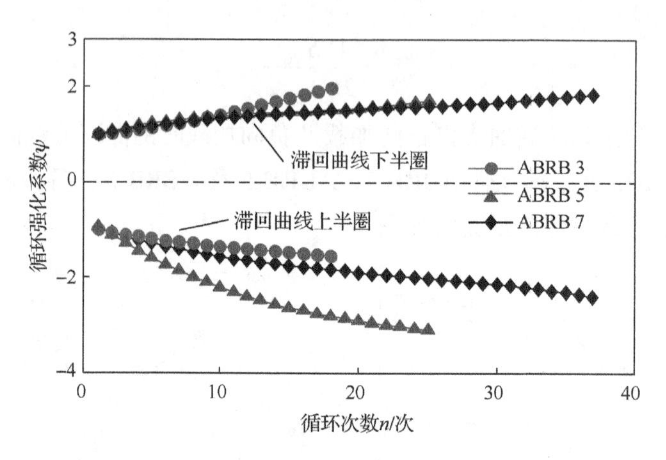

图 2-36 循环强化系数变化趋势图

6. 延性、累积塑性变形能力及累积耗能能力

延性是评价防屈曲支撑塑性变形能力的重要指标，用位移延性系数 μ 表示：

$$\mu=\frac{\varDelta_{u}}{\varDelta_{y}} \tag{2-8}$$

式中，$\varDelta_{u}$ 为防屈曲支撑的极限位移；$\varDelta_{y}$ 为防屈曲支撑的屈服位移。

另一个评价防屈曲支撑塑性变形能力的指标为累积塑性变形延性系数 CPD（cumulative plastic ductility）[114]，即

$$\mathrm{CPD}=\sum_{i=1}^{n}\left[2\left(\left|\varDelta_{\max}^{+}\right|+\left|\varDelta_{\max}^{-}\right|\right)/\varDelta_{y}-4\right] \tag{2-9}$$

式中，$\varDelta_{\max}^{+}$ 及 $\varDelta_{\max}^{-}$ 分别为防屈曲支撑第 i 次循环加载下的最大受压位移和最大受拉位移；n 为循环加载次数。

系数 CPD 主要反映了防屈曲支撑在循环荷载作用下总的塑性变形能力。美国钢结构建筑设计规范 ANSI/AISC 360-16[115]基于 Sabelli 等[116]的研究成果，将防屈曲支撑在设防地震作用下的延性及累积塑性变形需求分别取为 10 和 200。表 2-7 列出了试件 ABRB 3、ABRB 5 及 ABRB 7 的延性、累积塑性变形延性系数等塑性变形能力指标。

表 2-7 防屈曲支撑试件延性指标

试件编号	循环次数 n/次	最大位移 $\varDelta_{\max}$ /mm	延性系数 μ	累积塑性变形延性系数 CPD	累积滞回耗能系数 CPE
ABRB 3	18	19.10	11.72	304.37	104.39
ABRB 5	25	23.88	13.73	669.68	165.87
ABRB 7	37	23.88	13.15	1295.94	153.24

从表 2-7 中可以看出，试件 ABRB 3 的延性系数及累积塑性变形延性系数指标在 3 个试件中均最差，但满足美国钢结构建筑设计规范 ANSI/AISC 360-16 及我国《高层民用建筑钢结构技术规程》（JGJ 99—2015）中对延性系数及累积塑性变形延性系数的要求。试件 ABRB 5 与试件 ABRB 7 的延性系数相当，其累积塑性变形延性系数分别为 669.68 和 1295.94，远超过美国及我国相关规范中对防屈曲支撑塑性变形能力的要求。表 2-7 中的 CPE 为防屈曲支撑累积滞回耗能系数，主要反映试件累积耗散输入能量的能力，定义为试件在循环荷载作用下滞回曲线的累积面积（累积耗散能量）与最大弹性应变能之比[117]。

$$\mathrm{CPE}=\frac{\int F\mathrm{d}\Delta}{2\times\frac{F_{\mathrm{y}}\Delta_{\mathrm{y}}}{2}}=\frac{\int F\mathrm{d}\Delta}{F_{\mathrm{y}}\Delta_{\mathrm{y}}} \tag{2-10}$$

日本学者 Iwata 等[118]分析了防屈曲支撑钢框架体系在日本 L2 等级的地震［相当于我国《建筑抗震设计规范（2016 年版）》（GB 50011—2010）中规定的 8 度罕遇地震］输入下防屈曲支撑的延性、累积塑性变形及累积滞回耗能能力需求，分别为 7.2、109.2 及 98.9。将试件 ABRB 3、ABRB 5 及 ABRB 7 的这 3 个指标与 Katoh 等[119]的研究结果进行比较，如图 2-37 所示。

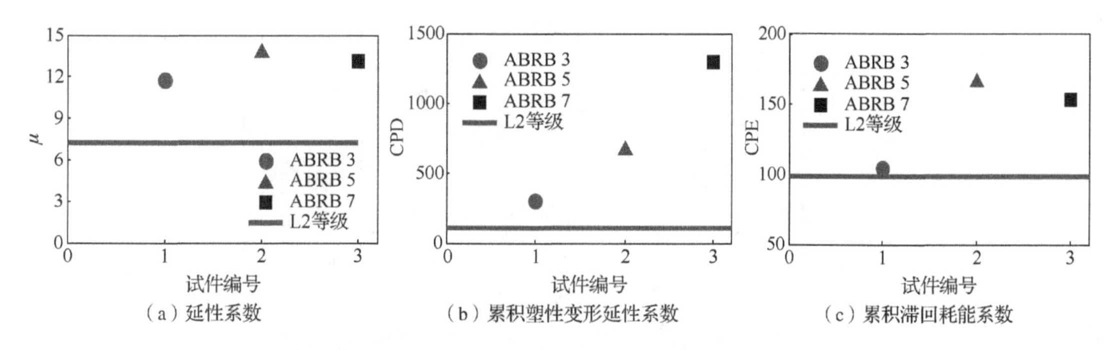

（a）延性系数　（b）累积塑性变形延性系数　（c）累积滞回耗能系数

图 2-37　防屈曲支撑抗震能力水平与需求对比

由以上分析可知，端部改进型全钢防屈曲支撑的各项抗震性能指标均超过了日本 L2 等级地震作用下的性能需求。其中试件 ABRB 7 的各项性能指标远超我国及日本、美国相关规范的性能要求，表明端部改进型防屈曲支撑能满足工程结构抗震性能需求，能在结构中有效地起到消能减震作用。

7. 低周疲劳特性

地震有往复震动的特点，并且会在相应的震动强度下持续一段时间，不同地震的震动持续时间会有较大差别。因此，考虑到地震动的这种往复作用及持续时间的不确定性，要求防屈曲支撑在一定的应力水平下具有相应的低周疲劳寿命，即具有在往复荷载作用下产生较大的塑性累积变形而不发生断裂的能力。对于疲劳寿命的估计，较为经典的计算公式为 Manson-Coffin 模型[120]。

$$\frac{\Delta\varepsilon}{2}=\frac{\sigma_{\mathrm{f}}'-\sigma_{\mathrm{m}}}{E}(N_{\mathrm{f}})^{b}+\varepsilon_{\mathrm{f}}'(N_{\mathrm{f}})^{c} \tag{2-11}$$

式中，$\Delta\varepsilon$ 为最大应变与最小应变之差；$\varepsilon_{\mathrm{f}}'$ 为疲劳塑性系数；N_{f} 为低周疲劳寿命；b 为疲劳强度指数；c 为疲劳延性指数；σ_{f}' 为循环断裂应力；σ_{m} 为平均应力；E 为弹性模量。

由于不同的材料所对应式（2-11）中的疲劳寿命参数不尽相同，因此不同材料的疲劳寿命参数须通过试验确定，即对相同尺寸试件在不同应变幅值下循环加载直至试件断裂，测得对应应变幅值的低周疲劳次数，然后通过式（2-11）进行回归分析，拟合出不同材料的低周疲劳曲线及疲劳寿命参数。对于不同钢材的低周疲劳寿命曲线及其参数，国内外学者已做了大量研究[121-122]，常见钢材的低周疲劳寿命计算公式如表 2-8 所示，其低周疲劳寿命曲线的比较如图 2-38 所示。

表 2-8　常见钢材低周疲劳寿命计算公式[121]

钢材型号	低周疲劳寿命计算公式
SN400B	$\Delta\varepsilon=115(N_f)^{-0.77}+1.37(N_f)^{-0.13}$
LYP100	$\Delta\varepsilon=33(N_f)^{-0.48}+0.48(N_f)^{-0.087}$
LYP235	$\Delta\varepsilon=72(N_f)^{-0.55}+0.88(N_f)^{-0.14}$
A36	$\Delta\varepsilon=0.0098(N_f)^{-0.132}+0.542(N_f)^{-0.451}$
Q235	$\Delta\varepsilon=0.0066(N_f)^{-0.071}+0.549(N_f)^{-0.4907}$

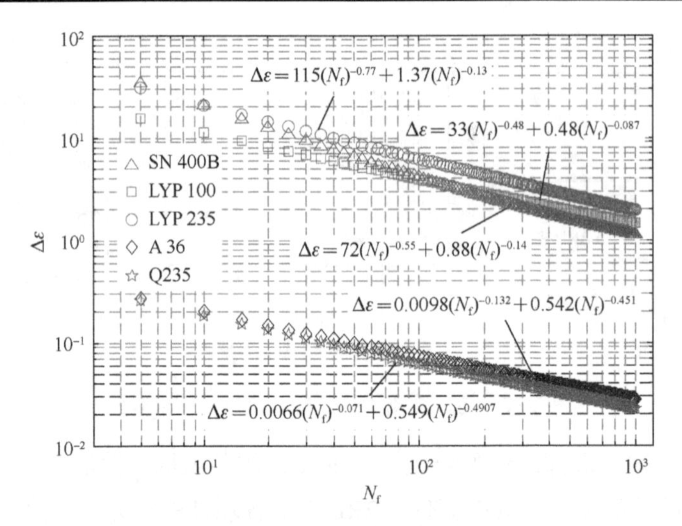

图 2-38　常见钢材低周疲劳寿命曲线比较

图 2-39 为试件 ABRB 5 及 ABRB 7 在 $l/80$ 加载位移幅值下的试验低周疲劳曲线，其理论计算疲劳寿命分别为 30 圈及 42 圈，而实际的试验疲劳寿命分别为 25 圈及 37 圈，分别为理论计算疲劳寿命的 83%及 90%。值得说明的是，上述理论计算疲劳寿命并不是等幅值循环荷载作用下的计算结果，而是变幅值循环荷载作用下经过等效计算后的等效应变幅值及等效低周疲劳寿命。

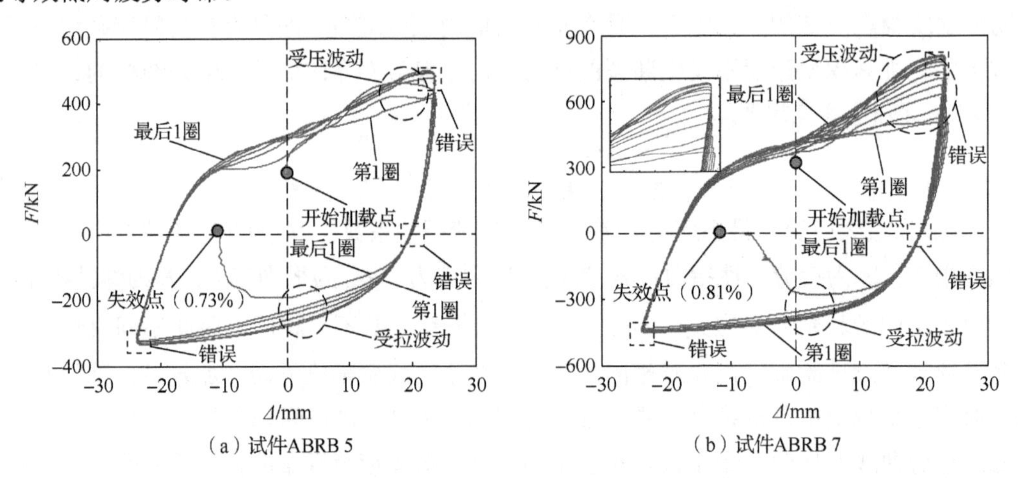

图 2-39　端部改进型全钢防屈曲支撑低周疲劳曲线

从图 2-39 中可以看到，试件 ABRB 5 及 ABRB 7 在循环荷载作用下的各圈滞回曲线出现波动现象，在滞回曲线的受压侧，从第 1 圈加载开始直至最后 1 圈加载，出现了较为显著的强度强化现象，这种现象较曲线受拉侧更为明显，割线刚度同样在受压最大位移处表现出十分严重的强化现象。这很可能与芯板单元的局部屈曲有关，芯板单元在最大受压位移作用处，压弯叠加变形主要集中在局部屈曲位置（图 2-40），增大了芯板单元与约束构件间的摩擦作用，这种变形即使支撑在完全受拉状态下也不能被全部拉直。芯板单元在几个关键位置处（受压最大位移处、受拉最大位移处、零荷载处）的局部屈曲形态如图 2-40 所示。

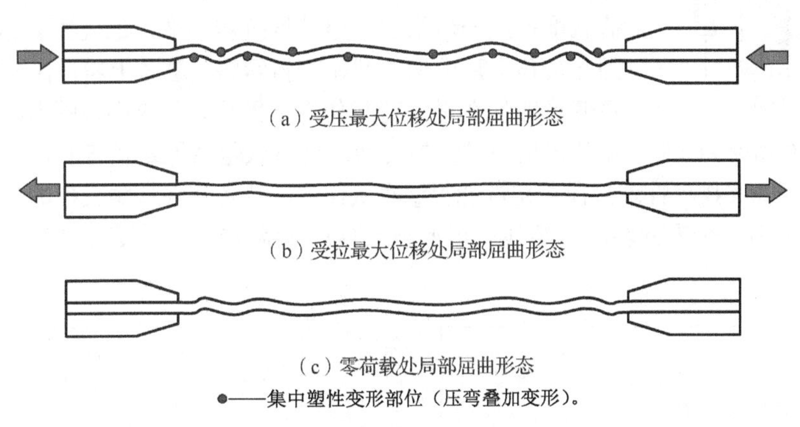

图 2-40　芯板单元典型的局部屈曲形态

另外，出现实际疲劳寿命低于理论疲劳寿命的可能原因是，防屈曲支撑在受压过程中出现高阶多波屈曲模态。由于试件的疲劳破坏均始于应变最大值处，在芯板单元局部屈曲位置，其最终变形由两部分组成，即压缩变形和弯曲变形，因此该部位的应变即为压缩应变与弯曲应变的叠加，如图 2-41 所示，其结果会比轴向应变大得多。理论计算时所采用的应变值为轴向平均应变，所以出现上述防屈曲支撑的理论计算疲劳寿命低于实际疲劳寿命的情况。Matsui 等[123]和 Wang 等[124]的研究结果同样表明，防屈曲支撑芯板单元的局部多波屈曲是减少其低周疲劳寿命的关键原因。

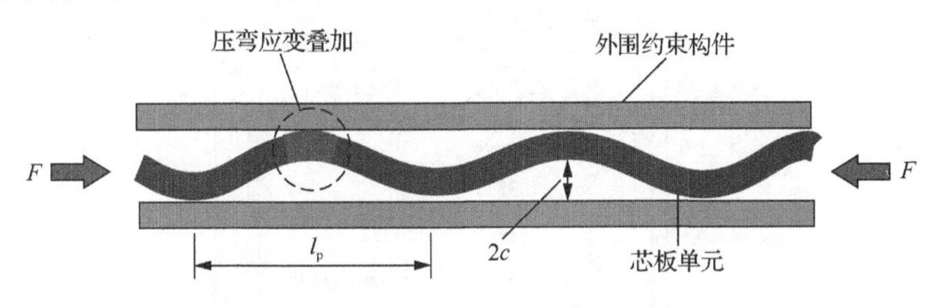

图 2-41　芯板单元局部屈曲处应变叠加

8. 支撑端部转角变形分析

已有的研究成果表明[125]，支撑端部的转动对外伸连接段的稳定性有着不利的影响，限制其转动变形的大小，同样可起到提高外伸连接段稳定性的作用。本章中通过布置在支撑弯曲变形平面一端的两个位移计采集的数据计算支撑端部的实际转角变形，将两个位移计所测得的位移数据作差，将差值再除以两位移计间的距离，结果即为实测的支撑端部转角变形，如图 2-42 所示。从支撑端部的转角变形量可初步判断支撑外伸连接段在各级别荷载作用下的大致工作状态，从而评价其稳定工作性能。

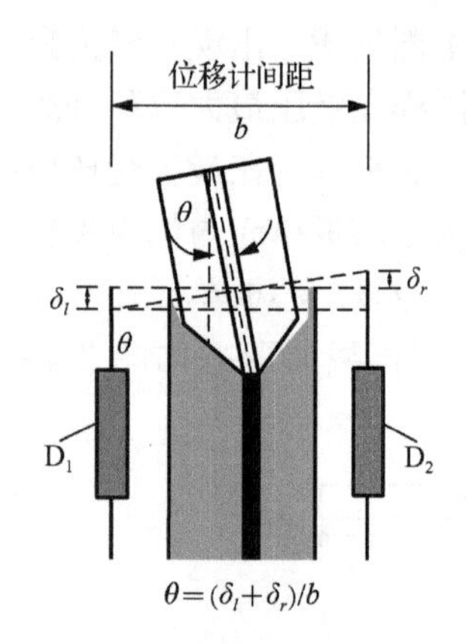

图 2-42　支撑端部转角变形

图 2-43 为各试件在各级荷载作用下的实测转角变形随轴向荷载的变化关系。随着轴向荷载的增加，支撑端部转角变形呈增大趋势，并且各曲线上均有较为明显的转角跳跃段。这主要是因为支撑在受到较大的轴向压力荷载作用后，端部由于附加弯矩而产生转动，这种转动变形随着荷载的增大不断增加，直至该转动变形值超过支撑芯板单元与约束构件间隙的两倍时，两者产生接触，称为端部点接触。当两者相互接触后，转角变形虽然继续随荷载增加进一步增大，但其抵抗转动变形的能力要强于接触前，因此转角变形的增长开始变得缓慢。总体上看，各试件的端部转角变形即使在最大荷载作用下仍然处于较小范围内，也就是支撑端部未出现过大的转动，这与试验结果是相符的，从而说明端部改进后的防屈曲支撑外伸连接段稳定性能得到有效保证。从各试件转角变形的分布情况看，支撑端部均沿着一个方向转动，整体变形形态上具有文献[126]中所提出的 L 变形趋势（L 模式）。

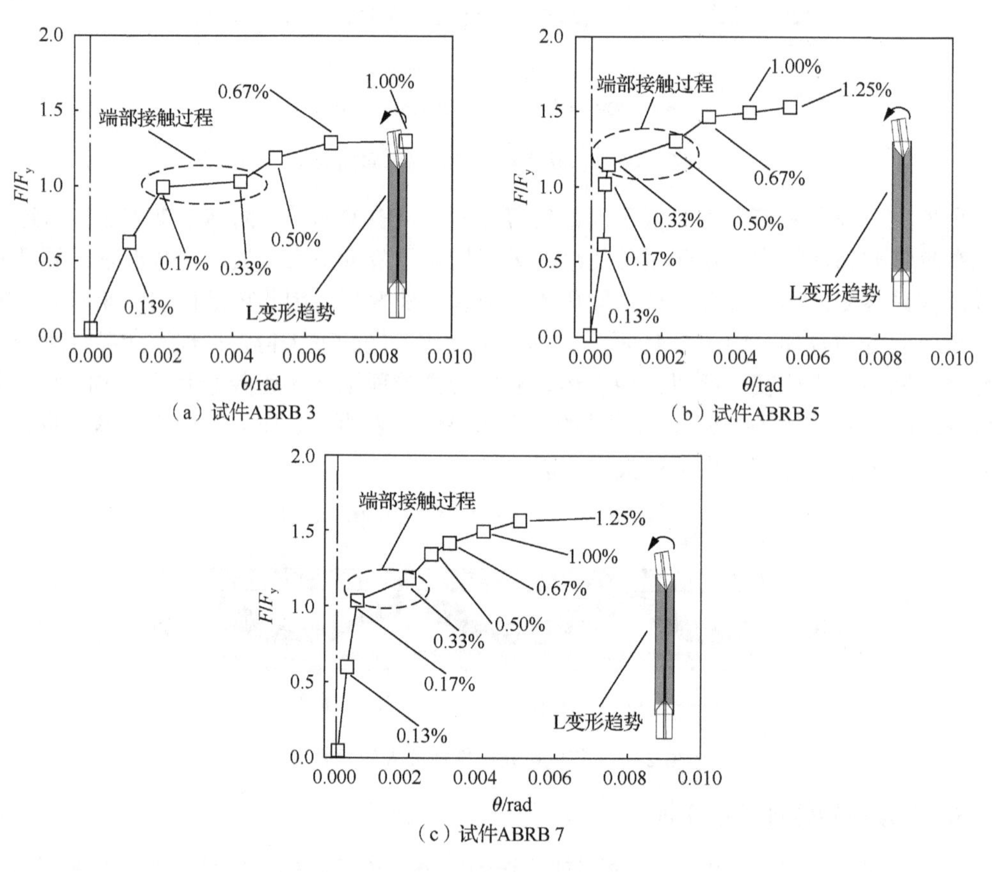

图 2-43　支撑轴向压力-转角变形关系

9. 防屈曲支撑抗震性能参数汇总

为便于比较和分析，将前面各小节中端部改进型全钢防屈曲支撑的抗震性能参数汇总于表 2-9 中，表 2-9 中弹性刚度及屈服荷载均为试验实测值。其中，试件 ABRB 3 的理论弹性刚度与试验值的误差为 6.3%，理论屈服荷载与试验屈服荷载的误差为 7.2%；试件 ABRB 5

的理论弹性刚度与试验值的误差为 5.8%，理论屈服荷载与试验屈服荷载的误差为 6.5%；试件 ABRB 7 的理论弹性刚度与试验值的误差为 5.9%，理论屈服荷载与试验屈服荷载的误差为 8.6%。以上结果表明，防屈曲支撑的理论计算值与试验值间的差值较小，说明其实际工作性能与设计性能基本一致。

表 2-9　端部改进型全钢防屈曲支撑各项性能参数汇总

试件编号	弹性刚度 K_e/(kN/mm)	屈服荷载 F_y/kN	耗能系数 φ	阻尼比 ζ_{eq}	不平衡系数 β	延性系数 μ	累积塑性变形延性系数 CPD	累积滞回耗能系数 CPE
ABRB 3	58	116	2.69	0.39	1.07	11.72	304.37	104.39
ABRB 5	92	225	2.73	0.42	1.23	13.73	669.68	165.87
ABRB 7	113	287	2.85	0.43	1.21	13.15	1295.94	153.24

2.4.4　端部改进后支撑外伸连接段稳定性分析

1. 支撑外伸连接段屈曲破坏机理

在各国研究人员对防屈曲支撑的性能试验研究中[89-91]，外伸连接段出现弯曲变形平面内屈曲破坏的情况时有发生，这种失效模式被认为与支撑端部的转角变形息息相关。其屈曲破坏的机制可大致总结为两种情形：①外伸连接段控制截面上产生塑性铰；②芯板单元与外围约束构件接触部位屈服。图 2-44 为支撑外伸连接段稳定性分析的简化模型（L 变形模式）。

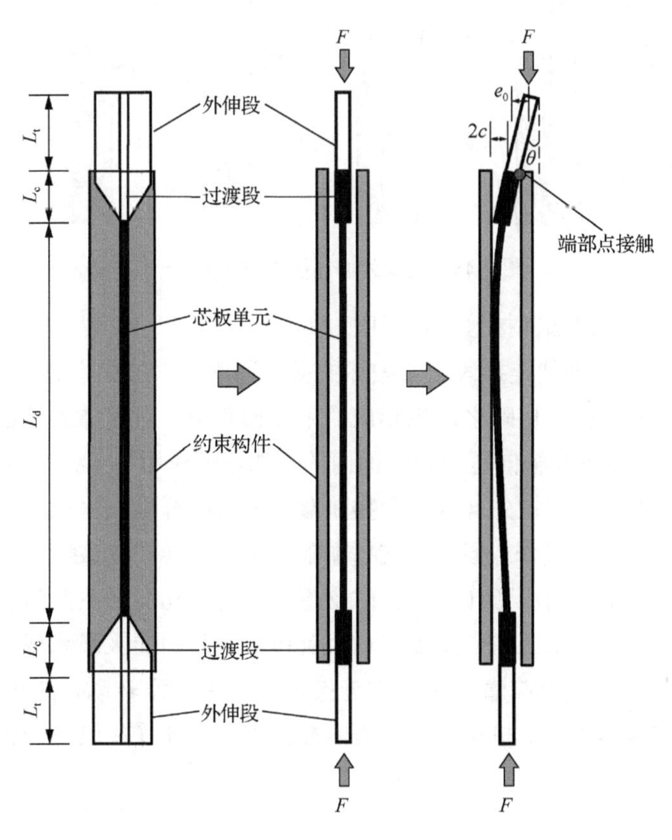

图 2-44　支撑外伸连接段简化分析模型

图 2-45 和图 2-46 分别给出了支撑外伸连接段屈曲破坏的两种情形，具体如下。

（1）外伸连接段控制截面上产生塑性铰

图 2-45 给出了支撑外伸连接段屈曲破坏的一种情形。支撑在轴向压力荷载作用下开始产生压缩变形，当荷载增大到支撑的临界失稳承载力后，支撑将产生侧向弯曲变形，这可能是引起支撑端部开始转动的直接原因。支撑芯板单元与外围约束构件存在一定距离的间隙，因此当支撑端部的转动变形尚未超过该间隙值时，支撑端部可以自由转动。随着轴向荷载的继续增加，支撑端部的转动变形也继续加大，直至支撑外伸连接段与约束构件边缘产生点接触，该转动变形受到一定程度的限制。这也恰恰说明支撑在端部点接触过程后，其转角变形随荷载增长增加缓慢的情况。在支撑受压的过程中，芯板单元与约束构件间将无可避免地产生切向摩擦作用，该局部位置在摩擦力及接触力的作用下可看为一压弯构件（*N-M* 作用效应），其控制截面在约束构件上开槽位置的底部。当压弯作用效应增大到该控制截面的边缘应力达到屈服应力后，支撑端部的转动变形将出现跳跃现象。随着压弯作用效应使控制截面的边缘应力达到极限承载力，约束构件对支撑端部的转动变形完全失去限制作用，支撑端部由于产生过大的转动变形而屈曲破坏。这就是防屈曲支撑外伸连接段一种可能的屈曲失效情形。

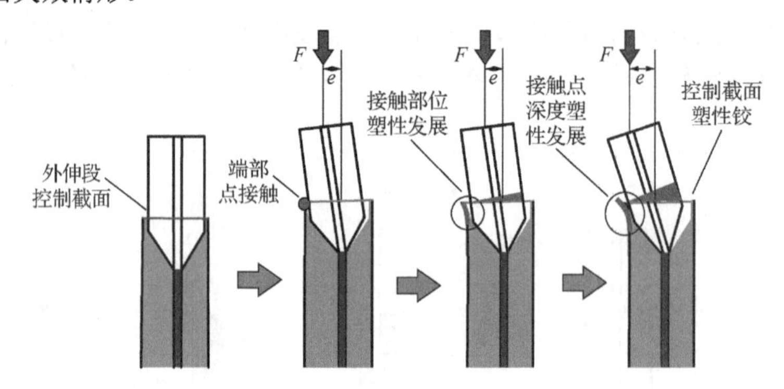

图 2-45　支撑外伸连接段失效模式一

（2）约束构件与支撑端部接触位置屈服

图 2-46 给出了支撑外伸连接段屈曲破坏的另一种情形。在支撑受压的过程中，随着端部产生转动变形，轴向荷载也随之产生相应的附加偏心距，对支撑外伸连接段而言，可将其看成压弯构件，同时承受轴向压力与平面内的附加弯矩作用（*N-M* 作用效应）。当该压弯作用效应逐渐增大并达到支撑外伸连接段控制截面的边缘纤维屈服应力时，支撑端部转动变形中将会产生塑性变形成分。但此时支撑端部并不会出现屈曲破坏，根据塑性的发展程度仍能继续承受不断增大的压弯作用，此时支撑端部的转动变形主要包括弹性转动变形及塑性转动变形两部分。直至压弯作用效应增大到该控制截面的极限承载力，外伸连接段控制截面处产生塑性铰，即意味着支撑外伸连接段可产生任意转动，进而失去继续承受荷载的能力，整个支撑形成一个机构。这就是防屈曲支撑外伸连接段另一种可能的屈曲失效情形。

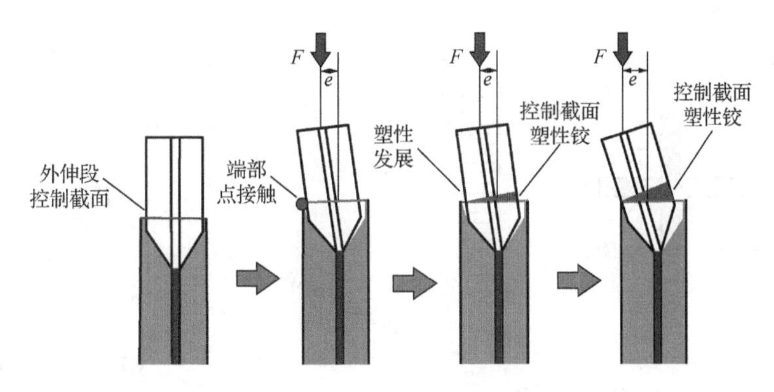

图 2-46　支撑外伸连接段失效模式二

2. 支撑外伸连接段压弯作用效应分析

支撑两端的轴向作用力 N 可通过作动器上的力传感器进行直接采集。外伸连接段控制截面上所产生的弯矩 M 由前面的分析可知，主要是由支撑端部产生转动变形引起的。因此，该弯矩值可通过试验中测得的支撑端部转角换算得到的偏心距 e 乘以支撑端部的轴向作用力进行计算，由此便可计算支撑外伸连接段控制截面上的压弯作用效应（N-M 作用效应）。为考察在试验过程中端部改进后支撑外伸连接段的工作状态，须分析其控制截面上的弹塑性承载力与实际压弯作用效应间的关系。对于同时承受轴向压力与弯矩作用的钢构件，其塑性承载力即为相关截面上的塑性轴力 N_p 与塑性弯矩 M_p 相关曲线（N_p 为纯轴压作用下的轴向塑性承载力，M_p 为纯弯作用下的弯曲塑性承载力）。N_p-M_p 相关曲线的计算过程[28]如图 2-47 所示。通过把控制截面的中和轴从形心位置逐渐向截面最外边缘移动，便可计算出整个控制截面的 N_p-M_p 相关曲线。

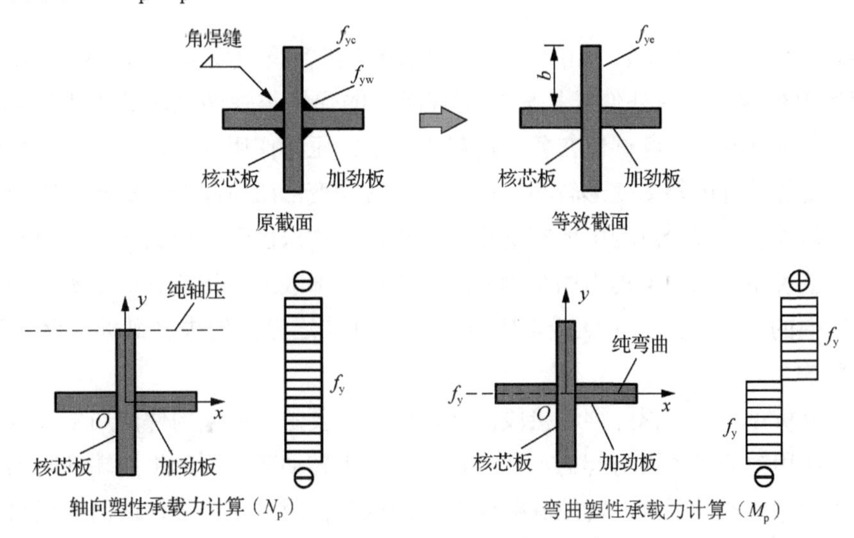

图 2-47　支撑外伸连接段控制截面塑性承载力计算[28]

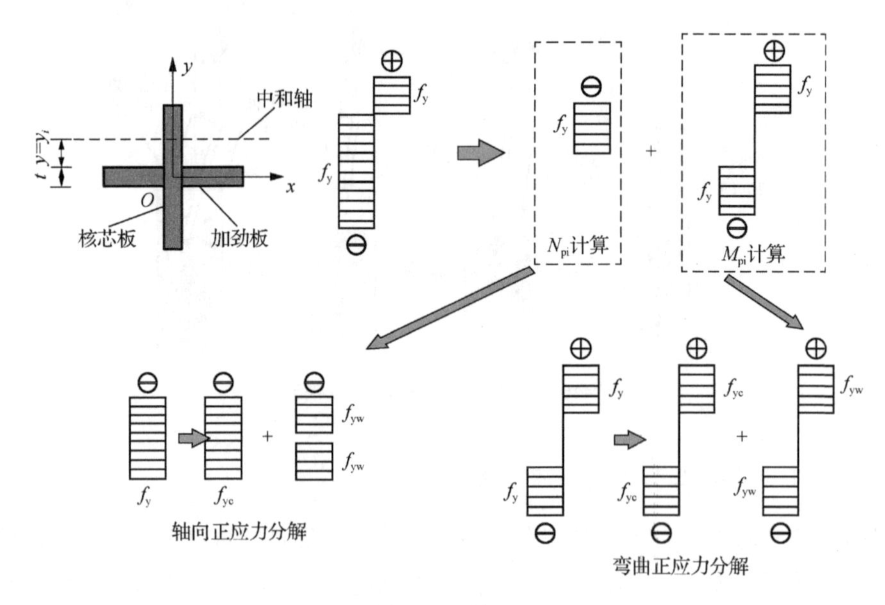

图 2-47（续）

对于同时承受轴向压力与弯矩作用的钢构件，其弹性承载力曲线可用式（2-12）表示[127]：

$$\frac{N}{N_y}+\frac{M}{M_y}\leqslant 1 \tag{2-12}$$

式中，N_y表示外伸连接段控制截面屈服承载力；M_y表示外伸连接段控制截面屈服弯矩。为便于绘图，可将式（2-12）做如下变换[28]：

$$\frac{N_p}{N_y}\frac{N}{N_p}+\frac{M_p}{M_y}\frac{M}{M_p}\leqslant 1 \tag{2-13}$$

图 2-48 为试件 ABRB 3、ABRB 5 及 ABRB 7 在各级加载下，每一级最大受压位移处的压弯作用效应与支撑外伸连接段控制截面上的弹性与弹塑性承载力界限间的关系。从图 2-48 中可以看出，各试件在各级荷载作用下的压弯作用效应均分布在弹性区域范围内。这说明支撑端部的转动变形较小，因而由该转动变形所引起的支撑端部附加弯矩效应也较小。这与在整个试验过程中所有支撑外伸连接段均未出现屈曲破坏的试验现象是相吻合的。这也就说明本书中所提出的全钢防屈曲支撑端部改进措施能有效限制支撑端部在正常工作过程中的转动变形，也就成功限制了支撑外伸连接段的失稳破坏，使其始终处于弹性工作状态。

由以上分析可知，支撑外伸连接段的屈曲破坏主要是由约束构件的局部失效或控制截面上的压弯作用效应过大而引起的，而支撑端部产生转动变形所产生的端部附加弯矩是这种压弯破坏的主要诱发因素。若控制截面的实际压弯作用效应小于该截面的极限承载力，则可防止该破坏模式的发生。因此，防止支撑外伸连接段发生屈曲破坏实质为限制支撑端部的转动变形在较小的变形范围内。

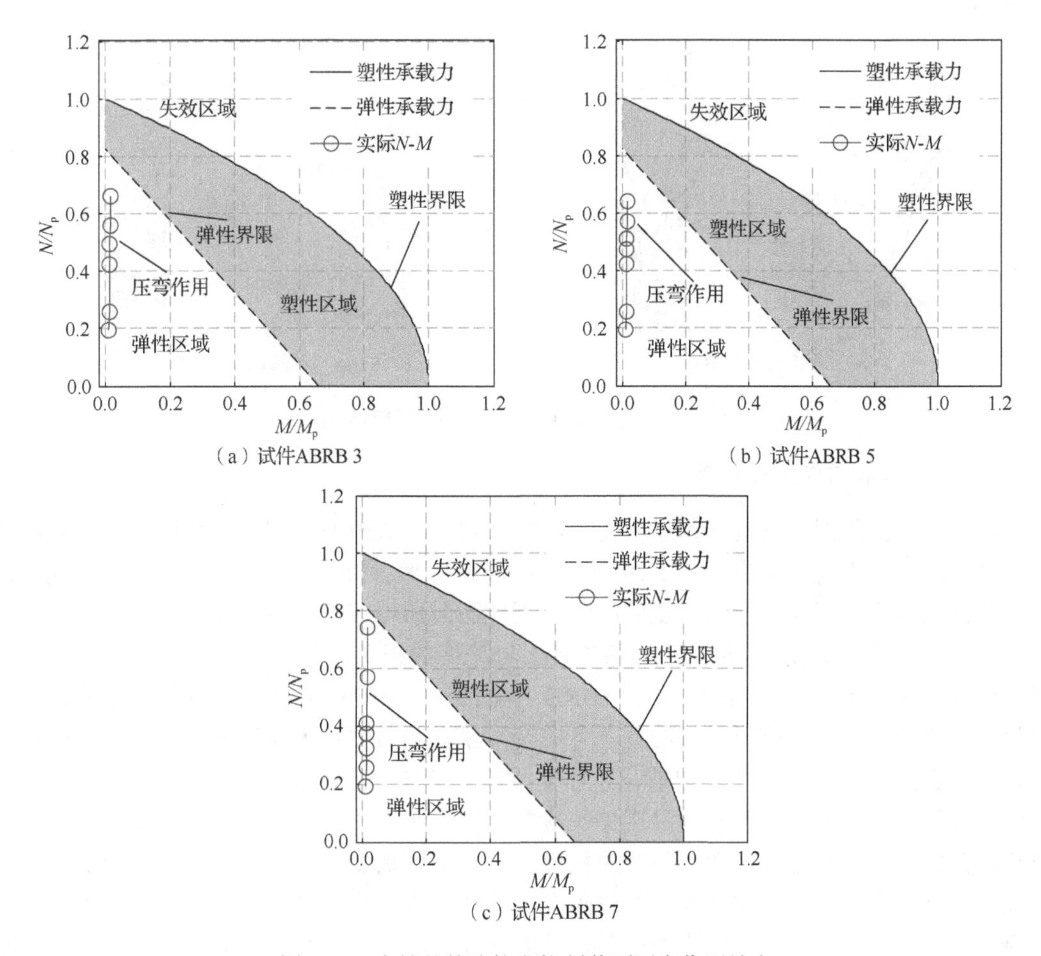

（a）试件ABRB 3　（b）试件ABRB 5　（c）试件ABRB 7

图 2-48　支撑外伸连接段控制截面压弯作用效应

3. 支撑外伸连接段稳定分析模型

通过前面内容的分析可知，防屈曲支撑内芯外伸连接段失效的本质为控制截面上的压弯作用效应超过截面的极限承载力。若清楚地知道支撑外伸连接段的作用效应与抗力模型，则可建立其稳定设计准则。根据支撑外伸连接段可能出现的两种屈曲失效模式，分别建立其稳定型分析模型，如图 2-49 所示。其统一的稳定设计准则为，外伸连接段控制截面上边缘纤维应力不超过相应材料的屈服应力，也就是将控制截面上的压弯作用效应控制在弹性范围内。但这一设计准则的前提条件为不出现约束构件失效的模式，即约束构件须在与芯板单元接触的过程中始终保持弹性工作状态，因此要求约束构件具有足够的强度和刚度。统一的稳定设计准则可用式（2-14）表示[128]：

$$\frac{F}{A_{\mathrm{p}}}+\frac{M_{\mathrm{cp}}}{W_{\mathrm{p}}}\leqslant f_{\mathrm{yp}} \tag{2-14}$$

式中，F 为支撑外伸连接段控制截面上的轴压力幅值；M_{cp} 为支撑外伸连接段控制截面上的弯矩幅值；f_{yp} 为材料屈服强度；A_{p}、W_{p} 分别为支撑外伸连接段控制截面的面积和截面抗弯系数。

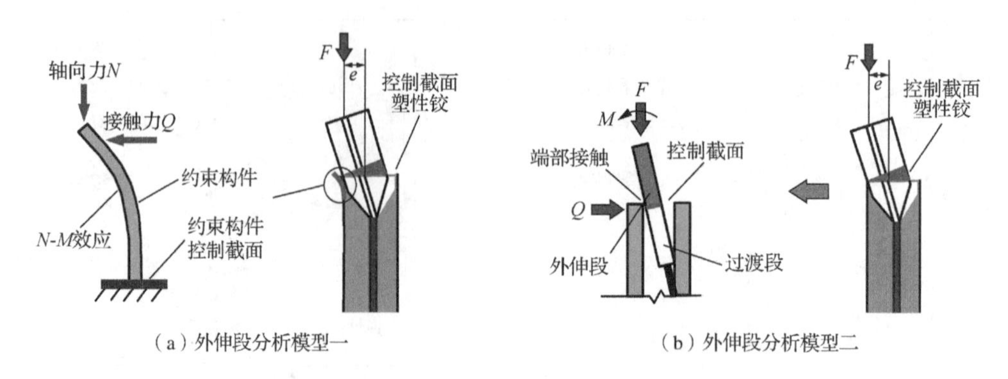

（a）外伸段分析模型一　　（b）外伸段分析模型二

图 2-49　支撑外伸连接段稳定性分析模型

4. 外围约束构件应变分布

本书通过在外围约束构件翼缘板左右两侧布置电阻式应变片测试整个构件平面外的弯曲应变，应变片的具体布置如图 2-19 所示。约束构件翼缘板远离局部屈曲区域，两侧的应变均可排除由局部屈曲所产生应变的影响，因此测量所得应变主要反映了试件的整体弯曲应变分布，而局部变形引起的应变可忽略不计。应变的正负规定为，受压为正，受拉为负。图 2-50 为试件 ABRB 3、ABRB 5 及 ABRB 7 在 $l/200$、$l/150$、$l/100$、$l/80$ 加载位移幅值下的整体弯曲应变分布。需要强调的是，各应变片采集的数据均为受压加载过程中各位移幅值处的应变值。从图 2-50 中可以看出，在支撑承受轴向荷载较小的工况下，支撑外围约束构件的整体弯曲应变分布形态为沿支撑长度方向两端小、中间大。这可能是支撑的轴压荷载超过其低阶整体稳定承载力，使约束构件产生侧向弯曲变形，因而整体弯曲应变的分布呈现两端小、中间大的分布特点。随着轴向荷载的增大，支撑进入更高阶的屈曲模态，应变幅值也随之明显增长，应变的分布形态呈现一端大、另一端小的 L 形分布模式[28]。需要注意的是，即使在最后一级加载工况下，各试件的整体弯曲应变值均处在一较低水平范围内，远远低于约束构件的屈服应变值 1140$\mu\varepsilon$。在整个循环加载过程中，外围约束构件未出现大幅值的侧向弯曲变形，这也就说明防屈曲支撑外围约束构件具有足够的抗弯强度和刚度，从而能有效限制其整体屈曲破坏。需要说明的是，各试件在 1 号及 16 号的应变片数值并不为 0，这主要是该应变片的布置位置位于外围约束构件两端，当支撑端部与外围约束构件发生端部点接触后将产生局部应变，从而使该位置的弯曲应变数值不为 0。

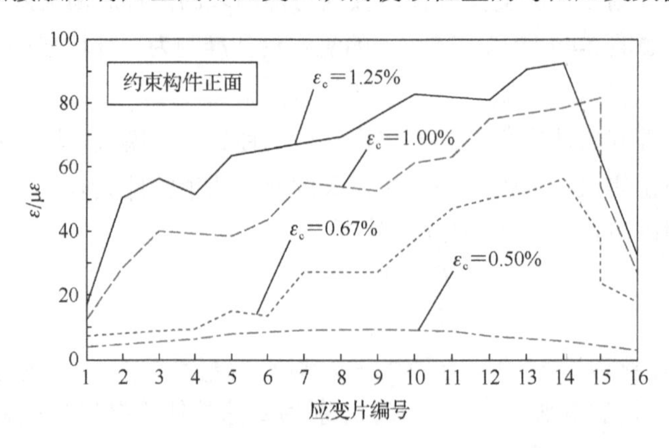

图 2-50　外围约束构件在各级荷载下的整体应变分布

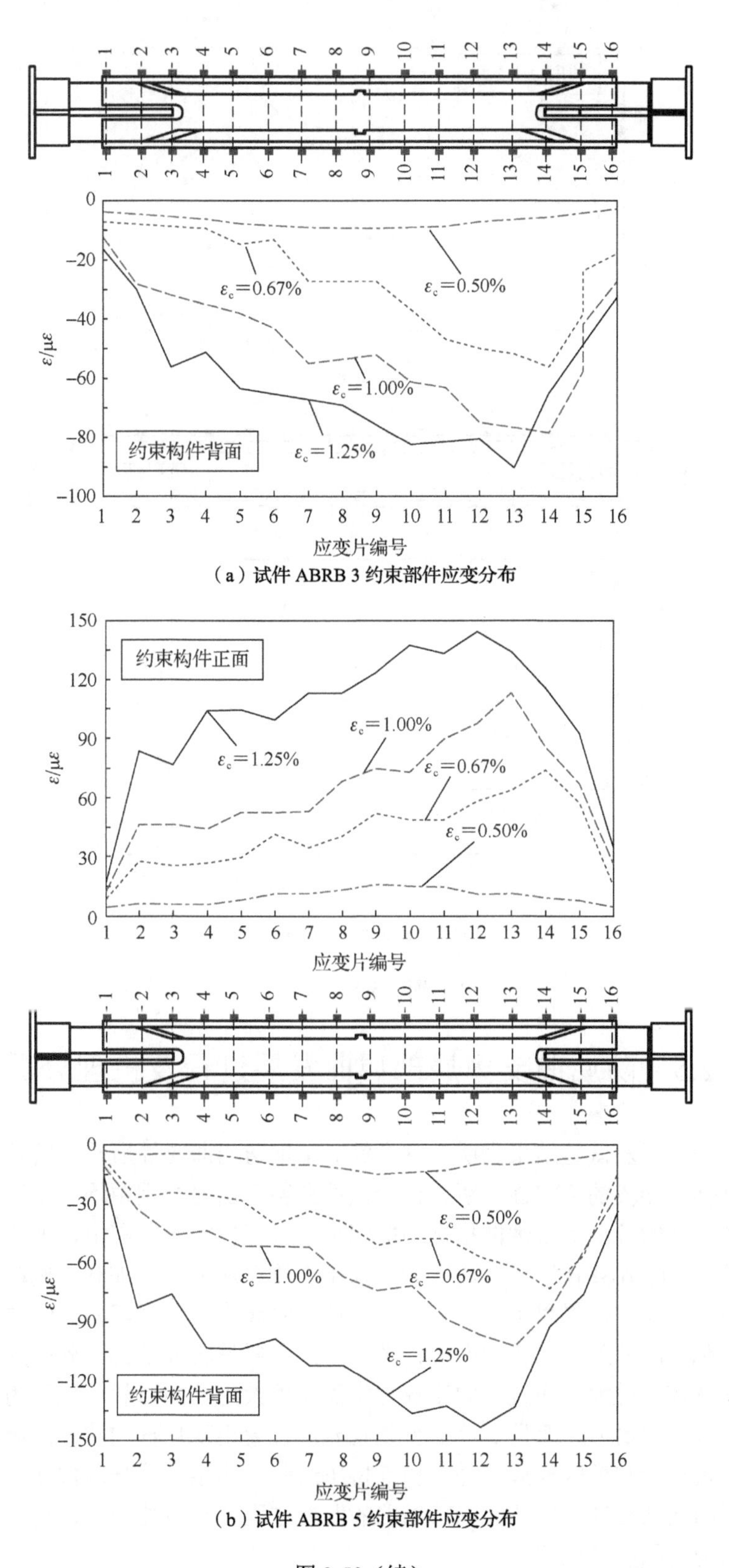

（a）试件 ABRB 3 约束部件应变分布

（b）试件 ABRB 5 约束部件应变分布

图 2-50（续）

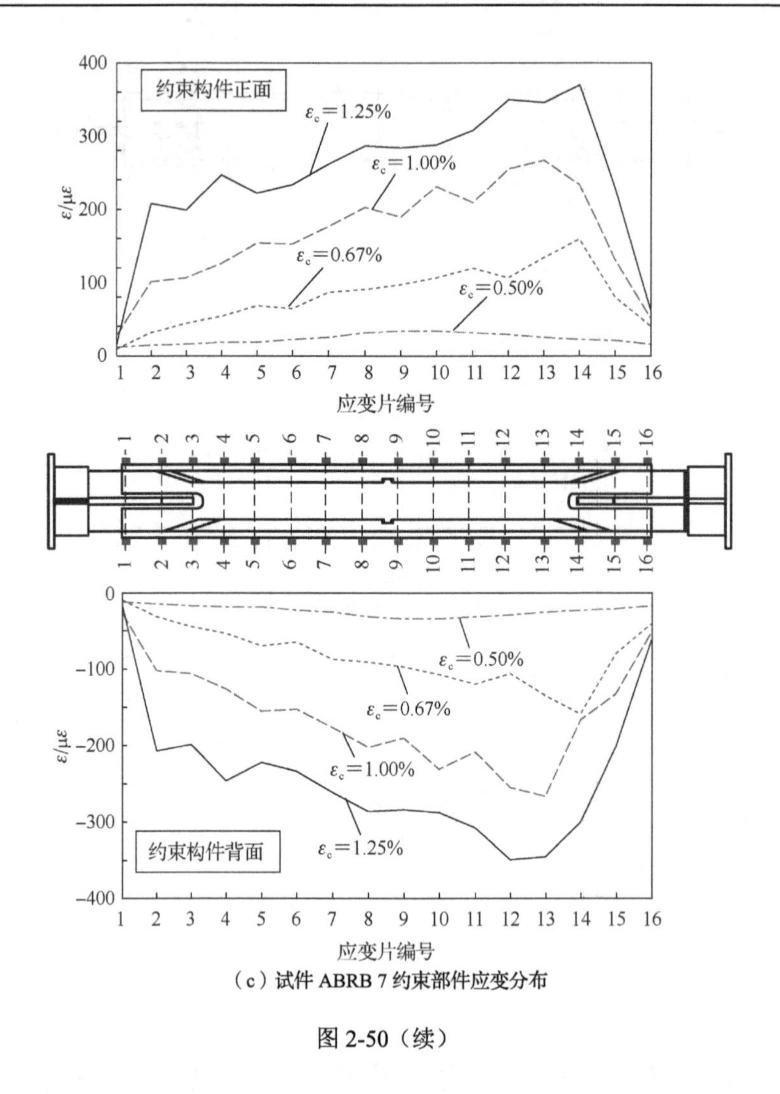

（c）试件 ABRB 7 约束部件应变分布

图 2-50（续）

2.5　防屈曲支撑局部屈曲发展过程及机理分析

前述各节的分析及试验结果表明，本章针对全钢防屈曲支撑所提出的端部改进措施能有效提高其外伸连接段的稳定性，所有试验试件在整个试验过程中均未出现外伸连接段失稳破坏，且各试件的各项抗震性能指标均能满足一般工程的应用需求。但在试验中发现了另外一个现象，试件 ABRB 3、ABRB 5 及 ABRB 7 均在靠近试件加载一侧端部出现了不同程度的局部屈曲现象。值得思考的是，所有试件经验算均满足局部稳定性要求，这一理论计算结果与实际情况的差异已在前面进行了讨论，主要是芯板单元与外围约束构件间的接触作用引起的摩擦力过大，而过大的摩擦力将需要更大的轴向荷载予以平衡，轴向荷载的增加又将导致接触力增大。而且 3 个试件均在相同位置出现局部屈曲，因此，有必要研究防屈曲支撑芯板单元与外围约束构件在相互挤压过程中接触力的分布规律及特点，并从理论的角度揭示防屈曲支撑芯板单元局部屈曲的发展过程及一般性规律，揭示局部屈曲通常在试件端部出现的原因及机理。

2.5.1　防屈曲支撑局部屈曲发展过程

当防屈曲支撑芯板单元发生局部屈曲时，将会出现多种失稳形态。在轴向压力较小时，防屈曲支撑保持平直状态，如图 2-51（a）所示。随着轴向压力的增大，直到处于欧拉临界失稳界限状态时，防屈曲支撑内芯将出现如图 2-51（b）所示的屈曲模态。此时，芯板单元将在法向挤压外围约束构件，并在该方向产生挤压力，这一作用过程可以看作点接触的过程。当轴向作用力继续增加时，点接触的作用区域将增大，由点接触过程变为线接触过程，点接触作用过程结束，如图 2-51（c）所示。线接触长度范围内的芯板单元同样可看作一受压杆件，当两端荷载超过其临界失稳承载力时，线接触作用过程结束，如图 2-51（d）所示。该受压杆件出现局部失稳从而形成新的波曲，随着轴向荷载的继续增加，这一过程将继续发展，如图 2-51（e）所示。实质上点接触和线接触的交替产生过程为一随遇平衡过程，如图 2-51（f）所示。除非防屈曲支撑出现某种形式的破坏，否则随着轴向荷载的增大，这一新生波曲将不断继续发展，最终形成高阶多波屈曲模态，如图 2-51（g）所示。显然，这与轴向荷载的加载方向及大小有关，由于芯板单元产生的变形为一系列连续的屈曲波形，因此可通过平衡微分方程来描述该过程，但在线接触再次转变为点接触的过程中，新波曲在线接触长度范围内的形成位置是随机分布的并可自由移动，这种随机性使得该描述过程具有一定的不确定性。

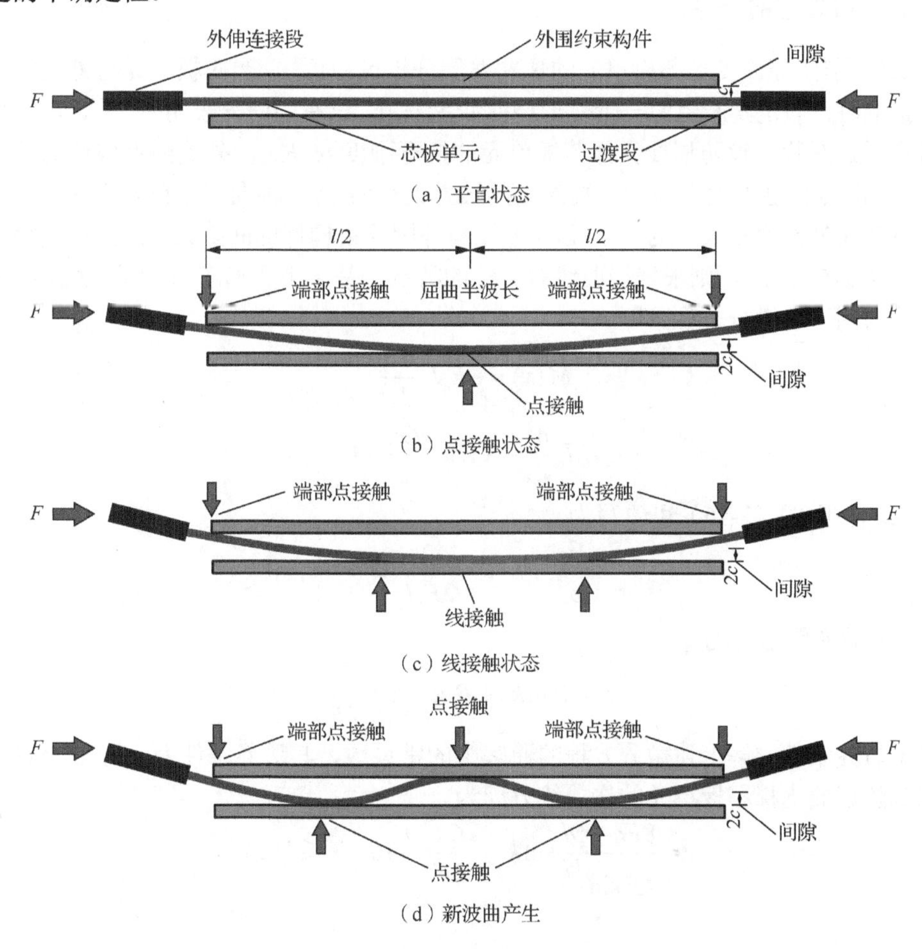

（a）平直状态

（b）点接触状态

（c）线接触状态

（d）新波曲产生

图 2-51　防屈曲支撑芯板单元屈曲发展过程

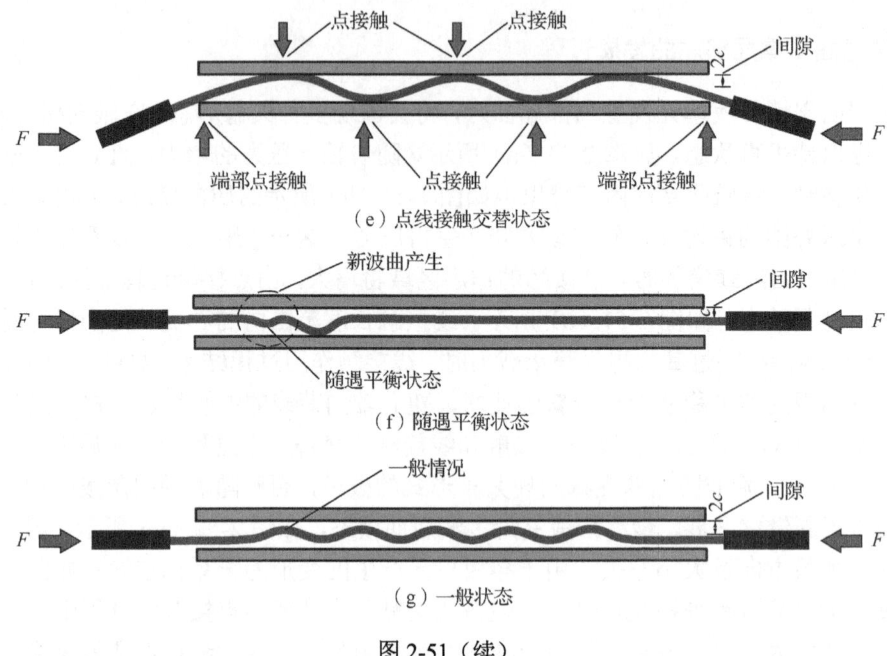

（e）点线接触交替状态

（f）随遇平衡状态

（g）一般状态

图 2-51（续）

2.5.2 点接触过程的描述

由 2.5.1 节防屈曲支撑芯板单元的屈曲发展分析过程可知，当芯板单元与外围约束构件发生点接触时，假定其产生的一阶变形挠曲线为 $y(x)$。已有的研究表明[129-131]，该挠曲线关于接触作用点对称，设防屈曲支撑芯板单元的抗弯刚度为 E_cI_c，外围约束构件的抗弯刚度为 E_rI_r，中间点接触力大小为 Q，端部点接触力大小为 Q_0，轴向作用荷载为 F，外围约束构件任意截面处的弯矩大小为 M，芯板单元与外围约束构件的间隙为 c，其点接触受力分析模型如图 2-52 所示。则根据挠曲线对称性的特点，基于小变形理论[132]，对芯板单元 $l/2$ 长度范围内列平衡微分方程，即

$$M(x)=-E_cI_c\frac{\mathrm{d}^2y}{\mathrm{d}x^2} \tag{2-15}$$

$$E_cI_c\frac{\mathrm{d}^2y}{\mathrm{d}x^2}+yF-\frac{Qx}{2}=0 \tag{2-16}$$

令 $k^2=F/E_cI_c$，则式（2-16）可改写为

$$\frac{\mathrm{d}^2y}{\mathrm{d}x^2}+k^2y-\frac{Qx}{2E_cI_c}=0 \tag{2-17}$$

式（2-17）的通解形式为

$$y=A\sin kx+B\cos kx+\frac{Qx}{2F} \tag{2-18}$$

根据边界条件求解上述微分方程的通解中的常系数，其边界条件为 $y(0)=0$，$y(l/2)=2c$，求解得到防屈曲支撑芯板单元的挠曲线方程为

$$y=\frac{8Fc-Ql}{4F\sin\dfrac{kl}{2}}\sin kx+\frac{Qx}{2F}\quad (0<x\leqslant l/2) \tag{2-19}$$

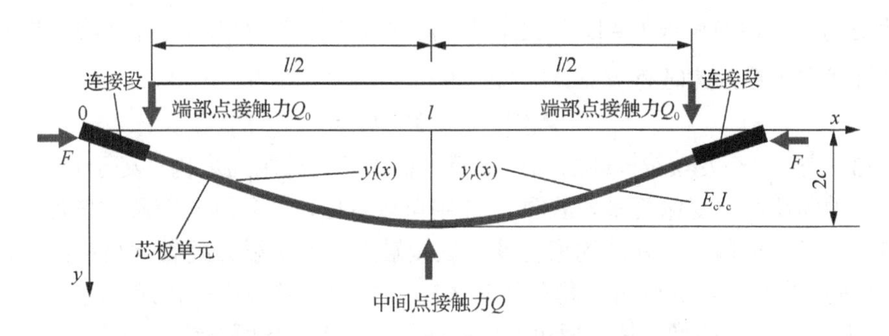

图 2-52　防屈曲支撑芯板单元点接触分析模型

当防屈曲支撑两端的轴向荷载超过 $F_{cr}=4\pi^2E_cI_c/l^2$ 时，形成点接触状态。此时，在接触点位置其转角 θ 为零，即挠曲线 $y(x)$在该位置的一阶导数为零，即

$$\left.\frac{\mathrm{d}y}{\mathrm{d}x}\right|_{x=l/2}=0 \tag{2-20}$$

则可得到中间点接触力 Q 及端部点接触力 Q_0 分别为

$$Q=\frac{8Fck}{kl-2\tan\dfrac{kl}{2}} \tag{2-21}$$

$$Q_0=\frac{Q}{2}=\frac{4Fck}{kl-2\tan\dfrac{kl}{2}} \tag{2-22}$$

将式（2-21）代入式（2-19），可得此状态下防屈曲支撑芯板单元的挠曲线方程为

$$y(x)=\frac{4c\sin kx}{\cos\dfrac{kl}{2}\left(2\tan\dfrac{kl}{2}-kl\right)}+\frac{4ckx}{kl-2\tan\dfrac{kl}{2}} \tag{2-23}$$

根据平衡方程可得防屈曲支撑外围约束构件任意截面处的弯矩 M 为

$$M(x)=Q\left(\frac{l}{2}-x\right)=\frac{8Fck\left(\dfrac{l}{2}-x\right)}{kl-2\tan\dfrac{kl}{2}} \tag{2-24}$$

轴向荷载 F 继续增大，直到芯板单元在接触点处的曲率减小为零，此时点接触状态结束，线接触状态开始[133]，对应的轴向荷载 F 即为点接触结束荷载和线接触开始荷载。由芯板单元挠曲线在接触点处的曲率为零可知：

$$\left.\frac{\mathrm{d}^2y}{\mathrm{d}x^2}\right|_{x=l/2}=0 \tag{2-25}$$

也即

$$k^2\frac{8Fc-\dfrac{8Fck}{kl-2\tan\dfrac{kl}{2}}l}{4F}=0 \tag{2-26}$$

求解式（2-26）得

$$F=\frac{16\pi^2E_cI_c}{l^2}=4F_{cr} \tag{2-27}$$

也就是说，当轴向荷载 $F \in [F_{cr}, 4F_{cr}]$ 时，防屈曲支撑芯板单元与外围约束构件总是保持着点接触状态关系，此时有

$$k \in [2\pi / l,\ 4\pi / l] \tag{2-28}$$

图 2-53 为 $k \in [2\pi / l, 4\pi / l]$，即防屈曲支撑芯板单元与外围约束构件处于点接触状态时，点接触力随轴向荷载的变化关系。从图 2-53 中可以看出，随着轴向荷载的增加，点接触力也随之增加。当芯板单元与外围约束构件首次接触后，点接触力随轴向荷载的变化较为平缓；而当轴向荷载约为欧拉临近失稳荷载的 3.5 倍时，点接触力随轴向荷载的变化变得更加敏感，这是因为轴向力的增大使芯板单元的挠曲程度加大，从而与约束构件间的摩擦力也随之增大，这种情况将使点接触力变化速率加快，也就使点接触力随轴向荷载的变化更加显著。

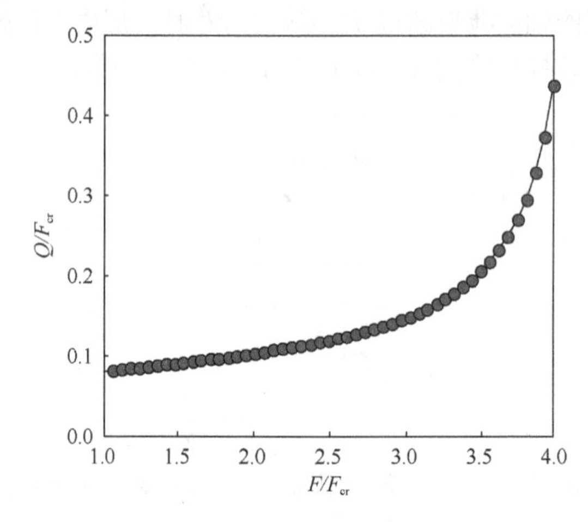

图 2-53 点接触过程中接触力随轴力的变化关系

图 2-54 为防屈曲支撑芯板单元与外围约束构件发生点接触过程中，芯板单元在不同轴向荷载作用下的挠曲线对比图（不同的 k 值代表轴向荷载的不同）。从图 2-54 中可以容易地看出，随着轴向荷载的增加，挠曲线的形状在一定程度上发生了改变，使其在接触点附近的分布更加圆润饱满，并逐渐向约束边界靠近。也就是说，当 $k \in [2\pi / l, 4\pi / l]$ 时，点接触的状态将持续保持，直到轴向荷载继续增大，由点接触状态进入线接触状态。

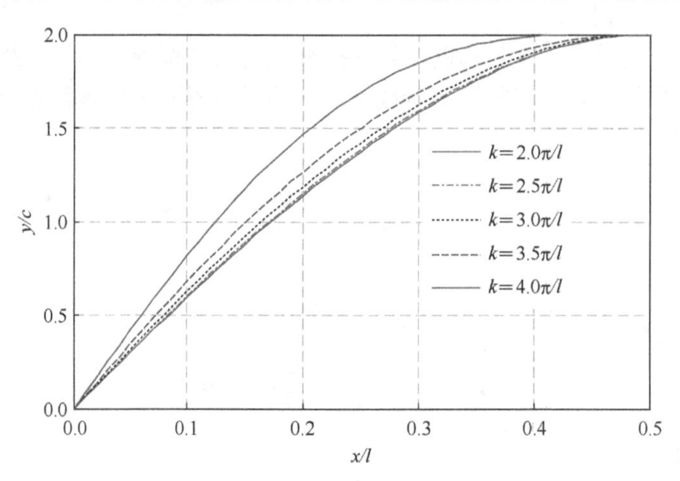

图 2-54 点接触过程中芯板单元挠曲线变化

2.5.3　线接触过程的描述

由 2.5.2 节防屈曲支撑芯板单元与外围约束构件点接触过程的分析可知，当 $k=4\pi/l$，即接触点处的二阶导数为零时，也即该接触点处的曲率为零时，点接触状态结束，线接触状态开始。线接触受力分析模型如图 2-55 所示。假设防屈曲支撑芯板单元与外围约束构件的线接触长度为 l_2，线接触区域两端的自由段长度分别为 l_1 和 l_3，与之对应的各段长度范围内的挠度分别为 $y_2(x)$、$y_1(x)$和 $y_3(x)$，并设线接触长度区域范围内的接触荷载为 $q(x)$，基于小挠度理论[134]，并根据芯板单元变形的对称性特点，对各变形段列二阶平衡微分方程：

$$E_c I_c \frac{d^2 y_1}{dx^2} + F y_1 - Q_0 x = 0 \quad (0 < x \leqslant l_1) \tag{2-29}$$

$$E_c I_c \frac{d^2 y_2}{dx^2} + F y_2 + \frac{Q(x-l_1)}{2} + \int_{l_1}^{x} q(\Delta)(x-\Delta)d\Delta - Q_0 x = 0 \quad \left(l_1 < x \leqslant \frac{l}{2}\right) \tag{2-30}$$

对于式（2-29），令 $k^2=F/E_c I_c$，其通解形式与点接触过程中芯板单元的挠曲线方程的解的形式相同，因此，不再赘述其求解过程，只给出求解结果，计算公式如下：

$$y_1(x) = \frac{Q_0 l_1}{F \sin k l_1} \sin kx + \frac{Q_0 x}{F} \quad (0 < x \leqslant l_1) \tag{2-31}$$

而式（2-30）的通解形式为

$$y_2(x) = A \sin kx + B \cos kx + \frac{q(x)x^2}{2F} - \frac{q(x)lx}{2F} - \frac{E_c I_c q(x)}{F^2} \tag{2-32}$$

根据边界条件求解微分方程的通解（2-32）中的常系数 A 及 B，其边界条件为 $y_1(l_1)=y_2(l_1)$、$y_1'(l_1)=y_2'(l_1)$、$y_2'(l/2)=0$。根据该边界条件及变形协调条件求解得到防屈曲支撑芯板单元线接触范围内的挠曲线方程为

$$y_2(x) = \frac{Q l_1 \left(\cos kx + \tan \frac{kl}{2} \sin kx\right)}{F\left(\tan \frac{kl}{2} \sin k l_1 + \cos k l_1\right)} \quad \left(l_1 < x \leqslant \frac{l}{2}\right) \tag{2-33}$$

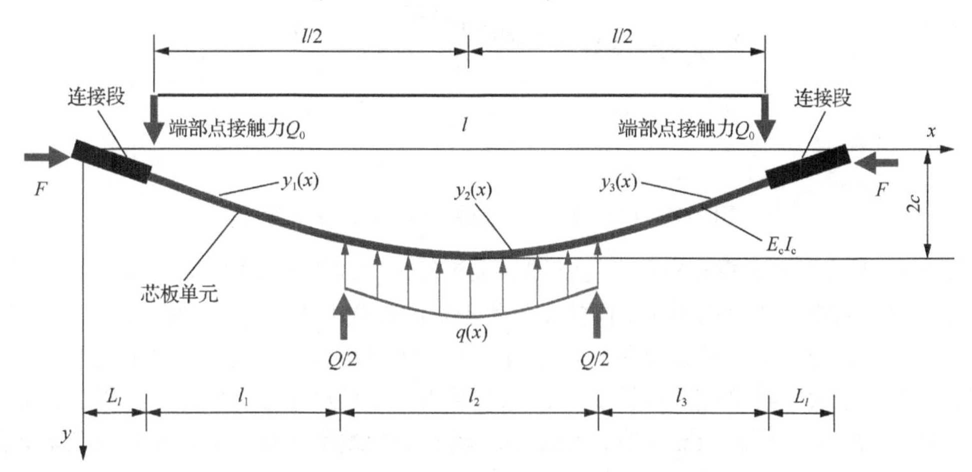

图 2-55　防屈曲支撑芯板单元线接触分析模型

同样的求解过程，根据上述边界条件及变形协调条件可求得线接触过程中端部点接触力为

$$Q_0 = \frac{2Fc}{ll_1 - \frac{kll_1^2}{\tan kl_1} - \frac{kll_1^3}{3}} \tag{2-34}$$

当防屈曲支撑芯板单元与外围约束构件间发生线接触作用后，随着轴向荷载的继续增大，未接触自由段 l_1 及自由段 l_3 的长度开始随之减小，而接触范围内的长度 l_2 将逐渐增大。此时，芯板单元线接触长度范围 l_2 可看成两端固定的轴向受压杆件[135]。当轴向荷载超过受压杆件 l_2 的临界失稳承载力后，该先接触部分将出现新的屈曲，这就意味着防屈曲支撑芯板单元与外围约束构件间的线接触作用过程结束，与之对应的轴向荷载为

$$F = \frac{36\pi^2 E_c I_c}{l^2} = 9F_{cr} \tag{2-35}$$

也就是说，当轴向荷载 $F \in \left[4F_{cr}, 9F_{cr}\right]$ 时，防屈曲支撑芯板单元与外围约束构件总是保持着线接触状态关系，此时

$$k \in \left[4\pi / l, 6\pi / l\right] \tag{2-36}$$

图 2-56 为 $k \in \left[4\pi / l,\ 6\pi / l\ \right]$，即防屈曲支撑芯板单元与外围约束构件处于线接触状态时，接触力随轴向荷载的变化关系。从图 2-56 中可以看出，与点接触过程中接触力的变化规律相似，线接触过程中，接触力同样随着轴向荷载的增加而增加。当芯板单元与外围约束构件首次进入线接触状态后，接触力随轴向荷载的变化同样较为平缓；而当轴向荷载约为欧拉临近失稳承载力的 7 倍时，接触力随轴向荷载的变化变得更加敏感。

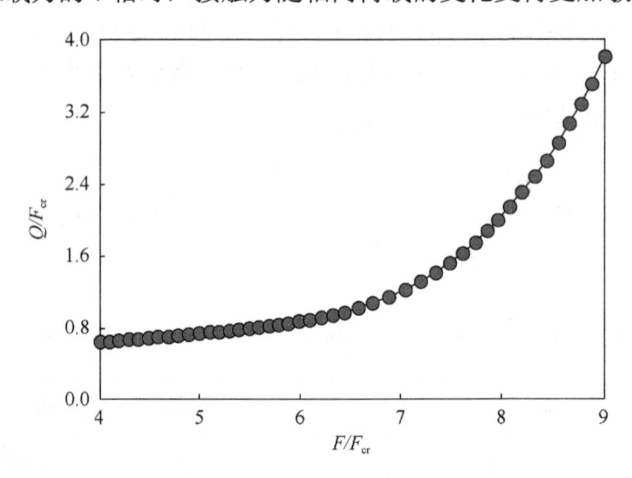

图 2-56　线接触过程中接触力随轴力的变化关系

图 2-57 为防屈曲支撑芯板单元与外围约束构件发生线接触过程中，芯板单元在不同轴向荷载作用下的挠曲线对比图（不同的 k 值代表轴向荷载的不同）。从图 2-57 中可以看出，当 $k = 4\pi / l$ 时，防屈曲支撑芯板单元与外围约束构件间开始首次进入线接触状态。随着轴向荷载的继续增大，线接触区域长度 l_2 也随之增加，并呈对称分布状态。当轴向荷载增大到 $F = 36\pi^2 E_c I_c / l^2$，即 $k = 6\pi / l$ 时，线接触区域的挠曲线呈平直状态，此时也是防屈曲支撑芯板单元与外围约束构件间线接触状态结束时刻，该接触区域范围内将在对应的轴向荷载下产生新的波曲。也就是说，当 $k \in \left[4\pi / l,\ 6\pi / l\right]$ 时，线接触的状态将持续保持，直到轴向荷载继续增大，线接触区域范围内因再次失稳而产生新的波曲，至此，线接触过程结束。

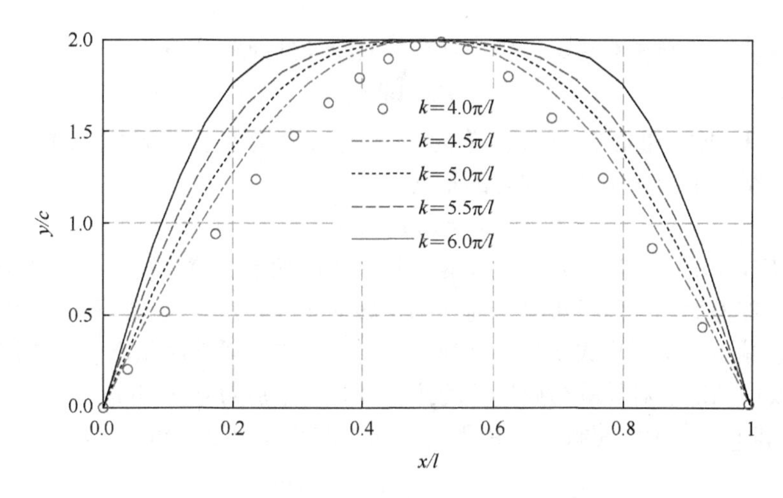

图 2-57　线接触过程中芯板单元挠曲线变化

2.5.4　新波曲的产生过程描述

由 2.5.3 节防屈曲支撑芯板单元与外围约束构件的线接触分析过程可知，两端自由段及中间线接触段的长度 l_1、l_3 及 l_2 的分布具有任意性，三者间的大小关系也不能明确确定，但无论三者的长度如何分布，对于防屈曲支撑的芯板单元而言，其存储的应变能不会因此发生变化[129]。当线接触长度范围内的受压杆件因两端荷载超过其临界失稳承载力时，新的波曲产生，据此，防屈曲支撑芯板单元在产生新波曲的过程中，线接触长度范围内轴向压杆两端荷载与线接触长度 l_2 应满足以下关系式：

$$F=\frac{4\pi^2 E_c I_c}{l_2^2} \tag{2-37}$$

将式（2-35）代入式（2-37），可得到在产生新波曲的过程中，线接触范围内的长度 l_2 为

$$l_2=\frac{l}{3} \tag{2-38}$$

由式（2-38）及图 2-51 中的变形协调条件可知，防屈曲支撑芯板单元在产生新的波曲的时刻，两端自由段及线接触部分并非对称分布的，线接触部分的某一位置瞬时再次屈曲转变为点接触状态，这种状态实质上是一种随遇平衡状态[136]，如图 2-51（f）所示。这种状态是一种不稳定的状态，一方面由于防屈曲支撑芯板单元在产生局部屈曲的过程中存储了较大的应变能，另一方面轴向荷载的变化也使这种状态具有不稳定性，这种不稳定性将使芯板单元转换为能量更低的高阶多波屈曲状态。

2.5.5　一般过程的描述

由前面对防屈曲支撑芯板单元局部屈曲的分析可知，在不断增大的轴向荷载作用下，防屈曲支撑芯板单元在外围约束构件的约束作用下重复两者间的点接触、线接触及产生新波曲的过程。不失一般性，假定在轴向荷载作用下，防屈曲支撑芯板单元在中间段位置产生了 n 个波长相同的波曲，设每一个波曲的长度均为 l_0，假设在端部产生波曲的长度为 l_1，则根据长度相容条件有[137]

$$nl_0+2l_1=l \tag{2-39}$$

根据前述防屈曲支撑芯板单元与外围约束构件点接触状态的结束条件，即 $k=4\pi/l$，

可得第 n 个波曲点接触状态结束、线接触状态开始的轴向荷载为

$$F = 4n^2 F_{\mathrm{cr}} \tag{2-40}$$

同样地，根据防屈曲支撑芯板单元与外围约束构件线接触状态的结束条件，即 $k = 6\pi / l$，可得产生第 n+1 个波曲时的轴向荷载为

$$F = (2n+1)^2 F_{\mathrm{cr}} \tag{2-41}$$

在轴向荷载作用下，随着屈曲波数 n 的增加，防屈曲支撑芯板单元与外围约束构件的接触面积也随着增加，但同样重复着前述的点线交替接触过程，该过程中形成的屈曲半波长也随之不断减小，从而形成高阶多波屈曲模态。设在一般接触状态下，防屈曲支撑芯板单元在端部及中间部位对外围约束构件的挤压分布力分别为 $q_1(x)$和 $q(x)$，与之对应的挤压力分别为 Q_1 和 Q，在轴向荷载 F 作用下的屈曲半波长分别为 l_1 和 l_0，如图 2-58 所示。

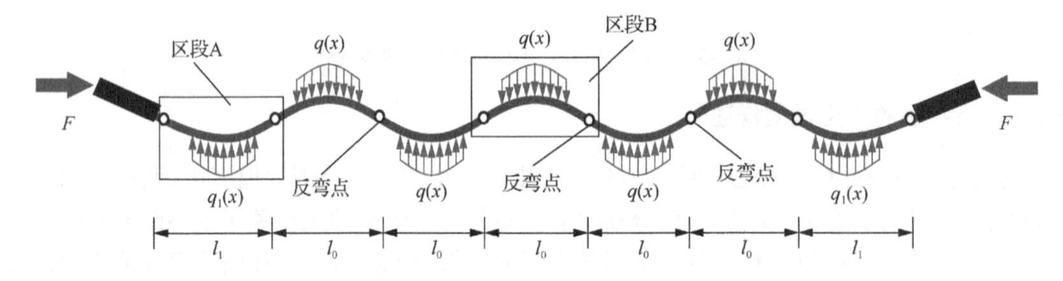

图 2-58　防屈曲支撑芯板单元高阶多波屈曲计算模型[138]

取出图 2-58 中的区段 A 及区段 B 隔离体分别对其进行受力分析（图 2-59）。此处对防屈曲支撑在正常工作阶段的一般情况进行分析，芯板单元屈服后进入强化阶段，赵俊贤和吴斌[138]根据切线模量理论推导计算出芯板单元中间部位的屈曲半波长为

$$l_0 = \pi t\sqrt{\frac{E_{\mathrm{c}}}{12\omega f_{\mathrm{y}}}} = \pi t\sqrt{\frac{\alpha}{12\omega\varepsilon_{\mathrm{y}}}} \tag{2-42}$$

而端部位置的屈曲半波长受到摩擦效应的影响，这种摩擦效应会引起防屈曲支撑在受压和受拉过程中的轴向荷载差异，因此引入拉压不平衡系数 β 予以考虑，即

$$l_1 = \pi t\sqrt{\frac{E_{\mathrm{c}}}{12\omega\beta f_{\mathrm{y}}}} = \pi t\sqrt{\frac{\alpha}{12\omega\beta\varepsilon_{\mathrm{y}}}} \tag{2-43}$$

式中，t 为芯板单元厚度；E_{c} 为芯板单元切线模量；f_{y} 为芯板单元屈服强度；α 为芯板单元切线模量与弹性模量之比；ω 为芯板单元应变硬化系数；ε_{y} 为芯板单元屈服应变；β 为拉压不平衡系数。

分别对区段 A 隔离体和区段 B 隔离体进行分析，由防屈曲支撑芯板单元在接触法向的力平衡条件可得

$$2F\sin\theta_{\mathrm{A}} = \int_0^{l_1} q_1(x)\mathrm{d}x = Q_1 \tag{2-44}$$

$$2F\sin\theta_{\mathrm{B}} = \int_0^{l_0} q(x)\mathrm{d}x = Q \tag{2-45}$$

由防屈曲支撑芯板单元在接触切向的力平衡条件可得

$$F\cos\theta_{\mathrm{A}} = \omega\beta F_{\mathrm{y}},\ F\cos\theta_{\mathrm{B}} = \omega F_{\mathrm{y}} \tag{2-46}$$

当防屈曲支撑芯板单元与外围约束构件处于点接触开始的临界状态时，$k = 2\pi / l$，此时，挠曲线方程（2-31）改写为

$$y(x) = 2c\sin\frac{\pi x}{l} \tag{2-47}$$

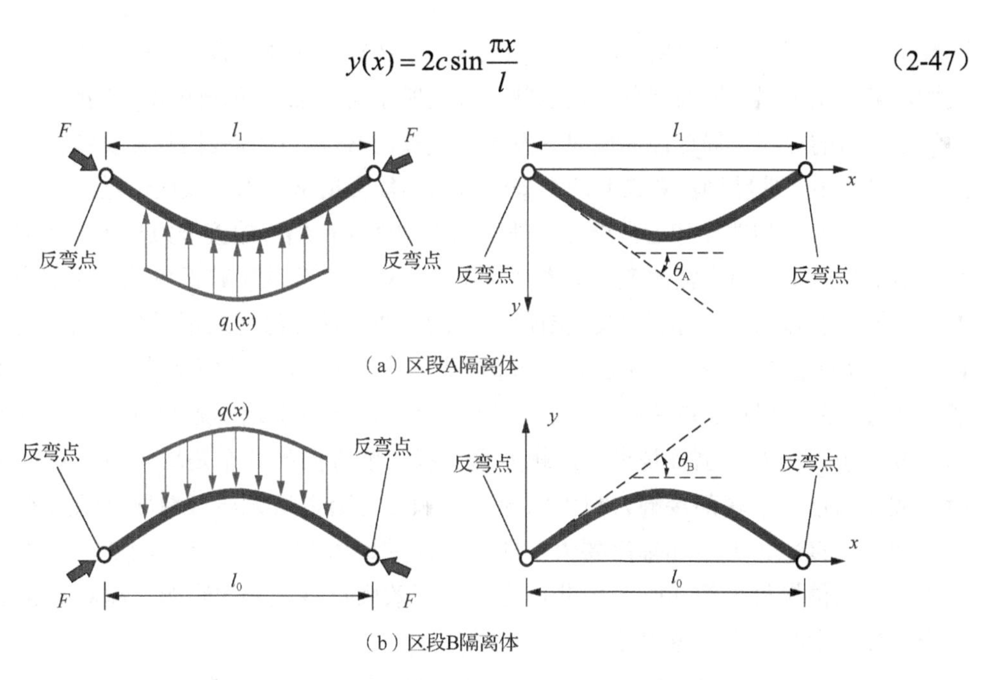

图 2-59　防屈曲支撑芯板单元各区段受力分析[138]

据此，假设防屈曲支撑芯板单元区段 A 的挠曲线方程为

$$y_A(x) = 2c\sin\frac{\pi x}{l_1} \tag{2-48}$$

假设防屈曲支撑芯板单元区段 B 的挠曲线方程为

$$y_B(x) = 2c\sin\frac{\pi x}{l_0} \tag{2-49}$$

分别对式（2-48）和式（2-49）求导可得

$$\theta_A = \left.\frac{dy_A}{dx}\right|_{x=0,x=l_1} = \frac{2c\pi}{l_1},\quad \theta_B = \left.\frac{dy_B}{dx}\right|_{x=0,x=l_0} = \frac{2c\pi}{l_0} \tag{2-50}$$

联立求解式（2-42）～式（2-47），得芯板单元端部及中间部位的挤压力分别为

$$Q_1 = \frac{c\beta\omega F_y}{t}\sqrt{\frac{192\omega\beta\varepsilon_y}{\alpha}} \tag{2-51}$$

$$Q = \frac{c\omega F_y}{t}\sqrt{\frac{192\omega\varepsilon_y}{\alpha}} \tag{2-52}$$

将式（2-51）与式（2-52）相除，得到防屈曲支撑端部接触力与中间部位接触力的比值为

$$\frac{Q_1}{Q} = \sqrt{\beta^3} > 1 \tag{2-53}$$

从式（2-53）可以看出，防屈曲支撑芯板单元与外围约束构件因接触产生的摩擦力的存在，使支撑芯板单元沿长度方向的轴向荷载并非呈均匀分布状态，而是中间位置的轴向荷载较两端的轴向荷载要小。同样地，摩擦力的存在还使芯板单元在轴向荷载的作用下靠近端部的屈曲半波长较中间位置的屈曲半波长更小，这就导致芯板单元与外围约束构件间的接触力呈现两端大、中间小的特点，即式（2-53）的结果。这一结论从试验过程中的试

验现象也能得到很好的说明，试验中，试件 ABRB 3、ABRB 5 及 ABRB 7 均不同程度地在支撑端部出现了局部屈曲现象。这也就恰好证明了这一点，即在防屈曲支撑受压过程中，因为摩擦力的存在，局部屈曲现象易发生在支撑的端部，所以在防屈曲支撑外围约束构件的设计过程中，应特别注意在其两端采取适当的加强措施，以保证该位置的局部稳定性。

图2-60为防屈曲支撑芯板单元与外围约束构件间在端部的接触力与在中间部位的接触力比值随拉压不平衡系数的变化关系（拉压不平衡系数反映了芯板单元与约束构件间的摩擦效应的大小）。美国规范[112]及我国规范[87]均对防屈曲支撑拉压不平衡系数做出了不超过 1.3 的限值的规定，即防屈曲支撑在循环加载下的最大受压承载力与最大受拉承载力的比值不超过 1.3。从图 2-60 中可以看出，当 $\beta=1$，即无摩擦效应影响时，端部接触力与中间部位接触力相同，也就是说，接触力沿支撑长度方向的分布是均匀的。随着拉压不平衡系数 β 的增大，端部接触力与中间部位接触力也随之增大，但端部接触力的增加幅度比中间部位接触力的增加幅度要大，即两者间的比值大于 1。当 $\beta=1.3$ 时，端部接触力高出中间部位接触力约 50%。由此可见，摩擦效应对接触力的影响，即对防屈曲支撑局部稳定性的影响是不容忽视的。

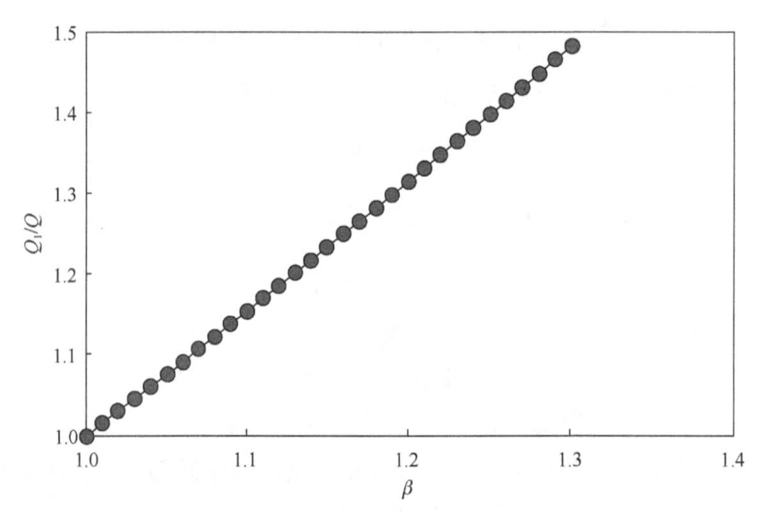

图 2-60　端部接触力与中间部位接触力比值随拉压不平衡系数的变化

2.5.6　防屈曲支撑局部稳定设计

对于全钢防屈曲支撑的局部稳定设计虽已有研究[137-139]，但研究成果大部分是基于试验结果进行特定构件的分析，鲜有提出统一的局部稳定设计准则。我国台湾地区的蔡克铨[140]、周中哲和陈映全[141]、林保均[142]等对钢管混凝土约束构件防屈曲支撑的局部稳定进行了细致深入的研究。防屈曲支撑外围约束构件局部稳定的设计，需清楚了解芯板单元与约束构件间的最大接触挤压力，从而通过建立约束构件的局部抗力模型，得到相应的局部稳定设计准则。已有的研究及试验结果表明[143-144]，支撑的局部屈曲失效通常发生在芯板单元产生高阶多波屈曲模态后，如图 2-61 所示。

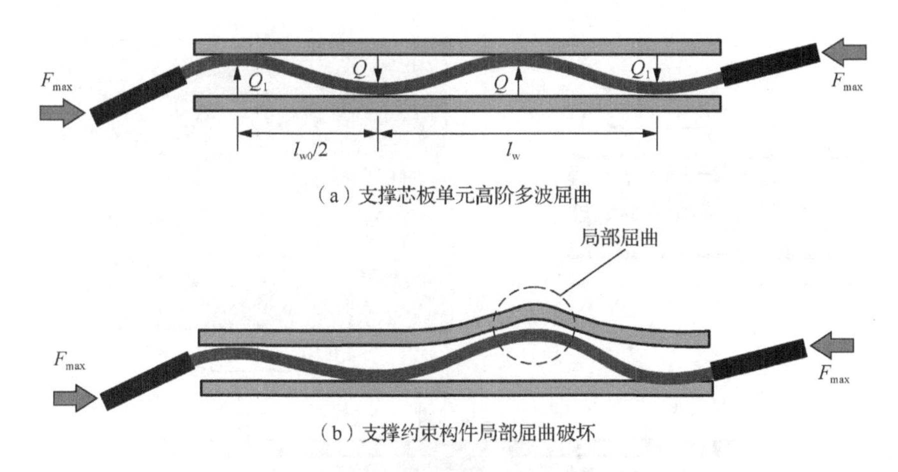

（a）支撑芯板单元高阶多波屈曲

（b）支撑约束构件局部屈曲破坏

图 2-61　防屈曲支撑局部屈曲破坏示意图

1. 芯板单元与外围约束构件间的最大接触挤压力计算

由前面的分析可知，支撑芯板单元出现高阶多波屈曲模态后，芯板单元与约束构件间摩擦效应的存在使端部的挤压力较中间部位要大出许多。因此，约束构件较易出现局部屈曲的位置为约束构件末端，即该位置的接触挤压力最大，并且该挤压力与轴向荷载呈正相关性。假定支撑在轴向荷载 F_{max} 的作用下产生的最大接触压力为Q_{1max}，取芯板单元上的 1/4 个波进行受力分析（图 2-62），可通过力矩平衡计算出接触挤压力的大小。

$$\sum M_A = \frac{Q_{1max}}{2}\frac{l_{w0}}{2} - 2cF_{max} \tag{2-54}$$

求解式（2-54），即可得到最大挤压力 Q_r 为

$$Q_r = Q_{1max} = \frac{8cF_{max}}{\pi t}\sqrt{\frac{12\omega\beta\varepsilon_y}{\alpha}} \tag{2-55}$$

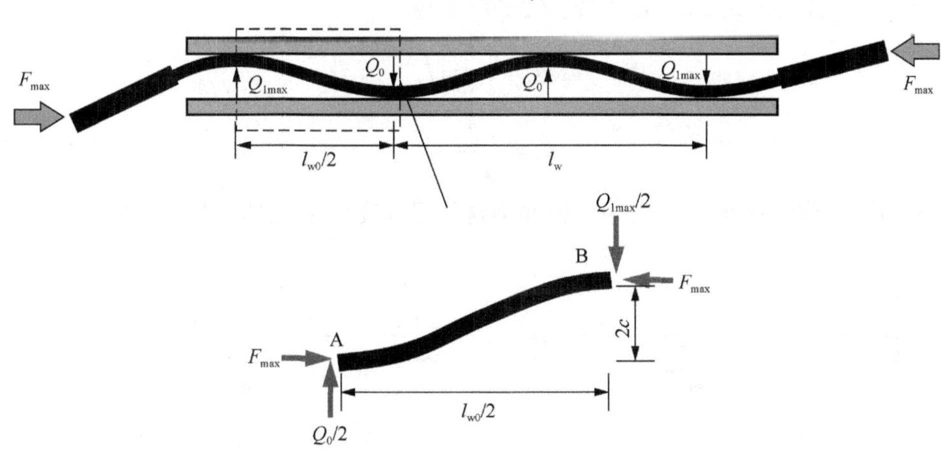

图 2-62　防屈曲支撑挤压力求解示意图

2. 外围约束构件抗力计算

芯板单元产生高阶多波屈曲后将挤压外围约束构件，已有的研究表明[145]，该接触挤压力将沿着接触方向向外 45° 的位置进行传递，形成一局部挤压区域，如图 2-63 所示。这与试验结果中的局部屈曲现象也是相符的，假定挤压力在该局部区域的分布模式为均匀分布。

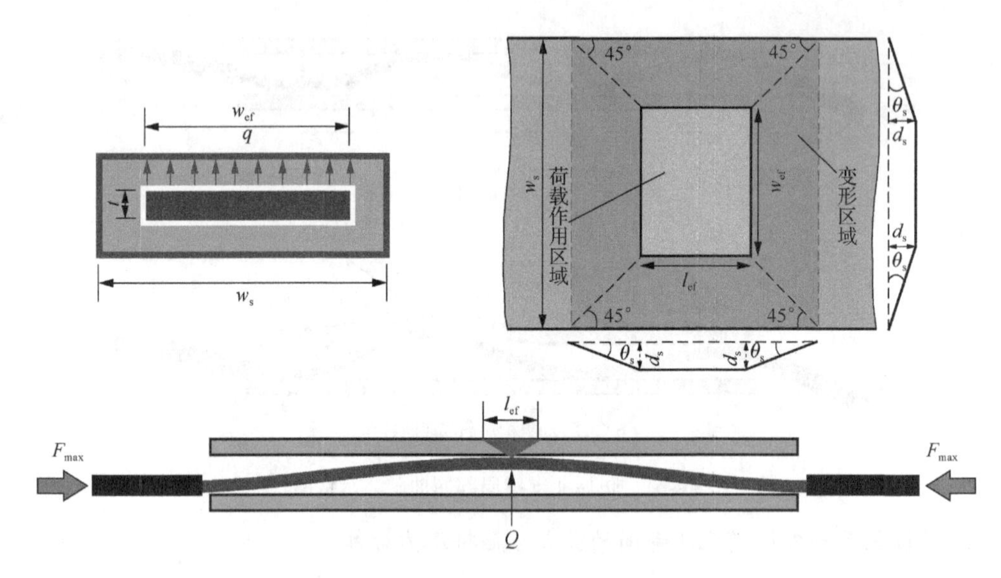

图 2-63　防屈曲支撑挤压力传递示意图

采用上限定理（upper bound theory）[143,145]计算约束构件的局部塑性抗力，假定防屈曲支撑约束构件的局部挤压区域沿图 2-63 中的屈服线进入屈服，则上限定理及其上限解可采用式（2-56）表示：

$$W_{\mathrm{I}} = W_{\mathrm{E}} \tag{2-56}$$

式中，W_{I}为塑性极限弯矩与相应塑性转角的乘积，即

$$W_{\mathrm{I}} = 2M_{\mathrm{p}}(w_{\mathrm{ef}} + l_{\mathrm{ef}})\theta_{\mathrm{s}} \tag{2-57}$$

式中，M_{p}为单位长度的塑性极限弯矩；w_{ef}为局部挤压范围内荷载作用面宽度；l_{ef}为局部挤压范围内荷载作用面长度；θ_{s}为约束构件产生局部变形量d_{s}时的塑性转角。如图 2-64 所示，M_{p}、θ_{s}分别按式（2-58）和式（2-59）计算：

$$M_{\mathrm{p}} = \left(\frac{t_{\mathrm{r}}^2}{4}\right) f_{\mathrm{y}} \tag{2-58}$$

$$\theta_{\mathrm{s}} = \frac{2d_{\mathrm{s}}}{w_{\mathrm{s}} - w_{\mathrm{ef}}} \tag{2-59}$$

式中，t_{r}为约束构件厚度；f_{y}为约束构件钢材屈服强度；w_{s}为约束构件净宽度。

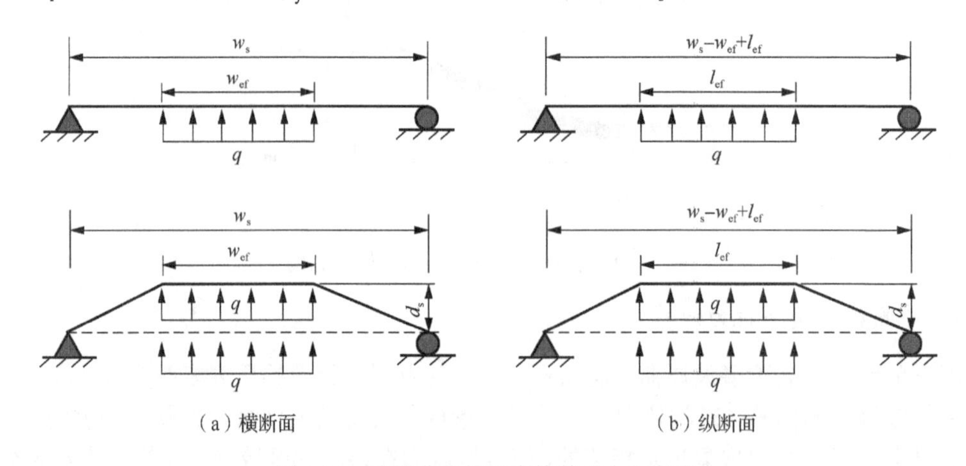

图 2-64　防屈曲支撑约束构件受力与变形

W_E 为作用在局部挤压区域上的均布荷载与相应局部变形量的乘积，即

$$W_E = q w_{ef} l_{ef} d_s \tag{2-60}$$

将式（2-56）～式（2-59）代入式（2-60）可求得约束构件的局部抗力为

$$Q_s = q w_{ef} l_{ef} = \frac{w_{ef} + 2t_r}{w_s - w_{ef}} t_r^2 f_y \tag{2-61}$$

3. 外围约束构件局部稳定设计准则

由以上分析可计算出防屈曲支撑芯板单元与外围约束构件间的局部挤压力 Q_r 以及约束构件的局部塑性抗力 Q_s。显然，保证防屈曲支撑约束构件局部稳定的条件为

$$Q_r \leqslant Q_s \tag{2-62}$$

即

$$\frac{8cF_{max}(w_s - w_{ef})}{\pi t(w_{ef} + 2t_r)\ t_r^2 f_y}\sqrt{\frac{12\omega\beta\varepsilon_y}{\alpha}} \leqslant 1 \tag{2-63}$$

式（2-63）即防屈曲支撑外围约束构件的局部稳定设计准则。当式（2-63）左侧计算值大于 1 时，则有较大可能出现局部屈曲现象，反之出现局部屈曲现象的可能性较小。

图 2-65 为防屈曲支撑试件 ABRB 3、ABRB 5 及 ABRB 7 芯板单元与约束构件的最大挤压力与约束构件塑性抗力间的关系。图 2-65 中直线上方区域为约束构件很可能发生局部屈曲的区域，直线下方区域为约束构件发生局部屈曲可能性较小的区域，并且图中给出了不同拉压不平衡系数下的作用力与抗力关系。从图 2-65 中可以得知，随着拉压不平衡系数 β 的增大，试件 ABRB 3 及 ABRB 5 开始越过临界线由局部稳定区域转向局部屈曲区域，而试件 ABRB 7 则始终处于局部稳定区域。试验结果也恰好说明了这一点，其主要原因为，在进行各试件的局部稳定设计时，未考虑拉压不平衡系数 β 对约束构件局部稳定的不利影响。由于试验过程中防屈曲支撑芯板单元与约束构件间摩擦效应的存在，试件 ABRB 3 及 ABRB 5 出现不同程度的局部屈曲现象。因此建议在进行防屈曲支撑约束构件的局部稳定设计时，应充分考虑拉压不平衡系数对局部稳定的不利影响。

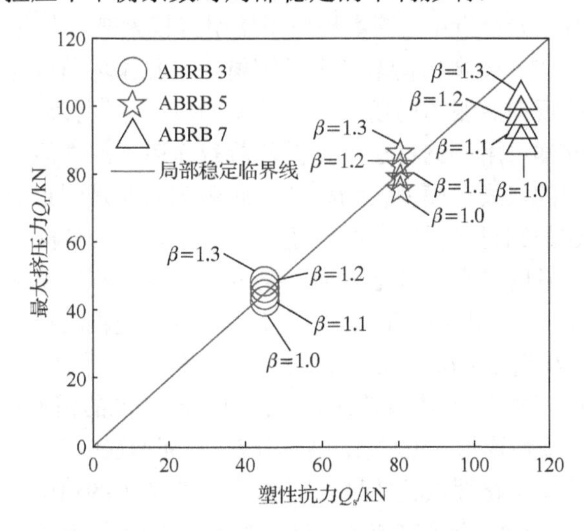

图 2-65　防屈曲支撑局部稳定设计准则关系

2.6　有限元分析

目前，研究建筑物及结构构件抗震性能较为直接和较为可靠的方法无疑是进行实体试验研究。有限元模拟分析作为其辅助研究手段，同样可以在一定程度上和一定精度范围内反映研究对象的性能，并且能考虑在各种参数变化及影响下建筑物及结构构件的性能变化差异，发现一些试验中容易被忽略的关键因素，以及由于试验条件的限制，一些难以通过试验进行直观研究的因素，或者由于其成本代价太高而不能被很好研究的内容。同样，有限元模拟分析可以作为对试验结果准确性和可靠性判断的补充分析，这就在一定程度上弥补了由于种种原因导致试验不能达到某些研究内容及高度的不足。在众多有限元分析软件中，ABAQUS 软件由于在非线性分析方面的突出表现，尤其在高度复杂化的非线性分析领域的分析求解能力[146]，在工程界及学术界得到广泛使用。由于防屈曲支撑在正常工作状态下涉及材料非线性、几何非线性及接触非线性 3 个方面的复杂非线性问题，本节采用该软件对前述进行低周往复荷载试验的端部改进型全钢防屈曲支撑 ABRB 3、ABRB 5 及 ABRB 7 进行有限元模拟分析，更加精准地考察端部改进后防屈曲支撑的各项抗震性能指标，以验证前面内容中所提出的端部构造改进措施的有效性与合理性。

2.6.1　有限元模型建立

1．模型部件类型选择

为使有限元分析结果更加接近真实情况，对全钢防屈曲支撑的各组成部件均采用三维可变形实体单元进行模型建立，以求解防屈曲支撑在低周往复作用下的复杂应力-应变情况，更加全面地分析防屈曲支撑的性能变化。

2．钢材本构选择

通常对于钢材的材料本构关系，可采用简单的理想双线性模型（Bilinear 模型），在已有的许多防屈曲支撑有限元分析中，该本构模型使用得较为普遍[147]；也可采用随动硬化模型（Kinematic 模型）[148]，该本构模型考虑了钢材在反复循环荷载作用下的包辛格效应，可解决循环加载和可能反向屈服的问题，体现了反向应力逐渐移动的特点。同向硬化模型（Isotropic 模型）[149]同样可用于钢材在往复循环荷载作用下的性能模拟，并能模拟钢材的刚度退化特点。但常用的双线性模型认为材料的屈服应力面是固定的，不会随着材料塑性的发展而发生改变，这与钢材在材料性能试验中实际表现出的性能是不相匹配的，钢材在往复循环荷载作用下通常既具有包辛格效应，又表现出强度刚度退化的特点，即同时具有 Kinematic 模型和 Isotropic 模型的特点。因此，本节在进行全钢防屈曲支撑的模型建立过程中，对于钢材的材料本构选用 Combine 硬化模型，如图 2-66 所示。该本构模型可以考虑材料在多个反向应力作用下的应力-应变情况，对钢材材料性能的模拟更加接近真实情况。在该模型的参数设置中，弹性模量、泊松比、屈服应力、屈服应变及进入塑性后的应力-应变关系均采用前述内容的钢材材性试验数据，即弹性模量取 1.99×10^5MPa，泊松比取 0.28，屈服应力取 290.1MPa，屈服应变取 0.146，进入塑性后的应力-应变关系如表 2-10 所示。

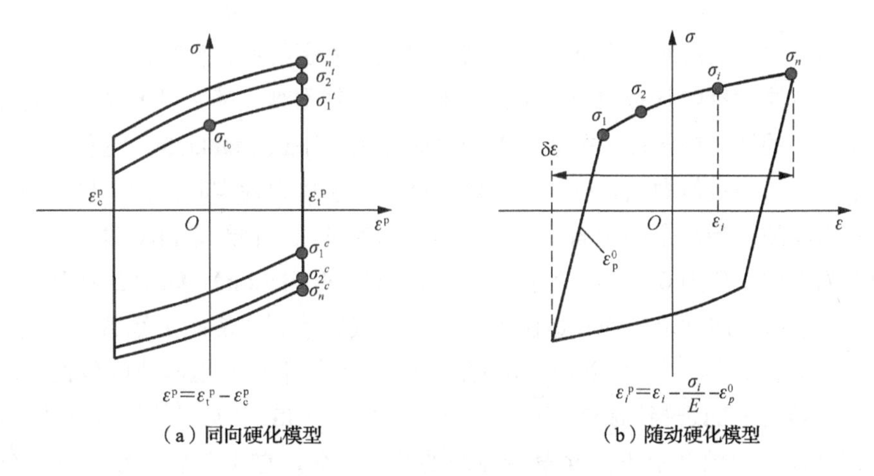

（a）同向硬化模型　（b）随动硬化模型

图 2-66　Combine 硬化模型

表 2-10　钢材塑性应力-应变关系

塑性应力 σ/MPa	塑性应变 ε/%
290.1	0.000
326.9	0.024
349.1	0.047
386.9	0.094
412.7	0.138
435.8	0.182

3．单元类型选择

ABAQUS 中可供使用的实体单元的种类繁多，仅三维模型就超过了 20 种，而对于有限元模拟的精度在很大程度上与模型所采用的单元密切相关。在众多单元中如何选择一个最合适的，是令人们较为头疼的。减缩积分单元比完全积分单元在每个方向上少用一个积分点，而其线性单元仅在单元的中心有一个积分点，但减缩积分单元只能在四边形和六面体单元中才能使用。线性减缩积分单元适用于弹塑性分析及接触分析，位移计算结果精度水平较高，同时在受弯情况下不易发生剪切自锁现象，积分点的减少对分析精度的影响并不显著，但在分析时间成本上表现得更为出色。因此，本节采用八节点六面体线性减缩积分单元（C3D8R）来模拟全钢防屈曲支撑的各部件。

4．接触及相互作用关系确定

对于防屈曲支撑在低周往复荷载作用下的有限元模拟分析所涉及的接触关系主要是，防屈曲支撑芯板单元在轴向压力作用下，由于泊松效应产生的横向膨胀变形挤压外围约束构件，但合理的间隙设置可避免这种接触关系的发生。然而，随着轴向荷载的增大，支撑芯板单元不再保持平直状态，而是出现多波高阶屈曲模态，即芯板单元沿轴向产生波纹变形，在波峰及波谷处与外围约束构件产生接触，并在法向挤压外围约束构件，在该接触力的作用下产生切向摩擦力。对于这种接触，在分析中是一种较为复杂的非线性问题，因为接触条件随加载历程的变化而改变。当支撑处于受压状态时，芯板单元在法向与外围约束构件产生挤压，在切向与外围约束构件产生摩擦；而反向加载时，即支撑处于受拉状态时，在压力作用下产生的波纹变形被拉直，芯板单元与外围约束构件在法向及切向上的相互接触随之消失，这种接触状态的更替使得接触分析收敛困难。基于以上原因，将芯板单元与外围约束构件的法向挤压接触关系设置为“硬接触”（hard contact），这种接触关系未对接触面间的接触压力量值做出限制。当接触面间的接触压力为零时，两个接触面自动分离，并将其约束释放；当两个接触面的接触压力不为零时，接触约束自动建立。切向摩擦接触关系设置为摩擦系数为 0.3 的库仑摩擦接触（Coulomb friction），如图 2-67 所示。对于前面提到的由于接触非线性造成的收敛困难问题，将接触控制中的阻尼系数设置为 1E-4[150]。这种做法经分析表明[151]，可以在满足精度要求的前提下较好地解决收敛性问题。而在接触关系中，接触面的选择同样较为关键。由于 ABAQUS 中使用的接触算法为主-从接触算法，即从属面上的节点不能穿透主控面的某一部分，这也就要求在网格划分时，从面应当有更精细的网格划分，而主面的网格划分可适当粗略。在本节的防屈曲支撑有限元模拟分析中，我们较为关心的是芯板单元的性能变化及外围约束构件的整体性能表现。因此，对防屈曲支撑芯板单元进行较为精细的网格划分，将其表面作为从面，而将外围约束构件的内表面作为主面。考虑到轴向加载位移的最大幅值达到 38.2mm，因此两个接触面的相对滑动量采用“小滑移”计算公式进行计算。由于防屈曲支撑连接段处的加劲板直接焊接在芯板单元端部，其实质上构成一个整体，形成协同工作状态。在有限元模拟分析中，将加劲板与芯板间通过建立“绑定”（Tie）约束关系连接起来；同样的，焊接在外围约束构件翼缘板上的钢垫板也通过建立“绑定”约束关系进行连接；对于防止外围约束构件沿轴向自由滑动的限位卡槽，在有限元分析中通过在芯板单元中间位置建立“Connection”连接进行模拟。

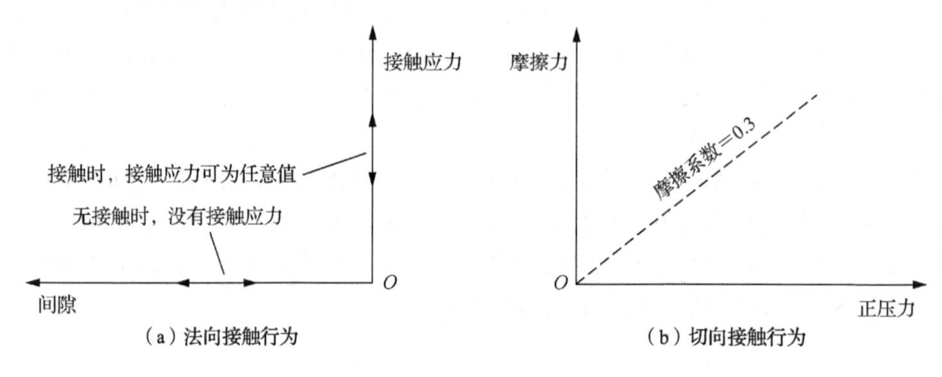

（a）法向接触行为　（b）切向接触行为

图 2-67　接触关系定义

5．网格划分

网格划分主要影响有限元分析模型的计算时间和计算精度问题，也是有限元分析过程中较为关键的环节之一。根据前面在接触关系中确定的主-从表面，确立网格划分的精细程度。芯板单元在厚度方向划分为 3 个单元，在长度及宽度方向按照 10mm/个的尺寸进行划分；外围约束构件腹板及翼缘板在厚度方向均划分为两个单元，在其他方向均按照 20mm/个的尺寸进行划分。为采用“结构化”网格划分技术进行网格划分，将外围约束构件及芯板单元采用分割面切分为几部分规则部件，进而利用全局布种与按边布种相结合的方法确定网格数量。有限元分析模型的网格划分如图 2-68 所示。

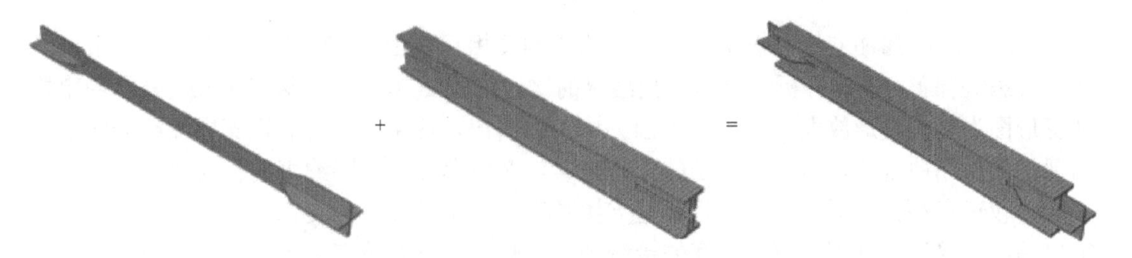

图 2-68　端部改进型全钢防屈曲支撑有限元模型网格划分

6. 边界条件及荷载

在有限元模拟分析中，施加的边界条件与实际试验过程中所施加的边界条件一致，即将防屈曲支撑的一端固定（约束 6 个方向的自由度），在另一端施加低周往复荷载，加载制度与 2.3.5 节中的加载制度相同。但值得强调的是，在加载过程中不能对某一节点施加荷载，这样很可能会造成该加载点（很小的一个区域）应力过于集中，出现奇异数值或负特征值[152]，以至于出现计算结果难以收敛或计算精度不高等情况。基于此，采用建立参考点的方法进行加载，即在加载端面建立一加载参考点，将该加载点与加载端面建立耦合约束关系，对该加载点施加荷载也就相当于在整个加载端面上施加荷载。同时，在施加往复荷载时需要注意的是，在每一步加载中，应使用光滑幅值曲线进行位移加载，以避免突然施加的锯齿波形产生应力震荡现象，从而使分析结果失真。

2.6.2　有限元分析结果与试验结果对比

1. 屈曲模态及破坏形态对比

对上述建立的精细化有限元模型进行低周反复荷载作用下的分析，图 2-69 为端部改进型全钢防屈曲支撑芯板单元局部屈曲阶段试验结果与有限元分析结果的比较。从图 2-69 中可以看出，在有限元分析模型中，防屈曲支撑芯板单元出现了高阶多波屈曲模态，并且在波峰与波谷处（芯板单元与外围约束构件接触位置）应力水平较高，说明芯板单元与外围约束构件两者间的接触力较大。芯板单元变形形态基本与试验结果一致，最终断裂失效位置同样在靠近支撑加载一侧端部。有限元分析结果与试验结果吻合程度较高，表明有限元分析可以较好地预测防屈曲支撑芯板单元的屈曲模态及断裂失效位置。

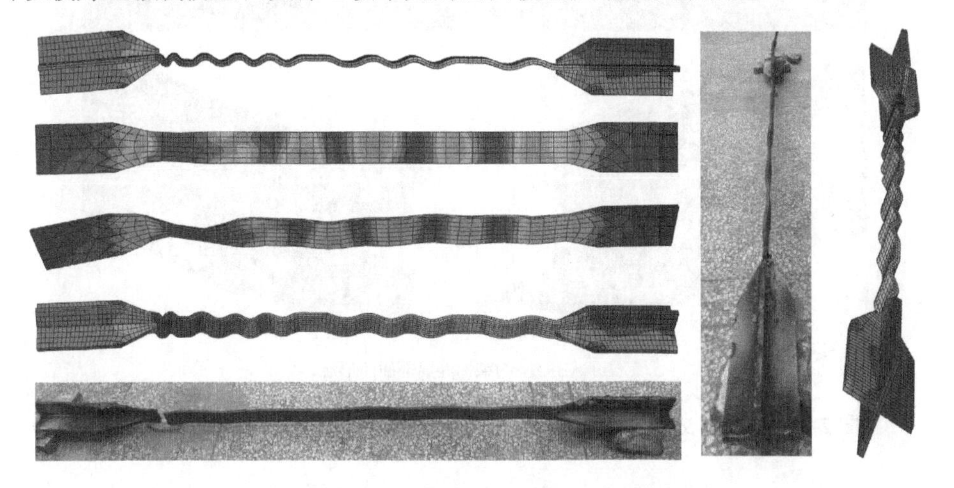

图 2-69　芯板单元试验结果与有限元分析结果对比

同时，对防屈曲支撑芯板单元与外围约束构件相互接触过程中约束构件的受力情况及变形形态进行了分析，分析结果与试验结果的比较如图 2-70 所示。从图 2-70（外围约束构件变形图为真实变形放大 500 倍后绘出）中可以看出，约束构件在靠近支撑加载一侧端部出现了局部屈曲现象，从应力云图的分布来看，芯板单元与外围约束构件间在端部产生的接触力较远离端部位置要大，并且沿着支撑长度方向呈递减趋势变化。这与前述理论分析得出的芯板单元与外围约束构件间的接触力分布规律及分布特点一致。有限元分析结果与试验结果高度吻合，有限元分析出现局部屈曲的位置也与试验结果基本相同，约束构件未出现整体失稳情况这些表明有限元分析可以较好地预测防屈曲支撑外围约束构件的变形形态及局部屈曲位置。

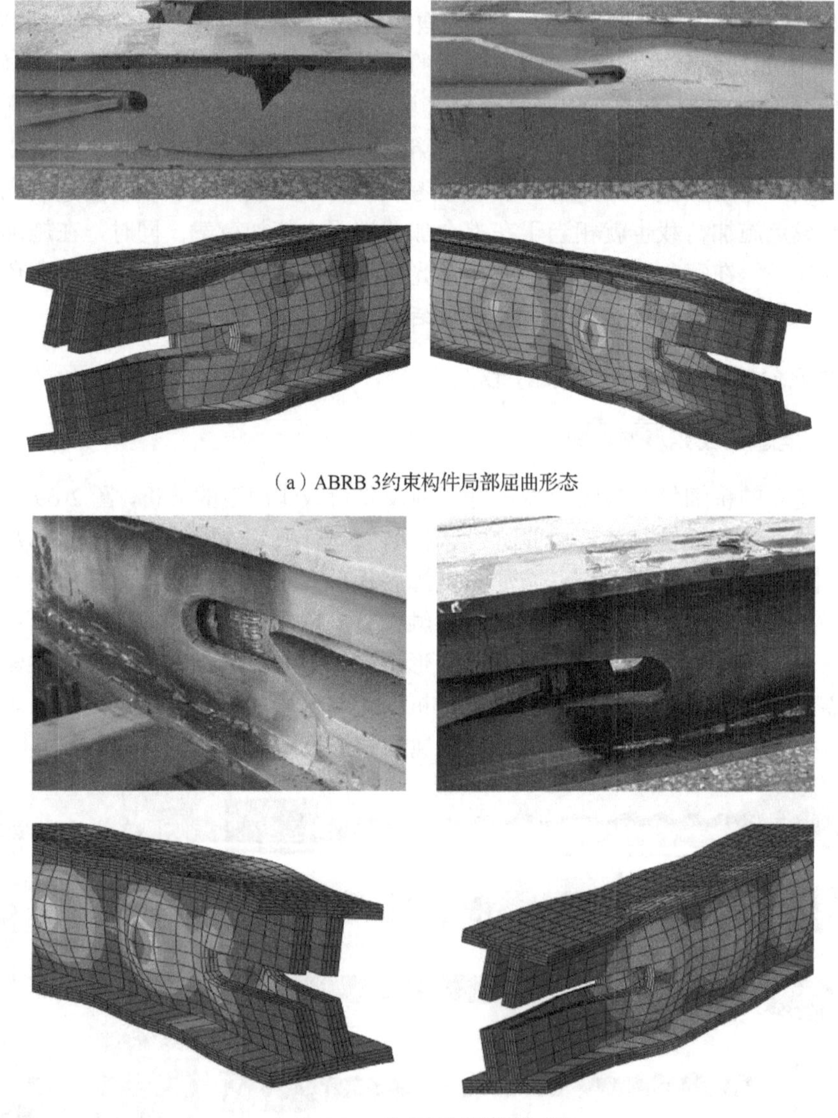

（a）ABRB 3约束构件局部屈曲形态

（b）ABRB 5约束构件局部屈曲形态

图 2-70　防屈曲支撑外围约束构件试验变形形态与有限元分析变形形态对比

（c）ABRB 7约束构件局部屈曲形态

图 2-70（续）

2．滞回曲线及骨架曲线对比

各试件有限元分析得到的滞回曲线及骨架曲线与试验结果的比较如图 2-71 所示，对比结果表明：

1）各试件的屈服承载力及极限承载力有限元分析结果与试验结果较为接近。

2）各试件滞回曲线有限元分析结果能较好地与试验结果重合，说明有限元分析模型正确可靠。

3）各试件的初始弹性刚度及屈服后刚度曲线与试验结果较为吻合。

4）试件 ABRB 3 主要体现出随动强化特点，而试件 ABRB 5 及 ABRB 7 除体现随动强化特点外，同时也表现出同向强化的现象。

5）各试件骨架曲线有限元分析结果与试验结果基本重合，说明有限元分析可以较好地预测防屈曲支撑的恢复力模型。

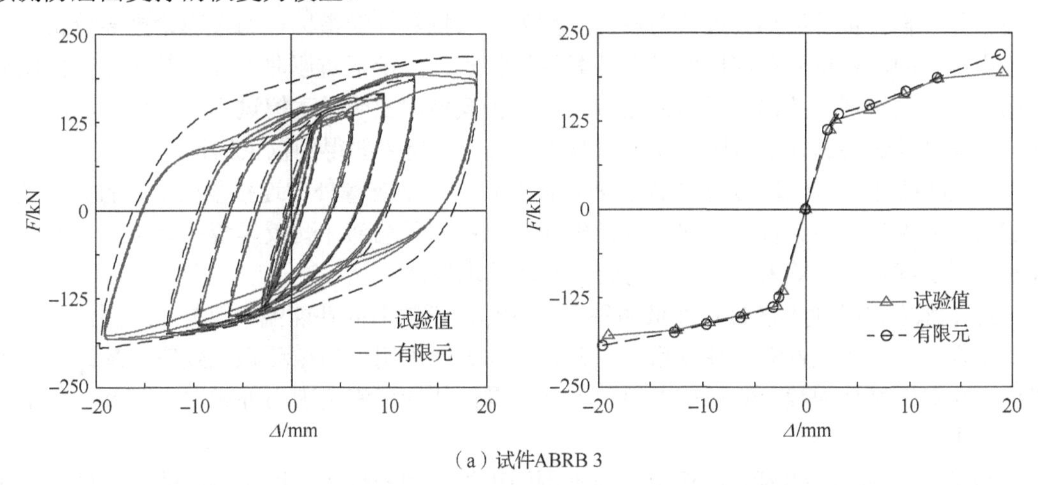

（a）试件ABRB 3

图 2-71　防屈曲支撑滞回曲线试验结果与有限元分析结果对比

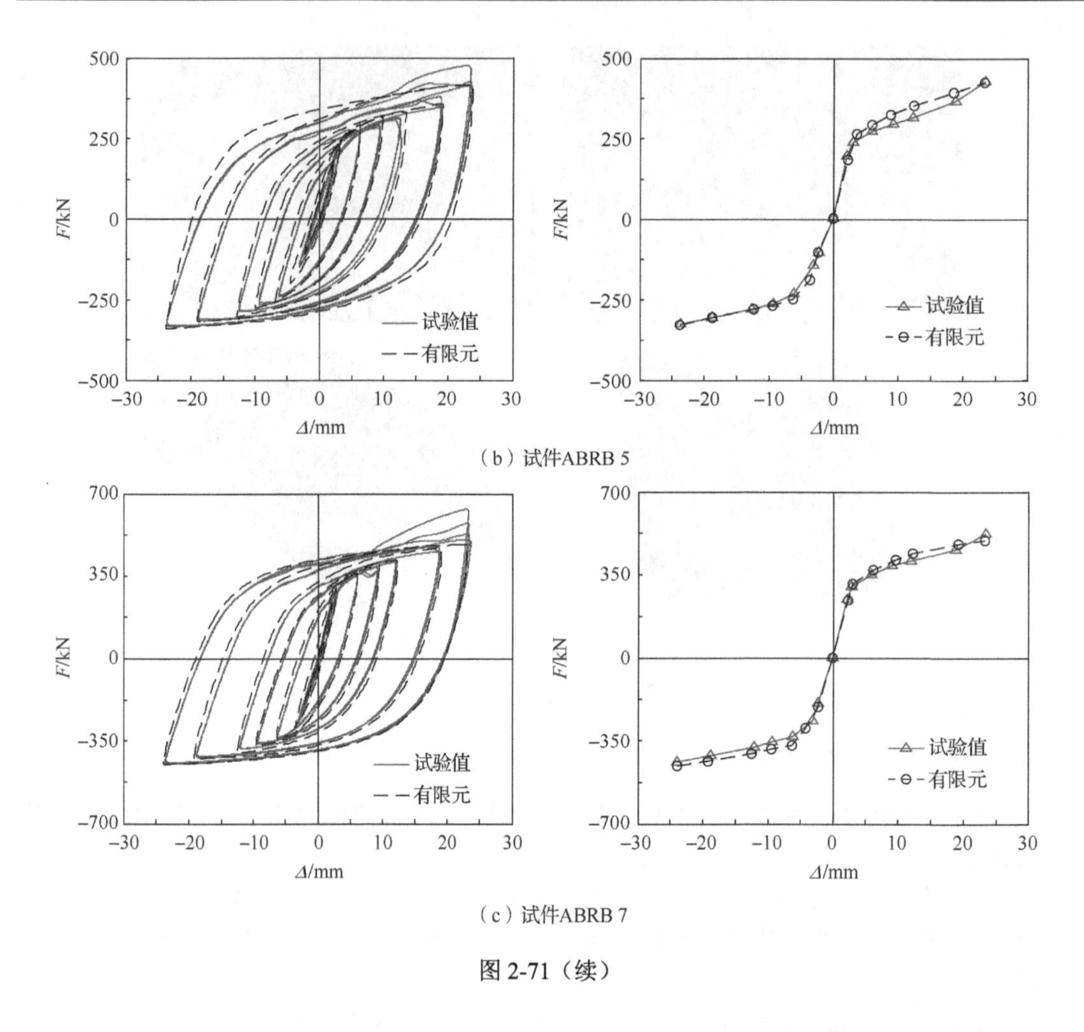

（b）试件ABRB 5

（c）试件ABRB 7

图 2-71（续）

本章小结

本章对端部改进型全钢防屈曲支撑进行了低周往复荷载试验，共设计了 3 种吨位不同的试件进行试验，以考察针对传统全钢防屈曲支撑外伸连接段稳定性所提出改进措施的有效性，并综合评价了端部改进后防屈曲支撑的各项抗震性能指标。通过理论推导分析了在试验中出现的芯板单元局部屈曲现象及其规律特点，揭示了防屈曲支撑容易在端部出现局部屈曲失稳的机理，并建立了精细化有限元分析模型，说明了建模过程中的要点和注意事项，并与试验结果进行了对比。通过试验和有限元分析主要得到以下结论。

1）本章提出的端部改进措施能有效提高全钢防屈曲支撑外伸连接段的稳定性，各试件在试验过程中均未在该位置出现失效及破坏情况；并且端部加劲板焊缝的焊接工艺改善有效避免了支撑在该位置末端出现低周疲劳破坏的现象。

2）试验结果表明，各试件在低周往复荷载作用下的滞回耗能能力良好，各圈滞回曲线基本重合，说明各试件滞回性能稳定。各试件均表现出明显的循环强化效应，最终破坏模式均为在靠近试件加载一侧端部断裂，各项抗震性能指标满足国内外相关规范及一般工程结构需求。

3）理论分析结果表明，芯板单元与外围约束构件间的接触作用所引起的过大摩擦效应不利于支撑的局部稳定控制。接触力沿支撑轴呈两端大、中间小的分布特点，并且随轴向荷载的增加而增大，当拉压承载力不平衡系数为 1.3 时，端部接触力可高出中间部位接触力约 50%。接触力是引起芯板单元与外围约束构件两者间产生摩擦效应的根本原因，摩擦效应的存在将使外围约束构件参与到轴向受力过程，这些因素均不利于芯板单元保持自身的局部稳定性，其低周疲劳寿命也很难得到有效的保证。因此，从提高防屈曲支撑性能的角度出发，建议采取减小芯板单元与外围约束构件间摩擦效应的有效措施。

4）防屈曲支撑在轴向荷载作用下的局部屈曲发展过程如下：芯板单元开始产生侧向弯曲变形，并在法向挤压外围约束构件形成点接触状态；轴向荷载继续增大，点接触区域范围也随之增大，形成线接触状态；当轴向荷载增大到线接触范围内的压杆再次屈曲时，新的波曲形成，并交替重复两者间的点接触、线接触过程，承载力也不断提高，直至试件失效。

5）根据板极限分析原理中的上限定理分析了防屈曲支撑外围约束构件局部稳定的设计准则。结果表明，拉压不平衡系数将对防屈曲支撑的局部稳定产生极为不利的影响，建议在进行局部稳定设计时，将该参数进行适当放大处理。

6）本章建立的精细化有限元模型能较为准确地模拟支撑芯板单元与外围约束构件间的接触作用，并能较好地预测芯板单元的局部屈曲发展过程。各试件芯板单元高阶多波屈曲变形、外围约束构件的局部屈曲位置形态等有限元分析结果与试验结果基本一致，表明有限元分析可较好地预测防屈曲支撑在循环荷载作用下的性能表现。

第3章 防屈曲支撑与钢筋混凝土框架结构相互作用机理试验研究

3.1 引 言

对于不同的性能需求及工程应用模式，防屈曲支撑既可充当普通支撑的角色（增加结构抗侧刚度），也可发挥消能器的作用（耗散地震输入能量）。但不论其为结构提供附加刚度，或者为结构提供附加阻尼，均依靠防屈曲支撑拉压性能的有效发挥实现。并且，我国的工程结构要求防屈曲支撑在设防地震及罕遇地震作用下进入塑性耗能工作阶段，以便提高结构的抗震安全储备。从这个角度看，工程设计师更加关注防屈曲支撑的消能减震性能。由于防屈曲支撑的消能过程是其与框架结构间相互作用的过程，因此，其消能减震性能的发挥不仅取决于防屈曲支撑自身的滞回耗能能力，还受到其他因素的影响，如框架结构本身的性能水平、框架结构及防屈曲支撑屈服后的行为等。在对防屈曲支撑平面框架抗震性能的已有研究中[153-155]，大多数研究主要集中在结构构件的损伤、防屈曲支撑的耗能能力及整体框架的破坏形态上，鲜有对防屈曲支撑与主体框架结构间的相互作用机理进行揭示的研究。作者认为，防屈曲支撑与框架结构协同工作，不应将其最终性能表现独立为支撑与框架各自的性能体现，应从本质上揭示防屈曲支撑的耗能机制与结构的减震机理间的相互关系，并分析其可能的影响因素。

为研究防屈曲支撑与钢筋混凝土框架结构间的相互作用减震机理及相关影响因素，同时也为考察端部改进后防屈曲支撑在整体框架结构中协同工作下的性能表现（第2章中针对端部改进后防屈曲支撑的试验研究为近似理想轴向拉压试验，而在实际工作状态下，防屈曲支撑性能可能受到梁柱转动及附加弯矩的影响），并进一步验证本书中所提出改进措施的有效性，设计制作了三榀防屈曲支撑钢筋混凝土平面框架，分别编号为BRBF 3、BRBF 5、BRBF 7。其中防屈曲支撑水平抗侧刚度与框架结构的抗侧刚度的比值分别为3、5、7。三榀钢筋混凝土框架结构的梁柱构件几何尺寸及截面配筋均相同，三榀框架中的防屈曲支撑分别采用与第2章相同的试验试件，即ABRB 3、ABRB 5及ABRB 7。本章试验主要考察和研究的内容如下：①进一步验证第2章中针对防屈曲支撑外伸连接段稳定所提出的改进措施的有效性；②研究防屈曲支撑与框架结构的相互作用关系及消能减震机理；③研究影响防屈曲支撑与框架结构间相互作用的因素，即消能减震过程的影响因素。

3.2 试验模型设计与制作

3.2.1 主体框架设计

三榀框架的构件尺寸、截面配筋均相同。其中柱的高度为2000mm，梁的跨度为4000mm，柱截面尺寸为260mm×260mm，梁截面尺寸为160mm×370mm，梁柱构件的基本信息如表3-1所示。

表 3-1　梁柱构件的基本信息

模型编号	柱高 h/mm	跨度 l/mm	梁截面尺寸		柱截面尺寸	
			宽度 B_b/mm	高度 H_b/mm	宽度 B_c/mm	高度 H_c/mm
BRBF 3	2000	4000	160	370	260	260
BRBF 5	2000	4000	160	370	260	260
BRBF 7	2000	4000	160	370	260	260

梁截面的配筋为，受拉区与受压区纵筋均配置 2 根直径为 18mm 的 HRB335 钢筋，梁箍筋采用直径为 6mm 的 HPB300 钢筋，截面配箍形式为双肢箍，根据《建筑抗震设计规范(2016 年版)》(GB 50011—2010) 的要求，箍筋加密区间距取为 80mm，加密区长度取为 550mm，非加密区间距为 150mm，梁保护层厚度取为 15mm。柱截面的配筋为，纵筋沿柱两轴及三轴方向均配置 3 根直径为 18mm 的 HRB335 钢筋，箍筋采用直径为 6mm 的 HPB300 钢筋，截面配箍形式为复合箍，箍筋加密区间距为 80mm，非加密区间距为 150mm，加密区长度为 500mm。BRBF 框架尺寸及截面配筋如图 3-1 所示。由于水平方向的往复荷载通过电液伺服作动器施加在框架梁端，为防止梁端局部受压破坏，将梁端梁头向外伸出 150mm，并在外伸梁头中预埋钢板，以抵抗较高水平的局部压应力。同样，柱轴压比的施加通过在两柱头的竖向千斤顶实现，考虑到其在竖向荷载作用下将产生较大的局部压应力，因此将两柱端柱头向外伸出 150mm，并在外伸柱头中预埋钢板，以防止其局部破坏。刚性底座的截面尺寸、截面配筋、锚栓数量及间距则根据实验室场地条件、施加荷载的大小及加载架参数等因素综合确定。梁柱构件的混凝土设计强度等级为 C25，刚性底座的混凝土设计强度等级为 C35，具体如图 3-1 所示。

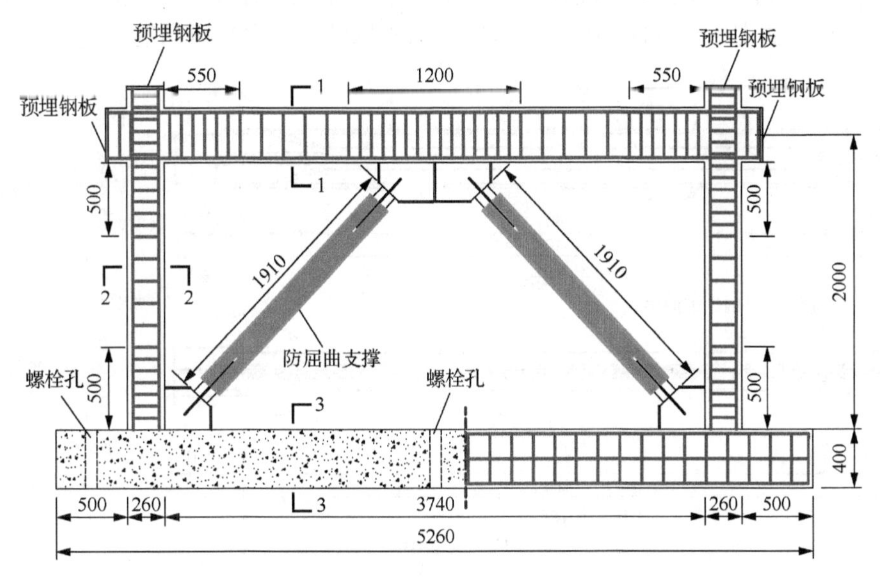

图 3-1　BRBF 尺寸及截面配筋（单位：mm）

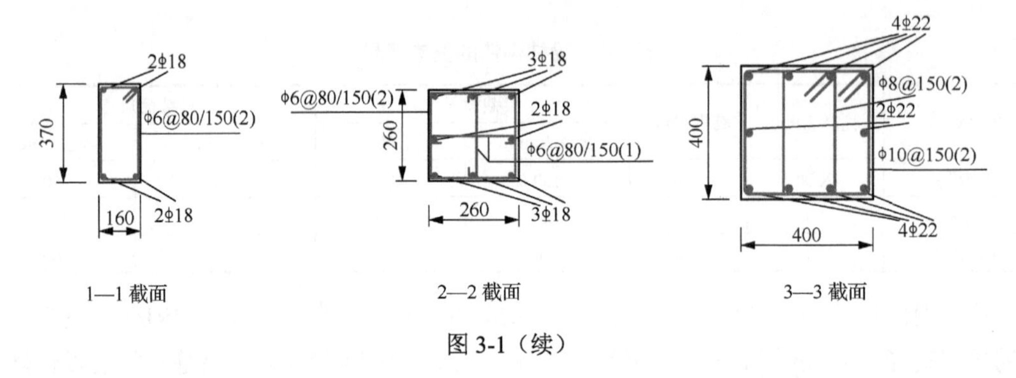

图 3-1（续）

3.2.2　防屈曲支撑设计

主体框架结构中的防屈曲支撑为第 2 章中所提出的端部改进型全钢防屈曲支撑，其具体设计详见第 2 章。需要说明的是，防屈曲支撑的抗侧刚度与框架结构的抗侧刚度之比分别为 3、5、7。由于试验客观因素，如实验室场地条件、吊装条件等的影响，防屈曲支撑的长度可基于以上条件进行确定。防屈曲支撑刚度确定，即防屈曲支撑芯板单元截面面积的确定，可根据主体框架结构的抗侧刚度与不同的抗侧刚度比计算确定，对于主体框架结构的抗侧刚度可采用 D 值法[156]，或通过常用大型有限元软件建立平面计算模型确定。防屈曲支撑轴向刚度与水平向抗侧刚度换算按式（3-2）计算，各防屈曲支撑试件的具体尺寸及构造如图 3-2 所示。

$$K_{\mathrm{b}}=\lambda K_{\mathrm{f}}\quad(\lambda=3,5,7) \tag{3-1}$$

$$K_{\mathrm{Ab}}=\frac{K_{\mathrm{b}}}{\cos^2\theta}=\frac{\lambda K_{\mathrm{f}}}{\cos^2\theta} \tag{3-2}$$

式中，K_{b} 为防屈曲支撑的水平抗侧刚度；K_{f} 为主体框架的水平抗侧刚度；λ 为抗侧刚度比；K_{Ab} 为防屈曲支撑的轴向刚度；θ 为防屈曲支撑轴向与水平方向的夹角。

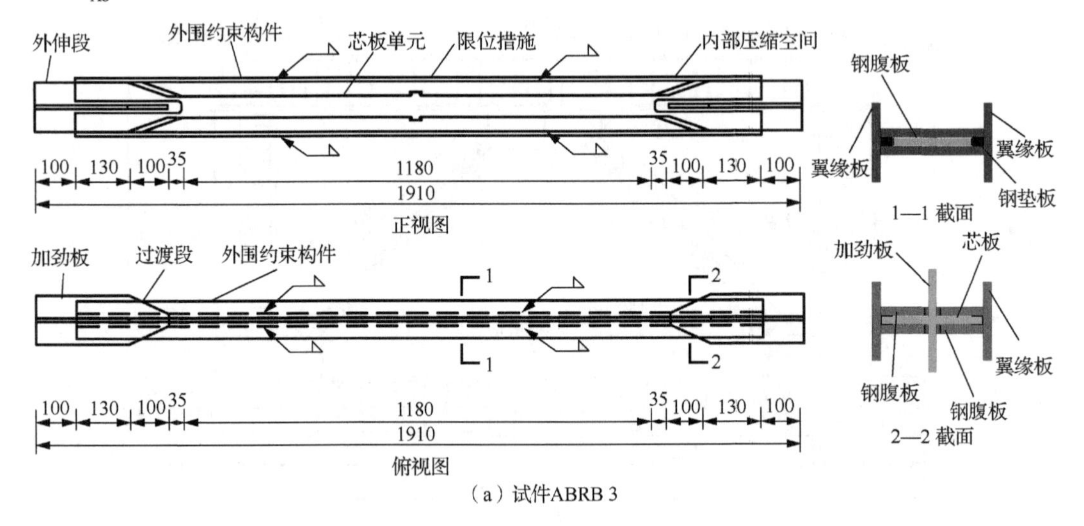

（a）试件ABRB 3

图 3-2　端部改进型全钢防屈曲支撑试件构造（单位：mm）

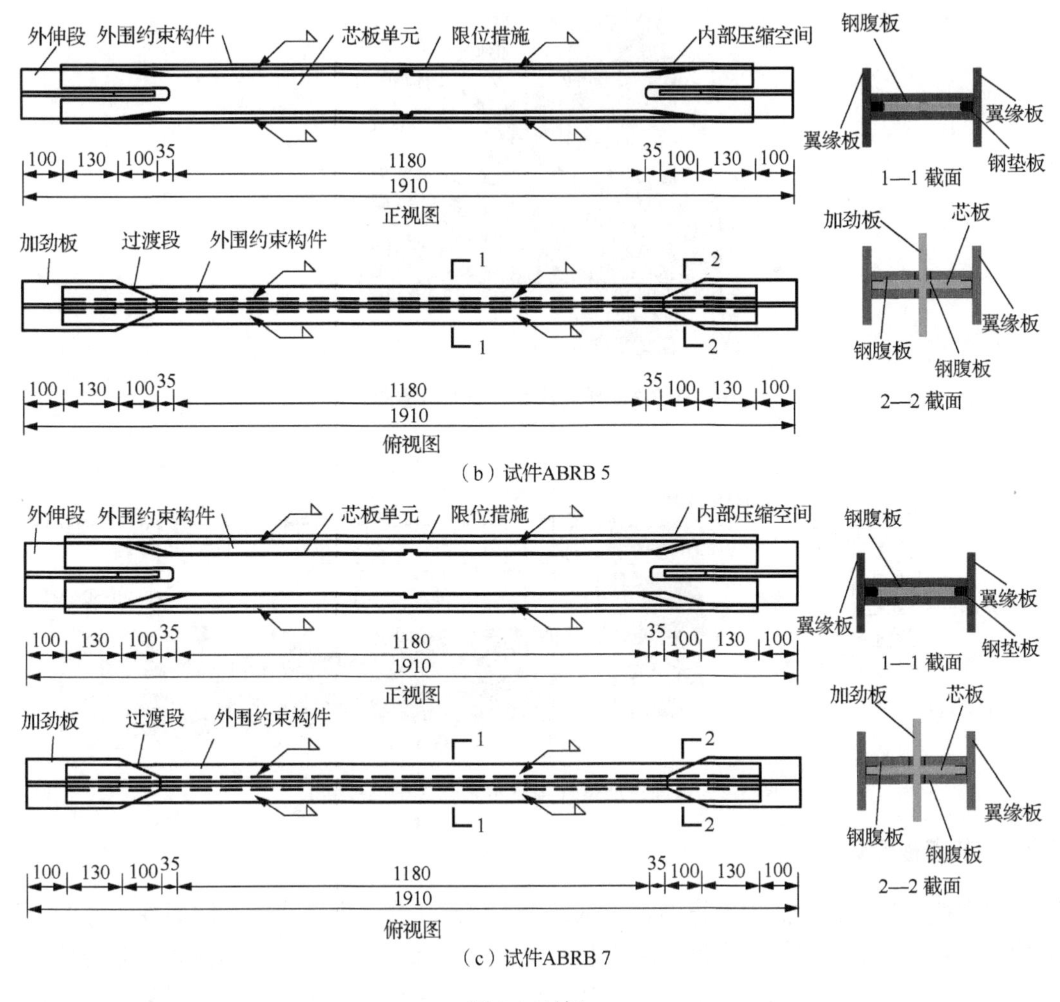

（b）试件ABRB 5

（c）试件ABRB 7

图 3-2（续）

3.2.3　预埋件设计

防屈曲支撑与结构间的相互作用通过节点板进行连接，节点板牢固焊接在预埋件上，从而实现防屈曲支撑与框架结构间力的相互传递。因此，预埋件及节点板的可靠性是保证防屈曲支撑性能得到充分发挥的关键因素，同时预埋件也是保证防屈曲支撑的附加内力有效传递给主体框架结构的途径。预埋件的设计应根据其受力大小及受力特点确定，并要求其在防屈曲支撑极限位移时附加的外力作用下不会出现失效，其构造措施比一般预埋件应有更高要求。预埋件由预埋锚筋及预埋锚板组成，并按拉剪构件进行计算，其受力分配示意图如图 3-3 所示。预埋锚筋上焊有横向栓钉，以避免预埋锚筋滑移或拔出。图 3-3 中，T 为防屈曲支撑的设计承载力，即 $T = 1.2F$，F 为防屈曲支撑的设计出力；T_c 及 T_b 分别为防屈曲支撑在竖向和水平方向的分力；l_b 及 l_c 分别为节点板与梁柱间的焊缝长度。按上述设计原则及方法设计得到的预埋件连接件构造示意图如图 3-4 所示。

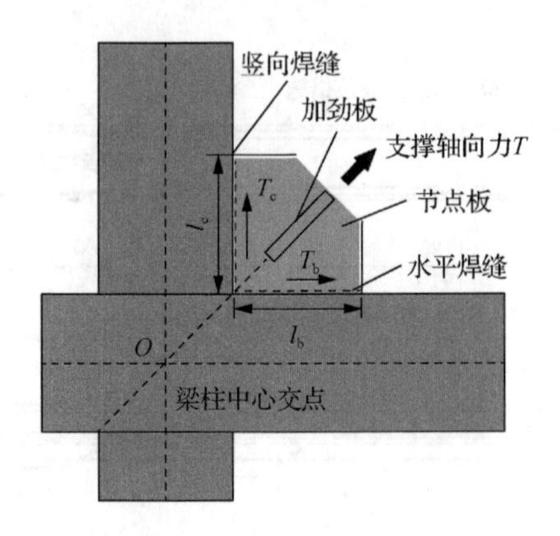

图 3-3　预埋件受力分配示意图

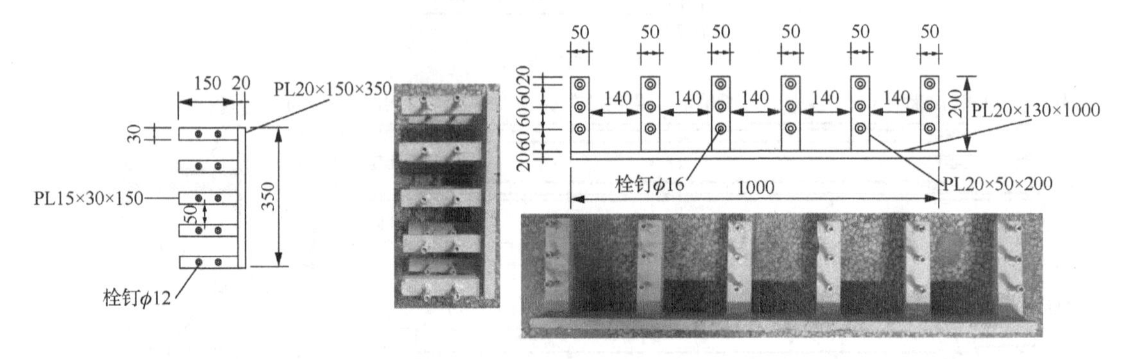

图 3-4　预埋件连接件构造示意图（单位：mm）

3.2.4　节点板设计

节点板应保证在防屈曲支撑的设计承载力下可靠工作，即节点板在防屈曲支撑的设计承载力作用下应具有足够的强度、刚度和稳定性，以保证防屈曲支撑的内力有效地传递到主体框架结构中。美国钢结构协会基于 Whitmore[157]和 Thornton[158]的研究成果，对与防屈曲支撑相连的节点板的设计做出具体规定[159]，在节点板受拉过程中，节点板中的最大应力分布在 Whitmore 截面上。Whitmore 截面为防屈曲支撑芯板单元外伸连接段宽度范围内向外扩散30°，即应力传递方向与过中心加劲板的垂直线相交范围内的截面，该截面范围内的宽度称为有效宽度 b_e，如图 3-5 所示。

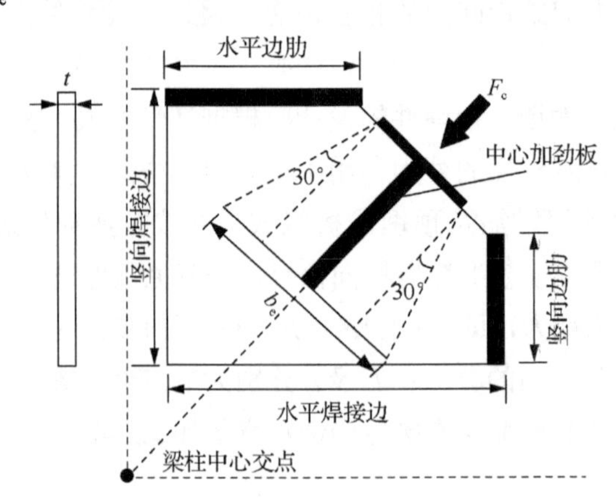

图 3-5　节点板 Whitmore 截面

因此，只要保证 Whitmore 截面上的有效应力不超过节点板的强度设计值，则节点板即可满足强度要求，即 Whitmore 截面上的有效应力应满足下面的计算公式：

$$\sigma_c = \frac{F}{b_e t} < f \tag{3-3}$$

式中，σ_c 为节点板有效宽度内的应力值；b_e 为节点板的有效宽度，如图 3-5 所示；t 为节点板的厚度；f 为节点板的强度设计值，按现行钢结构设计规范确定。

同样，与防屈曲支撑相连接的节点板在受压过程中应具有足够的刚度。已有研究表明[160]，通常节点板的平面外失稳先于节点板 Whitmore 截面的受压屈服发生。也就是说，需保证节点板在受压过程中，防屈曲支撑达到极限承载力前，不出现平面外失稳情况。节点板的平面外稳定性设计参考 Thornton[158]提出的基于板条理论的设计方法，即将 Whitmore 截面有效宽度范围内的两端点及中间位置作延长线，并与节点板焊接边缘相交，如图 3-6 所示，分别计算出 3 条板条的长度 L_1、L_2 及 L_3，取三者中的最大值作为板条的有效长度 L_c。若节点板在构造上满足以下条件：①在节点板平面外焊接了中心加劲板；②垂直加劲板的高度与防屈曲支撑的连接段板件的高度相等；③中心加劲板不伸入节点板根部，但通过添加水平及竖向边肋的方式有效加强节点板的平面外刚度，即可按式（3-4）验算节点板的平面外稳定性。

$$\frac{\pi^2 E}{\left(\frac{kL_c}{r}\right)^2} b_e t > F \tag{3-4}$$

式中，L_c 为有效长度；r 为单位宽度范围内节点板的截面回转半径；k 为计算长度系数，节点板等效板条的计算长度系数 k 的取值与节点板的端部约束条件有关。Tsai 和 Hsiao[161]的研究表明，当节点板无边肋约束时，板条的计算长度系数 k 取 2.0；当节点板采用边肋约束时，板条的计算长度系数 k 取 0.65。本章中与防屈曲支撑相连接节点板均采用边肋约束，因此计算长度系数 k 取 0.65。按上述设计原则及设计方法设计，与防屈曲支撑两端相连接的上下节点板构造基本信息如表 3-2 所示。

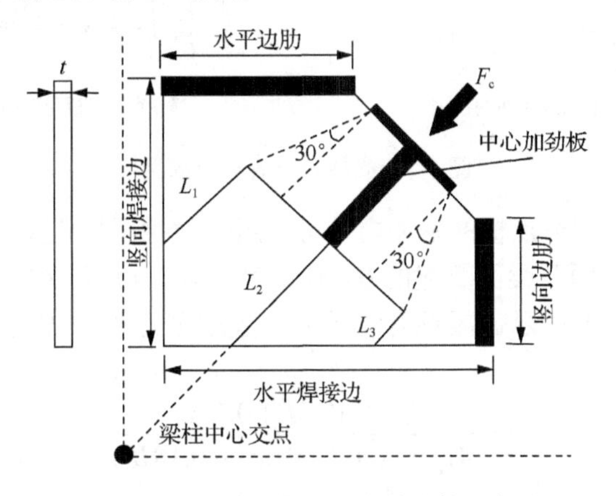

图 3-6　节点板平面外稳定性计算示意图

表 3-2　节点板构造基本信息

节点板编号	边加劲板尺寸/mm			中心加劲板尺寸/mm			连接板尺寸/mm			构造形式
	厚度	高度	宽度	厚度	高度	宽度	厚度	高度	宽度	
3-①	10	180	120	20	165	55	20	282	280	
3-②	10	140	120	20	125	55	20	235	770	
5-①	10	180	120	20	165	55	20	282	280	
5-②	10	140	120	20	125	55	20	235	770	
7-①	10	180	120	20	165	70	20	311	280	
7-②	10	140	120	20	125	70	20	262	770	

注：表中节点板编号中的数字为框架编号，数字后的带圈字符①表示下节点板，②表示上节点板。

3.2.5　节点板与预埋锚板间焊缝设计

计算梁柱角部连接处节点板与预埋锚板连接焊缝的尺寸时，需要考虑防屈曲支撑的极限承载力，并且对位于梁柱节点位置的防屈曲支撑角部节点而言，由于节点板相当于梁柱节点间的加劲板，在框架发生侧移过程中，其会受到框架梁柱弯曲变形引起的开合效应作用，从而在节点板中产生附加内力。若忽略该内力，可能会导致节点板的焊缝设计偏于不安全（图 3-7）。因此，在焊缝尺寸确定过程中还应考虑梁柱节点开合效应的影响。

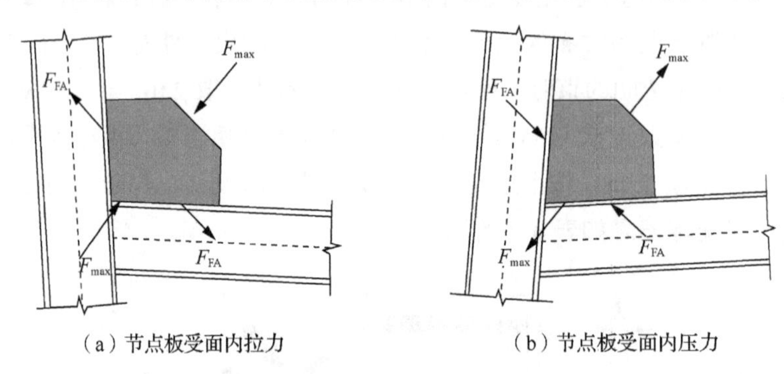

（a）节点板受面内拉力　　（b）节点板受面内压力

图 3-7　梁柱开合效应示意图

梁柱开合效应所引起节点板的附加内力可采用等效拉压杆模型进行估算[162]。等效拉压杆的两端分别位于自柱面及梁面算起的 0.6 倍的节点板长度（$0.6L_h$）与高度（$0.6L_v$）处，等效拉压杆模型如图 3-8 所示。梁柱开合效应引起的节点板附加内力（图 3-8）根据下式计算[163]。

$$S=\frac{d_b L_h V_b(0.3L+0.18L_h)}{4I_b/t_g+d_b L_h(0.3d_b+0.18L_v)} \tag{3-5}$$

$$N=\frac{d_b L_v V_b(0.3L-0.18L_h)}{4I_b/t_g+d_b L_h(0.3d_b+0.18L_v)} \tag{3-6}$$

式中，V_b 为梁产生的塑性弯矩所对应的梁剪力；L 为梁跨扣除两侧柱宽与节点板长度后的净长度；d_b 为梁的高度；I_b 为梁截面绕墙轴的惯性矩；t_g 为节点板厚度；L_h 为节点板沿水平方向的长度；L_v 为节点板沿竖直方向的长度。

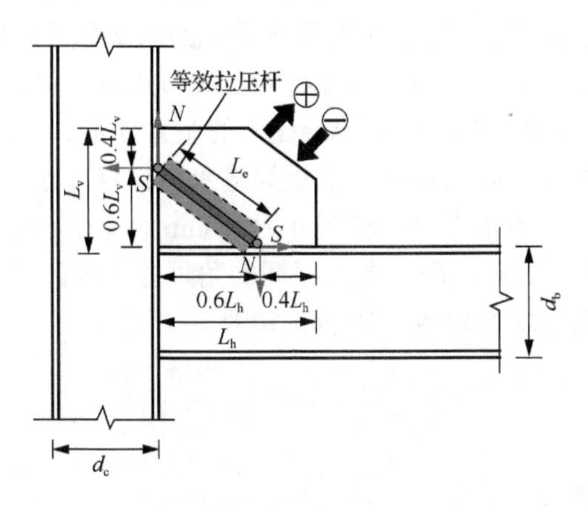

图 3-8　考虑梁柱开合效应的等效拉压杆模型

按式（3-5）和式（3-6）求出由梁柱开合效应引起的节点板附加内力后，将上述内力与防屈曲支撑受轴拉力和受轴压力作用时的情况分别进行叠加（图 3-9），可分别得到以下节点板焊缝受力计算公式。

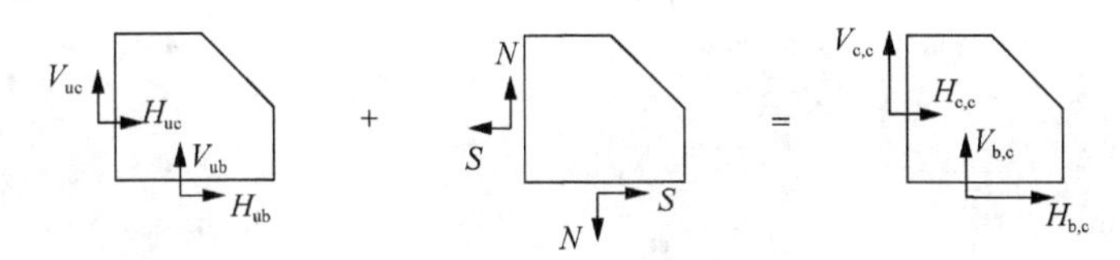

（a）支撑受压时节点板受面内拉力

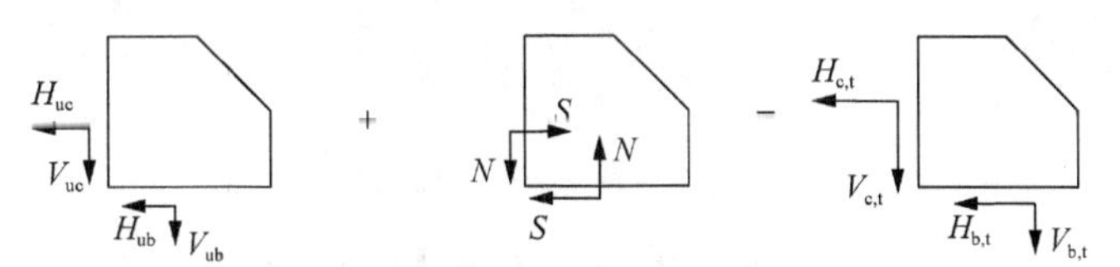

（b）支撑受拉时节点板受面内压力

图 3-9　考虑梁柱开合效应的附加内力与支撑轴力叠加

1）防屈曲支撑受拉时节点板受面内压力为

$$H_{c,t} = H_{uc} - S \tag{3-7}$$

$$V_{c,t} = V_{uc} + N \tag{3-8}$$

$$H_{b,t} = H_{ub} + S \tag{3-9}$$

$$V_{b,t} = V_{ub} - N \tag{3-10}$$

式中，$H_{c,t}$ 为支撑受拉时节点板与柱接触面焊缝受力的水平分量；$V_{c,t}$ 为支撑受拉时节点板与柱接触面焊缝受力的垂直分量；$H_{b,t}$ 为支撑受拉时节点板与梁接触面焊缝受力的水平分量；$V_{b,t}$ 为支撑受拉时节点板与梁接触面焊缝受力的垂直分量。

2）防屈曲支撑受压时节点板受面内拉力为

$$H_{c,c} = H_{uc} - S \tag{3-11}$$

$$V_{c,c} = V_{uc} + N \tag{3-12}$$

$$H_{b,c}=H_{ub}+S \tag{3-13}$$

$$V_{b,c}=V_{ub}-N \tag{3-14}$$

式中，$H_{c,c}$为支撑受压时节点板与柱接触面焊缝受力的水平分量；$V_{c,c}$为支撑受压时节点板与柱接触面焊缝受力的垂直分量；$H_{b,c}$为支撑受压时节点板与梁接触面焊缝受力的水平分量；$V_{b,c}$为支撑受压时节点板与梁接触面焊缝受力的垂直分量。

按以上考虑梁柱开合效应时的角部节点板焊缝受力计算方法，计算出的节点板与水平预埋锚板及竖向预埋锚板间的角焊缝焊脚尺寸为 10mm，中心加劲板与节点板间的角焊缝焊脚尺寸为 10mm，水平及竖向边肋与节点板间的角焊缝焊脚尺寸为 8mm，节点板与预埋锚板的连接均在实验室进行现场焊接，如图 3-10 所示。

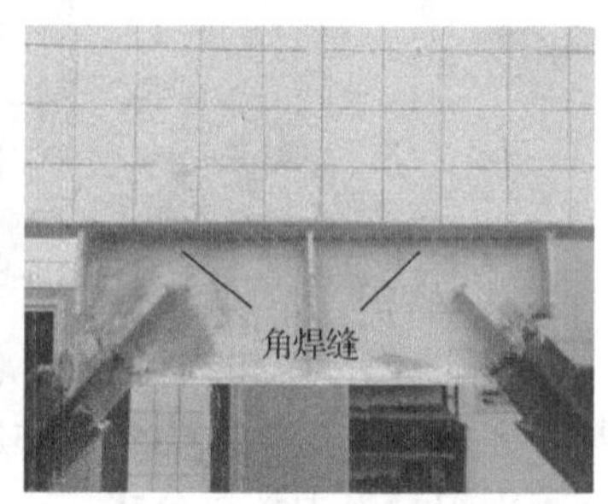

（a）防屈曲支撑上节点板连接

（b）防屈曲支撑下节点板连接

图 3-10　节点板与预埋锚板的连接

3.2.6　防屈曲支撑安装

框架结构模型中，防屈曲支撑与节点板的连接方式均采用焊接连接。当上、下节点板与预埋锚板焊接牢固后，防屈曲支撑在最终安装固定前需采取临时固定措施。目前采用的临时固定技术主要包括焊接钢片法和安装螺栓法[164]。防屈曲支撑安装过程中采用焊接钢片法进行临时固定，其过程如下：防屈曲支撑水平运输及垂直运输→搭设支架→构件尺寸复合→节点板修正→防屈曲支撑吊装→焊接钢片临时固定及校正。为充分保证此过程的安全性及可靠性，在安装过程中采取了如下技术措施。

1）临时固定前对支撑进行受力分析，计算所需钢片规格及焊缝尺寸。

2）对临时固定过程中可能出现的安全隐患采取相应保护措施。

在上述临时固定工序完成后，对临时固定的防屈曲支撑进行调整与校正。对校正完毕后的支撑按照先焊接上端节点，后焊接下端节点的施焊顺序进行最终固定。在此过程中的重点与难点是防止焊接部位的焊接变形，其主要应对措施如下。

1）在满足支撑受力要求的情况下，可采用较小的焊缝截面，并采用对称且尺寸较小的坡口。

2）焊接前进行适当的预热，尽可能采用热输入较小的焊接方法，如 CO_2 气体保护焊等。

3）宜采用双面对称坡口进行对称施焊以避免应力集中现象。

按照上述安装方法和安装要点进行防屈曲支撑的最终安装，焊接完成后的防屈曲支撑及整体框架如图 3-11 所示。

（a）支撑临时固定

（b）支撑焊接连接

（c）框架安装完毕

图 3-11　防屈曲支撑及整体框架安装

3.3　试验概况

3.3.1　材料力学性能试验

为建立准确可靠的精细化有限元分析模型，并与试验模型的试验现象及试验结果进行对比分析，需对试验模型所用材料进行材料性能试验。试验模型中，梁柱构件的混凝土强度等级为 C25，水泥采用 32.5R 普通硅酸盐水泥，细骨料采用砂，粗骨料采用砾石；刚性底座所采用的混凝土强度等级为 C35，水泥采用 42.5R 普通硅酸盐水泥，细骨料采用砂，粗骨料采用砾石；浇筑试验框架模型时，预留边长为 150mm 的立方体试块，并在相同养护条件养护后进行测试。两种强度等级的混凝土配合比及立方体抗压强度如表 3-3 所示。

表 3-3　混凝土配合比及立方体抗压强度

混凝土强度等级	水泥型号	配合比（质量比）				水灰比	立方体抗压强度/MPa
		水泥	水	细骨料	粗骨料		
C25	32.5R	1.00	0.52	1.72	3.50	0.52	29.88
C35	42.5R	1.00	0.50	1.65	3.34	0.50	41.95

梁柱纵向受力钢筋为 HRB335 钢筋，梁柱箍筋为 HPB300 钢筋，根据《金属材料　拉伸试验　第 1 部分：室温试验方法》（GB/T 228.1—2010）的要求测试各等级钢筋的力学性能指标。根据试验数据计算得到的钢筋各项力学性能指标如表 3-4 所示。其中，HPB300 级钢筋的屈服强度平均值为 368MPa，抗拉强度平均值为 569MPa，强屈比平均值为 1.55，伸长率平均值为 28.77%；HRB335 级钢筋的屈服强度平均值为 429MPa，抗拉强度平均值为 655MPa，强屈比平均值为 1.53，伸长率平均值为 24.11%。

表 3-4　钢筋力学性能指标

钢筋级别	直径 ϕ/mm	屈服强度 f_y/MPa	抗拉强度 f_u/MPa	弹性模量 E_s/MPa	伸长率 A/%
HPB300	6	369	568	2.00×10^5	27.52
HPB300	8	357	549	1.93×10^5	30.33
HPB300	10	378	591	1.96×10^5	28.46
HRB335	18	436	662	1.82×10^5	23.05
HRB335	22	422	647	1.85×10^5	25.17

3.3.2　试验加载装置

根据《建筑抗震试验规程》（JGJ/T 101—2015）中对框架结构抗震性能试验的要求，采用拟静力试验方法测试结构抗震性能，整个试验在云南省工程抗震研究所实验室进行。水平往复荷载通过电液伺服作动器施加，作动器牢靠固定在反力墙上，其推拉力的量程为1500kN，推拉位移的量程为±250mm，在框架梁的两端分别安装锚板，锚板通过4根连接螺栓杆进行连接，并与作动器相连，以实现水平往复荷载的施加。值得说明的是，为防止框架梁端出现局部压坏情况，进行框架混凝土浇筑时，梁两端均预埋钢板。竖向荷载通过油压千斤顶施加，主要用于模拟和控制框架柱中的轴压比。千斤顶的上端与固定在地面上的钢架相连，千斤顶的下端与荷载分配梁相连，荷载分配梁放置于框架柱外伸柱端处，以实现两框架柱轴压比的同时施加。同样，为防止框架柱端出现局部压坏情况，进行框架混凝土浇筑时，两柱顶端均预埋钢板。因为框架在水平往复荷载下的位移行程较大，所以在千斤顶的上端设置了滚动支座，以保证其施加恒定的竖向荷载。千斤顶施加的竖向荷载为560kN，平均分配到两框架柱中，相当于柱的轴压比为0.35。试验加载装置示意图如图3-12所示，试验加载装置现场图如图3-13所示。

为保证充分了解防屈曲支撑框架在平面内的抗震性能，减少平面外变形对框架平面内性能的不利影响，在框架两侧设置了限制出平面变形的约束钢框架（图3-12），约束钢框架由三角钢支撑组成，通过地锚紧固螺栓固定在实验室地板上。

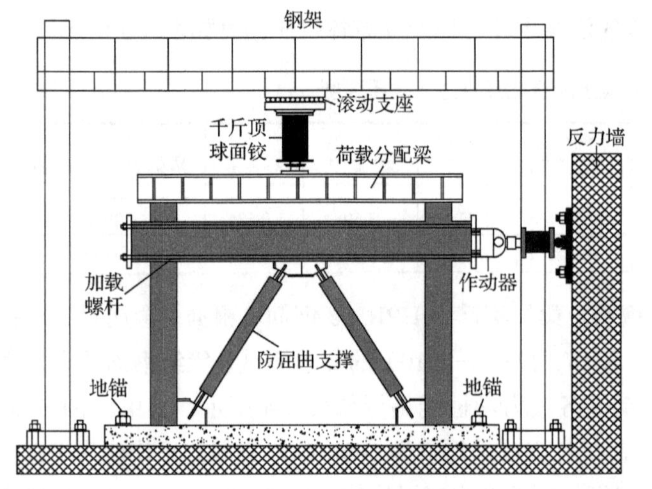

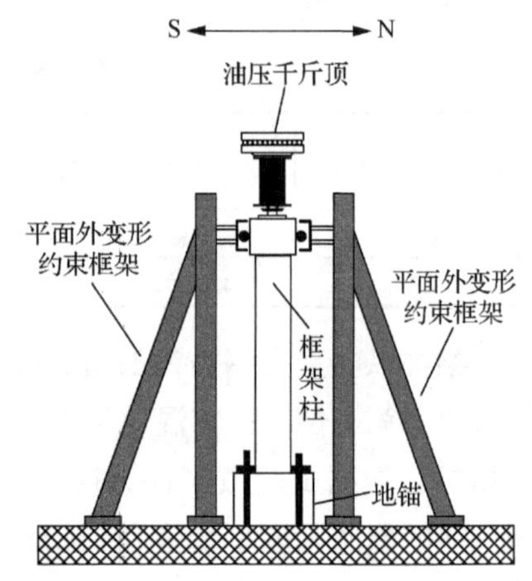

图 3-12　试验加载装置示意图

图 3-13　试验加载装置现场图

3.3.3　测点布置

在试验过程中，需采集防屈曲支撑框架水平方向的荷载和位移，在框架梁左端布置 1 个位移计 D_1 用于采集框架的水平位移，框架的水平荷载采用作动器内置的力传感器进行采集。梁柱纵向受力钢筋的应变片布置方案为，在框架梁端及框架柱端的角筋上分别粘贴 1 个电阻式应变片，应变片的编号分别为 S_1～S_8，各应变片的应变数据采用静态应变仪进行采集，框架具体测点布置示意图如图 3-14 所示。其中，D_2 及 D_3 分别为安装在上部节点板与下部节点板上的位移计，位移计的一端固定在框架上，另一端固定在节点板上，固定方向为平面外方向。因此位移计 D_2 及 D_3 主要用于测量节点板与框架间的相对平面外变形随水平荷载的变化情况。

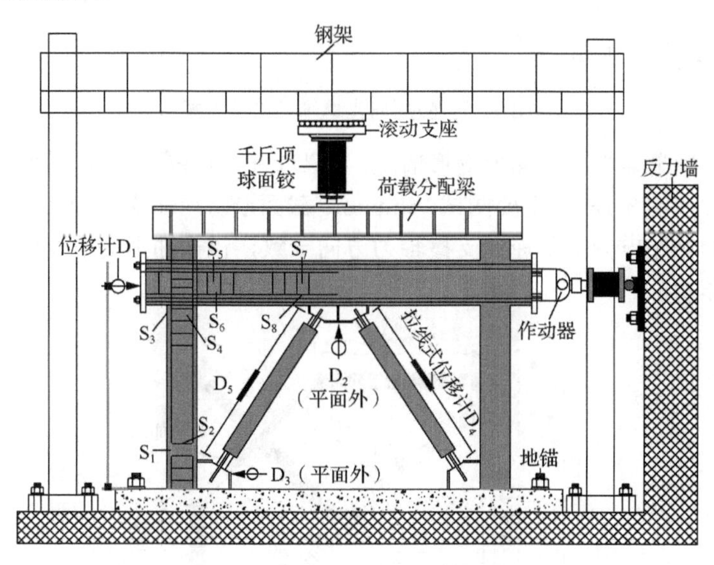

图 3-14　框架具体测点布置示意图

框架中防屈曲支撑的轴力通过粘贴电阻式应变片进行间接计算确定。由于防屈曲支撑两端外伸连接段设计为弹性工作状态，即该部位在整个试验过程中均保持弹性性能，并且防屈曲支撑可近似看成一个理想轴压二力杆（实际工作状态下有梁柱对其产生附加弯矩的影响），因此外伸连接段任一截面上各点的应变均相同，即符合变形后的平截面假定。在外伸连接段上粘贴 4 个电阻式应变片测量该位置的轴向应变，将测得的 4 个应变片数据的平均值作为防屈曲支撑在该部位的轴向应变，由该应变值根据胡克定律按式（3-15）计算外伸连接段的轴向应力，再按式（3-16）乘以外伸连接的横截面面积得到防屈曲支撑的轴向力。

$$\sigma_a = E\varepsilon_a \tag{3-15}$$

$$F = \sigma_a A \tag{3-16}$$

式中，σ_a 为防屈曲支撑外伸连接段处的截面应力；E 为芯板单元的弹性模量；ε_a 为防屈曲支撑外伸连接段处截面上的平均应变；F 为防屈曲支撑的轴向力；A 为防屈曲支撑外伸连接段的横截面面积。

防屈曲支撑的轴向位移通过拉线式位移计进行测量（图 3-14），位移计的两端分别固定在与防屈曲支撑相连的节点板上，并布置在防屈曲支撑的弯曲变形平面内。需要强调的是，应变片数据与位移计数据须使用同一台静态应变采集仪进行同步采集，以准确获得防屈曲支撑的荷载-位移滞回曲线。外伸连接段处的应变片布置如图 3-15 所示。

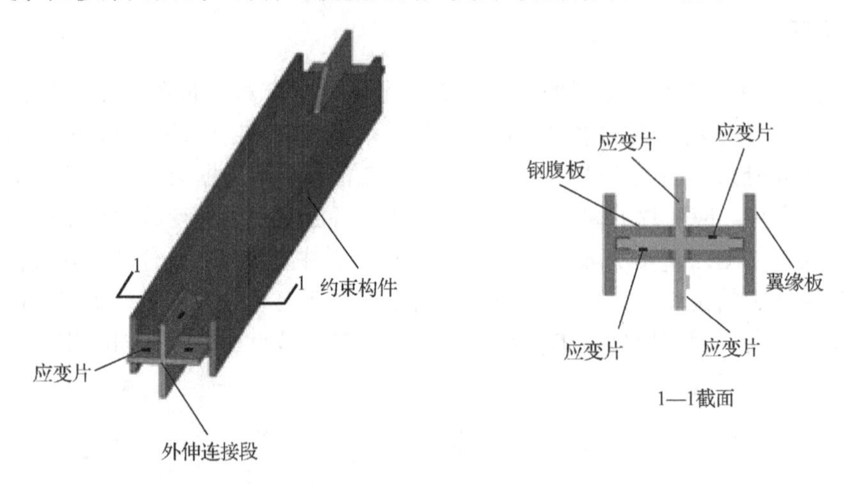

图 3-15　防屈曲支撑轴力测试方案

另外，为考察节点板的平面内变形情况，在节点板的 Whitmore 截面上分别粘贴了 2 个电阻式应变片（图 3-16），主要测试 Whitmore 截面沿防屈曲支撑轴力作用方向的应变。因此，应变片的粘贴方向与防屈曲支撑轴力方向一致，该截面上的应变分布情况能反映整个节点板的工作状态。

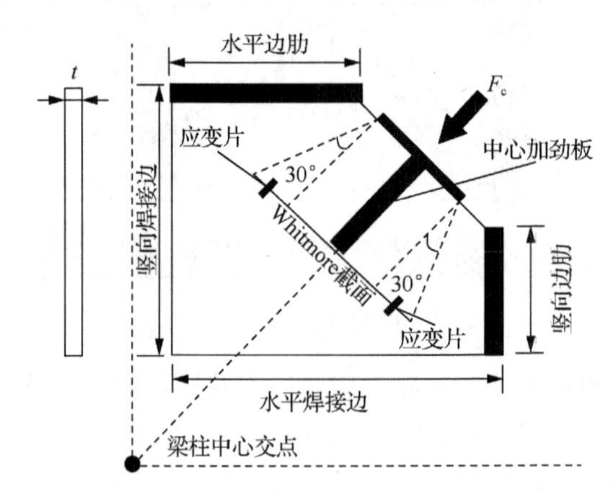

图 3-16　节点板 Whitmore 截面应变测试方案

3.3.4　加载制度

正式加载前，首先对防屈曲支撑框架试验模型进行预加载。预加载位移幅值为 1/1000

层间侧移角，在该荷载作用下检查加载设备及各测量仪器仪表线路是否正常工作，各紧固螺栓是否松动，焊缝是否有异常情况，构件变形等是否出现，在确认各项试验准备情况均无误后进行正式加载。正式加载采用位移控制的加载模式，分别在1/880、1/550、1/350、1/200、1/150、1/100、1/80、1/50、1/40、1/30的框架层间侧移角下进行往复推拉加载。在加载过程中，框架柱轴压比的模拟始终保持恒定，具体加载制度如图3-17所示。图3-17中加载位移为正值表示拉方向，加载位移为负值表示推方向。三榀试验模型框架在各级荷载下分别循环加载2次，以考察防屈曲支撑框架由弹性到弹塑性工作阶段的刚度及强度退化情况。加载速率按《建筑抗震试验规程》（JGJ/T 101—2015）中对框架结构拟静力试验的要求确定。

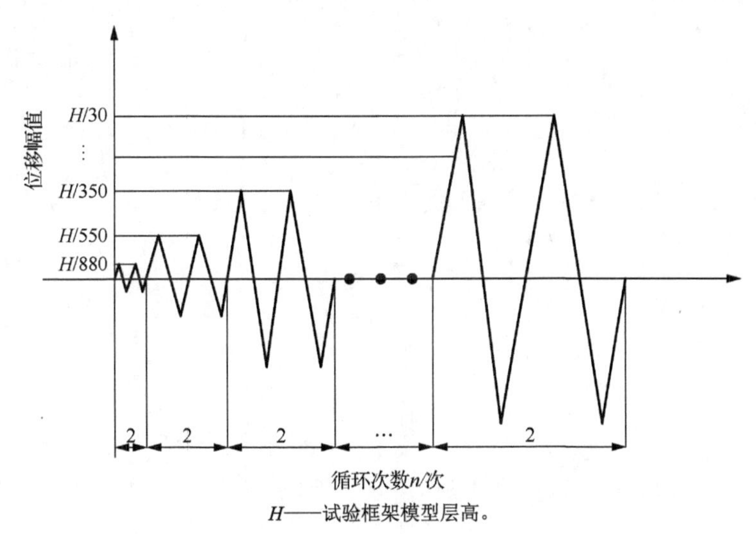

图3-17 防屈曲支撑框架低周往复加载制度

3.4 试验结果及分析

3.4.1 破坏形态

1. BRBF 3的破坏形态

在前5级（框架层间位移角为1/880～1/150）加载过程中，框架梁及框架柱未见裂缝产生，整体保持弹性工作状态，水平荷载继续增加。

1）当框架层间位移角达到1/100时，框架柱下端靠近支撑节点板附近混凝土开裂产生细微斜裂缝，框架梁未出现任何裂缝，整体框架未发出声响。

2）当框架层间位移角达到1/80时，框架柱端裂缝继续延伸并不断发展，同时产生新的裂缝，此时，框架梁中部靠近防屈曲支撑节点板端部位置也出现细微裂缝。

3）当框架层间位移角达到1/50时，框架柱端混凝土开始脱落，框架梁上的裂缝并未随荷载的增加而明显变化，框架承载能力呈上升趋势。

4）当框架层间位移角达到1/40时，在加载过程中，支撑发出啪啪的声响，柱端混凝土严重开裂，并产生大面积的混凝土表层剥落，框架柱端纵筋压曲，形成塑性。

5）当框架层间位移角达到1/30时，框架柱端进入塑性的程度加深，纵筋呈灯笼状鼓曲，但框架的整体承载能力仍然保持上升状态，此时，外围约束构件在靠近防屈曲支撑端部位置产生局部屈曲，进而支撑芯板单元断裂失效。

在整个试验过程中，支撑未出现整体屈曲现象，外伸连接段在平面内及平面外的工作性能良好，未出现外伸连接段失稳破坏情况。同样地，在整个试验过程中，节点板也始终保持正常工作，未出现平面内及平面外的失稳现象。具体的局部屈曲失效原因已在本书中第 2 章进行了详细分析。框架损伤及破坏形态如图 3-18 所示。

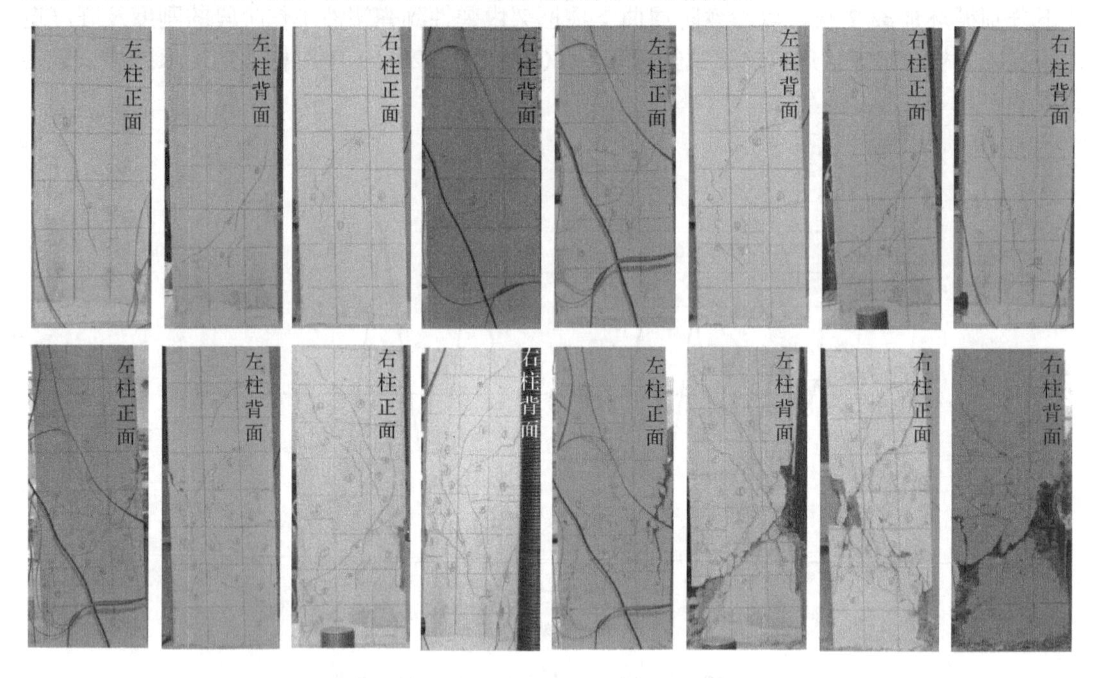

图 3-18　框架 BRBF 3 破坏形态

2. BRBF 5 的破坏形态

在前 5 级（框架层间位移角为 1/880～1/150）加载过程中，框架梁及框架柱未见裂缝产生，整体保持弹性工作状态，整体框架也未发出明显声响，水平荷载继续增加。

1）当框架层间位移角达到 1/100 时，框架梁端及框架柱端均开始产生细微裂缝。

2）当框架层间位移角达到 1/80 时，框架梁端及框架柱端裂缝继续延伸并不断发展，且有新裂缝产生，支撑在往复荷载作用下拉压伸缩变形显著。

3）当框架层间位移角达到 1/50 时，框架梁端及框架柱端裂缝附近混凝土表层开始脱落，裂缝的发展进一步加深。

4）当框架层间位移角达到 1/40 时，框架梁及框架柱严重开裂，纵筋屈服形成塑性铰，混凝土出现大面积脱落。

5）当框架层间位移角达到 1/30 时，框架柱端及框架梁端塑性铰承载能力开始下降，但整体框架的承载能力仍然保持防屈曲支撑正常工作。

在整个试验过程中，防屈曲支撑未发生整体屈曲及局部屈曲失效情况。同样地，支撑外伸连接段也始终保持稳定工作状态，未出现屈曲失效情况。框架损伤及破坏形态如图 3-19 所示。

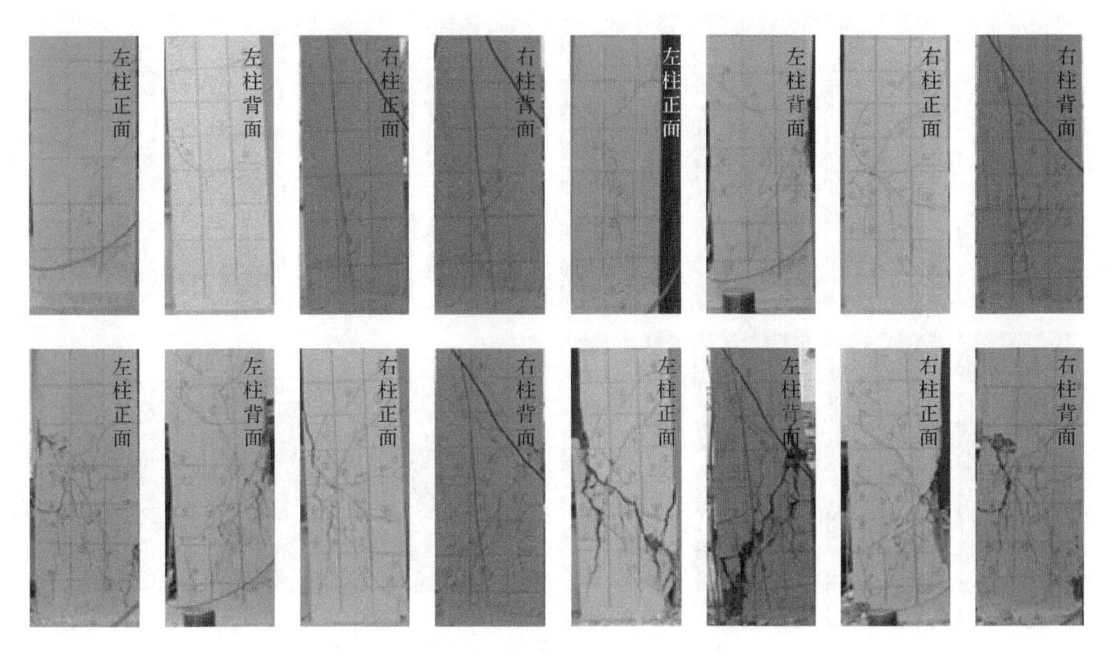

图 3-19　框架 BRBF 5 破坏形态

3. BRBF 7 的破坏形态

在前 6 级（框架层间位移角为 1/880～1/100）加载过程中，框架梁及框架柱未见裂缝产生，水平荷载继续增加。

1）当框架层间位移角达到 1/80 时，框架梁中部靠近防屈曲支撑节点板端部位置出现细微裂缝，支撑发出摩擦声响。

2）当层间位移角达到规范所规定的 1/50 弹塑性变形限值时，框架柱下端开始出现斜裂缝，靠近支撑节点板附近混凝土表层开始出现局部脱落，框架梁上出现新的细微裂缝，但之前出现的裂缝并未随荷载的增加而进一步发展，框架整体承载能力继续增加。

3）当层间位移角达到 1/40 时，支撑下节点板附近混凝土严重开裂，并伴有严重的剥落，框架柱纵筋屈服形成塑性铰。

4）当层间位移角达到 1/30 时，框架柱端塑性铰继续发展，纵筋呈灯笼状鼓曲，主体框架失效，形成机构，但框架的整体承载能力仍然保持上升状态。这主要是由于与支撑连接的混凝土框架在连接处形成转动能力较强的塑性铰，整个防屈曲支撑框架相当于一个三铰拱。若防屈曲支撑仍保持继续工作的能力，则框架的整体承载能力将继续增加。

整个试验过程中，防屈曲支撑未出现整体屈曲及局部屈曲的破坏，支撑两端节点板也未出现平面内及平面外失效情况。框架损伤及破坏形态如图 3-20 所示。

需要强调的是，即使是在 1/30 的层间位移角下，三榀试验框架中防屈曲支撑均未出现外伸连接段的平面外及平面内失稳破坏情况，均能在较高荷载水平（压弯荷载）下保持稳定工作，表现出良好的滞回耗能能力，这也说明了本书所提出的全钢防屈曲支撑端部改进措施的有效性。

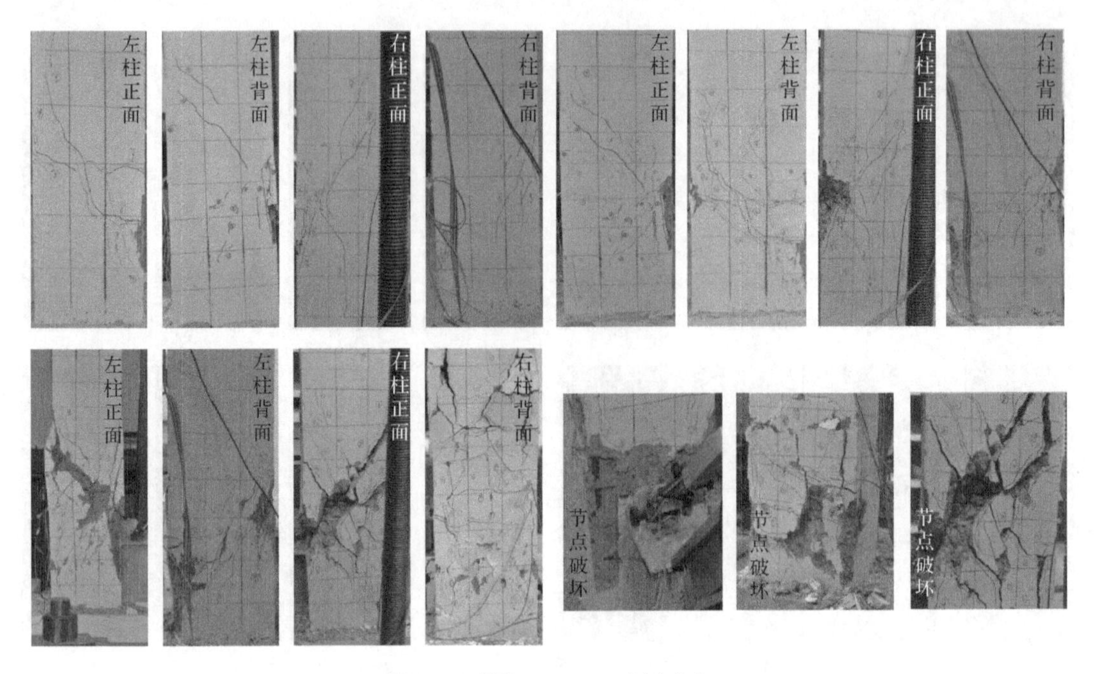

图 3-20　框架 BRBF 7 破坏形态

值得注意的是，各试验框架中防屈曲支撑在产生轴向拉压变形的同时也产生十分明显的转动变形（图 3-21），支撑的这种转动变形在框架发生较大侧移的情况下表现得更为显著。在试验过程中观察到框架中的防屈曲支撑分别产生了 3 种不同的转动模式：第一种转动模式为框架中的一根防屈曲支撑在两端产生同方向转动，而另一根防屈曲支撑在其一端产生转动，类似于 L 形转动，称为 S-L 转动模式，如图 3-22（a）所示；第二种转动模式为框架中的一根防屈曲支撑在两端产生同方向转动，而另一根防屈曲支撑在两端产生反方向的转动，类似于 C 形转动，称为 S-C 转动模式，如图 3-22（b）所示；第三种转动模式为框架中的两根防屈曲支撑在两端产生同方向转动，类似于 S 形转动，称为 S-S 转动模式，如图 3-22（c）所示。

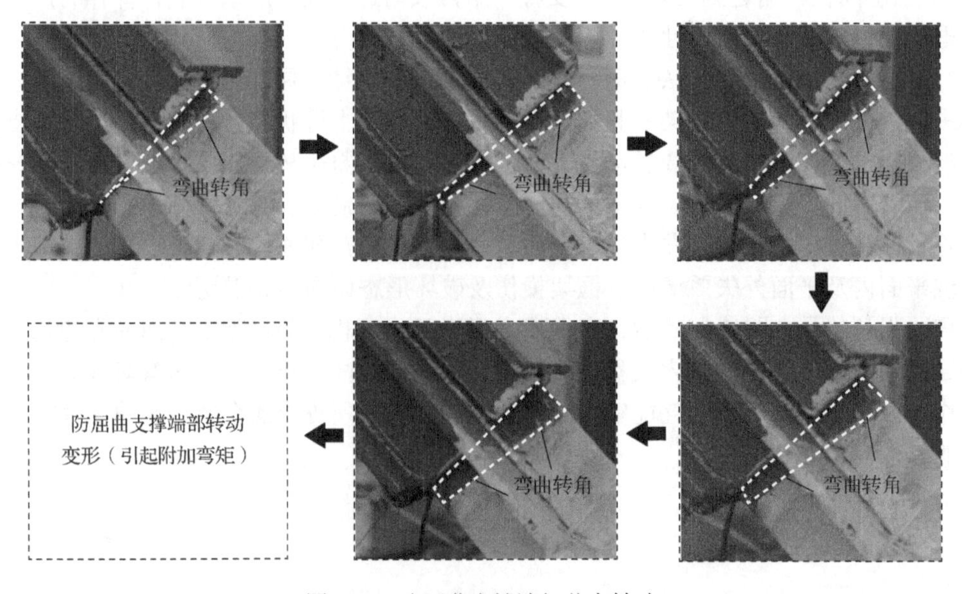

图 3-21　防屈曲支撑端部节点转动

显然，以上各转动模式中，支撑的转动致使支撑的轴向力偏离支撑长度方向，从而产生相对于支撑节点的轴力偏转角，该转角是产生节点附加弯矩的根本原因。已有的研究表明[165-166]，支撑在轴力和弯矩的共同作用下将对其稳定性产生不利的影响，即降低支撑在设计要求下的稳定性，在试验过程中提前发生失稳破坏，并且支撑在设计上均满足设计标准要求。由此可以看出，支撑节点附加弯矩对其稳定工作性能的影响不容忽视，后面的内容将通过试验结果分析来证明各转动模式下支撑节点附加弯矩的存在，并研究其对支撑性能的影响。

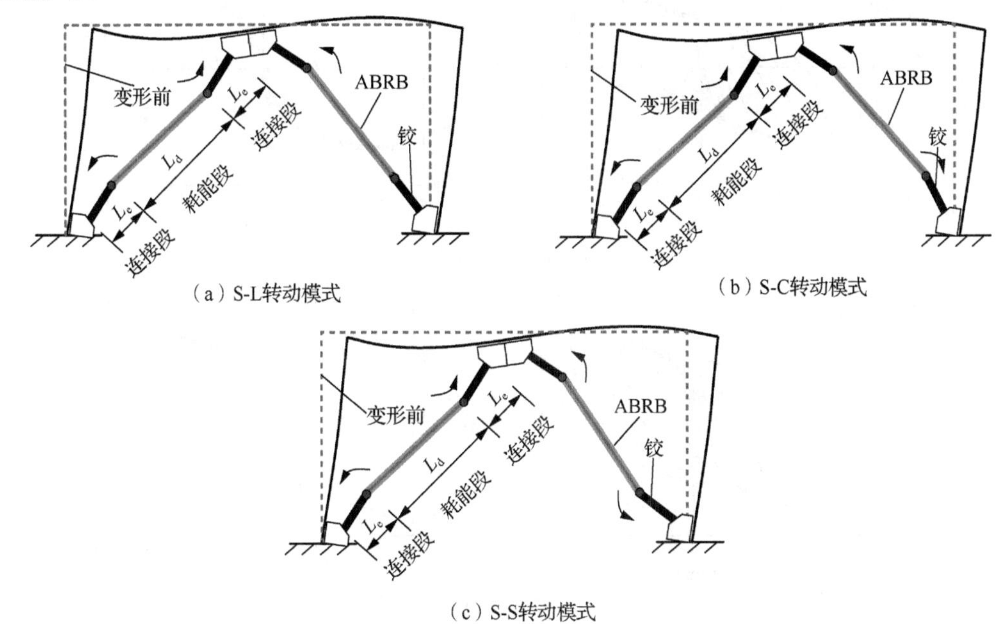

（a）S-L转动模式

（b）S-C转动模式

（c）S-S转动模式

图3-22　防屈曲支撑节点转动模式

3.4.2　框架滞回性能分析

在强烈地震作用下，建筑结构往往会进入弹塑性工作阶段，并通过自身的损伤及破坏来消耗地震输入的能量，但不同材料及形式的结构在耗能能力方面存在较大差异，因此，可通过结构或构件的滞回曲线判定其耗能能力的大小，滞回曲线饱满圆滑则意味着较强的能量耗散能力。图3-23为框架BRBF 3、BRBF 5、BRBF 7的水平荷载-位移曲线，从图中可以看出：

1）框架BRBF 3在同一级荷载下的各圈滞回曲线基本重合，说明其滞回性能稳定。但在框架侧移变形较大时，滞回曲线在受拉与受压方向均出现了局部的抖动现象，在滞回环上表现为不光滑的锯齿状凸出。这主要是防屈曲支撑在较大荷载作用下发生局部屈曲，导致支撑的承载力瞬间下降，当约束构件产生相应的位移后，支撑又重新获得继续承载的能力，因此会在滞回曲线上出现承载力突然降低后又重新返回到原来位置的现象。在最后一级加载中，即防屈曲支撑框架层间侧移角达到1/30时，框架承载能力急剧降低，此时支撑断裂失效，试验结果也恰好说明了这一点。

2）框架BRBF 5在同一级荷载下的各圈滞回曲线基本重合，并且十分圆润饱满，各圈滞回环均未出现捏拢、滑移、反S及非对称干瘪等现象，加载、卸载规律良好。随着荷载的增加，耗能能力始终保持在稳定状态，并且没有出现同级荷载下的强度和刚度退化现象，具有较高的抗震承载力与抗侧刚度，整个试验过程中均表现出良好的抗震性能。

3）框架 BRBF 7 在同一级荷载下的各圈滞回曲线同样也基本重合，承载力在整个试验过程中始终呈上升趋势，耗能能力稳定，未出现刚度突变及强度退化现象。

可以看出，三榀防屈曲支撑框架在整个试验过程中均表现出良好的滞回特性，即使在 1/30 的层间侧移角变形下，其承载力仍然没有明显的降低，甚至有持续上升的趋势。

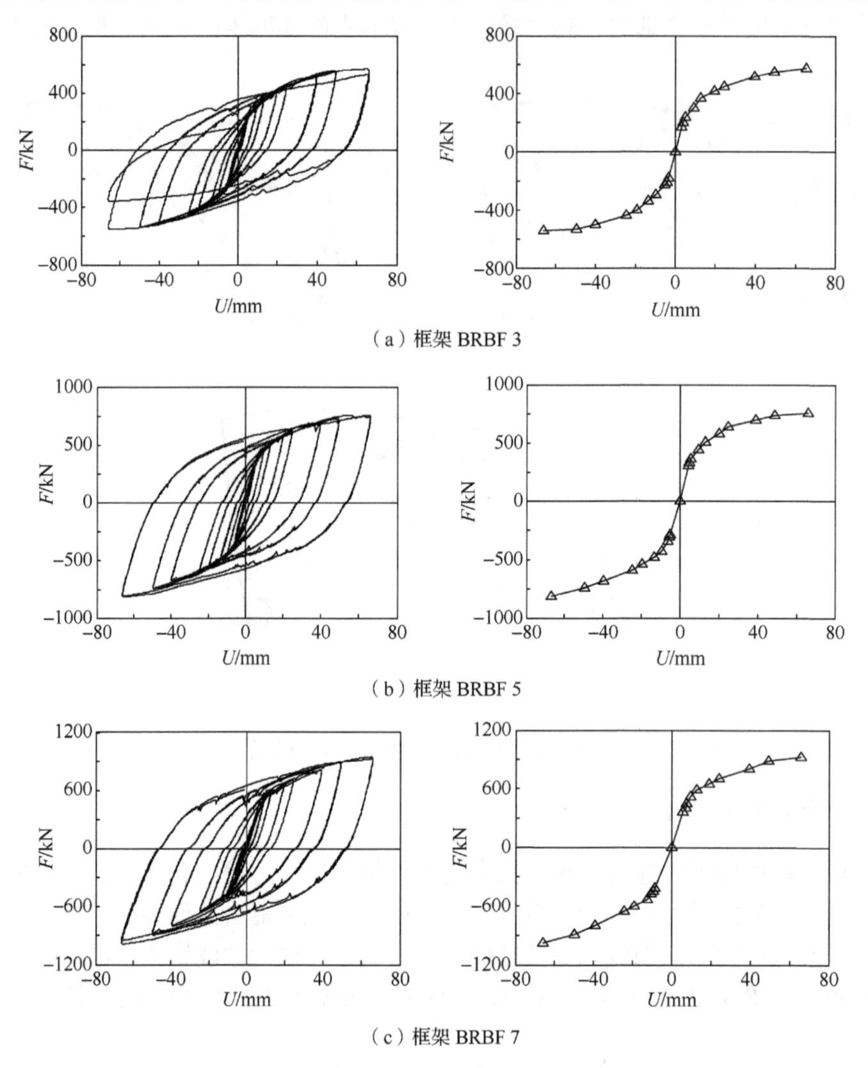

图 3-23　各防屈曲支撑框架水平荷载-位移曲线

图 3-23 还给出了各防屈曲支撑框架的水平荷载-位移骨架曲线，该曲线能较为准确地反映试验框架的恢复力特点，同时也可描述其强度、刚度及变形能力等特性。从图 3-23 中可以看出，在弹性阶段，各框架的恢复力曲线呈线性变化关系，框架 BRBF 3 及 BRBF 5 骨架曲线上第一次出现明显的拐点对应为防屈曲支撑开始进入屈服耗能状态，框架 BRBF 7 骨架曲线上第一次出现明显的拐点对应为主体框架开始进入屈服工作阶段，此时，整体框架的抗侧刚度开始随着荷载的增加而下降，但框架承载能力仍然保持上升状态。

在同一荷载水平下，结构承载力随着循环加载次数的增加会出现相应变化[167]，通常，随着荷载循环次数的增加，结构承载力会略有降低。这种现象称为强度退化，退化的程度

用强度退化系数 λ_j 表示，即在某一级荷载下各圈滞回曲线上的峰值承载力与第 1 圈滞回曲线上的峰值承载力之比。该系数值越接近 1，说明试验框架的承载能力越稳定；该系数值越小，说明试验框架的强度退化越严重。强度退化系数 λ_j 按下式计算：

$$\lambda_j = \frac{F_i^j}{F_i^1} \tag{3-17}$$

式中，F_i^j 为第 i 级荷载作用下滞回曲线第 j 圈上的峰值承载力；F_i^1 为第 i 级荷载作用下滞回曲线第 1 圈上的峰值承载力。

表 3-5 为框架 BRBF 3、BRBF 5、BRBF 7 在各级荷载下的强度退化系数。从表 3-5 中可以看出，在前 9 级荷载作用下，各框架均未出现明显的强度退化现象。在第 10 级荷载的第 2 圈加载下，由于框架 BRBF 3 中的防屈曲支撑芯板单元发生断裂，因此其承载力退化较多；而框架 BRBF 5 及 BRBF 7 未出现明显的强度退化现象，试验框架的强度退化系数均较为接近 1，表明框架的承载能力较为稳定。框架 BRBF 3 的强度退化系数最小值为 0.63，BRBF 5 的强度退化系数最小值为 0.91，BRBF 7 的强度退化系数最小值为 0.87。

表 3-5　各试验框架的强度退化系数

荷载级别	BRBF 3 强度退化系数 λ_j		BRBF 5 强度退化系数 λ_j		BRBF 7 强度退化系数 λ_j	
	λ_2（推方向）	λ_2（拉方向）	λ_2（推方向）	λ_2（拉方向）	λ_2（推方向）	λ_2（拉方向）
1	0.95	0.99	0.96	0.99	0.96	0.97
2	0.93	0.92	0.91	0.97	0.96	0.97
3	0.96	0.92	0.99	0.96	0.97	0.92
4	0.98	0.96	0.93	0.98	0.95	0.95
5	0.96	0.93	0.98	0.92	0.91	0.93
6	0.93	0.95	0.94	0.95	0.93	0.96
7	0.95	0.98	0.95	0.96	0.98	0.96
8	0.95	0.91	0.93	0.91	0.91	0.95
9	0.91	0.91	0.92	0.95	0.92	0.91
10	0.82	0.63	0.92	0.93	0.89	0.87

图 3-24 为各试验框架的实测割线刚度（等效刚度）随加载位移的变化关系。由于摩擦效应的影响，防屈曲支撑存在相应的拉压承载能力不平衡现象，因此分别计算正方向加载（拉）和负方向加载（推）下的割线刚度，各试验框架在推拉往复循环作用下的割线刚度按下式计算[168]：

$$K_i^+ = \frac{F_i^+}{U_i^+ - U_0},\quad K_i^- = \frac{F_i^-}{U_i^- - U_0} \tag{3-18}$$

式中，F_i 为第 i 次循环下滞回曲线上对应推拉加载位移幅值处的推拉荷载；U_i 为与 F_i 对应的第 i 次循环下滞回曲线上推拉加载位移幅值；U_0 为同一循环加载下荷载为零时推拉位移的中值。

从图 3-24 中可以看出，各防屈曲支撑框架均具有良好的刚度退化规律，但在相同的加载位移下，正向割线刚度与负向割线刚度有所差异，这主要与防屈曲支撑的屈服顺序有关。在较小的水平位移加载阶段，割线刚度下降得较为迅速。随着水平加载位移的增加，割线刚度下降速率变得较为平缓，并有趋于稳定的趋势，这说明在较小位移下，防屈曲支撑为结构提供附加抗侧刚度，从而提高结构抵抗变形的能力；在较大位移下，防屈曲支撑进入屈服耗能状态，等效刚度减小，但耗能能力增加，有利于减小结构的地震反应。

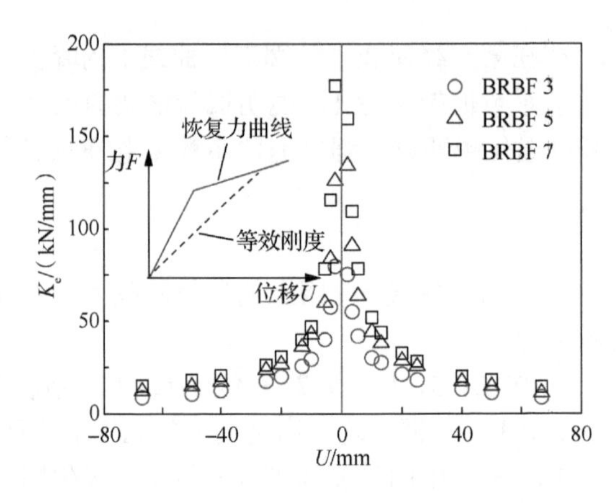

图 3-24　试验框架等效刚度统计

3.4.3　支撑及节点板性能分析

图 3-25 为各防屈曲支撑框架中支撑轴力-荷载位移曲线，支撑轴力通过粘贴在外伸连接段上的应变片数据转换求得，支撑轴向位移通过位移计直接测量得到。值得强调的是，由前面内容的分析可知，防屈曲支撑节点在各级荷载作用下均存在不同程度的转动变形，这种转动将使支撑端部产生弯曲变形，进而产生支撑节点附加弯矩作用。因此，支撑外伸连接段处应变片所测得应变数据为轴向应变与弯曲应变叠加的结果，轴力计算结果具有一定的误差，但作者认为，这并不影响定性地分析支撑的工作状态及工作性能。从图 3-25 中可以看出，各支撑轴力-位移滞回曲线均较为饱满，整体上呈现为梭形，但也观察到部分滞回曲线具有不对称的特点，这很可能是受到支撑端部转动变形的影响。由于位移计直接测量支撑两端工作点间的位移，支撑在轴向产生变形的同时发生转动变形，这将减小支撑在轴向的投影长度，而位移计实际测量到的支撑轴向变形正好为该投影变形，因此滞回曲线表现出相应的不对称性。总体上看，防屈曲支撑与框架协同工作的过程中具有良好的滞回耗能能力，未出现明显的强度及刚度退化现象。最为关键的是，各防屈曲支撑外伸连接段在与主体框架结构相互作用的过程中始终保持稳定工作状态，未出现平面内及平面外失稳的情况。这说明了本章中针对全钢防屈曲支撑所提出的改进措施能有效提高支撑外伸连接段的稳定性，并能保证支撑在压弯组合作用下的工作性能，使支撑能充分发挥自身的消能减震作用，并能可靠地与主体框架结构协同工作，起到结构“保险丝”的作用，成为结构在遭遇地震作用时的第一道抗震防线。

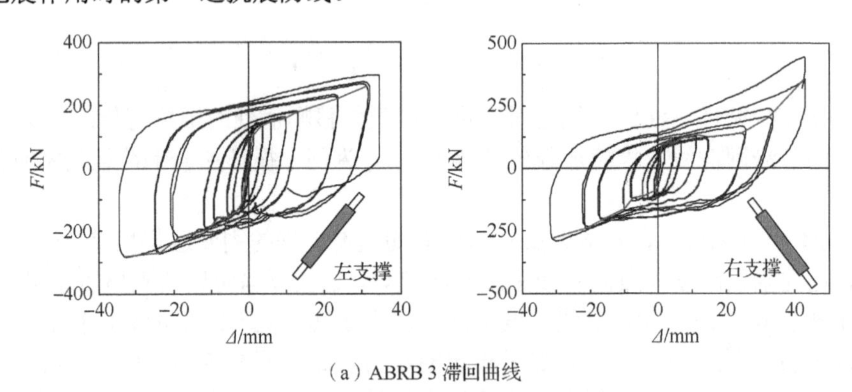

（a）ABRB 3 滞回曲线

图 3-25　防屈曲支撑轴力-位移滞回曲线

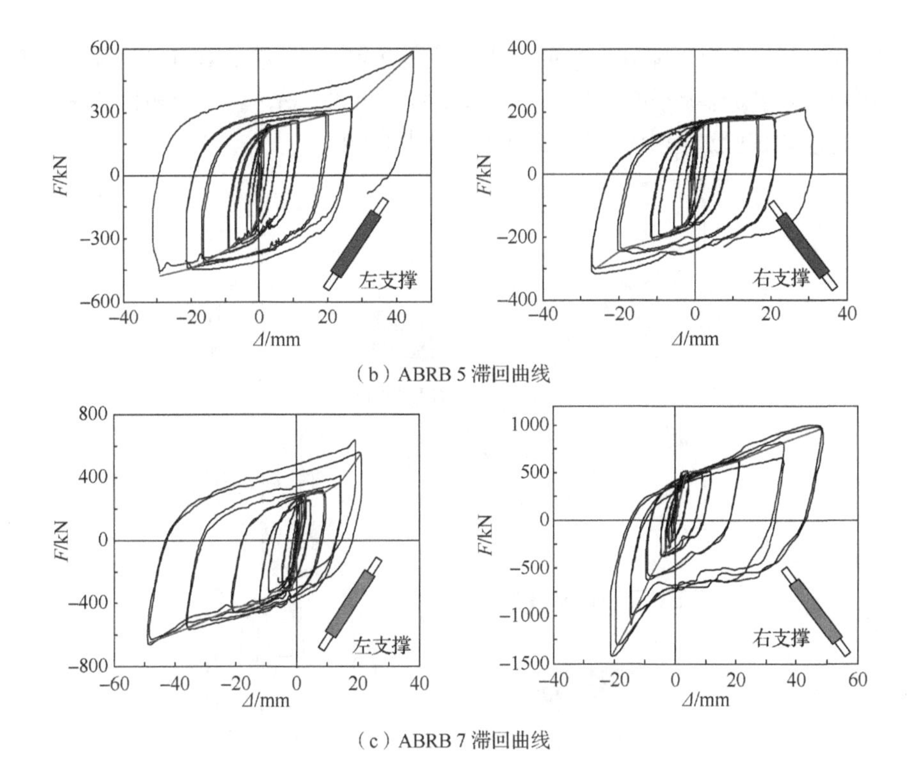

（b）ABRB 5 滞回曲线

（c）ABRB 7 滞回曲线

图 3-25（续）

在防屈曲支撑框架中，节点板起到连接框架和防屈曲支撑的桥梁作用，并将外荷载有效地通过框架传递给防屈曲支撑。因此，节点板的工作状态将直接影响到防屈曲支撑消能减震作用的充分发挥。通常合理设计的防屈曲支撑节点板在极限荷载作用下应保持弹性工作状态，并且在平面内及平面外均能保持稳定工作，而在已有的试验研究中，节点板出现平面外失稳的情况时有发生。为考察本章中所设计节点板在平面外的工作性能，采用位移计对节点板平面外的变形量进行了监测。位移计为顶杆式位移计，将滑动杆的一端顶置在节点板上，方向垂直于节点板平面，位移计的具体布置如图 3-26 所示。

（a）上节点板位移计布置

（b）左下节点板位移计布置

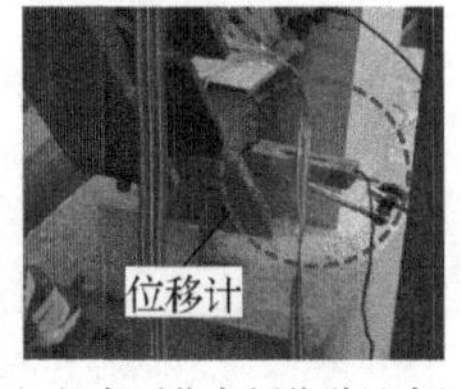

（c）右下节点板位移计布置

图 3-26　防屈曲支撑节点板平面外位移测量

图 3-27 为框架 BRBF 3、BRBF 5、BRBF 7 中各节点板在各级荷载作用下的平面外位移分布。从图 3-27 中可以看出，框架 BRBF 3 中节点板平面外位移总体上随水平荷载的增加而呈增大变化趋势，并且变形方向分布在坐标轴的负方向，这可能与防屈曲支撑在安装时的安装误差有关。其中左下节点板平面外位移的最大值仅为 0.86mm，右下节点板平面外位移的最大值仅为 0.49mm，上节点板平面外位移的最大值仅为 0.35mm，各节点板未出现平面外屈曲现象，这与在试验过程中观察到的试验结果相吻合。同样，框架 BRBF 5 中节点板平面外位移也随水平荷载的增加而呈增大变化趋势，并且变形方向也分布在坐标轴的

负方向。其中左下节点板平面外位移的最大值仅为1.92mm，右下节点板平面外位移的最大值仅为2.15mm，上节点板平面外位移的最大值仅为0.22mm，各节点板同样未出现平面外屈曲现象，这也与试验过程中观察到的试验结果相吻合。

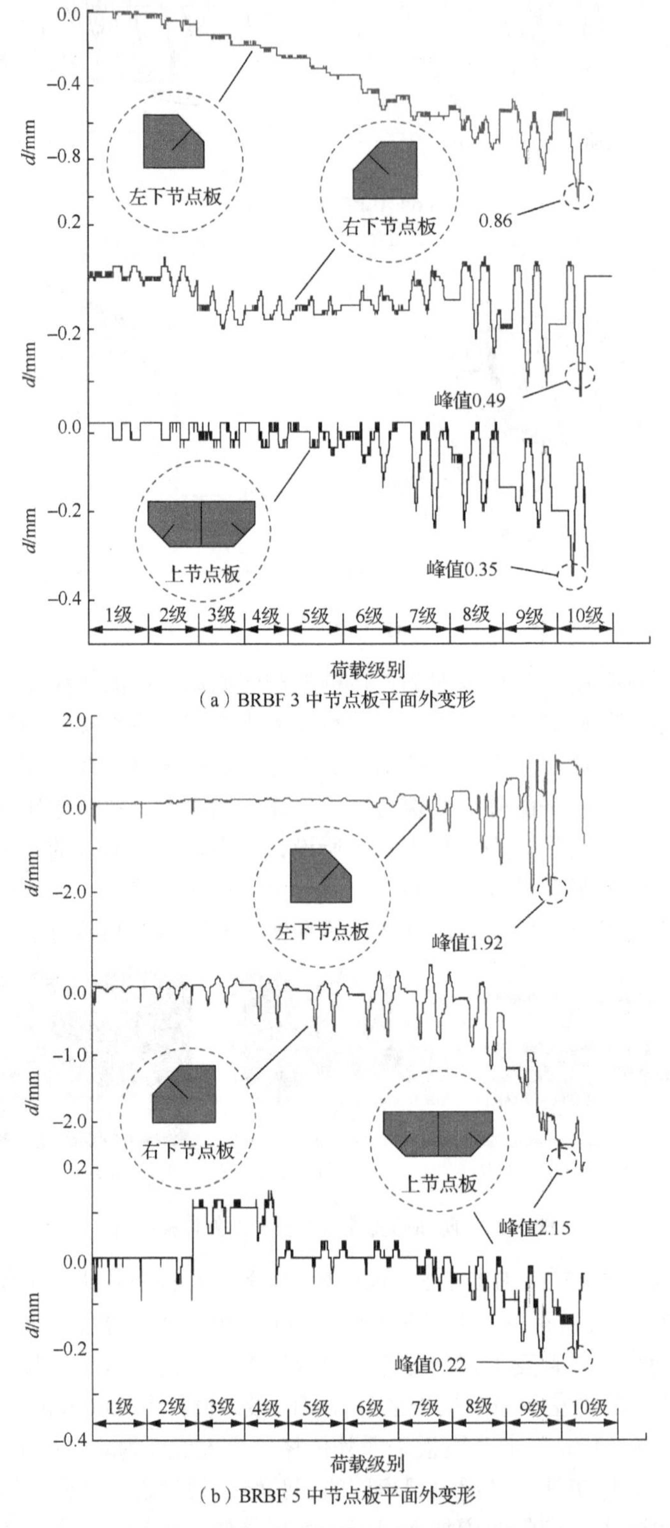

（a）BRBF 3 中节点板平面外变形

（b）BRBF 5 中节点板平面外变形

图 3-27　防屈曲支撑节点板平面变形分布

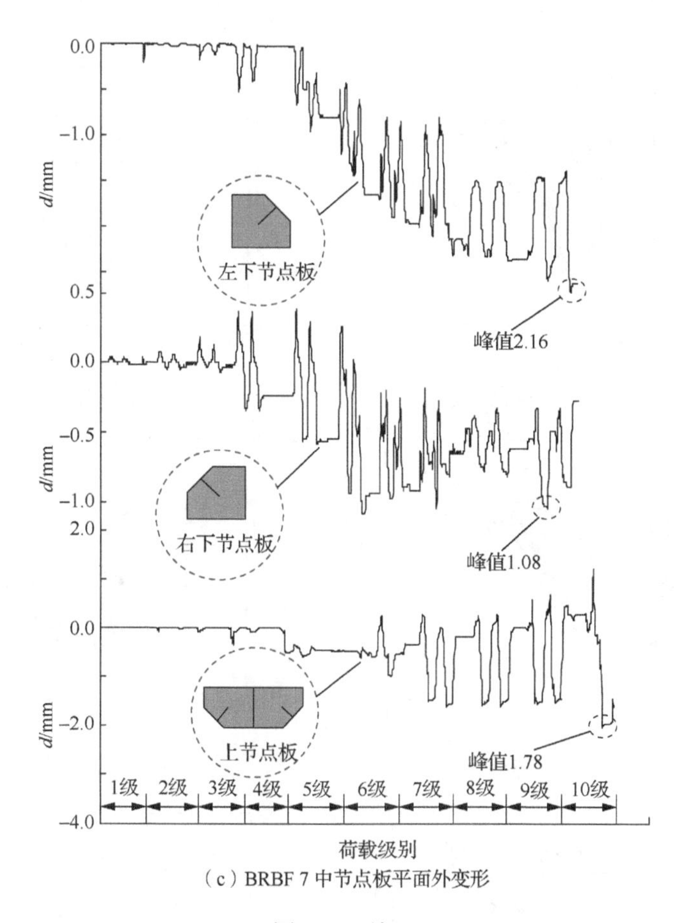

（c）BRBF 7 中节点板平面外变形

图 3-27（续）

框架 BRBF 7 中节点板平面外位移也随水平荷载的增加而呈增大变化趋势，并且变形方向主要分布在坐标轴的负方向。其中左下节点板平面外位移的最大值仅为 2.16mm，右下节点板平面外位移的最大值仅为 1.08mm，上节点板平面外位移的最大值仅为 1.78mm，各节点板同样未出现平面外屈曲现象，这也与在试验过程中观察到的试验结果相吻合。

3.4.4　钢筋应变分析

框架梁柱纵筋及箍筋在各级别荷载作用下的工作性能及工作状态可通过应变值的大小予以反映，通过应变值的分布可初步判定混凝土构件中钢筋的应力水平及屈服情况。图 3-28～图 3-30 分别为框架 BRBF 3、BRBF 5、BRBF 7 中梁柱纵筋及箍筋应变随层间位移变化的曲线。从图 3-28～图 3-30 中可以看出，随着框架层间侧移的增大，各框架中梁柱纵筋及箍筋应变均呈增大变化趋势，并且各框架柱上、下端纵筋应变值均超过了材料的屈服应变，说明框架柱在较大侧移变形下进入弹塑性工作阶段，从而在钢筋发生屈服区域形成塑性铰，从试验过程中观察到的试验现象也说明了这一点。并且还注意到，框架柱下端纵筋应变值大于上端纵筋应变值，这可能是由于柱下端与防屈曲支撑相连接，在承受外荷载的同时还需承担防屈曲支撑传来的附加内力，而柱上端只与框架梁端相连，并未直接受到支撑附加内力的影响，因此柱上端纵筋应变值较柱下端纵筋应变值要小。这一现象从柱端箍筋应变值的分布情况也能予以体现，并且箍筋的残余变形比纵筋的要大，主要体现在箍筋应变随外荷载的分布曲线呈翼型分布，这可能与混凝土的开裂程度及裂缝发展方向有关。

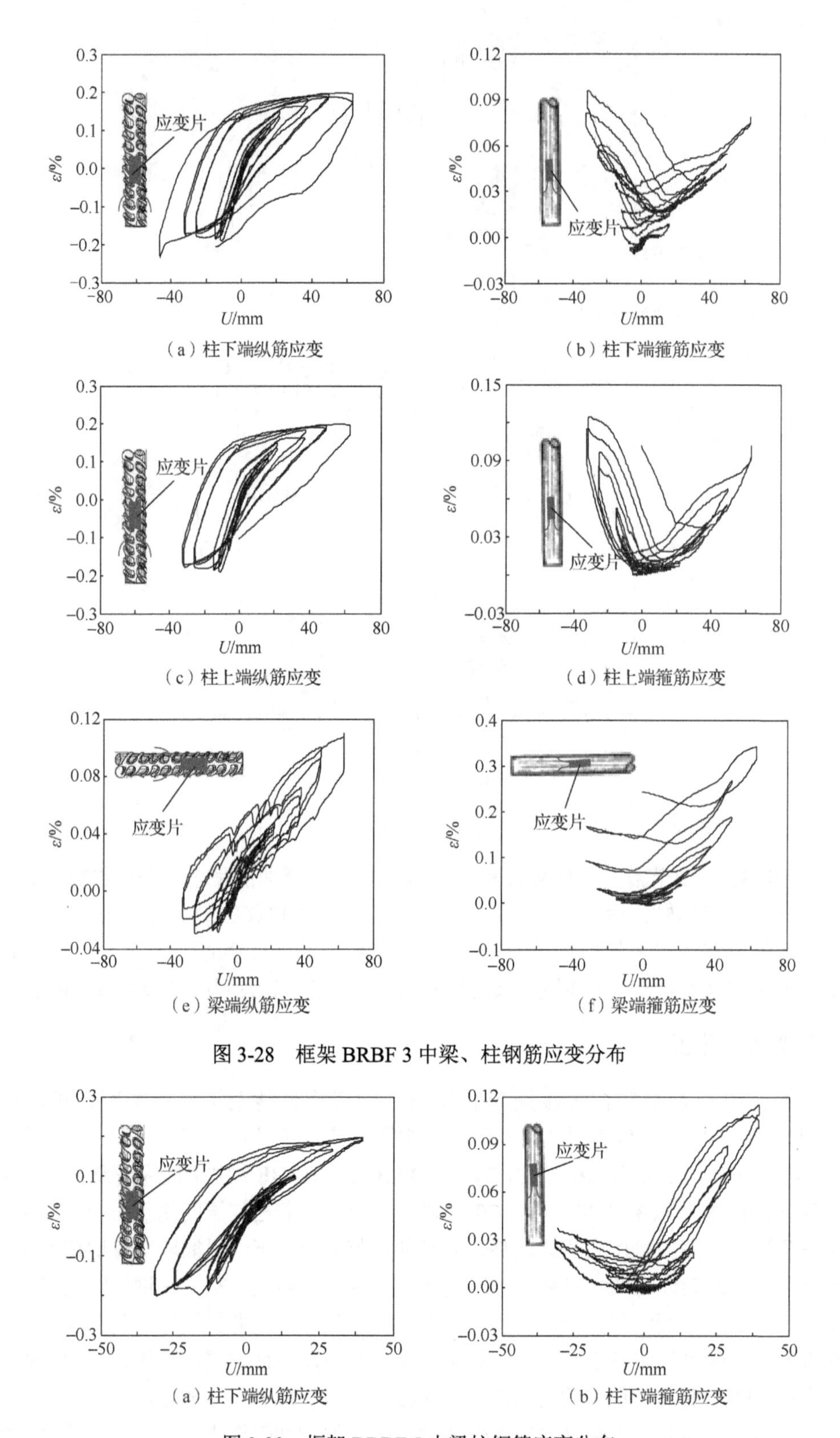

（a）柱下端纵筋应变　（b）柱下端箍筋应变

（c）柱上端纵筋应变　（d）柱上端箍筋应变

（e）梁端纵筋应变　（f）梁端箍筋应变

图 3-28　框架 BRBF 3 中梁、柱钢筋应变分布

（a）柱下端纵筋应变　（b）柱下端箍筋应变

图 3-29　框架 BRBF 5 中梁柱钢筋应变分布

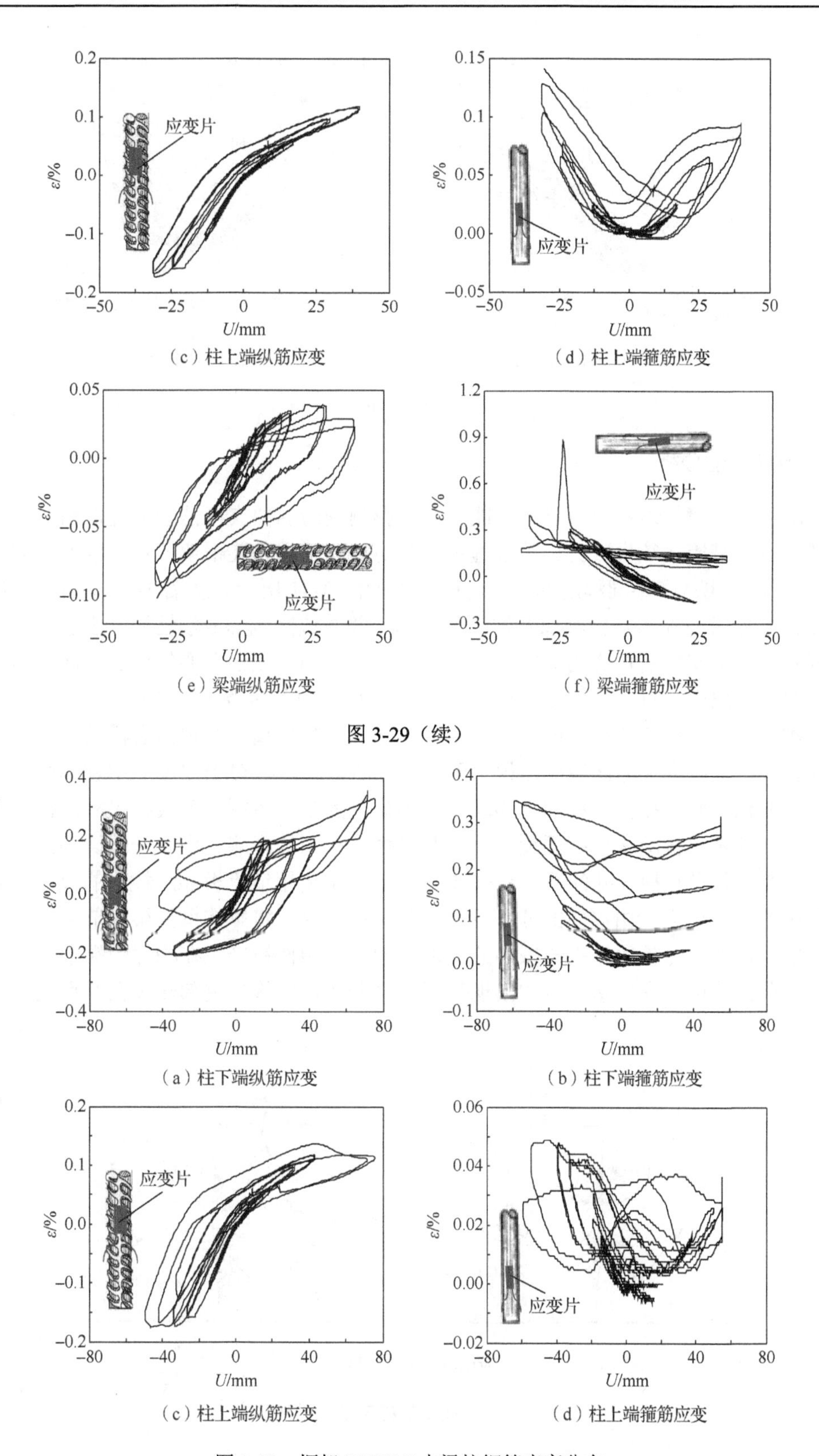

（c）柱上端纵筋应变

（d）柱上端箍筋应变

（e）梁端纵筋应变

（f）梁端箍筋应变

图 3-29（续）

（a）柱下端纵筋应变

（b）柱下端箍筋应变

（c）柱上端纵筋应变

（d）柱上端箍筋应变

图 3-30　框架 BRBF 7 中梁柱钢筋应变分布

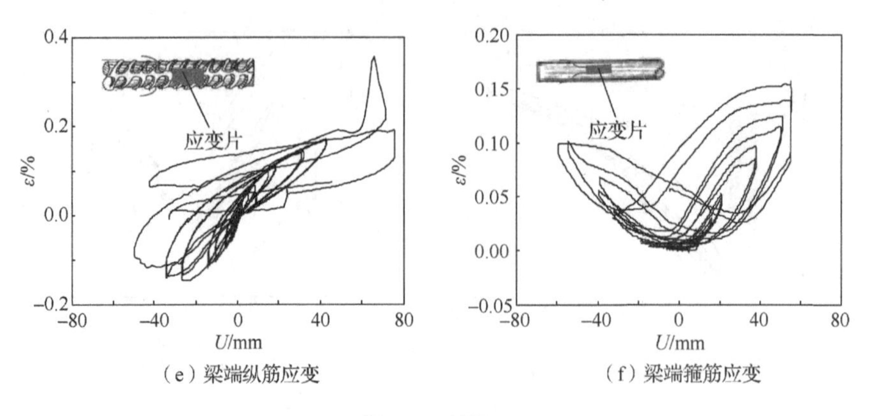

（e）梁端纵筋应变　　（f）梁端箍筋应变

图 3-30（续）

3.4.5　节点性能分析

与防屈曲支撑相连框架节点的性能将直接影响到防屈曲支撑消能减震作用的发挥，甚至使整个消能减震系统失效。试验过程中，与防屈曲支撑相连框架节点在框架层间侧移角达到 1/30 时均出现了不同程度的损伤与破坏，如图 3-31 所示。从图 3-31 中可以看出，框架 BRBF 3 中节点在节点板趾部及柱根部破坏，并在该区域形成塑性铰，由于该区域收到外荷载及防屈曲支撑所传递的集中拉力与剪力作用，因此损伤主要集中在该区域内，致使该区域混凝土出现严重开裂现象。框架 BRBF 5 中节点的破损形态总体上与框架 BRBF 3 中节点类似。值得注意的是，框架 BRBF 7 中节点的破坏情况与前两者截然不同，其破坏仅出现在节点板趾部上方区域，即相对于前两者的情况，框架 BRBF 7 中柱端塑性铰的位置发生了变化，塑性铰区沿柱向上移动。需要说明的是，各榀框架梁柱尺寸及截面配筋均相同，因此基本可排除构件截面配筋率对节点损伤控制的影响。作者分析认为，此差别产生的主要原因是节点板尺寸的不同，框架 BRBF 7 中所用节点板靠近柱边的尺寸较其余两榀框架中的尺寸要大。由前面的分析可知，节点板的存在将影响框架梁柱节点的力学特性及变形能力，尤其是使梁柱夹角减小的变形。通常，塑性铰产生在构件的端部，但通过试验发现，节点板的存在使塑性铰的出现位置发生变化，由构件端部转移至节点板趾部附近区域。

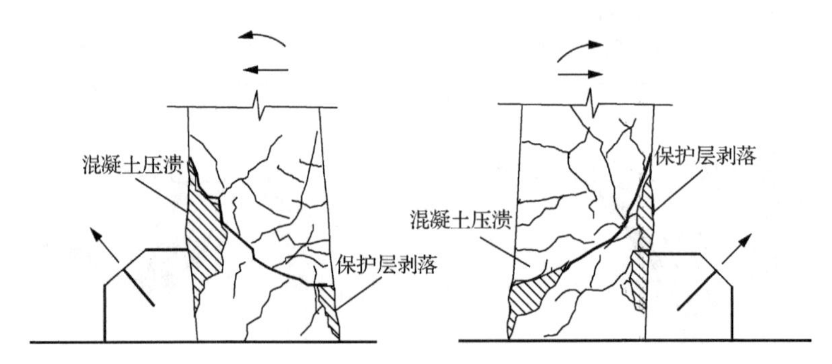

（a）框架BRBF 3 节点破坏形态

图 3-31　防屈曲支撑框架节点破坏形态

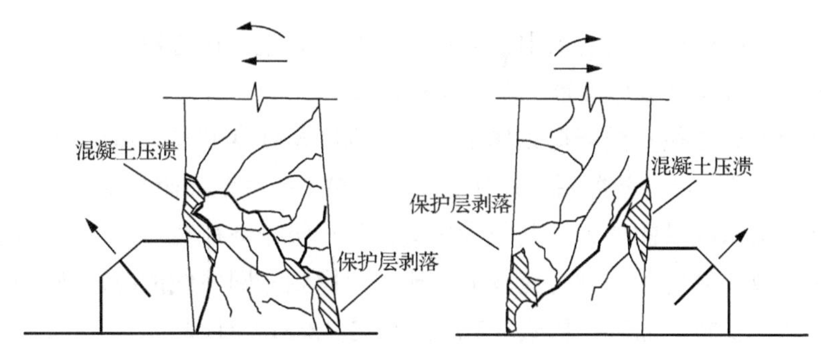

（b）框架BRBF 5 节点破坏形态

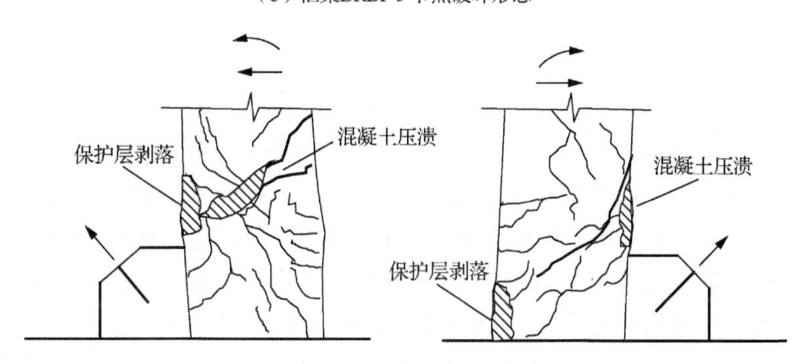

（c）框架BRBF 7 节点破坏形态

图 3-31（续）

塑性铰位置沿柱的上移致使框架柱计算长度减小，即增大框架柱剪力，从而有可能导致框架柱的抗剪承载力不足。已有的研究表明[169]，在框架柱总长度确定的情况下，其剪力的增加幅度主要取决于靠近柱边节点板尺寸大小，该长度越长，框架柱剪力提高幅度也就越大，因此对与防屈曲支撑相连的梁柱构件及节点进行设计时，应考虑塑性铰位置变化所产生的不利影响。

3.4.6　附加有效阻尼比分析

结构的阻尼比是一个较为复杂的概念，其受影响的因素较多，如受材料自身的特性、周围介质的变化、不同的结构形式、结构工艺性等多方面的影响，且大多不能进行精确的定量分析。通过前人的研究人们认识到[170]，阻尼是结构振动时引起结构能量耗散的主要因素，并且在持续振动的过程中，结构不断吸收外部输入能量并通过阻尼来进行不断地能量消耗。但建筑结构往往自身固有的阻尼水平非常有限，面对地震作用下输入结构的振动能量，自身阻尼所耗散的能量仅占很小一部分，更多的振动能量通过结构构件产生弹塑性变形消耗，即结构的滞回耗能能力，但随之付出的代价为结构构件的损伤与破坏。因此，须进行合理的设计使结构在产生尽可能小的损伤的同时提高其能量消散能力。耗能能力是评价结构抗震性能的重要指标，相同的地震输入能量，结构的耗能能力越强，则结构的各项地震反应也就越小，结构的抗震性能也就越好。耗能系数及等效黏滞阻尼比能较好地体现防屈曲支撑框架在各工况下的耗能能力。耗能系数是指在一次往复循环加载下，框架所耗散的输入能量与框架在该级加载下的最大应变能之比，按式（3-19）进行计算。

$$\varphi = \frac{S_{\mathrm{AFDE}}}{S_{\mathrm{OAB}} + S_{\mathrm{OCD}}} \tag{3-19}$$

式中，S_{AFDE} 为防屈曲支撑框架滞回曲线面积；S_{OAB} 及 S_{OCD} 分别为框架正向加载及负向加载时表示在最大加载位移处应变能的三角形的面积。

防屈曲支撑框架在往复循环荷载作用下，其刚度及强度的退化将影响滞回曲线的形状与面积，这一变化可通过等效黏滞阻尼比 ζ 予以反映。等效黏滞阻尼比基于能量守恒原理，反映了框架耗散输入能量的能力。其值为框架在某一级循环荷载作用下滞回曲线面积与等效弹性体在相同位移幅值下的弹性应变能之比。考虑到滞回曲线的拉压非对称，分别取滞回曲线的正向加载及负向加载，按式（3-20）及式（3-21）计算：

$$\zeta_{\mathrm{eq}}^{+}=\frac{1}{2\pi}\frac{S_{\mathrm{AGH}}}{S_{\mathrm{OAB}}} \tag{3-20}$$

$$\zeta_{\mathrm{eq}}^{-}=\frac{1}{2\pi}\frac{S_{\mathrm{DGH}}}{S_{\mathrm{OCD}}} \tag{3-21}$$

式中，S_{AGH}、S_{DGH} 分别为防屈曲支撑框架正向加载及负向加载时的滞回曲线面积。

表 3-6 为框架 BRBF 3、BRBF 5、BRBF 7 在各级加载位移幅值下的耗能系数分布及等效黏滞阻尼比统计。从表 3-6 中可以得知，在较小层间侧移下，各框架的耗能系数均较小，各框架的最小耗能系数值分别为 0.24、0.18、0.21，这说明此时框架的耗能能力较弱。随着层间侧移的增大，各框架耗能系数也随之增大，框架耗能能力逐渐提高。当框架层间位移角达到 1/30 时，各框架的耗能系数值分别为 2.16、2.34、2.22。同样，各框架的等效黏滞阻尼比也随层间侧移的增大而增加，其等效黏滞阻尼比的最小值分别为 3.07%、3.59%及 3.68%，最大值分别为 34.86%、36.99%及 35.87%。等效黏滞阻尼比的增大将减小结构在地震作用下的损伤及破坏程度，并减小结构的各项地震反应，有利于提高结构的抗震性能。

表 3-6　防屈曲支撑框架耗能系数及等效黏滞阻尼比

荷载级别	BRBF 3			BRBF 5			BRBF 7		
	φ	ζ_{eq}^{+} /%	ζ_{eq}^{-} /%	φ	ζ_{eq}^{+} /%	ζ_{eq}^{-} /%	φ	ζ_{eq}^{+} /%	ζ_{eq}^{-} /%
1	0.24	3.72	3.07	0.18	3.59	3.82	0.21	3.68	3.71
2	0.28	4.86	4.15	0.22	5.11	5.36	0.26	5.25	5.34
3	0.34	5.96	5.19	0.39	6.23	6.57	0.38	6.19	6.42
4	0.93	14.54	15.68	1.15	15.19	15.88	1.06	15.13	15.76
5	1.06	16.71	17.71	1.26	17.26	17.97	1.19	16.99	17.65
6	1.21	18.96	19.19	1.33	19.32	19.85	1.25	19.14	19.78
7	1.34	21.49	21.95	1.41	22.49	23.14	1.37	22.32	22.97
8	1.73	28.08	29.27	1.87	30.26	31.56	1.83	29.88	30.92
9	1.84	29.34	30.33	1.96	33.72	34.05	1.95	32.64	33.75
10	2.16	34.86	34.59	2.34	36.41	36.99	2.22	35.17	35.87

从能量耗散的角度来看，防屈曲支撑由于屈服后的等效轴向刚度较小，为结构提供的抗侧刚度也十分有限，其减震原理主要为耗散输入结构的地震能量，从而为结构提供附加阻尼，使整体结构的耗能能力提升。因此，防屈曲支撑附加给主体框架结构的有效阻尼比值的大小可在相应的程度上反映防屈曲支撑在框架相互作用过程中的减震效能。在相同地震变形需求下，附加阻尼比值越高，说明防屈曲支撑的消能减震效果越明显，但过高的阻尼比会对防屈曲支撑结构的减震设计及安全性带来一定的影响，具体影响将在本书第 4 章进行详细讨论。

图 3-32 为框架 BRBF 3、BRBF 5、BRBF 7 中防屈曲支撑附加给主体结构（主体结构分别处于弹性和弹塑性工作状态）有效阻尼比随结构变形的变化曲线，附加阻尼比值的计算采用《建筑抗震设计规范（2016 年版）》（GB 50011—2010）中基于能量平衡的估算式。从图 3-32 中可以看出：

1）当防屈曲支撑减震结构主体框架处于弹性工作阶段时，相同结构变形下，防屈曲支撑附加给主体框架结构的有效阻尼比随防屈曲支撑弹性刚度与主体结构弹性刚度比值的增大而增加。

2）防屈曲支撑附加给主体框架结构的有效阻尼比随结构变形的变化规律为，在附加有效阻尼比取得极大值以前，其随结构变形的增加而增大，且增加较为迅速；在附加有效阻尼比取得极大值以后，其随结构变形的增加而减小，且减小较为平缓。

3）防屈曲支撑附加给结构的有效阻尼比在结构某一变形下取得极大值。

4）当防屈曲支撑减震结构主体框架处于塑性工作阶段时，防屈曲支撑附加给主体框架结构的有效阻尼比随结构变形的增大呈递增变化规律，并趋于一恒定数值。

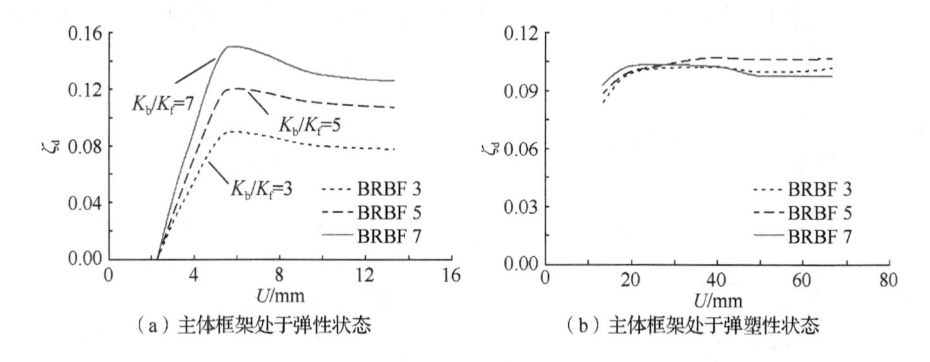

（a）主体框架处于弹性状态　（b）主体框架处于弹塑性状态

图 3-32　防屈曲支撑附加给结构有效阻尼比

从以上的结论可以得知，随着结构变形的增大，防屈曲支撑与主体框架结构间的相互作用关系并非一成不变，即防屈曲支撑在进入弹塑性工作阶段以后，附加给结构的有效阻尼比随结构的变形并非保持恒定不变，因此如何进行阻尼器的选型与设计，以使附加有效阻尼比值较为合理，成为防屈曲支撑减震结构抗震安全性设计的关键。

3.4.7　支撑转动变形分析

试验过程中，各防屈曲支撑在产生轴向拉压变形的同时，在支撑端部节点处出现十分明显的转动变形。这主要是防屈曲支撑进入屈服耗能工作阶段后，芯板单元弹性模量降低，因此在支撑连接段与耗能段过渡处的转动刚度较小。尤其是在框架发生大变形时，支撑在端部节点处产生相应的转动变形，不再保持理想的轴向拉压变形。支撑的转动变形致使轴力相对于节点发生偏转（轴力作用方向始终沿支撑耗能段长度方向），与支撑端部节点形成轴力偏转角，从而在支撑端部产生附加弯矩。附加弯矩的大小主要与框架的侧向位移有关，侧向位移越大，支撑所产生的转动变形也就越大，所产生的附加弯矩作用也就越大，对支撑滞回耗能能力的影响也就越为不利。表 3-7 为试验过程中各防屈曲支撑的转动变形模式。

表 3-7　防屈曲支撑的转动变形模式

试件	支撑转动变形形态		转动模式		整体转动模式
	左支撑	右支撑	左支撑	右支撑	
BRBF 3			S 模式	C 模式	S-C 模式
BRBF 5			S 模式	L 模式	S-L 模式
BRBF 7			S 模式	C 模式	S-C 模式

由表 3-7 可知，试验过程中，框架 BRBF 3 及 BRBF 7 中支撑产生的整体转动变形模式为 S-C 模式，框架 BRBF 5 中支撑产生的整体转动变形模式为 S-L 模式。各框架中支撑产生不同的转动变形模式主要与支撑在焊接连接过程中所产生的初始几何变形形态有较大关系。各框架中防屈曲支撑产生的转动变形模式的理论分析模型如图 3-33 所示。图 3-33 中，Δ 为框架的层间位移；θ 为框架的层间侧移角；θ_{top} 及 θ_{bot} 分别为支撑两端所产生的实际转动变形；θ_{Atop} 及 θ_{Abot} 分别为支撑两端相对于轴力方向所产生的偏转角；α 为支撑的布置角度；φ 为支撑两端轴力所产生的轴力偏转角；d_1 及 d_2 分别为支撑两端发生转动变形前后相对位移。

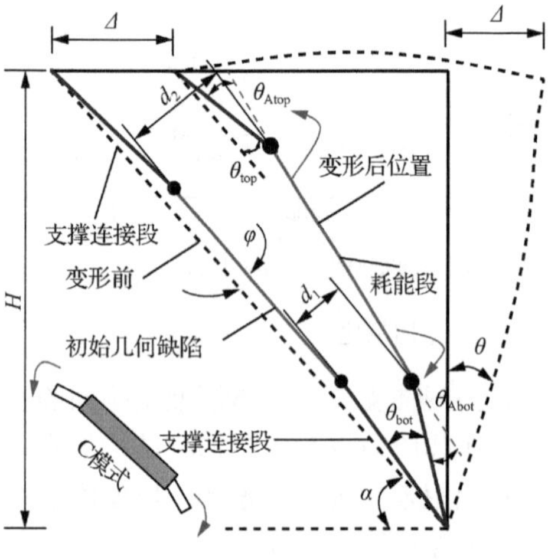

（a）C转动模式

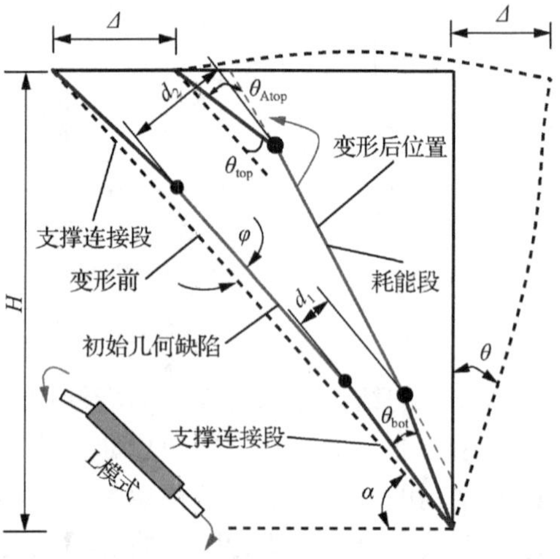

（b）L转动模式

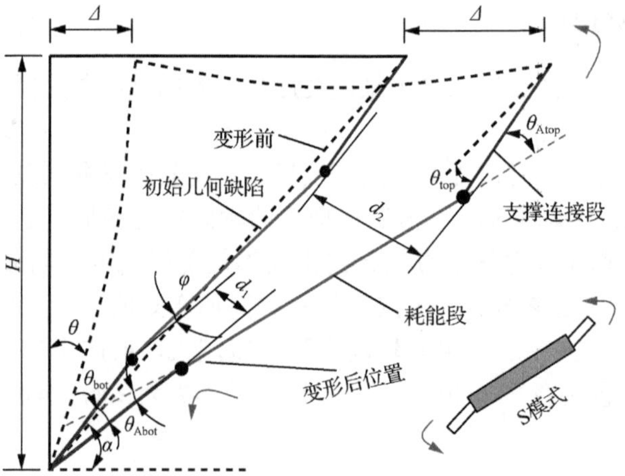

（c）S转动模式

图 3-33　防屈曲支撑转动变形理论分析模型

若忽略支撑在焊接连接过程中所产生的初始几何缺陷，则以上各几何变形量间的关系为[171]

$$\begin{cases}\theta_{\mathrm{Atop}}=\theta_{\mathrm{top}}-\varphi\\ \theta_{\mathrm{Abot}}=\theta_{\mathrm{bot}}-\varphi\end{cases} \tag{3-22}$$

式中，φ 为支撑两端轴力所产生的轴力偏转角，按下式计算：

$$\varphi=(d_1-d_2)/L_{\mathrm{c}} \tag{3-23}$$

支撑两端发生转动变形后相对原来位置的位移 d_1 及 d_2 按下式计算：

$$\begin{cases}d_1=\theta H\sin\alpha-\theta_{\mathrm{top}}L_{\mathrm{d}}\\ d_2=\theta_{\mathrm{bot}}L_{\mathrm{d}}\end{cases} \tag{3-24}$$

将式（3-23）和式（3-24）代入式（3-22），可得

$$\begin{cases}\theta_{\mathrm{Atop}}=(\theta_{\mathrm{top}}L_{\mathrm{c}}-\theta H\sin\alpha+\theta_{\mathrm{top}}L_{\mathrm{d}}+\theta_{\mathrm{bot}}L_{\mathrm{d}})/L_{\mathrm{c}}\\ \theta_{\mathrm{Abot}}=(\theta_{\mathrm{bot}}L_{\mathrm{c}}-\theta H\sin\alpha+\theta_{\mathrm{top}}L_{\mathrm{d}}+\theta_{\mathrm{bot}}L_{\mathrm{d}})/L_{\mathrm{c}}\end{cases} \tag{3-25}$$

由以上分析可知，支撑在框架发生侧向变形过程中所产生转动变形的大小与支撑屈服耗能段的长度、外伸连接段的长度、支撑布置角度、框架层间侧移角、框架高度等因素相关，并且可知，支撑所产生的转动变形与框架层间变形大致呈线性变化关系。

支撑的轴向力沿支撑屈服耗能段长度方向作用，支撑产生转动变形所引起的轴力偏转角致使支撑端部节点产生附加弯矩，附加弯矩的具体数值可根据支撑所产生的转动变形计算[172]：

$$\begin{cases}M_{\mathrm{t}}=Fe_{\mathrm{top}}=F\theta_{\mathrm{Atop}}L_{\mathrm{d}}\\ M_{\mathrm{b}}=Fe_{\mathrm{bot}}=F\theta_{\mathrm{Abot}}L_{\mathrm{d}}\end{cases} \tag{3-26}$$

式中，M_{t}、M_{b} 分别为支撑两端节点所产生的附加弯矩；e_{top} 及 e_{bot} 分别为支撑两端轴力 F 相对于支撑端部节点所产生的偏心距，其正负值表示转动变形的方向分别为顺时针转动和逆时针转动；L_{d} 为支撑外伸连接段的长度。支撑各转动变形模式下对应的端部附加弯矩如图 3-34 所示。

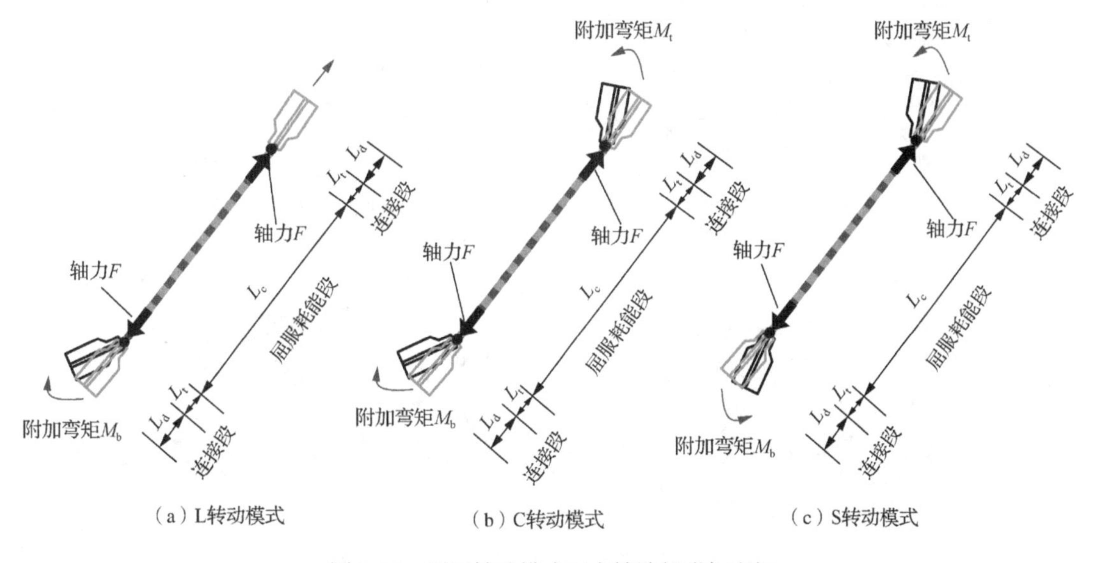

图 3-34　不同转动模式下支撑端部附加弯矩

设防屈曲支撑的总长度为L，若忽略过渡段的影响，令$L_d = \xi L$，$L_c = (1-2\xi)L$，并将式（3-25）代入式（3-26）中，可得支撑端部的附加弯矩为

$$\begin{cases} M_t = \dfrac{FH\xi[\theta_{top}(1-\xi)+\theta_{bot}\xi-\theta\sin^2\alpha]}{\sin\alpha(1-2\xi)} \\ M_b = \dfrac{FH\xi[\theta_{top}\xi+\theta_{bot}(1-\xi)-\theta\sin^2\alpha]}{\sin\alpha(1-2\xi)} \end{cases} \tag{3-27}$$

对于支撑所产生的不同转动模式（C 转动模式、L 转动模式、S 转动模式），其端部附加弯矩的大小也并不完全相同。

1）L 转动模式（$\theta_{top}=0$，$\theta_{bot}=\theta$）为

$$\begin{cases} M_t = \dfrac{FH\xi(\theta\xi-\theta\sin^2\alpha)}{\sin\alpha(1-2\xi)} \\ M_b = \dfrac{FH\xi[\theta(1-\xi)-\theta\sin^2\alpha]}{\sin\alpha(1-2\xi)} \end{cases} \tag{3-28}$$

2）C 及 S 转动模式（$\theta_{top}=\theta_{bot}=\theta$）为

$$M_t = M_b = \frac{FH\xi(\theta-\theta\sin^2\alpha)}{\sin\alpha(1-2\xi)} \tag{3-29}$$

由以上分析可知，支撑端部附加弯矩的产生主要由支撑产生转动变形引起，但其影响因素较多，如支撑应力水平F、支撑布置角度α、框架侧向变形θ及外伸连接段长度ξ等，以下将对各参数在不同取值下对支撑端部附加弯矩的影响进行参数分析。图 3-35 和图 3-36 为支撑端部产生 L、C、S 转动变形模式时，其附加弯矩随支撑轴力F、支撑布置角度α、框架侧向变形θ及外伸连接段长度ξ的变化曲面。

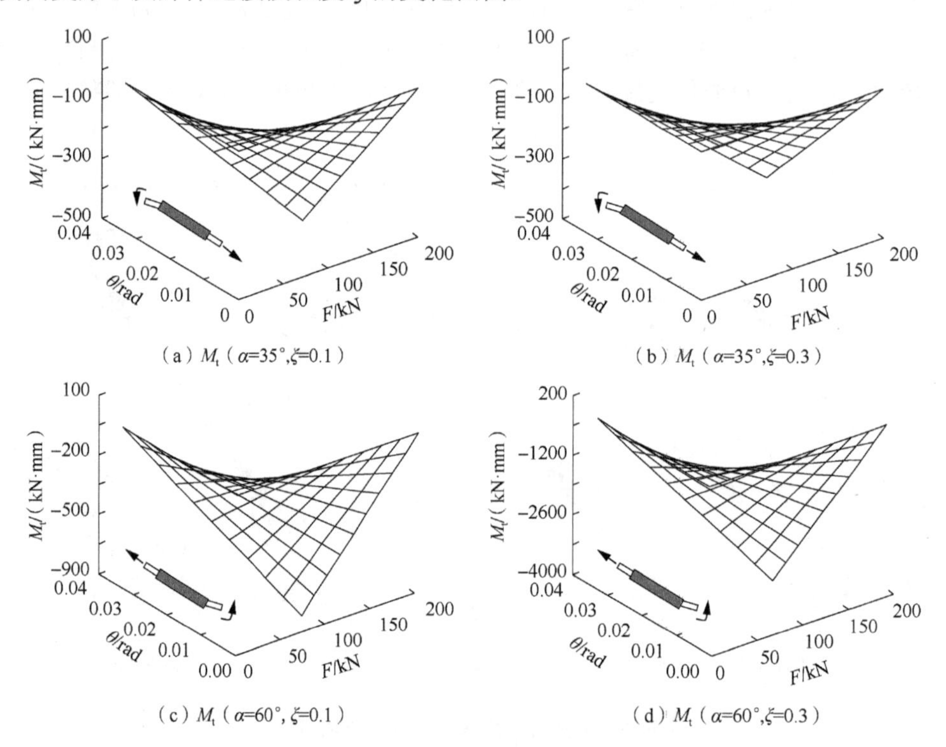

图 3-35　L 转动变形模式下支撑端部附加弯矩

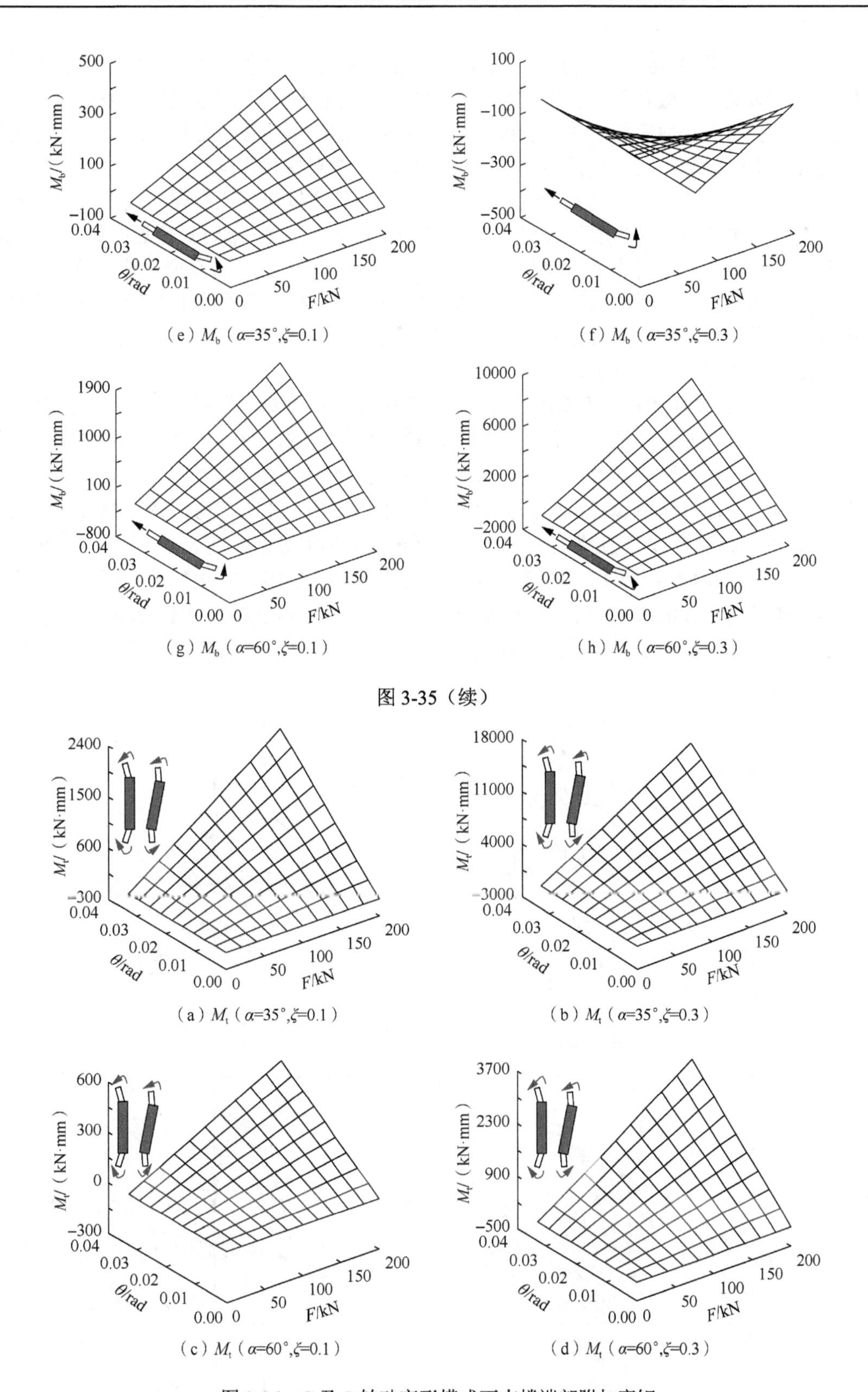

（e）M_b（α=35°,ξ=0.1）　（f）M_b（α=35°,ξ=0.3）

（g）M_b（α=60°,ξ=0.1）　（h）M_b（α=60°,ξ=0.3）

图 3-35（续）

（a）M_t（α=35°,ξ=0.1）　（b）M_t（α=35°,ξ=0.3）

（c）M_t（α=60°,ξ=0.1）　（d）M_t（α=60°,ξ=0.3）

图 3-36　C 及 S 转动变形模式下支撑端部附加弯矩

从图 3-35 和图 3-36 中可以看出，在 L 转动变形模式下，ξ 值越大，支撑端部的附加弯矩值越大，即支撑屈服耗能段长度越小，支撑端部产生的转动变形越显著，附加弯矩值也就越大。这表明支撑屈服耗能段的长度越小，支撑端部产生的转角变形也就越大，对支撑性能的发挥也就越为不利。支撑端部的附加弯矩值随着支撑布置角度的增大而增大，表明此情况下支撑端部产生的转动变形也就随之增大。并且通过观察还发现，减小支撑的布置角度及支撑屈服耗能段的长度可改变支撑端部的转动变形方向（顺时针或逆时针），这也就意味着支撑的转动变形模式可能因此受到影响。同样，在 C 及 S 转动变形模式下，ξ 值越大，支撑端部的附加弯矩值也越大，对支撑的受力越为不利。但不同于 L 转动模式的是，支撑端部的附加弯矩值随着支撑布置角度的增加而减小，说明支撑的布置角度越大，支撑端部产生的转动变形反而越小。

图 3-37 为框架 BRBF 3、BRBF 5 及 BRBF 7 中各支撑端部产生的弯曲变形与支撑轴力间的相互关系。弯曲变形通过布置在支撑外围约束构件两端的位移计测得，并规定顺时针转动方向为正，逆时针转动方向为负。该弯曲变形主要应用于计算支撑端部的转动变形、轴力偏转角及支撑端部附加弯矩值。从图 3-37 中可以看出，各支撑弯曲变形随轴向荷载的增大而增加，并且在受压及受拉过程中的峰值反应点处均存在明显的尖角，尤其框架 BRBF 3 及框架 BRBF 7 中的支撑表现得更为突出。这表明支撑在产生转动变形的过程中其变形能力随轴向荷载的改变而变化，在开始阶段呈现弹性变化趋势，随着荷载的增加，其转动变形与轴向荷载间的变化关系开始表现出较强的非线性，并且其抵抗转动变形的能力也逐渐增强。

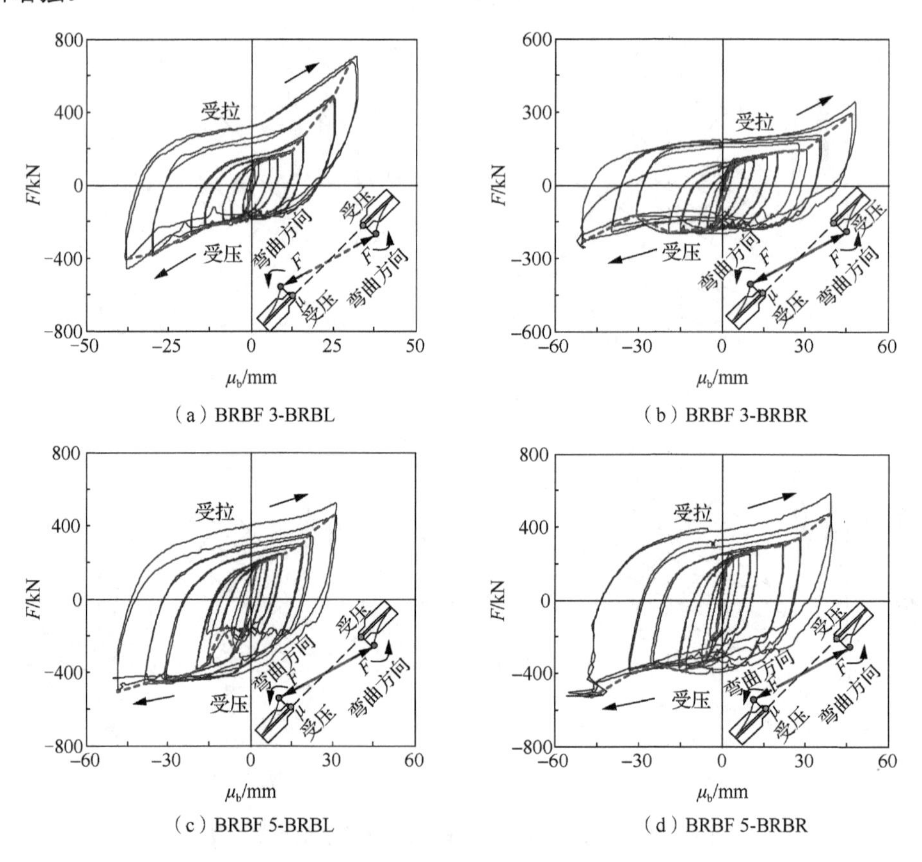

图 3-37　支撑端部弯曲变形-轴向荷载曲线

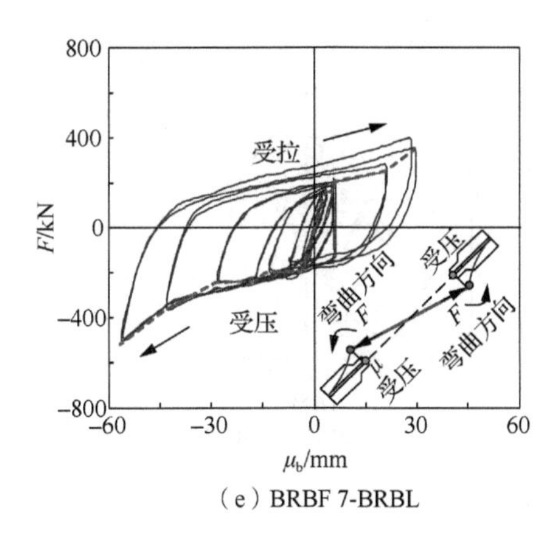

（e）BRBF 7-BRBL

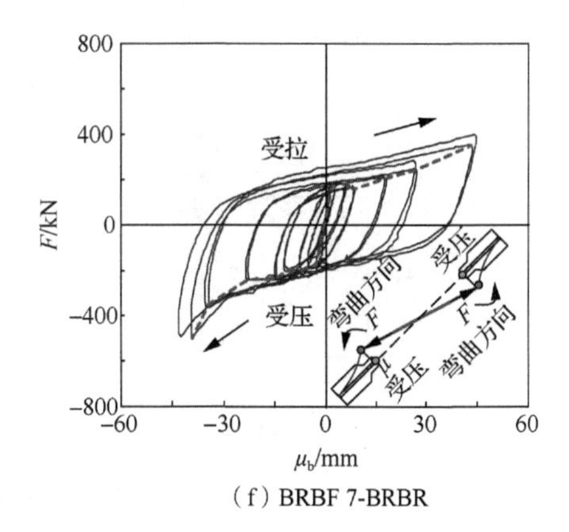

（f）BRBF 7-BRBR

图 3-37（续）

图 3-38 为框架 BRBF 3、BRBF 5 及 BRBF 7 中各支撑轴力偏转角-层间位移角曲线。轴力偏转角计算过程为，布置在支撑外围约束构件两端的位移计所测得的数据做差并除以约束构件长度。同样，规定逆时针转动方向为正，顺时针转动方向为负，如图 3-39 所示。从图 3-38 中可以看出，各支撑的轴力偏转角与层间位移角近似呈线性变化关系，由于支撑的轴向作用力始终沿屈服耗能段的长度方向，轴力偏转角是支撑端部产生附加弯矩的根本原因。框架 BRBF 3 中左、右支撑的轴力偏转角最大值分别约为 0.51%及 0.58%，框架 BRBF 5 中左、右支撑的轴力偏转角最大值分别约为 0.55%及 0.46%，框架 BRBF 7 中左、右支撑的轴力偏转角最大值分别约为 0.62%及 0.76%，其中框架 BRBF 7 中支撑的轴力偏转角最大。这表明支撑的轴力偏转角不仅与框架的侧向变形有关，还可能与支撑的轴向荷载相关。

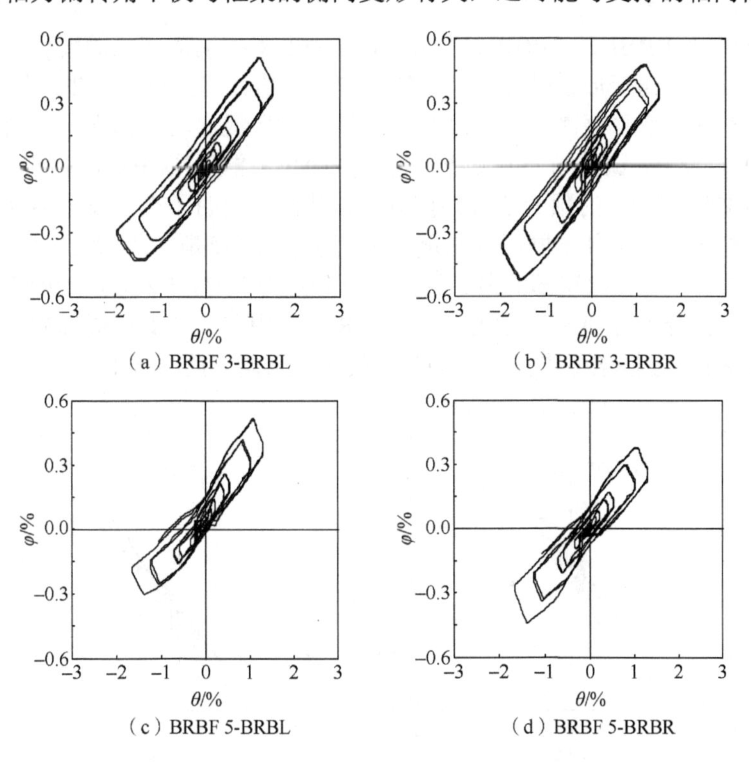

图 3-38　支撑轴力偏转角-层间位移角曲线

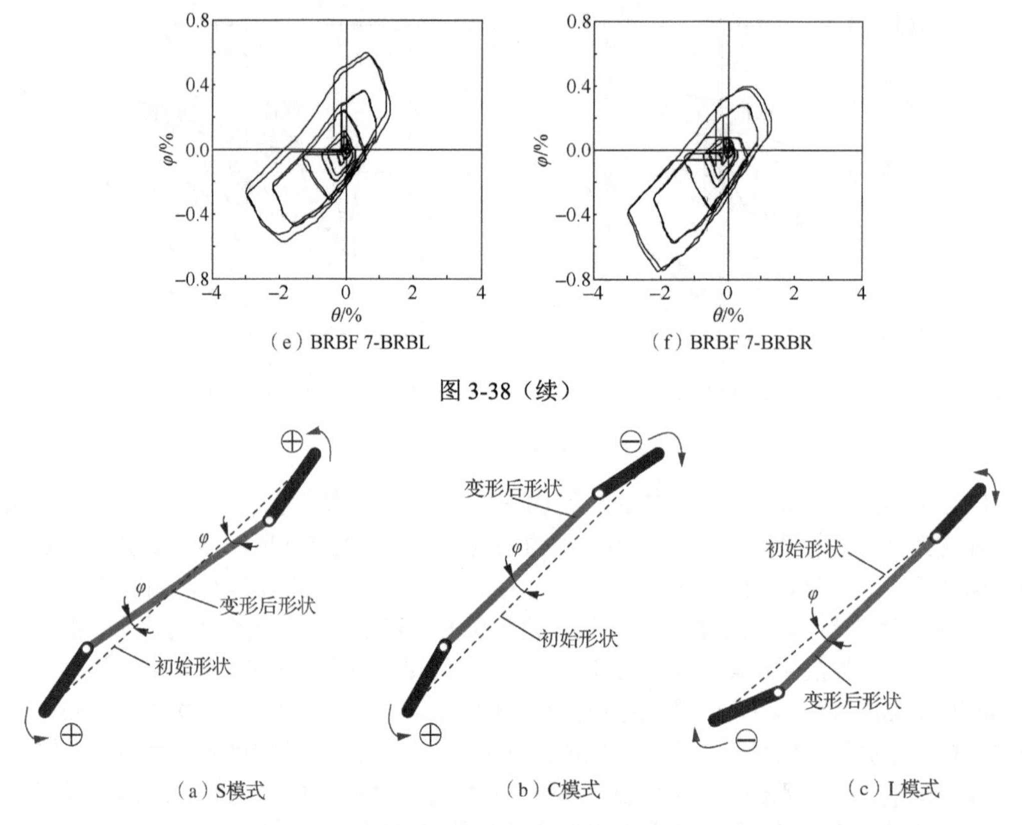

（e）BRBF 7-BRBL　　（f）BRBF 7-BRBR

图 3-38（续）

（a）S模式　　（b）C模式　　（c）L模式

图 3-39　各转动变形模式下支撑轴力偏转角计算

图 3-40 为框架 BRBF 3、BRBF 5 及 BRBF 7 中各支撑端部产生的转动变形与框架层间位移角间的关系。转角变形通过支撑端部的弯曲变形值计算得出，图中虚线为文献[173]所提出的支撑端部转角变形预测值，点画线为文献[174]所提出的支撑端部转角变形预测值。从图 3-40 中可以看出，试验测得的支撑端部转角变形与框架层间位移角间近似呈线性变化关系，并且与文献[173]中的预测值较为接近。这从侧面说明了支撑发生转动变形后，不再为理想的轴向拉压受力构件，同时也从侧面证明了支撑端部附加弯矩的存在与产生机制。框架 BRBF 3 中左、右支撑端部的最大转角变形分别为 2.7%与 2.8%，BRBF 5 中左、右支撑端部的最大转角变形分别为 2.6%与 2.5%，BRBF 7 中左、右支撑端部的最大转角变形分别为 3.1%与 3.8%，各框架中支撑端部的最大转角变形均未超过 5%。

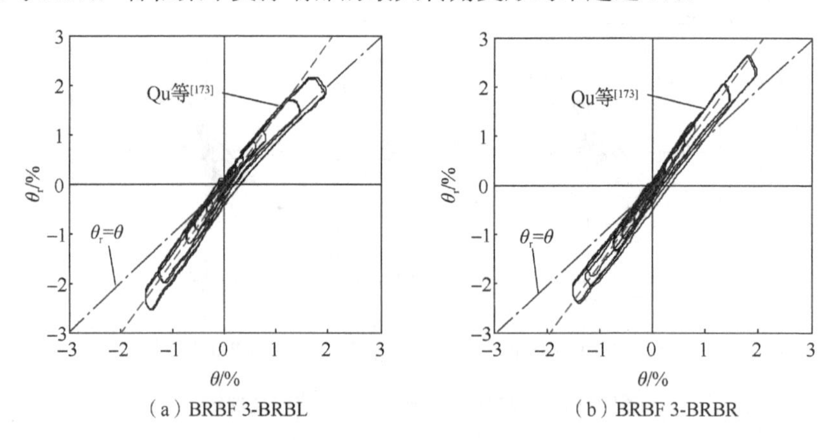

（a）BRBF 3-BRBL　　（b）BRBF 3-BRBR

图 3-40　支撑端部转动变形-层间位移角曲线

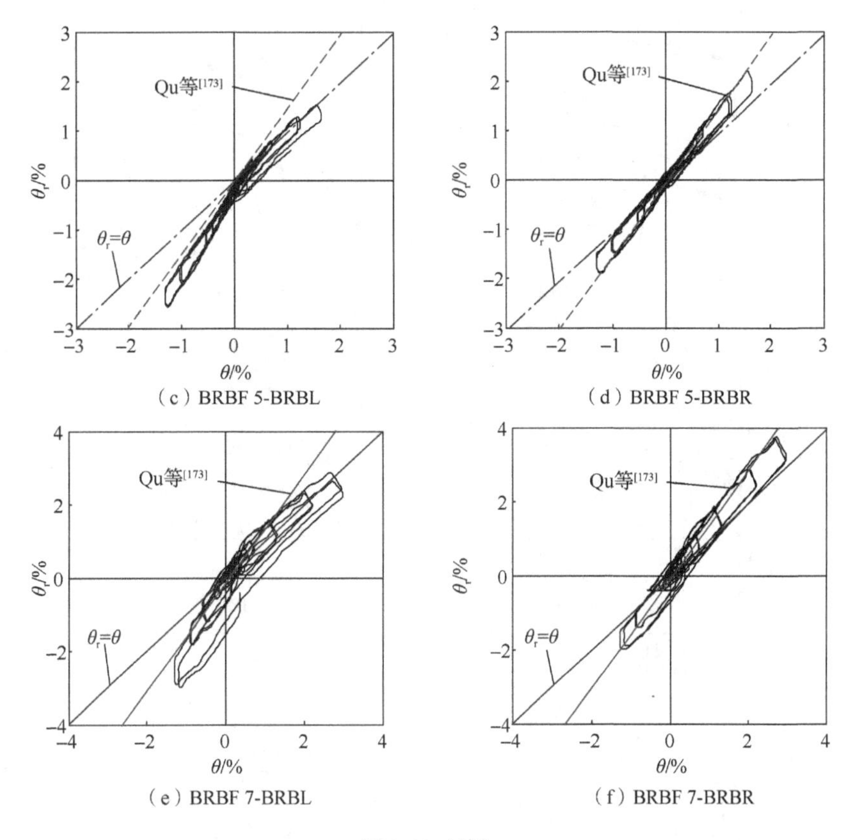

图 3-40（续）

图 3-41 给出了框架 BRBF 3、BRBF 5 及 BRBF 7 中支撑端部平面内附加弯矩随框架层间位移角的变化曲线。图 3-41 中附加弯矩试验值由粘贴在支撑外伸连接段根部正、背面的应变片所测得的弯曲应变值计算得出，附加弯矩计算值通过支撑轴力及支撑端部转角变形计算得出。从图 3-41 中可以得知，在加载阶段各支撑端部附加弯矩试验值与计算值变化趋势几乎保持一致，但在卸载过程中，试验值与计算值开始出现差异，尤其在荷载逐渐减小到接近零的过程中这种偏差表现得更加明显，这可能与支撑外伸连接段在框架大变形情况下与外围约束构件在端部发生接触有关。总体上看，各附加弯矩值随框架层间位移角的增大而增大，并且其增加速率与框架侧向变形的大小呈正相关性，在曲线上表现为一个两边斜率变化的突出尖角。框架 BRBF 3 及 BRBF 5 中左、右支撑端部附加弯矩的最大值均约为屈服弯矩值的 60%，而框架 BRBF 7 中左、右支撑端部附加弯矩的最大值分别约为屈服弯矩值的 90%及 120%。试验结果表明了支撑端部附加弯矩的存在及产生机制，支撑端部产生的转角变形致使支撑轴力相对于支撑节点发生偏转，是附加弯矩产生的主要原因，也是附加弯矩的主要组成部分。以上分析表明，地震作用下框架发生大变形时，支撑不再是理想的轴向拉压受力构件，其产生的转动变形将使支撑的受力性能产生较大变化，因此本书建议在以后防屈曲支撑结构的设计中，应考虑这种不利因素对防屈曲支撑滞回性能的影响。

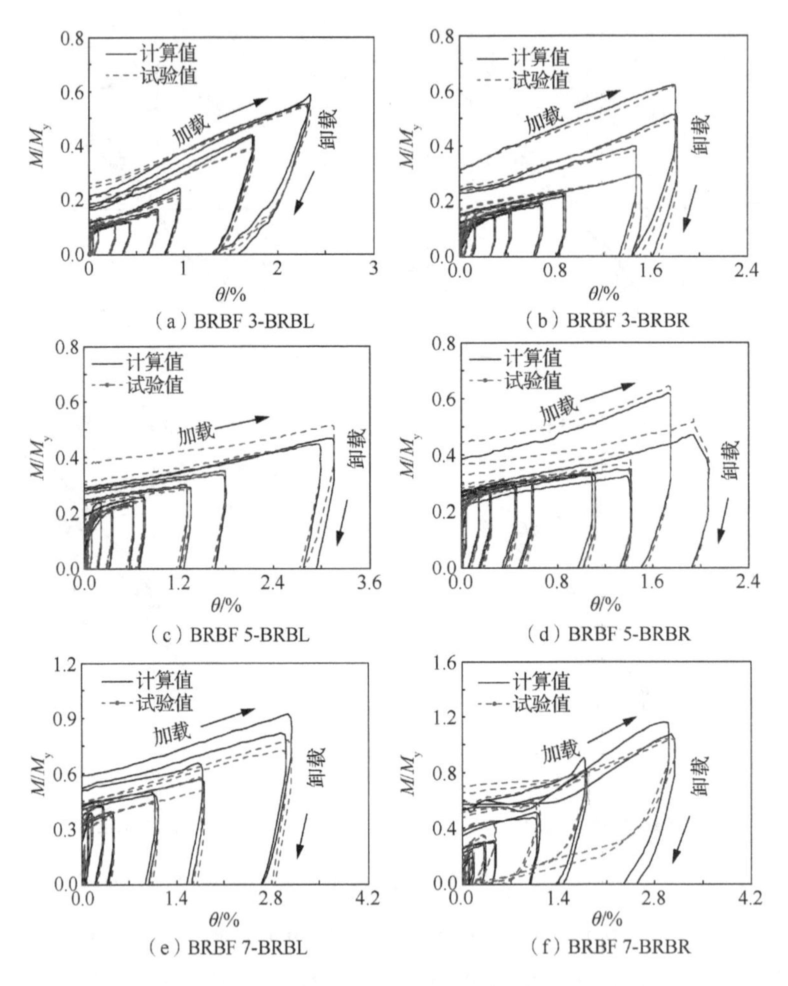

（a）BRBF 3-BRBL　（b）BRBF 3-BRBR

（c）BRBF 5-BRBL　（d）BRBF 5-BRBR

（e）BRBF 7-BRBL　（f）BRBF 7-BRBR

图 3-41　支撑端部附加弯矩-层间位移角曲线

3.4.8　有限元分析

采用有限元软件 SeismoStruct 对各榀试验框架进行静力数值模拟分析，并将有限元分析结果与试验结果进行对比。该软件内置丰富的材料库，主要包括多种非线性钢筋模型、多种非线性混凝土模型、FRP 约束混凝土模型等，如表 3-8 所示。

表 3-8　SeismoStruct 软件内置的材料模型

材料类型	材料模型描述
Bilinear steel model-stl_bl	随动双线性弹塑性硬化模型
Menegotto-Pinto steel model-stl_mp	遵从 FiliPpou 各向同性硬化的 Menegotto-Pinto 钢材模型
Menegotto-Pinto steel model with Monti-Nuti post-elastic buckling-stl_mn	遵从 Monti-Nuti 弹性后屈曲的 Menegotto-Pinto 钢材模型
Trilinear concrete model-con_tl	三线性混凝土模型
Nonlinear constant confinement concrete model-con_cc	非线性常约束混凝土模型
Nonlinear constant confinement concrete model with tension softening-con_cc2	带张力松弛非线性常约束混凝土模型
Nonlinear variable confinement concrete model-con_vc	非线性变约束混凝土模型

续表

材料类型	材料模型描述
Nonlinear constant confinement model for high-strength concrete-con_hs	非线性常约束高强混凝土模型
Nonlinear FRP-confined concrete model-con_frp	非线性 FRP 包裹混凝土模型
Superelastic shape-memory alloys model-se_sma	形状记忆合金材料模型
Trilinear FRP model-frp_tl	三线性 FRP 模型
Elastic material model-el_mat	弹性材料模型

有限元分析模型中，混凝土采用 Mander 和 Priestley[175]约束混凝土本构模型，该模型基于大量的试验结果提出约束系数的概念。约束系数能够充分考虑横向钢筋对构件截面核心区混凝土的约束作用，取值越大，说明横向钢筋对混凝土抗压强度及延性提高越多，并且能够考虑到钢筋混凝土保护层的压溃现象。加卸载曲线采用 Nagaprasad 等[176]提出的一种能够考虑混凝土在循环荷载作用下刚度与强度产生循环退化现象的模型。Mander 和 Priestley 约束混凝土应力-应变本构关系如图 3-42 所示。

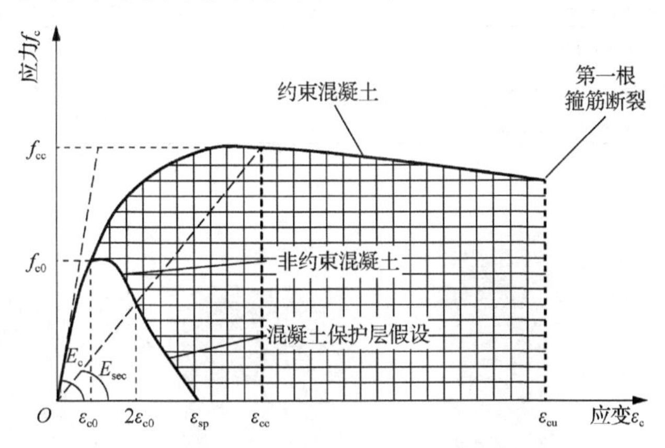

图 3-42　Mander 和 Priestley 约束混凝土本构关系

横向钢筋及纵向钢筋采用 Nagaprasad 等本构模型[177]。该材料本构模型为简化本构关系，其骨架曲线为双折线，可充分考虑循环荷载作用下材料的包辛格效应和同向应变强化效应。Nagaprasad 等本构模型如图 3-43 所示。

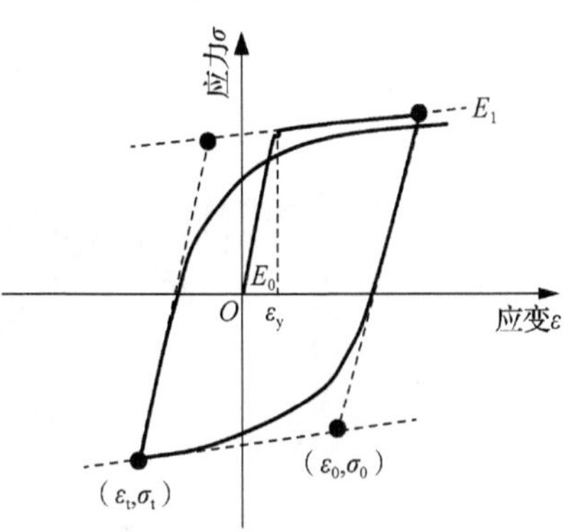

图 3-43　Nagaprasad 等钢材本构模型

同样，SeismoStruct 软件也具有十分强大的分析单元库，主要包括非线性桁架单元、非线性纤维梁柱单元、非线性连接单元、非线性填充板单元等 9 类单元，如表 3-9 所示。其中，框架梁柱均采用基于位移的非线性纤维单元（Inelastic frame elements-infrmDB）模拟。纤维模型可以根据确定的材料本构关系通过积分计算出截面的作用力和变形关系，积分点的位置及数量依赖于构件截面纤维数量的划分，每一个纤维截面对应一个积分点，构件截面纤维数量越多，则积分计算结果越精确，框架梁柱构件截面的纤维划分如图 3-44 所示。值得说明的是，基于位移的非线性纤维梁柱单元在长度方向的刚度分布并非保持恒定，而是沿构件长度可发生相应的变化，并通过每一单元两端节点位移计算单元杆端位移，再通过位移形函数插值计算截面变形，最终根据确定的材料本构关系计算截面的恢复力与刚度矩阵，从而通过沿构件长度方向的积分计算出整个单元的恢复力与刚度矩阵。然而，当单元进入高度非线性工作状态后，采用位移形函数进行插值计算的方式将变得十分粗糙，其计算结果的可信度较低，因而需将梁柱构件划分为多个基于位移的子纤维梁柱单元，以提高分析模型的计算精度。在分析模型中将框架梁柱均划分为 6 个子单元，图 3-45 为建立的有限元分析模型，图中灰色圆点表示框架梁柱单元的划分。

表 3-9　SeismoStruct 内置单元类型

单元类型	单元描述
Inelastic frame elements-infrmDB, infrmFB	基于位移，基于力三维非线性框架单元
Inelastic plastic hinge frame elements-infrmDBPH, infrmFBPH	基于位移，基于力三维非线性塑性铰框架单元
Elastic frame element-elfrm	三维弹性单元
Inelastic infill panel element-infill	非线性填充板单元
Inelastic truss element-truss	非线性桁架单元
Dashpot damping-dashpt	单节点阻尼单元代表黏性阻尼器
Lumped mass-lmass	集中质量单元
Distributed mass-dmass	分布质量单元
Link elements-link & relnk	三维节点单元

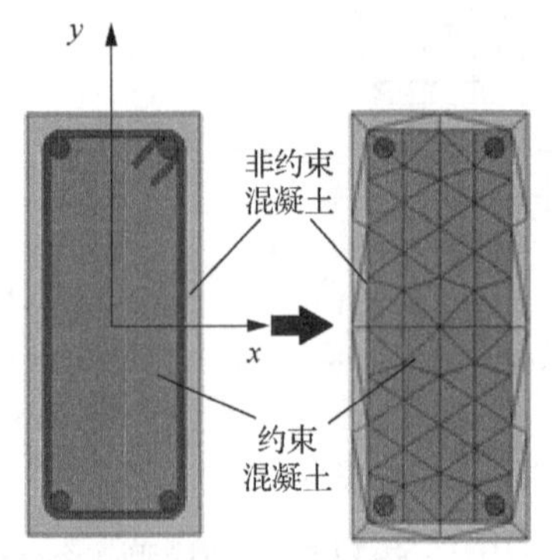

（a）梁截面纤维划分

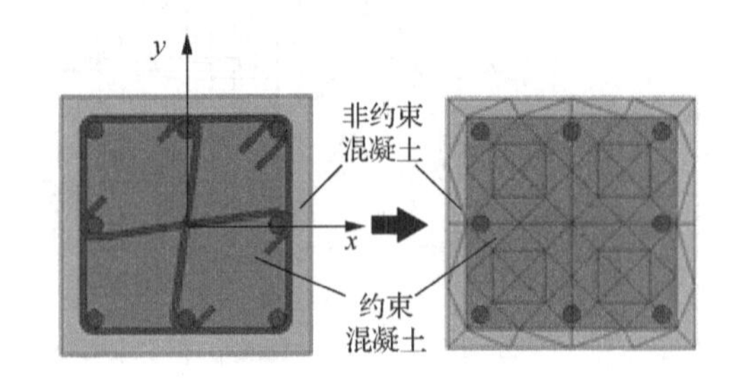

（b）柱截面纤维划分

图 3-44　框架梁柱构件截面纤维划分

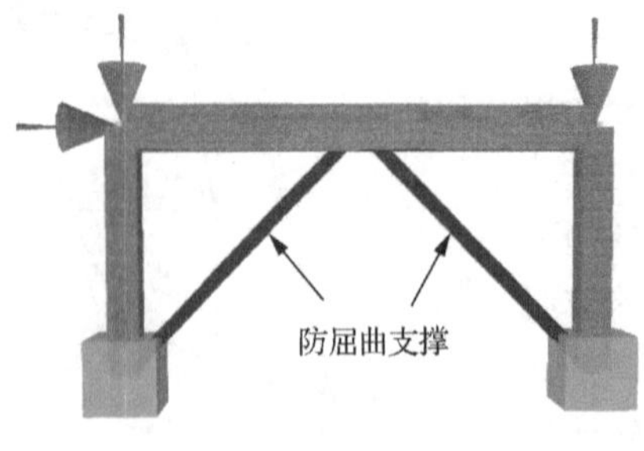

（a）BRBF 框架有限元模型

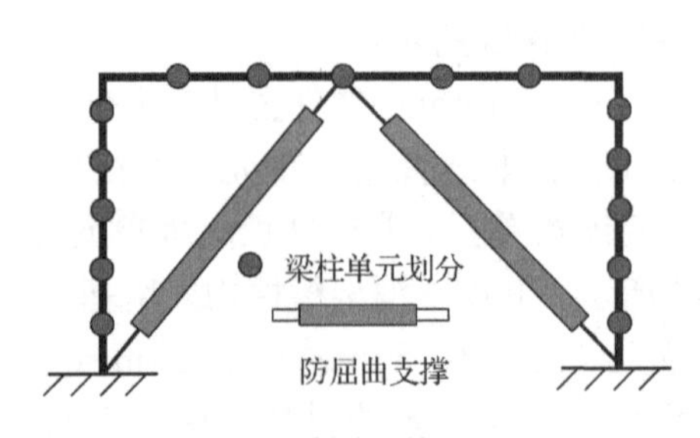

（b）框架梁柱子单元划分

图 3-45　防屈曲支撑框架分析模型

图 3-46 为框架 BRBF 3、BRBF 5、BRBF 7 及纯框架（conceptual framework，CF）的荷载-位移滞回曲线试验结果与有限元分析结果的对比。从对比结果可知，各框架试验所得荷载-位移滞回曲线与有限元分析结果吻合程度较高，说明建立的有限元分析模型能较为准

确地预测和反映各试验框架的各项性能指标，并且有限元分析得到的滞回曲线同样光滑饱满，这也表明各榀试验框架具有良好的滞回耗能能力，各试验框架的屈服承载力、极限承载力、弹性刚度、割线刚度等各项指标与有限元分析结果基本吻合，并且各框架的加卸载规律与有限元分析结果基本一致。但需要说明的是，由于在有限元分析模型中，防屈曲支撑采用非线性桁架单元（inelastic truss element）模拟，该单元无法考虑支撑的整体稳定性与局部稳定性，尤其是外围约束构件所出现的局部屈曲现象，因此，有限元得到的滞回曲线十分平滑，无局部锯齿形抖动现象出现，这也是框架 BRBF 3 在最后一级的负方向加载过程中，两曲线不重合的主要原因。图 3-46（d）为纯框架在各级别荷载作用下的滞回曲线，可以直观地发现其捏拢效应比较明显，并且随着荷载的增加，其强度与刚度退化现象也较为严重，相比于防屈曲支撑框架的滞回耗能能力，纯框架在地震作用下的耗能能力显得十分有限。

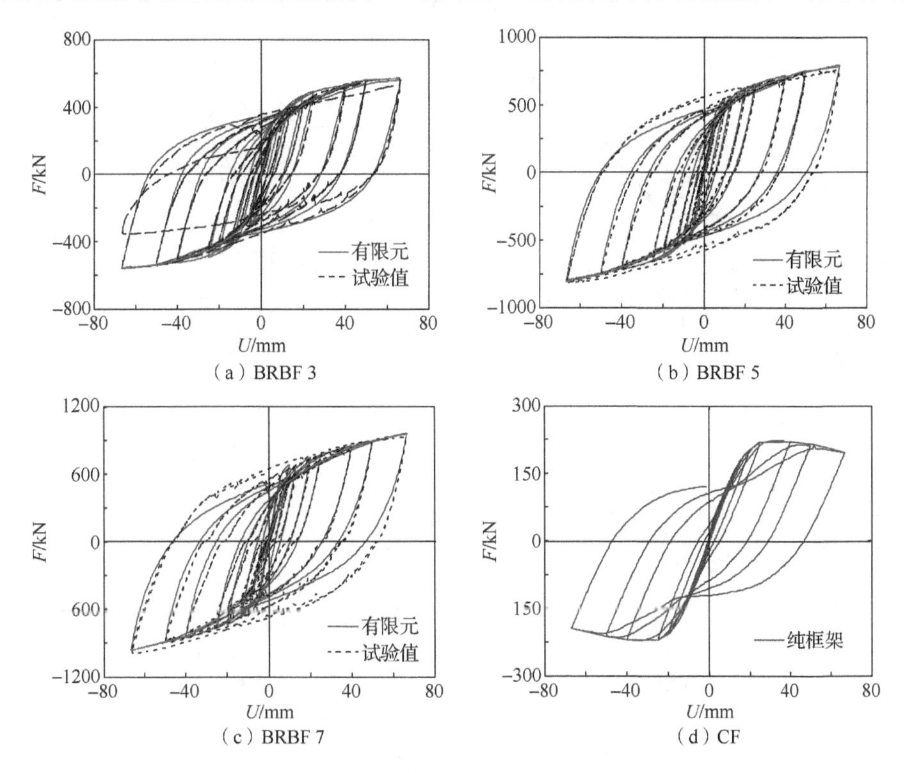

图 3-46　荷载-位移滞回曲线试验结果与有限元分析结果对比

表 3-10 为框架 BRBF 3、BRBF 5、BRBF 7 试验得到的极限承载力和初始割线刚度与数值模拟结果的对比。从表 3-10 中可以看出，各防屈曲支撑框架的极限承载力试验结果与数值模拟结果差值范围均控制在 1%～5%以内，初始割线刚度试验结果与数值模拟结果差值范围均控制在 2%～4%以内，试验结果与数值模拟结果吻合程度较高。

表 3-10　框架极限承载力和初始割线刚度试验结果与数值模拟结果对比

指标		BRBF 3			BRBF 5			BRBF 7		
		有限元	试验值	比值	有限元	试验值	比值	有限元	试验值	比值
极限承载力 F/kN	正向	557	549	1.01	792	756	1.05	963	953	1.01
	负向	560	569	0.98	793	815	0.97	965	992	0.97
初始割线刚度 K_s/(kN·mm)	正向	73	75	0.97	126	129	0.98	169	172	0.98
	负向	76	79	0.96	128	134	0.96	173	177	0.98

图 3-47 为框架 BRBF 3、BRBF 5、BRBF 7 及纯框架梁端和柱端弯矩-转角滞回曲线。从图 3-47 中可以看出，各防屈曲支撑框架梁端转动滞回耗能能力均较弱，各滞回曲线对称性较差，尤其在正方向荷载作用下，几乎无耗能能力，在负方向荷载作用下时，其耗能能力有所提升。总体上其耗能能力要优于纯框架梁端转动滞回耗能能力，这主要是由于防屈曲支撑的存在间接提高了构件的延性及承载力。滞回曲线的不对称性主要与防屈曲支撑在框架中的布置形式为“人”字形有关。各框架柱端弯矩-转角滞回曲线较为饱满，说明具有一定的转动耗能能力，且各框架柱端滞回耗能能力相当，但各滞回曲线捏缩现象较为明显，表明其耗能能力有限。

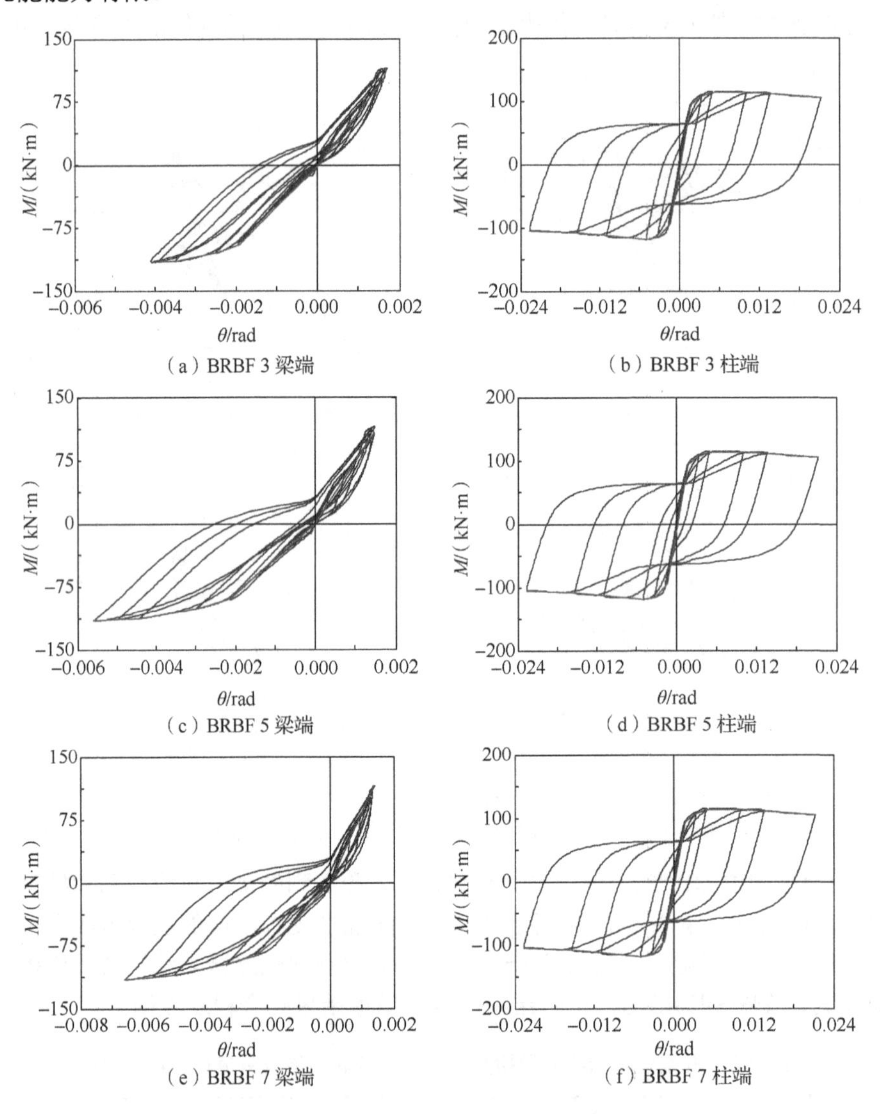

（a）BRBF 3 梁端　（b）BRBF 3 柱端

（c）BRBF 5 梁端　（d）BRBF 5 柱端

（e）BRBF 7 梁端　（f）BRBF 7 柱端

图 3-47　各框架梁柱端弯矩-转角滞回曲线

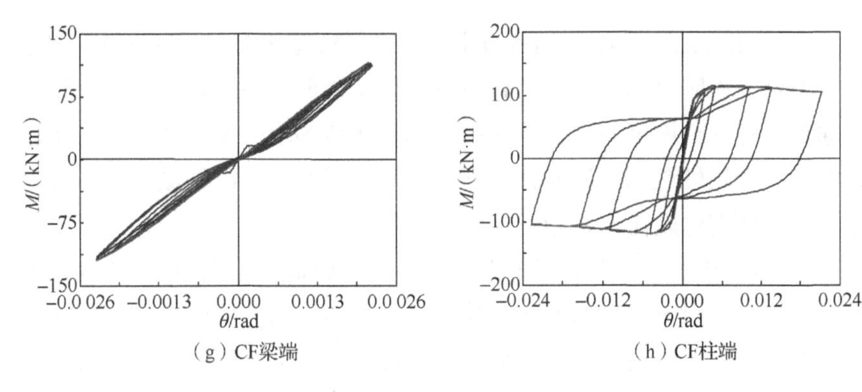

（g）CF梁端　（h）CF柱端

图 3-47（续）

本 章 小 结

本章对带端部改进型全钢防屈曲支撑平面混凝土框架进行了静力试验研究，共设计三榀刚度比（防屈曲支撑抗侧刚度与混凝土框架抗侧刚度之比）分别为 3、5、7 的防屈曲支撑框架进行试验，分析不同设计参数下防屈曲支撑与框架结构间的相互作用关系；同时考察端部改进后防屈曲支撑在整体框架结构中的性能表现；并分析了各 BRBF 的破坏形态及特点，包括塑性铰的变化等；综合评价了各 BRBF 的抗震性能指标，对各框架中支撑的抗震性能进行了分析，在试验过程中发现防屈曲支撑的转动变形特点。采用软件 SeismoStruct 建立有限元分析模型，将有限元模拟结果与试验结果进行了比较，通过试验和有限元分析主要得到以下结论：

1）节点板的存在将影响框架梁、柱节点的力学特性及变形能力，尤其是使梁柱夹角减小的变形，通常塑性铰产生在框架构件的端部，但通过试验发现，节点板的存在将使塑性铰出现的位置发生变化，其位置由构件端部转移至节点板趾部附近区域。

2）各试验框架中防屈曲支撑在产生轴向拉压变形的同时也产生十分明显的转动变形，这种转动变形在框架发生较大侧移的情况下表现得更为显著。在试验过程中，支撑共出现“S-S”“S-L”“S-C”3 种不同的转动模式。

3）各支撑框架在同一级荷载下的各圈滞回曲线基本重合，并且十分圆润饱满，各圈滞回环均未出现捏拢、滑移、反 S 及非对称干瘪等现象，加载、卸载规律良好。随着荷载的增加，耗能能力始终保持在稳定状态，并且没有出现同级荷载下的强度和刚度退化现象，具有较高的抗震承载力与抗侧刚度，整个试验过程中均表现出良好的抗震性能。

4）各框架中支撑轴力-位移滞回曲线均较为饱满，整体上呈现为梭形，但也观察到部分滞回曲线具有不对称的特点，这很可能受到支撑端部转动变形的影响。总体上看，防屈曲支撑与框架协同工作的过程中具有良好的滞回耗能能力，未出现明显的强度及刚度退化现象。各防屈曲支撑外伸连接段在与主体框架结构相互作用的过程中始终保持稳定的工作状态，未出现平面内及平面外失稳的情况，这说明本书中针对全钢防屈曲支撑所提出的改进措施能有效提高其外伸连接段的稳定性，并能保证支撑在压弯组合作用下的工作性能。

5）防屈曲支撑附加给主体结构的有效阻尼比变化规律如下：①当防屈曲支撑减震结构主体框架处于弹性工作阶段时，相同结构变形下，防屈曲支撑附加给主体框架结构的有效阻尼比随防屈曲支撑弹性刚度与主体结构弹性刚度比值的增大而增加；②当防屈曲支撑减震结构主体框架处于塑性工作阶段时，防屈曲支撑附加给主体框架结构的有效阻尼比随结构变形的增大呈递增变化规律，并趋于一恒定数值。

6）防屈曲支撑端部附加弯矩的产生机制如下：支撑随着框架侧向位移的增大产生转动变形，致使支撑轴力相对于支撑节点产生偏转角，从而引起支撑端部产生附加弯矩。分析结果表明，支撑的轴力偏转角及支撑端部转角变形与框架层间位移角间近似呈线性关系。

第 4 章　防屈曲支撑与框架结构相互作用机理理论研究

4.1　引　　言

从第 3 章中关于防屈曲支撑框架结构的拟静力试验结果可以得知，虽然防屈曲支撑随着变形的增大，其耗散的输入能量也随着增大，但框架结构的应变能也随着变化。从能量的角度来看，防屈曲支撑屈服后的等效轴向刚度较小，为结构提供的抗侧刚度也十分有限，其减震原理主要是耗散输入结构的能量，从而为结构提供附加阻尼，使整体结构的耗能能力提升。试验结果表明，随着结构变形的增大，防屈曲支撑与主体框架结构间的相互作用关系并非一成不变，即防屈曲支撑在进入弹塑性工作阶段以后，附加给结构的有效阻尼比随结构的变形并非保持恒定不变，也并非直观上随着结构变形的增大而增大，而是随着结构变形的增大先增大、后减小，在结构某一变形下取得极大值。作者认为，由于不同类型的防屈曲支撑在较大变形下均能够实现拉压屈服耗能，从这个角度看，可认为其是一种位移型阻尼器。防屈曲支撑的耗能机制与结构的减震机理间的相互关系受到哪些因素的影响，在确定影响因素并掌握防屈曲支撑与框架结构间相互作用的规律后，是否能够更加合理和有效地进行防屈曲支撑结构的设计，以提高防屈曲支撑减震结构的抗震安全性，这些问题有必要进行深入系统的研究。必须强调的是，目前我国大部分工程是按照多遇地震作用影响进行设计的，多遇地震阶段为结构增加一定的阻尼可能是投资方和业主等更愿意接受的结果。因此，在多遇地震作用下防屈曲支撑的耗能机理成为结构抗震安全性设计的关键因素，但不幸的是，多遇地震作用下即屈服意味着罕遇地震作用下防屈曲支撑核心段将产生很大的塑性应变，前些年国内低屈服点钢材的性能及供货量都难以满足要求，但随着我国低屈服点钢材生产工艺的进步，这一问题看起来可以得到解决，但仍应当从理论上分析多遇地震作用下，进入屈服耗能状态的防屈曲支撑在罕遇地震作用下的延性需求及变形截止条件，以保证该类型防屈曲支撑在罕遇地震作用下正常发挥性能。

4.2　主体结构弹性时防屈曲支撑与主体结构相互作用关系

4.2.1　防屈曲支撑结构减震原理

我国自 2001 年首次将消能减震设计纳入《建筑抗震设计规范》（GB 50011—2001）以来，该项技术在国内取得长足发展[178]。2013 年颁布实施的《建筑消能减震技术规程》（JGJ 297—2013）完善了消能减震结构的设计标准及应用规范，这将进一步促进该项技术在我国工程中的推广与应用。该规程对消能减震结构的分析设计方法及在各水准地震作用下的性能指标均做出了具体规定，其中较为简单、高效，同时应用得较为普遍的设计方法为等效线性化方法，即当消能减震结构主体结构处于弹性工作状态，且消能器处于非线性工作状态时，可采用附加有效阻尼比的振型分解反应谱法计算，地震影响系数按消能减震结构的总阻尼比确定。同时该规程还给出了基于美国建筑物抗震设计暂行规定[179]的附加有效阻尼比估算式，其中合理确定消能器的附加阻尼比成为消能减震结构抗震设计的关键，但值得说明的是，该方法是基于弹性理论的设计方法。防屈曲支撑根据不同的工程应用模式可在多遇地震、设防地震及罕遇地震中的任何一阶段进入屈服耗能状态，这种非线性性能致使防屈曲支撑减震结构的动力方程同样表现出较强的非线性特点，因此须将防屈曲支撑的非线性行为进行等效线性化处理后方能使用该方法进行结构的抗震设计，从而准确建立防屈曲支撑结构等效线性分析模型，具体等效线性化过程为防屈曲支撑等效刚度及附加给结构有效阻尼比的迭代计算。

在消能减震结构的附加有效阻尼比研究方面，王维凝等[86]对不同水准地震作用下铅消能器附加给结构的有效阻尼比及其设计取值进行了研究；巫振弘等[180]提出了基于单自由度体系的消能减震结构附加有效阻尼比计算方法，并与应变能[181]计算方法进行了比较；贺军利和汪大绥[182]推导了黏滞流体阻尼器附加给结构的有效阻尼比计算公式，并讨论了其适用性；高淑华等[183]研究了粘弹性结构动力学分析的等效黏性阻尼算法；陆伟东等[184]对比分析了中国、日本、美国三国关于消能减震结构附加有效阻尼比计算方法，并在此基础上给出了修正的附加有效阻尼比计算式。第 1 章中提到，消能装置根据其不同的耗能原理可分为速度相关型消能器和位移相关型消能器，防屈曲支撑属于位移型消能器范畴，由于其构造简单、耗能能力稳定，在国内外新建及加固工程中得到广泛应用[185-186]。其通过给结构附加抗侧刚度和阻尼比来减弱结构地震反应，消能减震原理如图 4-1 所示。

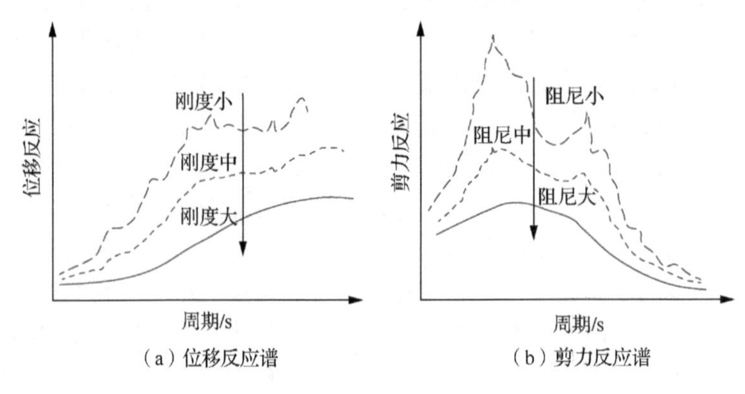

（a）位移反应谱　　（b）剪力反应谱

图 4-1　消能减震原理

4.2.2　主体结构弹性时防屈曲支撑附加给结构的阻尼比

根据已有研究成果[86]，以及本书第 3 章试验研究中初步发现的防屈曲支撑与主体框架结构间的相互作用关系及规律，本节将对地震作用下主体结构处于弹性及弹塑性工作阶段时，BRB 附加给结构的有效阻尼比变化规律及其合理取值方法进行讨论。不失一般性，为说明防屈曲支撑与主体框架结构相互作用的一般规律，即防屈曲支撑附加给结构的有效阻尼比的变化规律，以防屈曲支撑减震结构单自由度体系进行推导和说明，如图 4-2 所示，并在分析相互作用规律的基础上对防屈曲支撑减震结构的设计进行探讨。

《建筑抗震设计规范（2016 年版）》（GB 50011—2010）及《建筑消能减震技术规程》（JGJ 297—2013）提出，防屈曲支撑在分析模型中的恢复力模型可采用双线性恢复力模型进行模拟，如图 4-3 所示。其中，K 为防屈曲支撑的弹性刚度；K_{eff} 为防屈曲支撑的等效刚度；α 为第二刚度系数，即防屈曲支撑屈服后刚度与弹性刚度的比值；F_{by} 为防屈曲支撑的屈服承载力；F_{bmax} 为防屈曲支撑的极限承载力；μ_{by} 为防屈曲支撑的屈服位移；μ_{bmax} 为防屈曲支撑的极限位移。

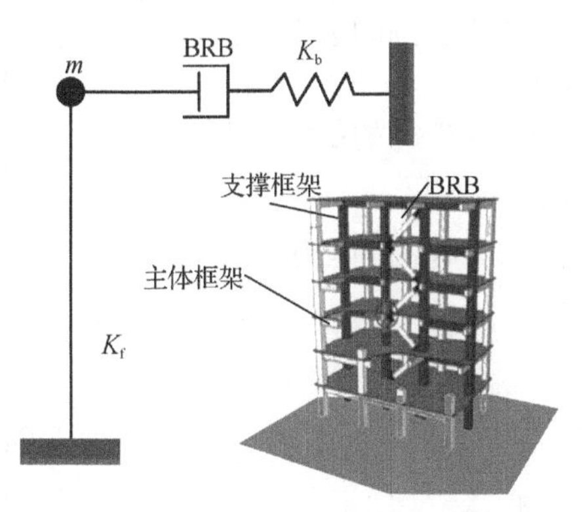

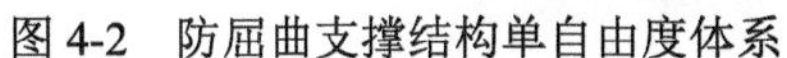

图 4-2　防屈曲支撑结构单自由度体系

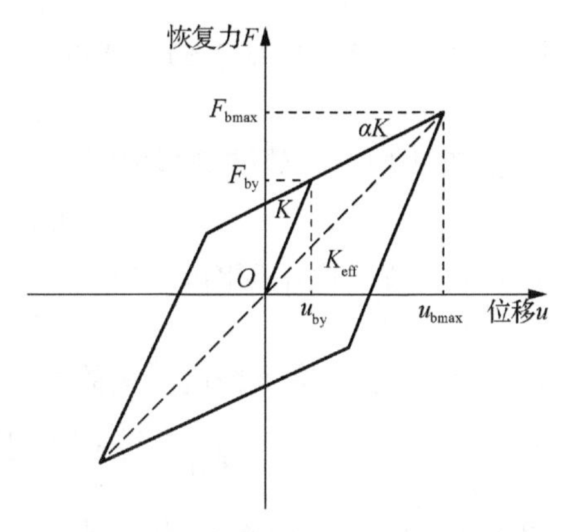

图 4-3　防屈曲支撑双线性恢复力模型

《建筑消能减震技术规程》（JGJ 297—2013）提出，防屈曲支撑附加给主体框架结构的有效阻尼比可按下式进行计算：

$$\zeta_d = \sum_{j=1}^{n} W_{cj} / 4\pi W_s \tag{4-1}$$

式中，ζ_d 为防屈曲支撑附加给结构的有效阻尼比；W_{cj} 为第 j 个防屈曲支撑在结构预期位移层间位移下往复循环一周所耗散的地震能量；W_s 为防屈曲支撑减震结构在水平地震作用下的总应变能。

不考虑结构的扭转影响时，防屈曲支撑减震结构在地震作用下的总应变能，可按下式进行计算：

$$W_s = \sum F_i u_i / 2 \tag{4-2}$$

式中，F_i 为防屈曲支撑减震结构第 i 楼层的水平地震作用标准值；u_i 为第 i 楼层对应于水平地震作用标准值的位移。

如图 4-2 所示的防屈曲支撑减震结构单自由度体系，假定防屈曲支撑先于主体框架结构进入弹塑性工作阶段（我国规范及相关规定均要求防屈曲支撑先于结构构件进入屈服状态，起到结构保险丝的作用），记主体框架结构的弹性位移为 x，防屈曲支撑耗散的地震输入能量与结构总应变能计算求解如图 4-4 所示。图 4-4 中，OA 段表示防屈曲支撑屈服前与主体框架结构的并联刚度 $K_b + K_f$，AB 段表示防屈曲支撑屈服后与主体框架结构的并联刚度 $\alpha K_b + K_f$。其中，K_b 为防屈曲支撑的弹性刚度，K_f 为主体框架结构的弹性刚度，K_{ef} 为防屈曲支撑减震结构的等效刚度，D_b 为防屈曲支撑的屈服位移。

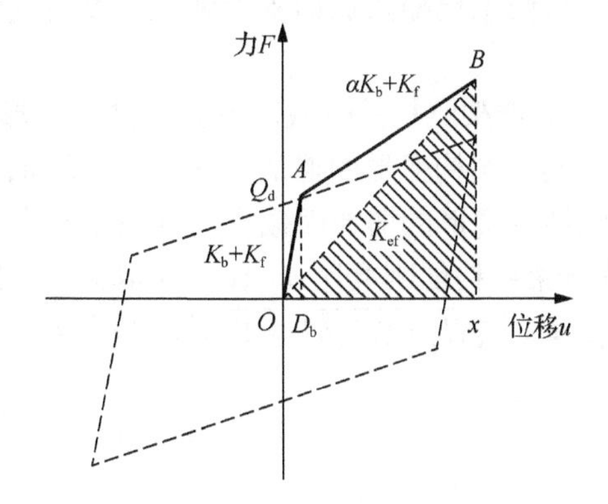

图 4-4　防屈曲支撑耗能与结构应变能

防屈曲支撑耗散的地震输入能量为图 4-4 中滞回曲线包围的总面积，即

$$W_c = 4Q_d(x - D_b) \tag{4-3}$$

式中，Q_d 为防屈曲支撑减震结构中防屈曲支撑位移为“0”时的荷载，即

$$Q_d = D_b(1-\alpha)K_b \tag{4-4}$$

防屈曲支撑减震结构的总应变能为图 4-4 中阴影部分包围的面积，即

$$W_s = K_{ef}x^2 / 2 \tag{4-5}$$

式中，K_{ef} 为防屈曲支撑减震结构的等效刚度，即

$$K_{ef} = \frac{(K_b + K_f)D_b + (\alpha K_b + K_f)(x - D_b)}{x} \tag{4-6}$$

将式（4-3）～式（4-6）代入式（4-1），可得

$$\zeta_d = \frac{2k_1(\mu-1)(1-\alpha)}{\pi\mu[(k_1+1)+(\alpha k_1+1)(\mu-1)]} \tag{4-7}$$

式中，k_1 为防屈曲支撑弹性刚度与主体框架结构弹性刚度之比；μ 为主体框架结构弹性位移与防屈曲支撑屈服位移之比。

$$k_1 = \frac{K_b}{K_f} \tag{4-8}$$

$$\mu = \frac{x}{D_b} \tag{4-9}$$

对式（4-7）求偏导数，并令 $\frac{\partial \zeta_d}{\partial \mu} = 0$，可得防屈曲支撑附加给主体框架结构的有效阻尼比取得极值时结构的弹性变形，即

$$\mu^* = 1 + \sqrt{\frac{k_1+1}{\alpha k_1+1}} \tag{4-10}$$

将式（4-7）中 k_1 取不同数值，即防屈曲支撑与主体框架结构的刚度比在不同的取值下，防屈曲支撑附加给主体框架结构的有效阻尼比随结构变形的变化曲线如图 4-5 所示。其中，对某一确定的防屈曲支撑，其第二刚度系数 α 为一常数值，结构变形用 $\mu(\mu = x / D_b)$ 来表征。

从图 4-5 中可以看出：

1）当防屈曲支撑减震结构主体框架处于弹性工作阶段时，相同结构变形下，防屈曲支撑附加给主体框架结构的有效阻尼比随防屈曲支撑弹性刚度与主体结构弹性刚度比值的增大而增加。

2）防屈曲支撑附加给主体框架结构的有效阻尼比随结构变形的变化规律是，在附加有效阻尼比取得极大值以前，其随结构变形的增加而增大，且增加较为迅速；在附加有效阻尼比取得极大值以后，其随结构变形的增加而减小，且减小较为平缓。

3）防屈曲支撑与主体框架结构的刚度比 k_1 在不同取值下，防屈曲支撑附加给结构的有效阻尼比在结构变形为 $\mu^* = 1 + \sqrt{(k_1+1)/(\alpha k_1+1)}$ 时取得最大值。

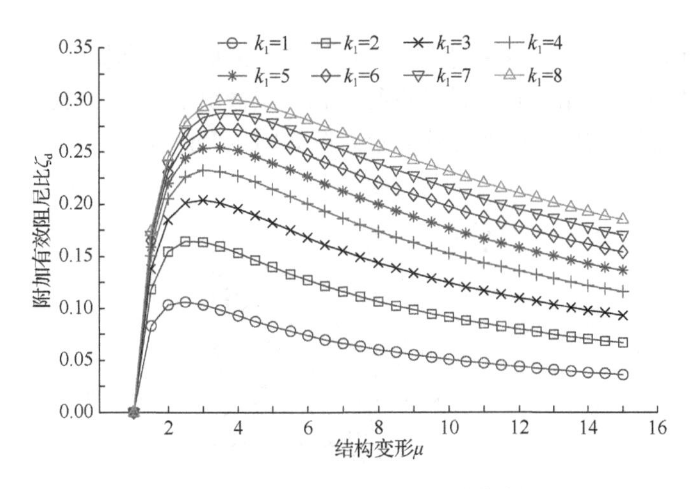

图 4-5　不同刚度比下附加有效阻尼比随结构变形的变化曲线

图 4-6 为式（4-7）中 k_1 分别取 1、3、5 时，防屈曲支撑屈服后刚度与弹性刚度比值 α 不同时，防屈曲支撑附加给主体框架结构的有效阻尼比随结构变形的变化曲线。同样，结构变形用 $\mu(\mu = x / D_b)$ 来表征。从图 4-6 中可以看出，防屈曲支撑附加给主体框架结构的有效阻尼比随 α 的增大而减小，当防屈曲支撑弹性刚度与主体框架结构弹性刚度之比增大时，附加有效阻尼比随 α 值的变化更为显著。即刚度比 k_1 取值较小时，防屈曲支撑的第二刚度系数 α 对结构附加有效阻尼比几乎无影响；随着刚度比 k_1 的增大，在相同结构变形条件下，防屈曲支撑的第二刚度系数 α 越大，其附加给主体框架结构的有效阻尼比越小，且附加有效阻尼比值的变化随第二刚度系数 α 的不同而较为明显。

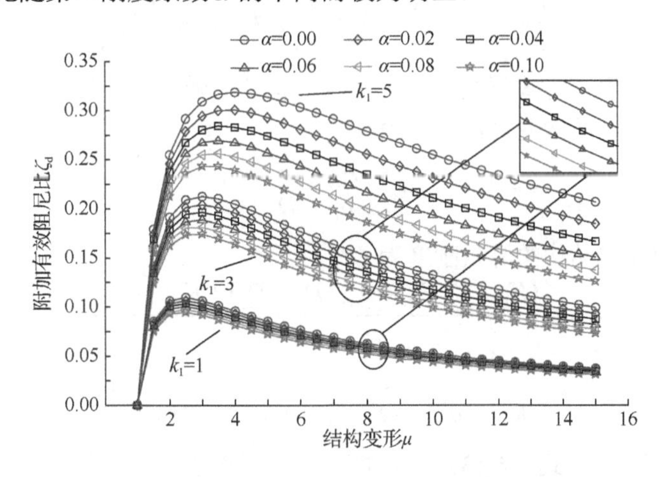

图 4-6　不同第二刚度系数下附加有效阻尼比随结构变形的变化曲线

4.3　主体结构弹塑性时防屈曲支撑与主体结构相互作用关系

4.3.1　主体结构弹塑性时防屈曲支撑附加给结构的阻尼比

结构在地震作用下的变形及相应形态随地震动强度的增加而不断增大，使得结构间经历由弹性工作状态逐渐进入弹塑性工作状态的过程。其中结构性能曲线将有一个明显的拐点，即结构弹性和塑性的分界点，分界点前结构处于弹性工作阶段，分界点后结构处于塑性工作阶段。主体框架结构屈服后可采用双线性模型来模拟其弹塑性行为，防屈曲支撑减震结构的恢复力模型可采用三折线模型进行模拟，该情况下防屈曲支撑耗散的地震输入能量及防屈曲支撑减震结构的总应变能计算示意图如图 4-7 所示。

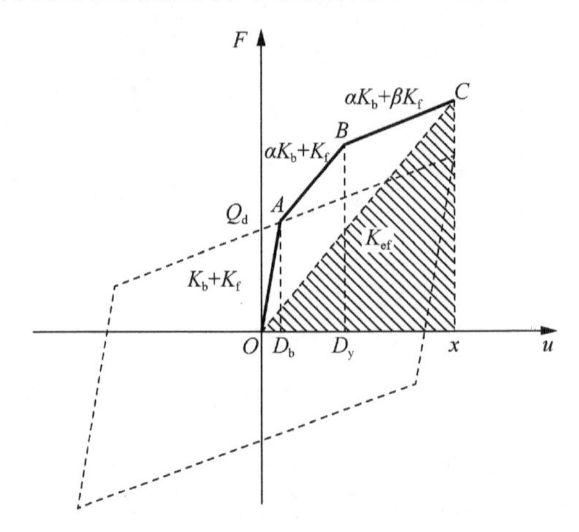

图 4-7　防屈曲支撑耗能与结构总应变能计算示意图

图 4-7 中，β 为主体结构屈服后刚度系数，即主体框架结构的弹性刚度与屈服后刚度之比；D_y 为结构的屈服位移；OA 段、AB 段与图 4-4 所示含义相同，BC 段为防屈曲支撑与主体框架结构均屈服后的并联刚度 $\alpha K_b+\beta K_f$；其余参数与图 4-4 中所示含义相同。为使推导过程简化，记如下参数：

$$\mu_1=\frac{D_y}{D_b},\ \mu_2=\frac{x}{D_b},\ k_1=\frac{K_b}{K_f},\ k_2=\frac{K_b}{\alpha K_b+\beta K_f} \tag{4-11}$$

此时结构变形的表征方式不同于主体框架结构处于弹性工作阶段，当主体框架结构处于弹塑性工作阶段时，结构变形用下式表征：

$$\mu_\lambda=\frac{\mu_2}{\mu_1}=\frac{x}{D_y} \tag{4-12}$$

此时，防屈曲支撑减震结构的等效刚度为 OC 段：

$$K_{ef}=\frac{(K_b+K_f)D_b+K_{by}(D_y-D_b)+K_y(x-D_y)}{x} \tag{4-13}$$

式中，

$$K_{by}=\alpha K_b+K_f,\ K_y=\alpha K_b+\beta K_f \tag{4-14}$$

将式（4-3）～式（4-5）、式（4-13）代入式（4-1），可得

$$\zeta_d=\frac{2k_1k_2(1-\alpha)(\mu_2-1)}{\pi\mu_2[k_1k_2(1-\alpha)+(\alpha k_1k_2+k_2-k_1)\mu_1+k_1\mu_2]} \tag{4-15}$$

将式（4-11）代入式（4-15），可得

$$\zeta_d=\frac{2k_1^2(1-\alpha)(\mu_2-1)}{\pi\mu_2[(1-\alpha)k_1^2+k_1(1-\beta)\mu_1+(\alpha k_1^2+\beta k_1)\mu_2]} \tag{4-16}$$

对式（4-15）求一阶偏导数，并令 $\frac{\partial\zeta_d}{\partial\mu_2}=0$，则有

$$\mu_2^*=1+\sqrt{1+(1-\alpha)k_2+\frac{k_2}{k_1}\mu_1-(1-\alpha k_2)\mu_1} \tag{4-17}$$

将式（4-11）代入式（4-17），则有

$$\mu_2^* = 1 + \sqrt{1 + \frac{(1-\alpha)k_1}{\alpha k_1 + \beta} + \frac{1-\beta}{\alpha k_1 + \beta}\mu_1} \tag{4-18}$$

从以上的推导分析可知：

1）当$\beta = 1$时，式（4-10）与式（4-18）具有相同的结果，即主体框架结构保持弹性工作状态时，防屈曲支撑附加给结构的有效阻尼比取得最大值时，结构变形为一常数值。

2）当$\beta < 1$时，即主体框架结构处于弹塑性工作状态时，有$\mu_2^* > \mu_1$，即

$$\beta < \frac{(1-\alpha)k_1 + (1 + 4k_1 - 2k_1\mu_1)\mu_1}{\mu_1(\mu_1 - 1)} \tag{4-19}$$

图 4-8 所反映的为不等式（4-19）右边的表达式。从图 4-8 中可以看出，防屈曲支撑第二刚度系数α对该取值的影响较小，并且主体结构屈服后刚度系数β总是小于 1，因此当防屈曲支撑与主体框架结构刚度比与位移延性比满足一定关系时，附加有效阻尼比总是可以取得极值。当主体结构屈服后刚度系数β取值在图 4-8 中曲面下方时，附加有效阻尼比同样可以取得极值。

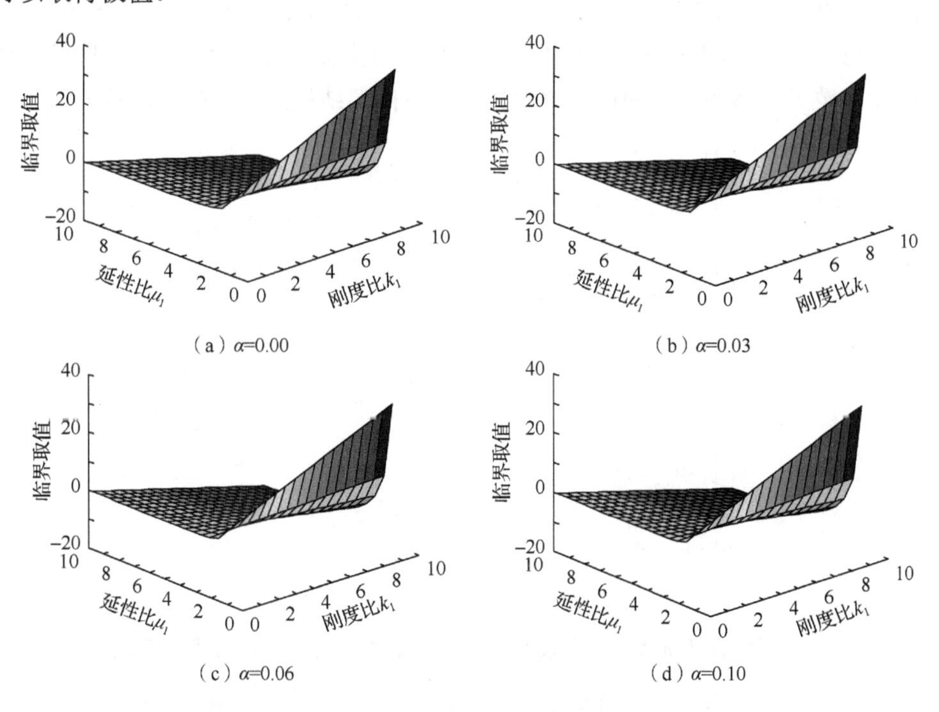

图 4-8　附加有效阻尼比可取得极值时的临界面

4.3.2　附加有效阻尼比影响因素

从式（4-19）可以看出，在主体结构屈服后刚度系数β小于某一特定值的情况下，即小于不等式（4-19）右边表达式时，防屈曲支撑附加给主体框架结构的有效阻尼比可取得极大值；相反，防屈曲支撑附加给主体框架结构的有效阻尼比随结构变形的增大呈递减变化规律。并且还可以得知，防屈曲支撑附加给主体框架结构的有效阻尼比的变化受到防屈曲支撑第二刚度系数α、防屈曲支撑与主体框架结构的刚度比k_1、防屈曲支撑与主体结构的屈服位移等因素的影响。

在防屈曲支撑弹性刚度与主体框架结构弹性刚度比值 k_1 及主体框架结构屈服位移与防屈曲支撑屈服位移比值 μ_1 确定的情况下，防屈曲支撑附加给主体框架结构的有效阻尼比在主体框架结构不同程度刚度退化时随结构变形的变化曲线如图 4-9 所示。图 4-9 中假定 $\mu_1=4$、$k_1=1$，结构变形用 $\mu_\lambda(\mu_\lambda=\mu_2/\mu_1)$ 来表征，其取值范围为 1～7[86,187]，主体框架结构屈服后刚度退化程度用 β 表示。从图 4-9 中可以看出：

1）主体框架结构屈服后仍具有较大刚度时，即 β 大于一定数值时，防屈曲支撑附加给主体框架结构的有效阻尼比随结构变形的增大呈递减变化规律，这主要是由于主体框架结构进入塑性的程度较小，结构弹性应变能的变化仍然起主要控制作用。

2）主体框架结构屈服后刚度退化较多时，即 β 小于一定数值时，也即 β 满足式（4-19）时，防屈曲支撑附加给主体框架结构的有效阻尼比可取得极大值。

3）主体框架结构屈服后刚度退化超过一定程度，即 β 过小时，防屈曲支撑附加给主体框架结构的有效阻尼比随结构变形的增大呈递增变化规律。

4）主体框架结构屈服后刚度趋于 0 时，即 $\beta\approx 0$ 时，随着结构变形的增大，防屈曲支撑附加给主体框架结构的有效阻尼比趋于常数值 $2(1-\alpha)k_1/[\pi(1-\alpha)k_1+(\pi+\pi\alpha k_1)\mu_1]$。

5）结构变形一定的情况下，主体框架结构屈服后刚度退化程度越高，即随着主体结构屈服后刚度系数 β 的减小，防屈曲支撑附加给主体框架结构的有效阻尼比越大。

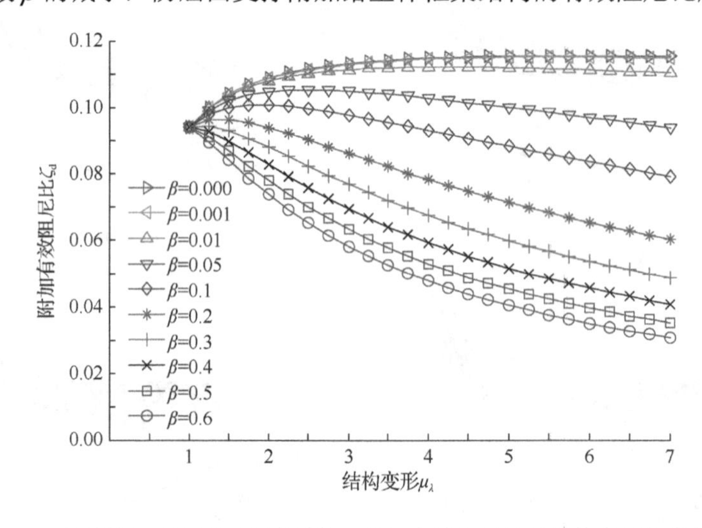

图 4-9　主体结构屈服后不同刚度系数下附加有效阻尼比随结构变形的变化曲线

从以上分析可以看出，主体框架结构屈服后刚度系数 β 对结构附加有效阻尼比的影响较为显著，由于结构进入弹塑性工作阶段后表现出较强的非线性行为，因此影响结构屈服后刚度系数 β 大小的因素较为复杂。已有的研究成果表明[188]，主要的影响因素为材料和结构自身的影响，如结构构件的刚度分布及结构在进入弹塑性状态后的塑性损伤程度及塑性铰分布等；同样，结构所用材料的本构关系对 β 也有影响，如材料的应变硬化性能、结构构件在循环荷载作用下的强化效应等。

图 4-10 为防屈曲支撑第二刚度系数 α 取值为 0.02，结构屈服后刚度系数 β 分别取值为 0.00、0.20、0.40 及 0.60，防屈曲支撑与主体框架结构刚度比 k_1 变化时，防屈曲支撑附加给主体框架结构的有效阻尼比随结构变形的变化曲线。从图 4-10 中可以看出刚度比 k_1 对附加

有效阻尼比的影响，即刚度比 k_1 越大，防屈曲支撑附加给主体框架结构的有效阻尼比值越大，并且这一结论在结构屈服后刚度系数 β 不同取值下均一致。但进一步分析图 4-10 中曲线的变化规律还可以发现，刚度比 k_1 可影响附加有效阻尼比变化曲线的变化趋势，即刚度比 k_1 不同取值下，附加有效阻尼比变化曲线的单调性将发生改变。当结构屈服后刚度系数 $\beta=0.00$ 时，刚度比 k_1 不同取值下，附加有效阻尼比均随结构变形的增加而增大。当结构屈服后刚度系数 $\beta=0.20$ 、0.40、0.60 时，若刚度比 k_1 取值较大，附加有效阻尼比随结构的变形呈先增大、后减小的变化规律；若刚度比 k_1 取值较小，附加有效阻尼比随结构变形的增加而减小，呈递减变化规律。

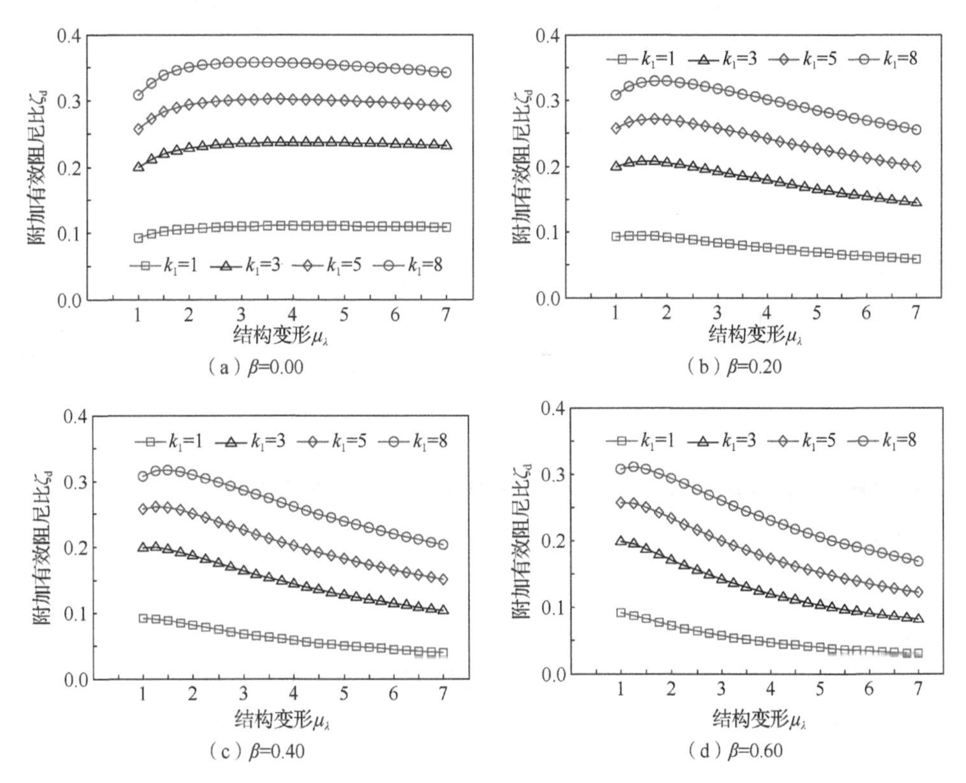

（a）β=0.00　（b）β=0.20

（c）β=0.40　（d）β=0.60

图 4-10　不同刚度比下附加有效阻尼比随结构变形的变化曲线

图 4-11～图 4-14 为结构屈服后刚度系数 β 分别取 0.00、0.20、0.40、0.60，防屈曲支撑与主体框架结构刚度比 k_1 分别取 1、3、5、8，防屈曲支撑第二刚度系数 α 变化时，防屈曲支撑附加给主体框架结构的有效阻尼比随结构变形的变化曲线。从图 4-11～图 4-14 中可以看出，防屈曲支撑第二刚度系数 α 对附加有效阻尼比的影响与主体结构处于弹性工作阶段时有相同的结论，即在相同的结构变形中，第二刚度系数 α 越小，防屈曲支撑附加给主体框架结构的有效阻尼比值越大，并且随着防屈曲支撑与主体框架结构刚度比 k_1 值的增大，防屈曲支撑第二刚度系数 α 的变化对附加有效阻尼比的影响更为显著，并且这一结论在结构屈服后刚度系数 β 不同取值下均相同。

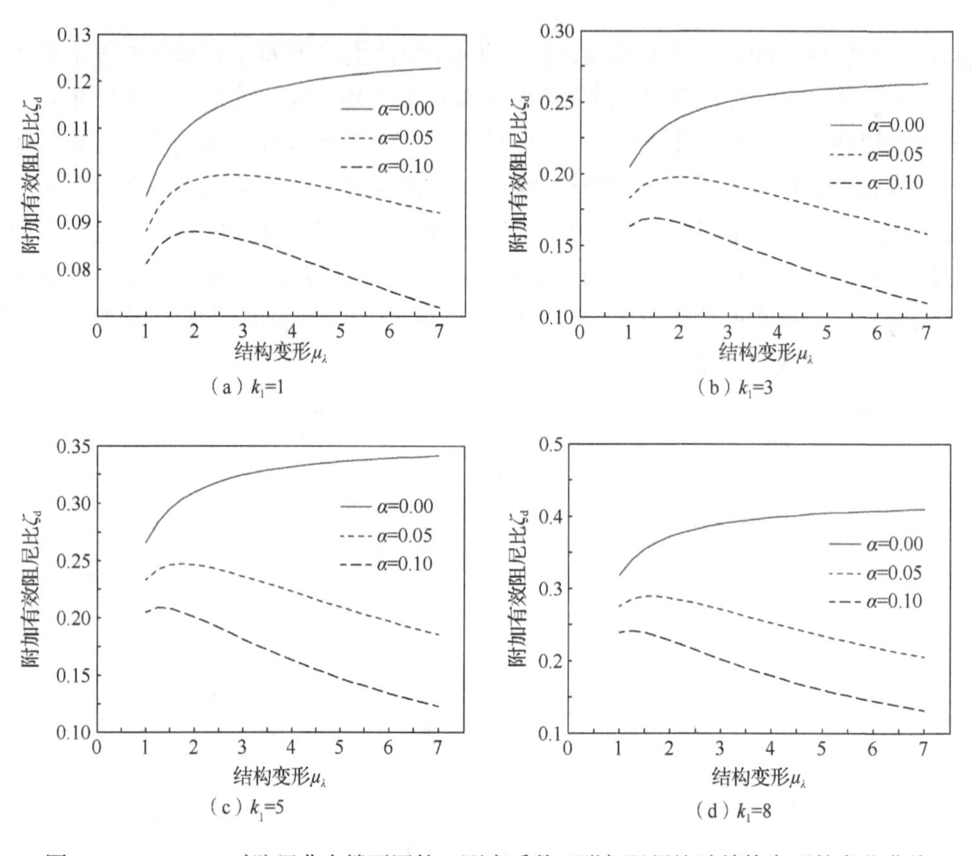

图 4-11　$\beta=0.00$ 时防屈曲支撑不同第二刚度系数下附加阻尼比随结构变形的变化曲线

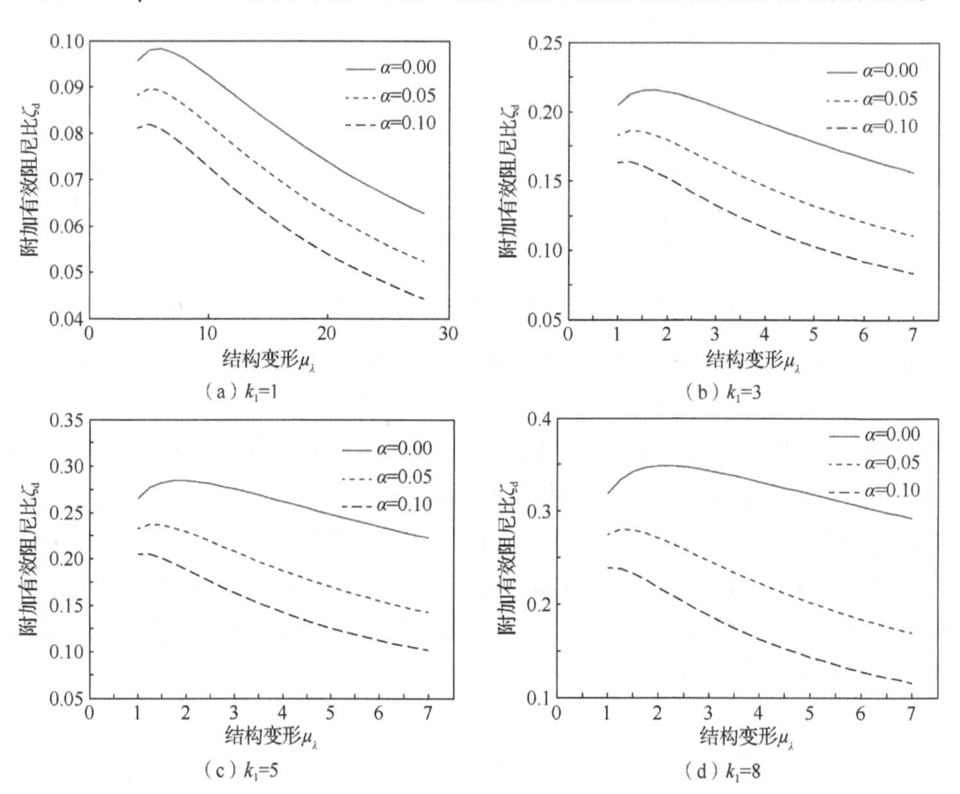

图 4-12　$\beta=0.20$ 时防屈曲支撑不同第二刚度系数下附加阻尼比随结构变形的变化曲线

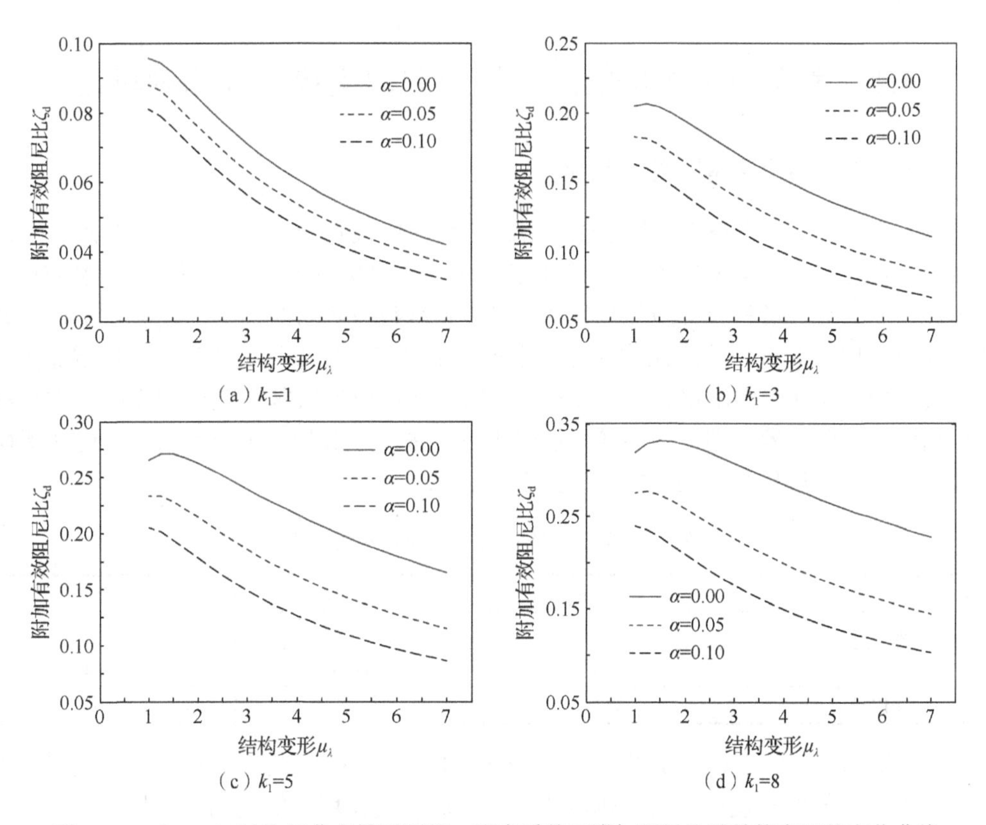

图 4-13　$\beta=0.40$ 时防屈曲支撑不同第二刚度系数下附加阻尼比随结构变形的变化曲线

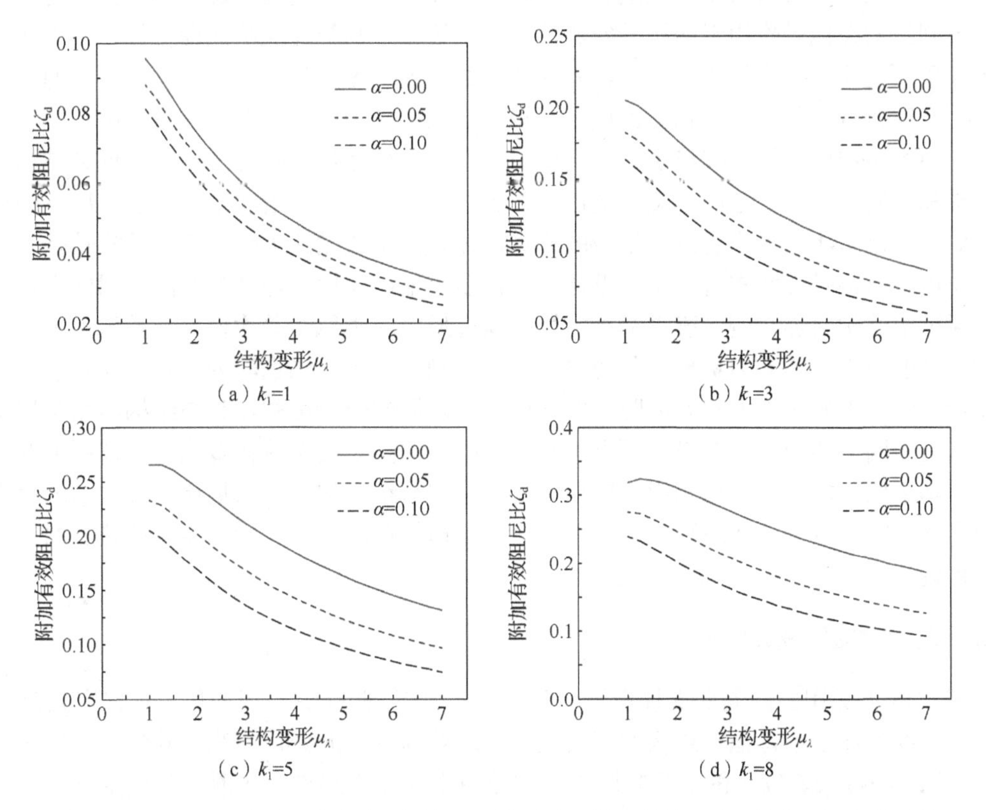

图 4-14　$\beta=0.60$ 时防屈曲支撑不同第二刚度系数下附加阻尼比随结构变形的变化曲线

4.4　考虑与结构参数匹配的防屈曲支撑设计原则讨论

4.4.1　防屈曲支撑类型及相应性能目标

通常，防屈曲支撑根据不同的性能目标及工程应用模式大致可分为以下 3 类[189]：耗能型防屈曲支撑（记为第Ⅰ类），即在多遇地震作用下支撑保持弹性工作状态，在设防地震或罕遇地震作用下通过芯板单元拉压屈服滞回耗能；承载型防屈曲支撑（记为第Ⅱ类），即在各水准地震作用下通过外围约束构件的约束机制来提高芯板单元的承载力，以避免支撑屈服前出现屈曲，使材料强度得到充分发挥；防屈曲支撑型阻尼器（记为第Ⅲ类），即位移型的拉压屈服耗能阻尼器，通常在多遇地震作用下便进入屈服耗能工作状态。上述 3 类防屈曲支撑在各水准地震作用下的性能目标如表 4-1 所示。

表 4-1　防屈曲支撑类型及相应性能目标

防屈曲支撑类型	多遇地震	设防地震	罕遇地震
第Ⅰ类	弹性	弹性或塑性	塑性
第Ⅱ类	弹性	不屈服	不屈服或塑性
第Ⅲ类	塑性	塑性	塑性

《建筑抗震设计规范（2016 年版）》（GB 50011—2010）规定，我国工程结构采用“两阶段，三水准”的抗震设计方法。也就是说，多遇地震作用下结构的总阻尼比（主体框架自身的阻尼比与附加有效阻尼比之和）将用于确定设计反应谱的地震影响系数，这也将直接关系到结构在地震作用下的抗震安全性。对于第Ⅰ类与第Ⅱ类防屈曲支撑，由于在多遇地震作用下始终保持弹性工作状态，其附加给结构的有效阻尼比为 0，此时结构的总阻尼比即为结构自身的阻尼比，相应的地震影响系数直接按抗震规范要求阻尼比确定即可；而对于第Ⅲ类防屈曲支撑，其在多遇地震作用下便进入屈服耗能状态，同时须保证结构在设防地震和罕遇地震作用下的抗震安全性，并提高结构在设防地震和罕遇地震作用下的抗震安全储备，以防止结构出现危及生命的严重破坏。由于我国的大部分工程结构是基于多遇地震作用下保持弹性状态进行抗震设计的，在多遇地震作用下保持弹性的防屈曲支撑，其主要通过给结构附加抗侧刚度来减小结构的地震反应，类似于普通框架支撑体系中支撑对结构刚度的贡献，其受力机理及传力路径较为明确，设计方法也较为成熟。而对于多遇地震作用下便进入屈服耗能状态的防屈曲支撑，由前面的分析可知，其与结构的相互作用关系受到诸多因素的影响，若设计不当，则很可能高估防屈曲支撑在多遇地震作用下的性能表现。基于此，本节将分析第Ⅲ类防屈曲支撑附加给结构的有效阻尼比在各水准地震作用下的变化规律，以确定相应附加有效阻尼比的合理设计取值，并探讨相应的防屈曲支撑减震结构设计方法。

4.4.2　防屈曲支撑设计原则

图 4-15 为第Ⅲ类防屈曲支撑在不同屈服位移值下（防屈曲支撑的屈服位移用 μ_1 表征），防屈曲支撑附加给主体框架结构的有效阻尼比随结构变形的变化曲线。其中，结构变形用 $\mu_\lambda(\mu_\lambda = \mu_2 / \mu_1)$ 来表征，图中阴影区域为防屈曲支撑减震结构在多遇地震作用下的可能变形范围及其相应附加有效阻尼比的变化分布情况。

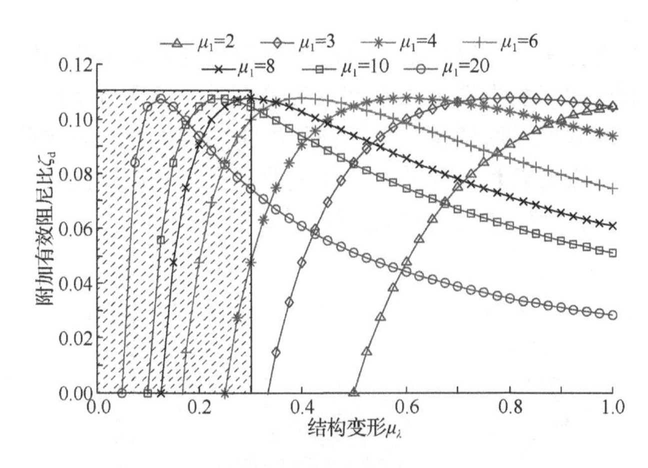

图 4-15　防屈曲支撑不同屈服位移下结构附加有效阻尼比随结构变形的变化曲线

从图 4-15 中可以看出：

1）在图中阴影区域，即防屈曲支撑屈服位移较小时，BRB 附加给主体框架结构的有效阻尼比随结构变形的增加呈先递增、后递减的变化规律，且附加有效阻尼比极大值在此范围内取得。因此，若按此区域内防屈曲支撑附加给主体框架结构的有效阻尼比计算整体结构的总阻尼比，并按该总阻尼比确定地震影响系数，则可能高估多遇地震作用下防屈曲支撑的耗能能力，从而使结构在设防地震和罕遇地震作用下的抗震性能不足。

2）在图中阴影区域右侧，即防屈曲支撑屈服位移较大时，防屈曲支撑附加给主体框架结构的有效阻尼比随结构变形的增加同样呈先递增、后递减的变化规律。但此时注意到，结构附加有效阻尼比极大值在主体框架结构屈服点附近取得，即防屈曲支撑在多遇地震作用下附加给主体结构的有效阻尼比较设防地震作用下的要小，从而提高了结构在设防地震作用下的抗震安全性。

为避免确定设计反应谱地震影响系数时，防屈曲支撑附加给主体框架结构的有效阻尼比极大值出现在图 4-15 中的阴影区域，建议防屈曲支撑按如下原则进行设计：对于第Ⅰ类、第Ⅱ类防屈曲支撑，按《建筑消能减震技术规程》（JGJ 297—2013）对其性能指标及相关构造要求进行设计即可，但在进行防屈曲支撑产品设计时仍需注意其屈服承载力与轴向刚度间的合理匹配及屈服位移与支撑长度间的合理匹配[190]。对于第Ⅲ类防屈曲支撑，在满足该规程性能构造要求的基础上建议遵循如下设计原则：

1）确定合适的防屈曲支撑屈服位移，使其附加给主体框架结构的有效阻尼比在设防地震作用下较多遇地震作用下要大。

2）在防屈曲支撑弹性刚度与主体结构弹性刚度比值较大的情况下，应采取相应构造措施尽量使设计得到的防屈曲支撑第二刚度系数 α 要小。

按上述原则设计第Ⅲ类防屈曲支撑，并令式（4-10）中 $\mu^* = \mu_1$，则有

$$\mu_1 = 1 + \sqrt{(1+k_1)/(1+\alpha k_1)} \tag{4-20}$$

防屈曲支撑的屈服位移可由式（4-20）确定，当 μ_1 满足式（4-20）时，即可保证防屈曲支撑附加给主体框架结构的有效阻尼比极大值在结构屈服点附近取得。

图 4-16 所示为防屈曲支撑附加给主体框架结构的有效阻尼比极大值在结构屈服点附近取得时，防屈曲支撑屈服位移、主体框架结构屈服位移、防屈曲支撑与框架结构刚度比、防屈曲支撑第二刚度系数相互关系的曲面。从图 4-16 中可知，当防屈曲支撑与框架结构刚

度比较大，而防屈曲支撑第二刚度系数较小时，框架结构屈服位移与防屈曲支撑屈服位移之比可取得极值；而当防屈曲支撑第二刚度系数较大时，该比值始终在较小范围内波动。也就是说，只要防屈曲支撑屈服位移、主体框架结构屈服位移、防屈曲支撑与框架结构刚度比、防屈曲支撑第二刚度系数间的关系落在该曲面上，则可保证防屈曲支撑附加给主体框架结构的有效阻尼比极大值在结构屈服点附近取得。

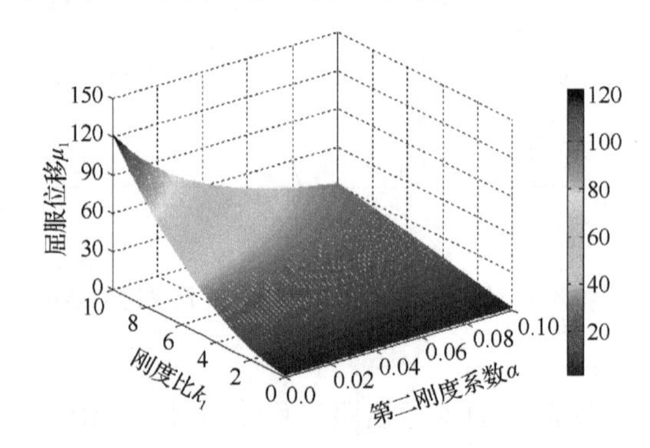

图 4-16　防屈曲支撑与框架结构各参数匹配曲面

由以上分析可知，防屈曲支撑附加给主体框架结构的有效阻尼比随结构变形呈规律性变化，并且受到多方面因素的影响。因此，在工程应用中确定设计反应谱地震影响系数时，宜按多遇地震和设防地震作用下结构的附加有效阻尼比较小值确定[86]。

4.5　防屈曲支撑变形需求及安全保证

4.5.1　防屈曲支撑与主体结构间变形关系

本节以单斜撑的布置方式为例说明防屈曲支撑与主体框架结构间的变形协调关系，典型的防屈曲支撑单斜撑布置方式如图 4-17 所示。当防屈曲支撑框架结构在水平荷载作用下产生层间变形 $\varDelta$ 时，根据主体框架与防屈曲支撑间的变形协调条件，有下式成立：

$$(L_t + \delta)^2 = H^2 + (L + \varDelta)^2 \tag{4-21}$$

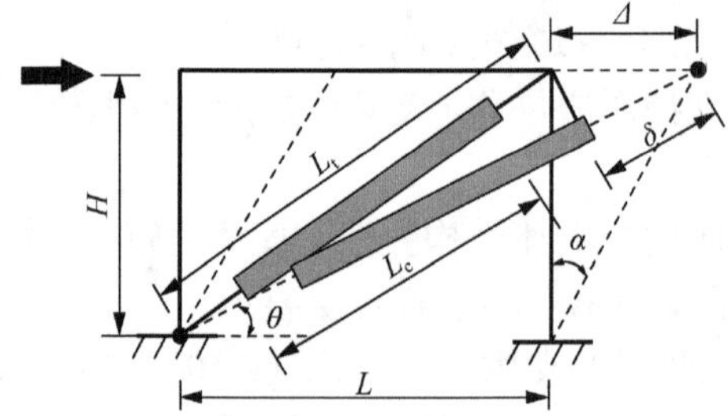

图 4-17　防屈曲支撑与结构间变形关系图

图 4-17 中，H 为结构楼层高度；L 为框架跨度；L_t 为防屈曲支撑两端工作点间的长度；L_c 为防屈曲支撑耗能段的长度；$\varDelta$ 为框架结构的层间位移；δ 为防屈曲支撑的伸长量；α 为框架结构的层间位移角；θ 为防屈曲支撑布置方向与水平方向的夹角。

由于防屈曲支撑在纵向由连接段、过渡段及耗能段串联而成，而连接段及过渡段在各水准地震作用下均设计为弹性工作状态，因此防屈曲支撑的大部分变形将集中在耗能段，尤其在大变形情况下，当判定防屈曲支撑是否屈服及是否断裂时，显然，采用防屈曲支撑的轴向平均应变作为判据不够准确。这是因为防屈曲支撑的轴向平均应变无法反应防屈曲支撑芯板单元的最大应变量，所以采用应力集中因子 γ 考虑上述情况的影响。应力集中因子 γ 定义为防屈曲支撑耗能段长度与两端工作点间的长度之比[191]，即

$$\gamma = \frac{L_c}{L_t} \tag{4-22}$$

则防屈曲支撑的轴向平均应变可表示为

$$\varDelta_a = \varDelta_c + 2\varDelta_{lt} \tag{4-23}$$

式中，$\varDelta_c$ 为防屈曲支撑耗能段的变形；$\varDelta_{lt}$ 为防屈曲支撑连接段与过渡段的变形之和。将式（4-23）两边同除以防屈曲支撑两端工作点间的距离 L_t，则有

$$\frac{\varDelta_a}{L_t} = \frac{\varDelta_c}{L_t} + \frac{2\varDelta_{lt}}{L_t} \tag{4-24}$$

进一步将式（4-24）改写为如下形式：

$$\frac{\varDelta_a}{L_t} = \frac{\varDelta_c}{L_c}\frac{L_c}{L_t} + \frac{2\varDelta_{lt}}{L_{lt}}\frac{L_{lt}}{L_t} = \gamma\varepsilon_c + \varepsilon_{lt}\frac{L_t - L_c}{L_t} \tag{4-25}$$

得到

$$\varepsilon_a = \gamma\varepsilon_c + (1-\gamma)\varepsilon_{lt} \tag{4-26}$$

由于防屈曲支撑连接段及过渡段在各水准地震作用下均设计为弹性工作状态，该位置的最大应变将不会超过芯材材料的屈服应变 ε_y，即有下列不等式成立：

$$\varepsilon_a = \gamma\varepsilon_c + (1-\gamma)\varepsilon_{lt} \leqslant \gamma\varepsilon_c + (1-\gamma)\varepsilon_y \tag{4-27}$$

分析式（4-27）可以得知，在大变形条件下，即防屈曲支撑进入塑性耗能工作阶段时，连接段及过渡段的应变占防屈曲支撑轴向平均总应变的比例非常低，因此可近似认为防屈曲支撑的轴向平均应变可通过耗能段的应变乘以应力集中因子 γ 进行调整后予以表示：

$$\varepsilon_a \approx \gamma\varepsilon_c \tag{4-28}$$

因此，可得到防屈曲支撑耗能段的应变值与结构参数的关系表达式为

$$\varepsilon_c \approx \frac{\alpha\sin(2\theta)}{2\gamma} \tag{4-29}$$

4.5.2　防屈曲支撑多遇地震耗能及罕遇地震安全保证

由于目前我国大部分工程是按照多遇地震作用影响进行结构的抗震设计，为降低结构建造成本，该阶段为结构增加一定的阻尼可能是投资方和业主等更愿意接受的结果，即要求防屈曲支撑在多遇地震作用下便进入到屈服耗能工作状态，以减小结构的地震反应，从而减小构件内力，降低配筋量。但多遇地震作用下即屈服意味着罕遇地震作用下防屈曲支撑芯板单元耗能段将产生很大的塑性应变，前些年国内低屈服点钢材的性能及供货量都不太令人满意，但随着我国低屈服点钢材生产工艺的进步，这一问题看起来可以得到解决，但仍应当从理论上分析多遇地震作用下即进入屈服耗能状态的防屈曲支撑在罕遇地震作用下的延性需求及变形截止条件，以保证该类型防屈曲支撑在多遇地震作用下便进入屈服耗能工作阶段并能保证其在罕遇地震作用下的安全性。

通常，设计人员可通过选择防屈曲支撑芯板单元材料类型来控制防屈曲支撑的屈服阈值，其可通过选用不同钢材来实现防屈曲支撑在结构不同工作阶段进入耗能工作状态。但

目前国内可供防屈曲支撑使用的钢材种类屈指可数，尤其对于控制在多遇地震作用阶段便屈服耗能的防屈曲支撑，因此有可能由此产生防屈曲支撑屈服变形与极限变形间的矛盾。另一种可行的途径便是通过调整防屈曲支撑应力集中因子 γ 的大小来控制其屈服阈值，但这种方法不为广大设计人员所熟知，并且应用该方法应着重解决防屈曲支撑屈服变形与极限变形间的矛盾。并且我们应当清楚地认识到，防屈曲支撑在多遇地震作用下屈服耗能并不一定是在该阶段结构的弹性变形限值处才开始进入塑性阶段，一般在考虑结构安全性和兼顾经济性的同时，会使结构在多遇地震作用下的变形值在一定程度上小于该阶段弹性变形限值。同样地，防屈曲支撑在罕遇地震作用下安全性保证（即防屈曲支撑在罕遇地震作用下的延性性能能满足相应的延性需求）并不一定是在罕遇地震作用下结构的弹塑性变形限值处能满足延性需求即可，我们仍需考虑一定的安全可靠度。也就是说，我们在进行防屈曲支撑罕遇地震作用下的延性需求估算时，应考虑到在结构的正常使用年限内可能出现的超过设防烈度的大地震作用。多遇地震及罕遇地震作用下各结构体系的变形限值如表 4-2 所示。

表 4-2　多遇地震及罕遇地震作用下各结构体系的变形限值

结构体系	$[\theta_e]$	$[\theta_p]$
钢筋混凝土框架结构	1/550	1/50
钢筋混凝土框架结构-抗震墙、板柱-抗震墙、框架-核心筒	1/800	1/100
钢筋混凝土抗震墙、筒中筒	1/1000	1/120
多、高层钢结构	1/250	1/50

由前面防屈曲支撑耗能段应变与结构间的参数关系式可知，防屈曲支撑在多遇地震作用下便进入屈服耗能工作阶段的条件为

$$\varepsilon_c \geqslant \varepsilon_y = \frac{f_y}{E_s} \tag{4-30}$$

即

$$\frac{\alpha \sin(2\theta)}{2\gamma} \geqslant \varepsilon_y = \frac{f_y}{E_s} \tag{4-31}$$

进一步将式（4-31）改写为

$$\gamma \leqslant \frac{\alpha E_s \sin(2\theta)}{2 f_y} \tag{4-32}$$

式中，各参数含义如图 4-17 所示；α 为结构在多遇地震作用下的层间位移角。为便于分析，记参数 λ_e 为防屈曲支撑结构在多遇地震作用下的实际层间位移角与层间位移角限值之比：

$$\lambda_e = \frac{\alpha}{[\theta_e]} \tag{4-33}$$

将式（4-33）代入式（4-32）得

$$\gamma \leqslant \frac{\lambda_e [\theta_e] E_s \sin(2\theta)}{2 f_y} \tag{4-34}$$

对于结构不同的性能目标及经济性要求，λ_e 的取值范围为 0.5～1。式（4-34）为防屈曲支撑在多遇地震作用下便进入屈服耗能状态的判定条件，其屈服阈值为

$$\gamma = \frac{\lambda_e [\theta_e] E_s \sin(2\theta)}{2 f_y} \tag{4-35}$$

对于式（4-35），当结构设计完成后，结构在多遇地震作用下的层间变形通常为常值；并且当防屈曲支撑的芯材种类选定后，支撑屈服强度也可以确定，因此其应力集中因子的大小仅受防屈曲支撑布置方向与水平方向夹角大小的影响。并且从式（4-35）中可以初步判断，由于式（4-35）分子中正弦函数的存在，γ 受夹角的影响并非单调变化的。对式（4-35）中 θ 求一阶导数有

$$\frac{d\gamma}{d\theta} = \frac{\lambda_e [\theta_e] E_s \cos(2\theta)}{f_y} \tag{4-36}$$

令 $\frac{d\gamma}{d\theta} = 0$，应力集中因子 γ 取得最大值，此时 $\theta = \pi/4$。也就是说，当防屈曲支撑布置方向与水平方向的夹角为 $\pi/4$ 时，在其他条件相同的情况下，最易实现在多遇地震作用下便进入屈服耗能的设计目标。同样地，不同种类的钢材对判定条件式（4-34）的影响较大，并且过大的材料屈服强度将使防屈曲支撑的应力集中因子 γ 较小，这有可能致使防屈曲支撑在罕遇地震作用下延性性能不能满足相应的延性需求。目前结构设计中可选择的钢材种类有 BLY100、BLY160、BLY225、Q235、Q345 及 Q390 等，其相应的力学参数列于表 4-3 中。

表 4-3　多遇地震及罕遇地震作用下各结构体系的变形限值

钢材种类	屈服强度 f_y/MPa	屈服应变 $\varepsilon_y/10^{-3}$	弹性模量 $E_s/(10^3\text{MPa})$
BLY100	100	0.485	206
BLY160	160	0.776	
BLY225	225	1.092	
Q235	235	1.141	
Q345	345	1.675	
Q390	390	1.893	

图 4-18（a）所示为钢筋混凝土框架结构中，不同芯材类型的防屈曲支撑在多遇地震作用下的屈服阈值随结构在多遇地震作用下的变形值及支撑布置角度的变化关系图。中国工程建设标准化协会编制的《屈曲约束支撑应用技术规程》（T/CECS 817—2021）中规定防屈曲支撑的布置方向与水平方向的夹角宜控制在 35°～55° 范围内。从图 4-18（a）中可以看出，在其他条件相同的情况下，不同种类的钢材对应防屈曲支撑的屈服阈值差异较大，总体规律为，BLY100 钢材对应的防屈曲支撑屈服阈值最大，Q390 钢材对应的防屈曲支撑屈服阈值最小；在防屈曲支撑布置角度确定的情况下，防屈曲支撑屈服阈值随结构变形的增大而增大；但屈服阈值在规范规定防屈曲支撑适宜布置角度范围内随布置角度的变化并非单调的，由前面的分析可知，其在防屈曲支撑布置方向与水平方向的夹角为 $\pi/4$ 时取得极大值。由于防屈曲支撑的应力集中因子 γ 定义为耗能段长度与两端工作点间长度的比值，因此应力集中因子 γ 总是小于 1。对于低屈服点钢材，如 BLY100 对应防屈曲支撑的屈服阈值最大可达 1.9，也就是说，低屈服点钢材防屈曲支撑在多遇地震作用下进入屈服耗能工作状态的条件自然满足；而对于高强钢材，如 Q390 对应防屈曲支撑的屈服阈值最大值小于 0.45，换言之，需要使用该种钢材材质的防屈曲支撑在多遇地震作用下便开始屈服耗能，即使在结构最大变形处，也应使其耗能段长度小于支撑总长度的一半，这很有可能致使防

屈曲支撑在罕遇地震作用下的延性性能不能满足相应的延性需求。防屈曲支撑的屈服阈值相当于给出了芯板单元屈服耗能段的最大长度限制。

图 4-18（b）为多、高层钢结构中，不同芯材类型的防屈曲支撑在多遇地震作用下的屈服阈值随结构在多遇地震作用下的变形值及支撑布置角度的变化关系图。从图 4-18（b）中可以看出，相比于钢筋混凝土框架结构，多、高层钢结构中防屈曲支撑的屈服阈值有更大的取值范围。这意味着在该结构体系中，防屈曲支撑更易实现多遇地震作用下的屈服耗能。这主要是因为多、高层钢框架结构在多遇地震作用下较钢筋混凝土框架结构有更大的侧向位移值，从而可以间接增加防屈曲支撑芯板单元屈服耗能段的长度。当防屈曲支撑芯板单元采用低屈服点钢材时，如 BLY100、BLY160 等，防屈曲支撑在多遇地震作用下进入屈服耗能工作阶段的条件自然满足；即使采用 Q390 高强钢，在防屈曲支撑进行合适的设计下，也能使其在多遇地震作用下便屈服耗能。

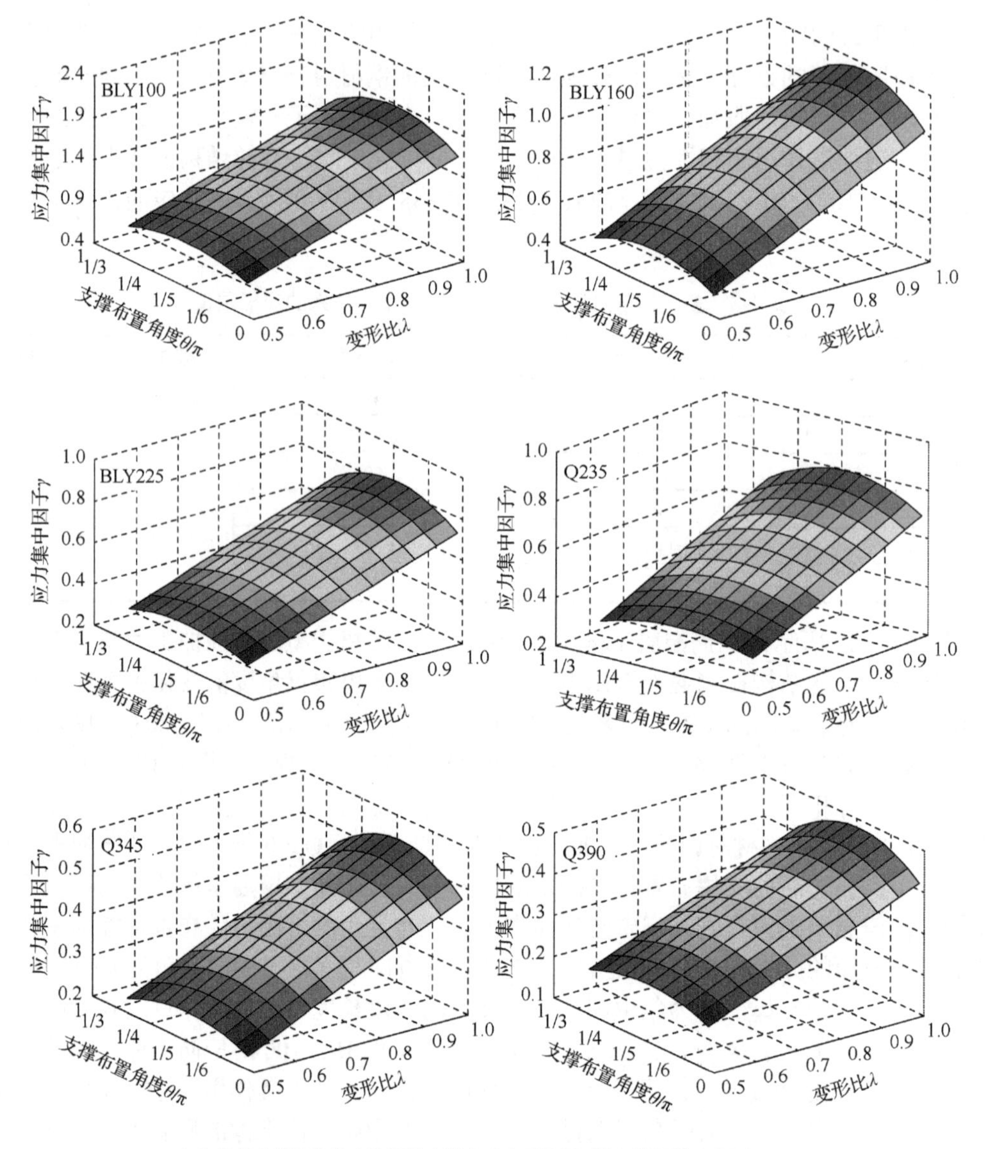

（a）混凝土框架结构中防屈曲支撑多遇地震作用下的屈服阀值变化图

图 4-18　防屈曲支撑在多遇地震作用下的屈服阈值变化图

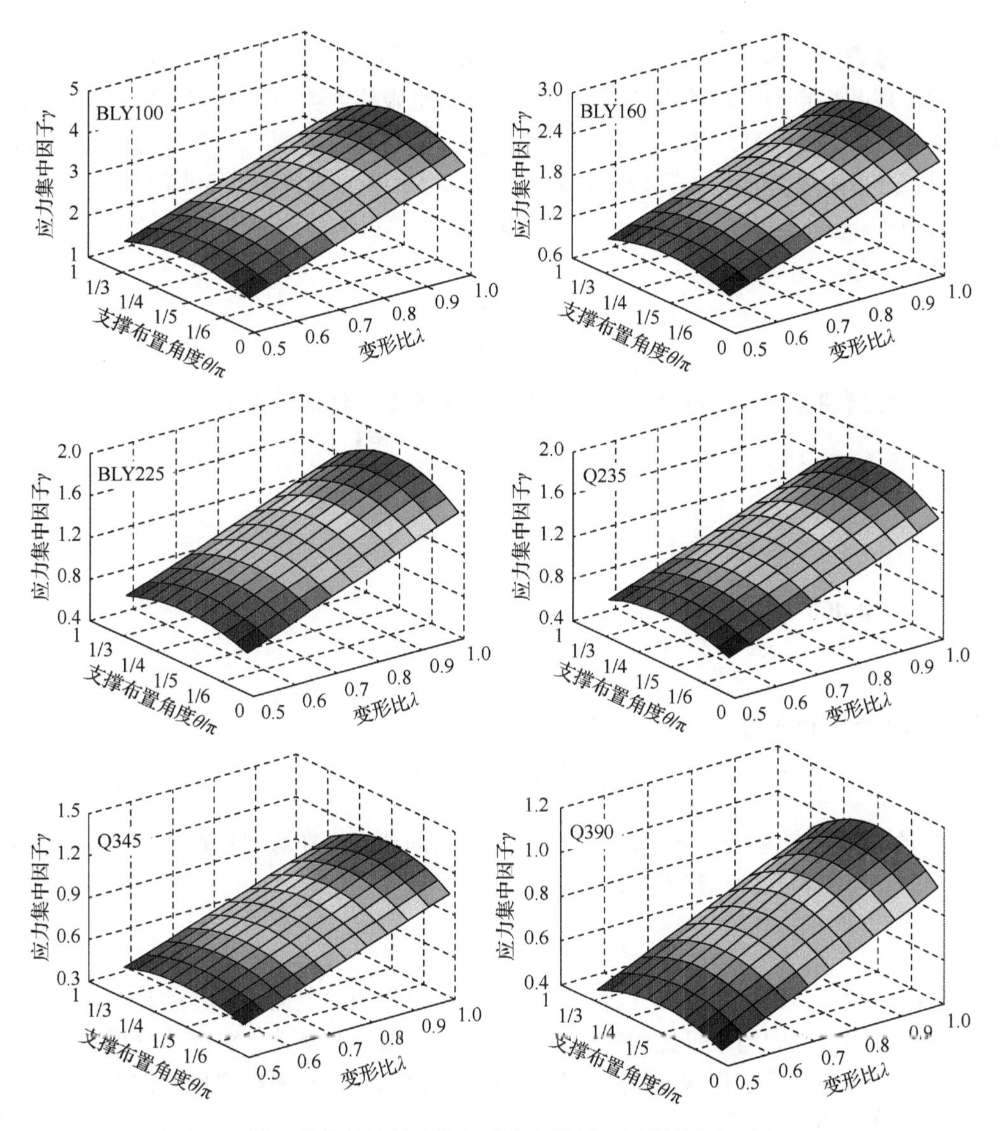

（b）多、高层钢结构中防屈曲支撑在多遇地震作用下的屈服阈值变化图

图 4-18（续）

多遇地震作用下即屈服，意味着罕遇地震作用下防屈曲支撑芯板单元屈服耗能段将产生很大的塑性应变。已有的研究成果表明[192]，防屈曲支撑芯板单元屈服耗能段的最大应变超过 3%时，受压侧的摩擦力幅值增长较快，滞回曲线受压侧容易出现不稳定现象，且容易导致屈曲破坏。在其余参数不变的情况下，核心单元耗能段的长度越短，即应力集中因子 γ 越小，其轴向应变越大，当防屈曲支撑芯板单元屈服耗能段的最大应变控制在 3%以内时，其具有较为稳定的滞回耗能行为。因此，本节将 3%的应变值作为防屈曲支撑在罕遇地震作用下的安全保证阈值。类似地，假定防屈曲支撑在罕遇地震作用下的层间位移角为 α_{p}，则由前文防屈曲支撑与主体结构间变形关系的推导可知：

$$\varepsilon_{\mathrm{c}} \approx \frac{\alpha_{\mathrm{p}} \sin(2\theta)}{2\gamma} \tag{4-37}$$

考虑结构一定的安全冗余度，也就是在进行防屈曲支撑在罕遇地震作用下的延性性能判定时，应考虑到在结构的正常使用年限内可能出现的超过设防烈度的大地震作用，即结构变形超过规范规定的罕遇地震作用下的弹塑性变形限值。美国规范 FEMA450[113]规定，防屈曲支撑在罕遇地震作用下的设计变形应按照最大层间变形的 1.5 倍进行确定，因此结构在遭遇超过设防烈度的大地震作用时，其变形可能为规范规定弹塑性变形限值的 1～1.5 倍。记参数 λ_{p} 为防屈曲支撑结构在遭遇超过设防烈度的罕遇地震作用下的可能层间位移角与层间位移角限值之比：

$$\lambda_{\mathrm{p}}=\frac{\alpha_{\mathrm{p}}}{\left[\theta_{\mathrm{p}}\right]} \tag{4-38}$$

防屈曲支撑在遭遇超过设防烈度的罕遇地震作用下的安全保证条件为

$$\varepsilon_{\mathrm{c}}\leqslant 3\% \tag{4-39}$$

即

$$\frac{\alpha_{\mathrm{p}}\sin(2\theta)}{2\gamma}\leqslant 3\% \tag{4-40}$$

进一步将式（4-40）改写为

$$\gamma\geqslant\frac{50}{3}\alpha_{\mathrm{p}}\sin(2\theta) \tag{4-41}$$

将式（4-38）代入式（4-41）得

$$\gamma\geqslant\frac{50}{3}\lambda_{\mathrm{p}}\left[\theta_{\mathrm{p}}\right]\sin(2\theta) \tag{4-42}$$

式中，λ_{p} 的取值范围为 1～1.5。式（4-42）即为防屈曲支撑在遭遇超过设防烈度的罕遇地震作用下的安全判定条件，其安全阈值为

$$\gamma=\frac{50}{3}\lambda_{\mathrm{p}}\left[\theta_{\mathrm{p}}\right]\sin(2\theta) \tag{4-43}$$

安全阈值越大，保证防屈曲支撑在罕遇地震作用下的安全性的条件就越苛刻。因此，当防屈曲支撑布置方向与水平方向的夹角为 $\pi/4$ 时，虽在此条件下防屈曲支撑在多遇地震作用下便进入屈服耗能工作状态的条件较易保证，但相反，其在罕遇地震作用下的安全保证条件就变得更加困难。

图 4-19 为钢筋混凝土框架结构及多、高层钢结构中防屈曲支撑的安全阈值随结构在罕遇地震作用下的变形值及支撑布置角度的变化关系图。从图 4-19 中可以看出，与防屈曲支撑屈服阈值变化规律相似，在布置角度确定的情况下，防屈曲支撑安全阈值随结构变形的增大而增大；但安全阈值在规范规定防屈曲支撑适宜布置角度范围内随布置角度的变化同样是非单调变化的。对于采用不同芯材种类的防屈曲支撑，其安全阈值均为同一标准，这一点与屈服阈值有所不同，主要是由于不同种类的钢材均规定其在罕遇地震作用下的峰值应变不超过 3%，这相当于给出了防屈曲支撑芯板单元屈服耗能段的最大长度限制。

综合防屈曲支撑多遇地震作用下耗能及罕遇地震作用下的安全保证分析结果，既要保证防屈曲支撑在多遇地震作用下进入到屈服耗能状态，又不至于在罕遇地震作用下断裂失效，则防屈曲支撑的应力集中因子 γ 应同时满足式（4-34）及式（4-42），即满足下式：

$$\frac{50}{3}\lambda_{\mathrm{p}}\left[\theta_{\mathrm{p}}\right]\sin(2\theta)\leqslant\gamma\leqslant\frac{\lambda_{\mathrm{e}}\left[\theta_{\mathrm{e}}\right]E_{\mathrm{s}}\sin(2\theta)}{2f_{\mathrm{y}}} \tag{4-44}$$

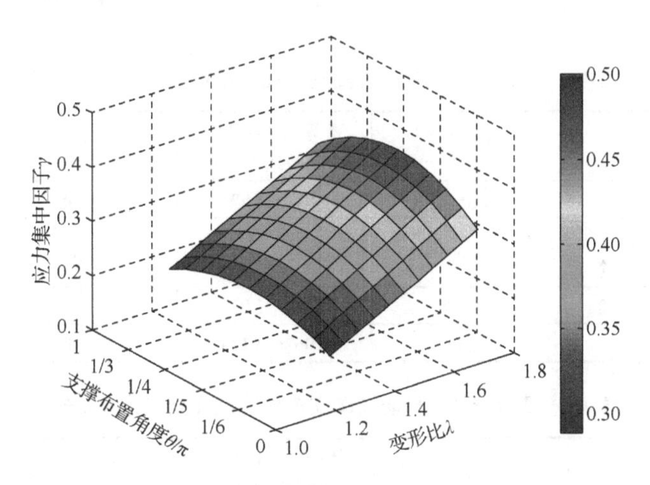

图 4-19　防屈曲支撑在罕遇地震作用下的安全阈值变化图

对于不同的结构体系，如钢筋混凝土框架结构，多、高层钢结构等，式（4-44）并不总是成立的。同样，对于防屈曲支撑采用不同类型芯材材料，式（4-44）也并不总是成立的，而是有可能出现不等式左边表达式取值大于不等式右边表达式取值的情况，即在数学域上无交集。进一步将式（4-44）改写为

$$\frac{50\lambda_{\mathrm{p}}\left[\theta_{\mathrm{p}}\right]}{3}\leqslant\gamma\leqslant\frac{\lambda_{\mathrm{e}}\left[\theta_{\mathrm{e}}\right]}{2\varepsilon_{\mathrm{y}}}\tag{4-45}$$

下面分两种情况讨论不等式（4-45）的成立条件：

1）当防屈曲支撑芯材种类确定而结构体系不同时，结构在多遇地震作用下及罕遇地震作用下的层间位移角限值不尽相同，具体如表 4-2 所示，则将不等式左边表达式及右边表达式的取值范围列于表 4-4 中。从表 4-4 中可以看出，不同结构体系的判定条件有较大区别，主要体现在不等式（4-45）左右两边表达式的取值范围均有所不同，并且不同芯材种类的防屈曲支撑同样对不等式左右两边表达式的取值范围有较为显著的影响。

表 4-4　不同结构体系防屈曲支撑耗能及安全保证判定条件

结构类型	$\left[\theta_{\mathrm{e}}\right]$	不等式（4-45）右边表达式取值	$\left[\theta_{\mathrm{p}}\right]$	不等式（4-45）左边表达式取值
钢筋混凝土框架结构	1/550	$\frac{0.00045}{\varepsilon_{\mathrm{y}}}\sim\frac{0.00091}{\varepsilon_{\mathrm{y}}}$	1/50	0.33～0.50
钢筋混凝土框架结构-抗震墙、板柱-抗震墙、框架-核心筒	1/800	$\frac{0.00031}{\varepsilon_{\mathrm{y}}}\sim\frac{0.00063}{\varepsilon_{\mathrm{y}}}$	1/100	0.17～0.25
钢筋混凝土抗震墙、筒中筒	1/1000	$\frac{0.00025}{\varepsilon_{\mathrm{y}}}\sim\frac{0.0005}{\varepsilon_{\mathrm{y}}}$	1/120	0.14～0.21
多、高层钢结构	1/250	$\frac{0.001}{\varepsilon_{\mathrm{y}}}\sim\frac{0.002}{\varepsilon_{\mathrm{y}}}$	1/50	0.33～0.50

2）当防屈曲支撑芯材种类不同时，其屈服应变也不尽相同，不同种类钢材具体屈服应变值如表 4-3 所示，此时不等式（4-45）左边表达式及右边表达式的取值范围列于表 4-5～表 4-10 中。

表 4-5　BLY100 芯材防屈曲支撑耗能及安全保证判定条件

结构类型	$[\theta_e]$	不等式（4-45）右边表达式取值	$[\theta_p]$	不等式（4-45）左边表达式取值
钢筋混凝土框架结构	1/550	0.927～1.876	1/50	0.33～0.50
钢筋混凝土框架结构-抗震墙、板柱-抗震墙、框架-核心筒	1/800	0.639～1.299	1/100	0.17～0.25
钢筋混凝土抗震墙、筒中筒	1/1000	0.515～1.031	1/120	0.14～0.21
多、高层钢结构	1/250	2.062～4.123	1/50	0.33～0.50

表 4-6　BLY160 芯材防屈曲支撑耗能及安全保证判定条件

结构类型	$[\theta_e]$	不等式（4-45）右边表达式取值	$[\theta_p]$	不等式（4-45）左边表达式取值
钢筋混凝土框架结构	1/550	0.579～1.172	1/50	0.33～0.50
钢筋混凝土框架结构-抗震墙、板柱-抗震墙、框架-核心筒	1/800	0.399～0.812	1/100	0.17～0.25
钢筋混凝土抗震墙、筒中筒	1/1000	0.322～0.644	1/120	0.14～0.21
多、高层钢结构	1/250	1.289～2.577	1/50	0.33～0.50

从表 4-5 和表 4-6 中可以看出，对于低屈服点钢材 BLY100 及 BLY160，不论采用何种结构类型，防屈曲支撑屈服阈值的最小值均大于其安全阈值的最大值，即不等式（4-45）总是成立的。也就是说，采用低屈服点钢材 BLY100 及 BLY160 的防屈曲支撑，理论上较易实现防屈曲支撑在多遇地震作用下进入屈服耗能状态，而在罕遇地震作用下的安全性又能得到保证。

表 4-7　BLY225 芯材防屈曲支撑耗能及安全保证判定条件

结构类型	$[\theta_e]$	不等式（4-45）右边表达式取值	$[\theta_p]$	不等式（4-45）左边表达式取值
钢筋混凝土框架结构	1/550	0.412～0.833	1/50	0.33～0.50
钢筋混凝土框架结构-抗震墙、板柱-抗震墙、框架-核心筒	1/800	0.284～0.577	1/100	0.17～0.25
钢筋混凝土抗震墙、筒中筒	1/1000	0.228～0.457	1/120	0.14～0.21
多、高层钢结构	1/250	0.915～1.831	1/50	0.33～0.50

分析表 4-7 可知，防屈曲支撑屈服阈值的最小值与安全阈值的最大值相当，则说明此时有可能出现防屈曲支撑在多遇地震作用下屈服后，而在罕遇地震作用下的安全性不能得到很好的保证。但对于多、高层钢结构体系，由于允许其在多遇地震作用下产生较大的侧向变形，因此较易实现防屈曲支撑在多遇地震作用下的耗能及罕遇地震作用下的安全保证。

表 4-8　Q235 芯材防屈曲支撑耗能及安全保证判定条件

结构类型	$[\theta_e]$	不等式（4-45）右边表达式取值	$[\theta_p]$	不等式（4-45）左边表达式取值
钢筋混凝土框架结构	1/550	0.394～0.797	1/50	0.33～0.50
钢筋混凝土框架结构-抗震墙、板柱-抗震墙、框架-核心筒	1/800	0.272～0.552	1/100	0.17～0.25
钢筋混凝土抗震墙、筒中筒	1/1000	0.219～0.438	1/120	0.14～0.21
多、高层钢结构	1/250	0.876～1.752	1/50	0.33～0.50

表 4-9　Q345 芯材防屈曲支撑耗能及安全保证判定条件

结构类型	$[\theta_e]$	不等式（4-45）右边表达式取值	$[\theta_p]$	不等式（4-45）左边表达式取值
钢筋混凝土框架结构	1/550	0.268～0.543	1/50	0.33～0.50
钢筋混凝土框架结构-抗震墙、板柱-抗震墙、框架-核心筒	1/800	0.185～0.376	1/100	0.17～0.25
钢筋混凝土抗震墙、筒中筒	1/1000	0.149～0.298	1/120	0.14～0.21
多、高层钢结构	1/250	0.597～1.194	1/50	0.33～0.50

表 4-10　Q390 芯材防屈曲支撑耗能及安全保证判定条件

结构类型	$[\theta_e]$	不等式（4-45）右边表达式取值	$[\theta_p]$	不等式（4-45）左边表达式取值
钢筋混凝土框架结构	1/550	0.237～0.481	1/50	0.33～0.50
钢筋混凝土框架结构-抗震墙、板柱-抗震墙、框架-核心筒	1/800	0.163～0.332	1/100	0.17～0.25
钢筋混凝土抗震墙、筒中筒	1/1000	0.132～0.264	1/120	0.14～0.21
多、高层钢结构	1/250	0.528～1.056	1/50	0.33～0.50

分析表 4-8～表 4-10 可知，随着防屈曲支撑芯材屈服强度的增加，保证防屈曲支撑在多遇地震作用下进入屈服耗能的同时，又保证防屈曲支撑在罕遇地震作用下的安全性将变得越来越困难。尤其在防屈曲支撑使用 Q345 或 Q390 芯材时，对于钢筋混凝土框架结构，两者易出现矛盾，即防屈曲支撑设计为多遇地震屈服，则在罕遇地震作用下的延性性能无法满足延性需求，或将防屈曲支撑设计为在罕遇地震作用下的延性性能能够达到延性需求，则在多遇地震作用下无法进入屈服耗能工作状态。在数学领域上表现为不等式（4-45）左右两侧表达式的取值范围无交集。同样的情况，对于采用 Q235、Q345 及高强钢 Q390 的防屈曲支撑，钢框架结构较混凝土框架结构更易实现防屈曲支撑多遇地震屈服及罕遇地震安全保证。

图 4-20～图 4-22 分别为采用 BLY100、Q235 及 Q390 芯材防屈曲支撑钢筋混凝土框架结构及多、高层钢框架结构的阈值分布图。从图 4-20～图 4-22 中可以看出，无论是钢筋混凝土框架结构还是钢框架结构，低屈服点钢的防屈曲支撑自然满足多遇地震耗能及罕遇地震安全性的要求；而随着防屈曲支撑芯材屈服强度的增加，这一自然满足条件发生变化，即防屈曲支撑安全阈值区域与屈服阈值区域具有交集，也就是说，应力集中因子 γ 须在一定范围内取值才能保证防屈曲支撑在多遇地震作用下进入屈服耗能状态，且在罕遇地震作用下的安全性又能得到保证。当采用 Q390 钢材作为防屈曲支撑的芯材时，对于钢筋混凝土框架结构，始终无法找到应力集中因子 γ 的取值区间使不等式（4-45）成立，即防屈曲支撑安全阈值区域与屈服阈值区域无交集；而对于多、高层钢框架结构，则存在相应取值区间使不等式（4-45）成立。

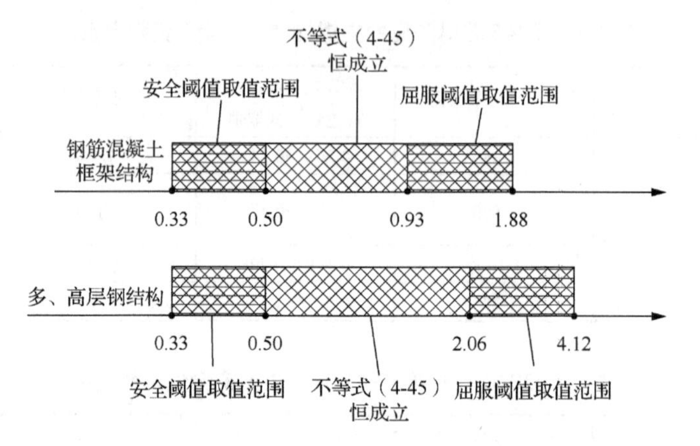

图 4-20　BLY100 芯材防屈曲支撑阈值取值范围及条件判断

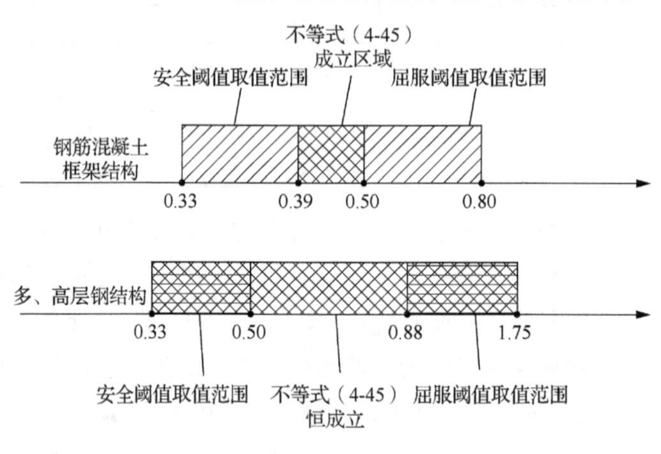

图 4-21　Q235 芯材防屈曲支撑阈值取值范围及条件判断

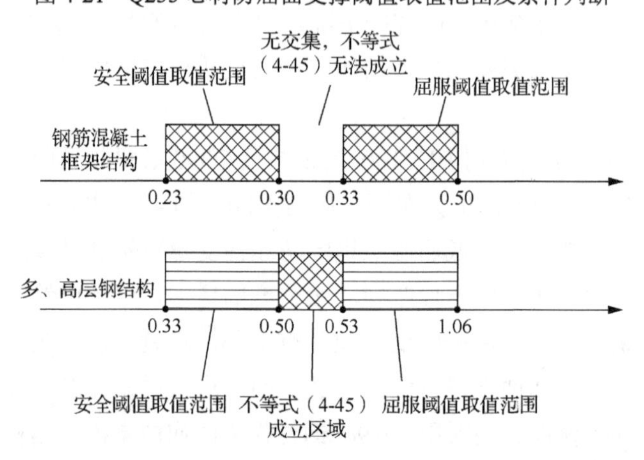

图 4-22　Q390 芯材防屈曲支撑阈值取值范围及条件判断

综上分析可知，影响防屈曲支撑在多遇地震作用下是否进入屈服耗能阶段及防屈曲支撑在罕遇地震作用下是否会断裂失效的关键因素为应力集中因子 γ 的取值大小，不等式（4-45）实质上相当于限制了防屈曲支撑芯板单元屈服耗能段长度的取值范围，既不能太大也不能过小，否则难以顺利地完成产品的设计和生产，而对于其恒成立的条件为

$$\frac{50\lambda_{\mathrm{p}}\left[\theta_{\mathrm{p}}\right]}{3}<\frac{\lambda_{\mathrm{e}}\left[\theta_{\mathrm{e}}\right]}{2\varepsilon_{\mathrm{y}}} \tag{4-46}$$

进一步将式（4-46）改写为

$$\varepsilon_{\mathrm{y}}<0.03\frac{\lambda_{\mathrm{e}}\left[\theta_{\mathrm{e}}\right]}{\lambda_{\mathrm{p}}\left[\theta_{\mathrm{p}}\right]} \tag{4-47}$$

只要防屈曲支撑芯板单元所采用钢材的屈服应变满足式（4-47），则式（4-45）总是成立，其实质是将钢材的屈服强度限定在一定取值范围内。

4.6 有限元验证分析

4.6.1 单自由度体系附加阻尼比变化规律验证

1. 主体结构弹性时附加阻尼比变化规律验证

为验证前面推导的防屈曲支撑减震结构单自由度体系中防屈曲支撑附加给主体框架结构的有效阻尼比变化规律的正确性，并综合探讨附加有效阻尼比的合理设计取值问题，采用有限元分析软件 SeismoStruct 分别建立防屈曲支撑与主体框架结构的刚度比分别为 1、3、5、8 的防屈曲支撑减震结构等效单自由度体系有限元模型，如图 4-23 所示。其中，主体框架部分采用弹性框架单元进行模拟，防屈曲支撑则采用软件内置的非线性桁架单元进行模拟，恢复力模型采用双线性模型（bilinear），防屈曲支撑第二刚度系数取为 0.02。将主体框架底部及防屈曲支撑一端的节点固定，即将该节点在 6 个自由度方向进行约束，对主体框架与防屈曲支撑相连接点处施加一逐级增加的往复位移荷载，每级荷载的循环次数为 1 次，从而获得整体减震结构的滞回曲线及防屈曲支撑的滞回曲线。防屈曲支撑减震结构的应变能用每一级加载下的最大反力与最大位移计算，防屈曲支撑耗散的输入能量按每一级加载下的滞回曲线面积计算，并按式（4-1）计算防屈曲支撑附加给主体结构的有效阻尼比。

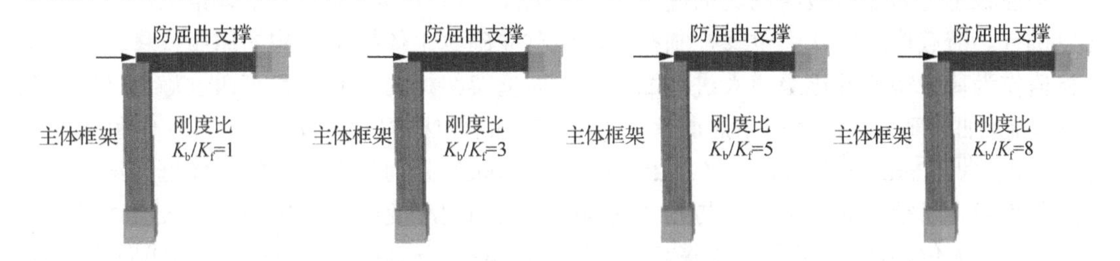

图 4-23 防屈曲支撑减震结构等效单自由度体系有限元模型

图 4-24 为主体结构处于弹性状态时，防屈曲支撑减震结构单自由度体系附加有效阻尼比随结构变形的变化规律图，其中结构变形用 μ 表征。从图 4-24 中可以看出，有限元分析所得附加有效阻尼比变化规律与理论计算结果一致，即附加有效阻尼比随结构变形的增加呈先增大、后减小的变化规律，在结构某一特定变形下取得极大值；同时在相同的结构变形下，附加有效阻尼比随防屈曲支撑与主体框架结构刚度比值的增大而增大。但从图 4-24 中注意到，有限元计算值与理论计算值的吻合程度有限，这主要是因为理论计算得到的附加有效阻尼比是在结构连续变形条件下进行计算的，而有限元模型计算得到的附加有效阻尼比是在逐级增加的往复荷载作用下进行计算的，因此两者间存在一定程度上的差异，但从总体变化规律上看，理论值与有限元计算值相一致。

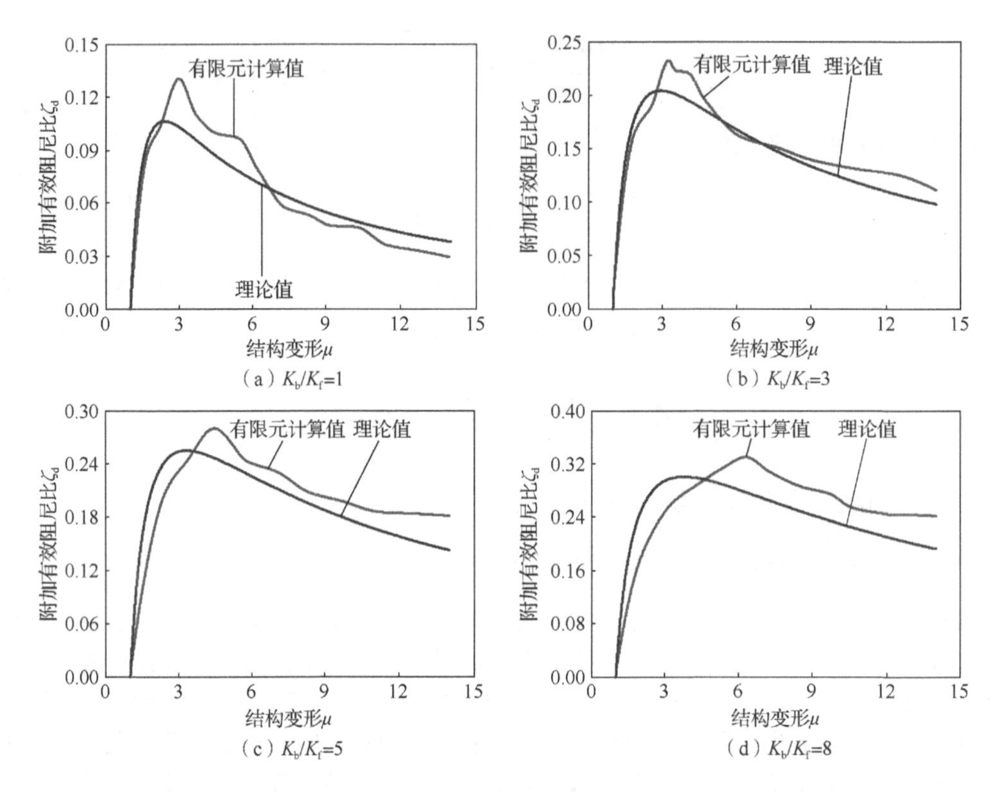

图 4-24　主体结构处于弹性状态时防屈曲支撑结构单自由度体系附加阻尼比随结构变形的变化规律

2. 主体结构塑性时附加阻尼比变化规律验证

主体结构进入弹塑性工作阶段后，框架部分的非线性行为通过设置塑性铰来进行考虑，防屈曲支撑的恢复力模型同样采用双线恢复力模型，对于主体框架结构不同的屈服后刚度退化程度，通过修改框架塑性铰属性来予以实现。值得注意的是，由于主要分析主体结构处于塑性状态时附加有效阻尼比的变化规律，因此，荷载的施加应从主体结构的屈服荷载开始进行。荷载施加模式为位移控制模式，应首先确定主体框架结构的屈服位移，并以该位移值作为荷载初值并逐级增大进行加载。主体框架结构的屈服位移可通过静力推覆得到的承载能力曲线确定，求解等效屈服承载力及等效屈服位移的方法较多，如几何作图法[109]、等能量法[110]、Park 法[111]等，如图 4-25 所示，本节采用几何作图法求解主体框架结构的等效屈服承载力及等效屈服位移。防屈曲支撑减震结构的应变能同样采用每一级加载下的最大反力与最大位移计算，防屈曲支撑耗散的输入能量按每一级加载下的滞回曲线面积计算，同样按式（4-1）计算防屈曲支撑附加给主体结构的有效阻尼比。

图 4-26 给出了主体结构处于塑性状态时，防屈曲支撑减震结构单自由度体系附加有效阻尼比有限元计算结果与理论值的比较，其中结构变形用 μ_λ 表征。从图 4-26 中可以看出，有限元分析所得附加有效阻尼比变化规律与理论计算结果基本一致。随着主体结构屈服后刚度退化程度的变化，附加有效阻尼比的变化规律也不尽相同，主要体现在主体结构不同屈服后刚度所对应附加有效阻尼比变化规律的单调性的差别上。同样地，有限元计算值与理论计算值的吻合程度有限，这主要是因为理论计算得到的附加有效阻尼比是在结构连续变形条件下进行计算的，而有限元模型计算得到的附加有效阻尼比是在逐级增大的荷载作用下进行计算的，因此两者间存在一定程度上的差异，但从总体变化规律上看，理论值与有

限元计算值相一致。

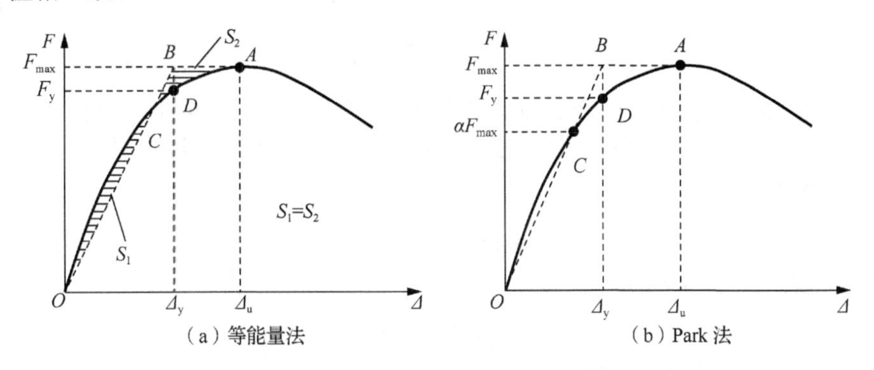

（a）等能量法　（b）Park 法

图 4-25　等效屈服承载力及等效屈服位移求解示意图

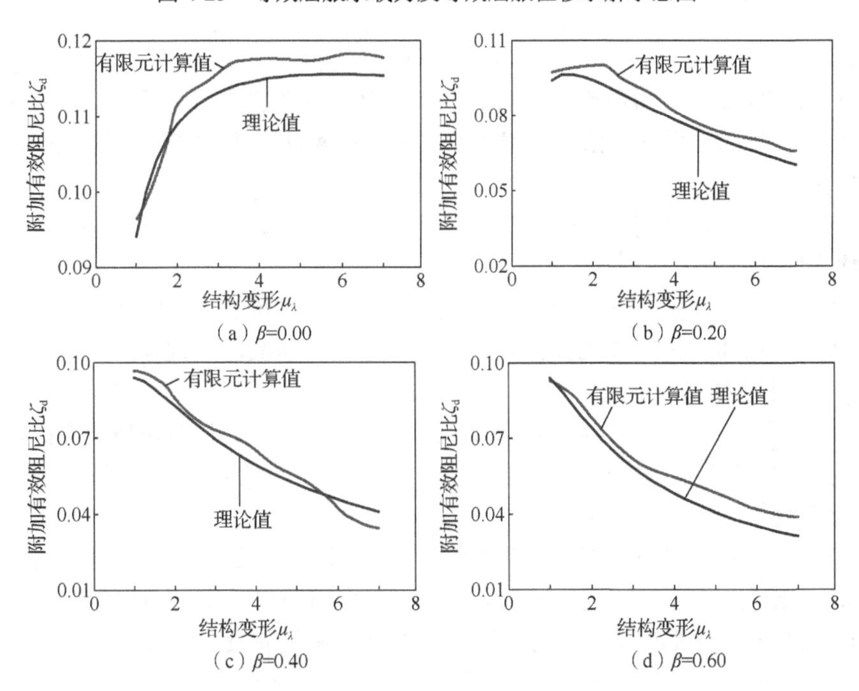

图 4-26　主体结构处于塑性状态时防屈曲支撑减震结构单自由度体系附加有效阻尼比有限元计算结果与理论值的比较

4.6.2　多自由度体系附加阻尼比变化规律验证

为分析防屈曲支撑减震结构多自由度体系是否与单自由度体系具有相同的附加有效阻尼比变化规律，以及本书中提出考虑与结构参数匹配的防屈曲支撑设计原则的合理性，并综合探讨附加有效阻尼比的合理设计取值问题，本节采用一多层钢筋混凝土框架结构体系工程实例进行有限元验证分析。其中，防屈曲支撑附加给主体框架结构的有效阻尼比变化规律采用自由振动衰减法进行分析，而与结构参数相匹配的防屈曲支撑设计原则的合理性则采用精确非线性时程方法进行分析讨论。

1. 自由振动衰减法计算附加有效阻尼比[180]

对于具有黏滞阻尼系统特点的单自由度体系，根据有阻尼体系自由振动衰减理论[193]，体系在自由振动条件下，相邻 m 周间振幅与体系的阻尼比有下列关系式成立：

$$\zeta = \frac{\delta_m}{2\pi m(\omega / \omega_{\mathrm{D}})} \tag{4-48}$$

式中，$\delta_m=\ln(s_n/s_{n+m})$，$s_n$ 和 s_{n+m} 分别为单自由度体系第 n 和第 $n+m$ 周振动振幅；m 为两振幅间相隔周期数；ω 和 ω_{D} 分别为无阻尼单自由度体系和有阻尼单自由度体系的自振频率，ω 与 ω_{D} 的关系为

$$\omega_{\mathrm{D}} = \omega\sqrt{1-\zeta^2} \tag{4-49}$$

当结构体系为小阻尼体系时，有

$$\omega_{\mathrm{D}} = \omega\sqrt{1-\zeta^2} \approx \omega \tag{4-50}$$

将式（4-50）代入式（4-48），得

$$\zeta = \frac{\delta_m}{2\pi m(\omega / \omega_{\mathrm{D}})} \approx \frac{\delta_m}{2\pi m} \tag{4-51}$$

将防屈曲支撑减震结构顶点的振动看成单自由度体系的振动，根据结构的顶点变形并结合式（4-51）验证分析防屈曲支撑附加给主体框架结构的有效阻尼比变化规律，具体实现过程如下：

1）将主体框架结构设定为弹性，即在整个计算过程中均按弹性构件进行分析，并指定其各阶振型阻尼比为 0。

2）对防屈曲支撑减震结构基底施加一瞬时激励，使结构在该荷载激励下产生自由衰减振动，并考虑防屈曲支撑的非线性行为，计算防屈曲支撑减震结构顶点振幅自由振动衰减时程曲线，如图 4-27（a）所示。

3）在得到图 4-27（a）中曲线的基础上，根据式（4-51）计算防屈曲支撑附加给主体框架结构有效阻尼比随结构变形（用结构顶点振幅 S 与防屈曲支撑屈服位移 D_{b} 比值 μ_{s} 表征）的变化曲线，如图 4-27（b）所示。

4）计算防屈曲支撑减震结构在多遇地震作用及设防地震作用下的顶点振幅，并根据图 4-27（b）确定各地震作用下防屈曲支撑减震结构的附加阻尼比，将两者中的较小值作为防屈曲支撑附加给主体框架结构的有效阻尼比进行结构抗震设计。

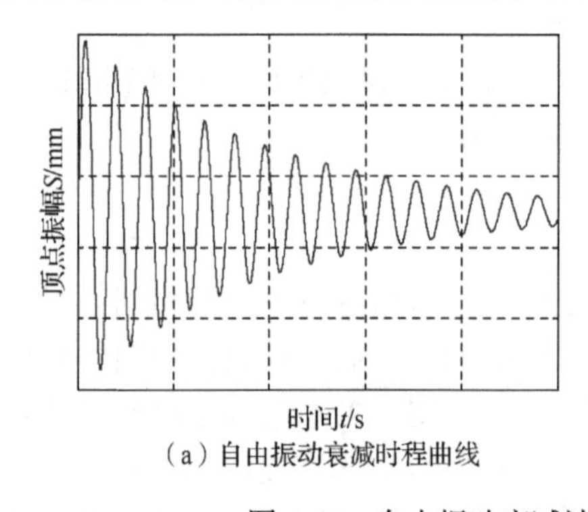

（a）自由振动衰减时程曲线

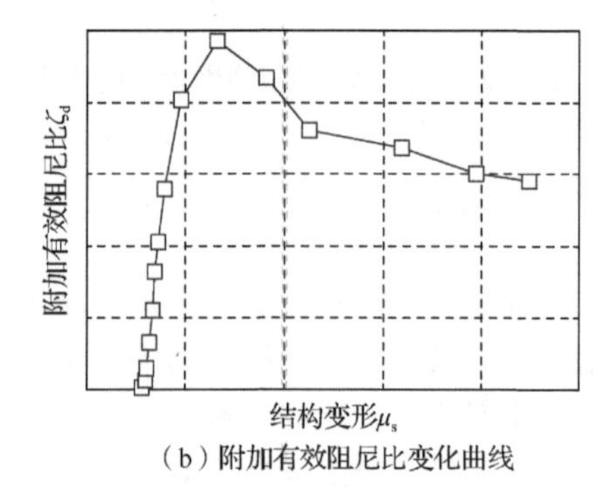

（b）附加有效阻尼比变化曲线

图 4-27　自由振动衰减法计算附加有效阻尼比示意图

2. 工程实例验证分析

某钢筋混凝土框架结构办公楼如图 4-28 所示。该结构共 15 层，首层层高 4.5m，标准层层高 3m，结构总高度为 46.5m，抗震设防烈度为 8 度（0.2g），设计地震分组为第二组，

场地类别为Ⅱ类，场地特征周期 T_g=0.4s，楼面恒荷载取值为 5kN/m^2，活荷载取值为 2kN/m^2，框架梁上的线荷载按《建筑结构荷载规范》（GB 50009—2012）规定进行取值。

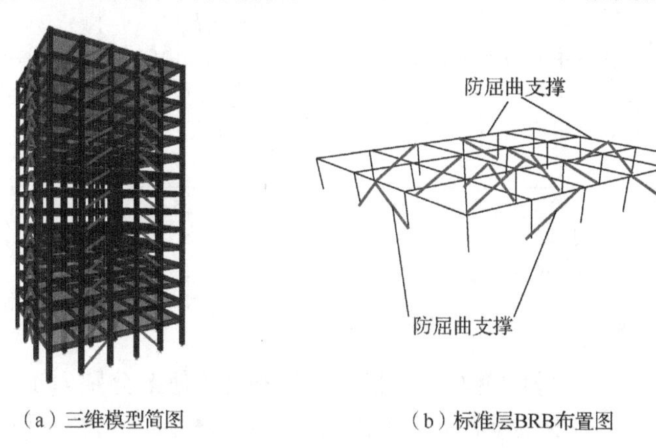

（a）三维模型简图　（b）标准层BRB布置图

图 4-28　框架结构及防屈曲支撑布置

采用大型有限元分析软件 SAP 2000 建立有限元分析模型。其中，框架梁柱构件采用框架线单元建立模型，防屈曲支撑采用 1976 年基于 Wen 提出的非线性滞回模型来模拟其往复非线性行为。建立的各有限元分析模型中，主体框架结构的各项参数均相同，包括梁柱截面尺寸，线、面荷载大小等；而防屈曲支撑的各项参数则不尽相同，防屈曲支撑的总侧向刚度与主体框架结构的抗侧刚度之比分别为 1、3、5、8，对于刚度比为 1 和 5 的防屈曲支撑减震结构，防屈曲支撑的第二刚度系数 α 则分别取值为 0.00、0.05 和 0.10。

按照 4.6.1 节所述的自由振动衰减法，采用 SAP 2000 有限元软件对防屈曲支撑减震结构进行附加有效阻尼比计算分析。结构在两主轴 X 及 Y 方向的动力特性较为接近，因此以 X 向自由振动为例进行计算分析。图 4-29 为防屈曲支撑刚度与主体框架结构刚度比值 k_1 不同取值下，结构在瞬时激励荷载作用下顶点自由振动位移衰减时程曲线。从图 4-29 中可以看出，防屈曲支撑减震结构顶点自由振动衰减符合有阻尼体系衰减规律，随着自由振动时间的增加，输入结构的振动能量部分被附加有效阻尼所消耗，因此其顶点振动位移不断减小；并且刚度比 k_1 越大，历经相同自由振动衰减时间后，结构顶点位移衰减程度越高，这主要是由于在较大刚度比的情况下，防屈曲支撑附加给结构的有效阻尼比值更大；当结构顶点位移衰减到一定程度后，即当结构的变形不足以使防屈曲支撑产生塑性变形而消散输入的振动能量时，结构顶点位移不再衰减，并以该变形保持稳定自由振动。

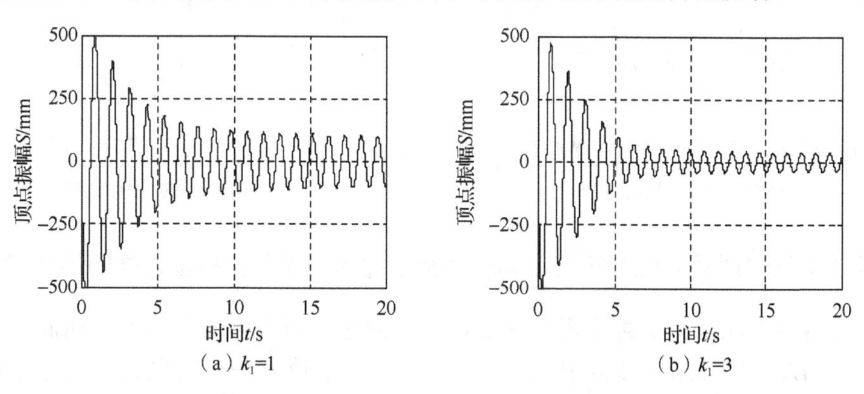

（a）k_1=1　（b）k_1=3

图 4-29　防屈曲支撑减震结构顶点自由振动位移衰减时程曲线

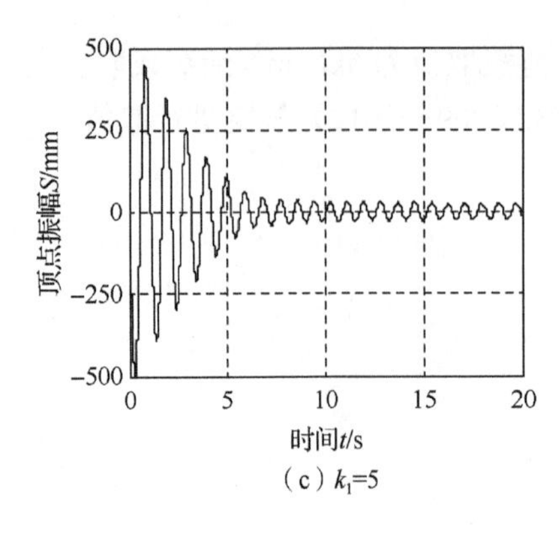

（c）k_1=5

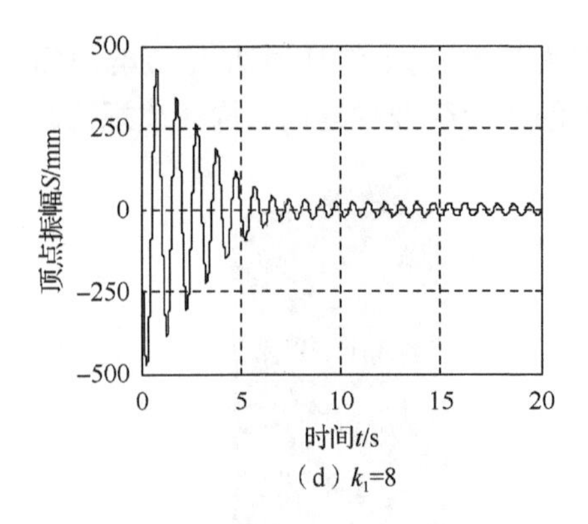

（d）k_1=8

图 4-29（续）

图 4-30 所示为防屈曲支撑刚度与主体框架结构刚度比值 k_1 分别为 1、3、5、8 的取值下，防屈曲支撑附加给主体框架结构的有效阻尼比随结构变形（用结构顶点振幅 S 与防屈曲支撑屈服位移 D_b 比值 μ_s 表征）的变化曲线。从图 4-30 中可以看出，有限元模拟得到的附加有效阻尼比变化规律与前文理论推导得到的防屈曲支撑减震结构单自由度体系附加有效阻尼比变化规律相一致，即防屈曲支撑附加给主体框架结构的有效阻尼比随结构变形的增大呈先增加、后减小的变化规律，在相同的结构变形下，刚度比值 k_1 越大，附加有效阻尼比越高。

图 4-31 所示为防屈曲支撑刚度与主体框架结构刚度比值 k_1 分别为 1、5 取值下，防屈曲支撑第二刚度系数 α 变化时（分别取值为 0.00、0.05、0.10），支撑附加给主体框架结构的有效阻尼比随结构变形（用结构顶点振幅 S 与防屈曲支撑屈服位移 D_b 比值 μ_s 表征）的变化曲线。从图 4-31 中可以看出，随着刚度比值 k_1 的增大，防屈曲支撑第二刚度系数 α 的变化对附加有效阻尼比的影响更为显著，同时在刚度比值 k_1 确定的情况下，第二刚度系数 α 越小，附加有效阻尼比越大。

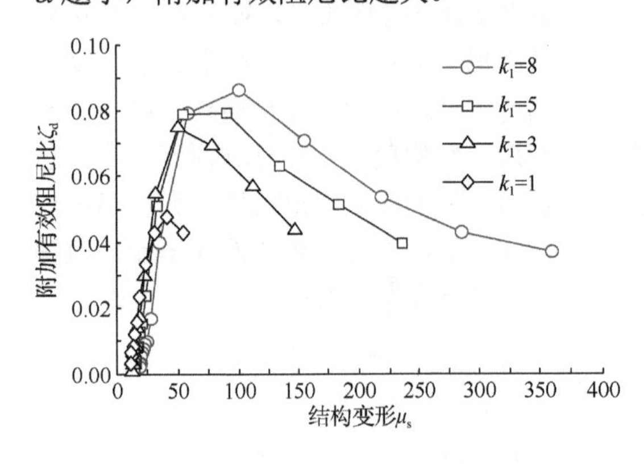

图 4-30　防屈曲支撑附加给主体框架结构有效阻尼比随结构变形的变化曲线

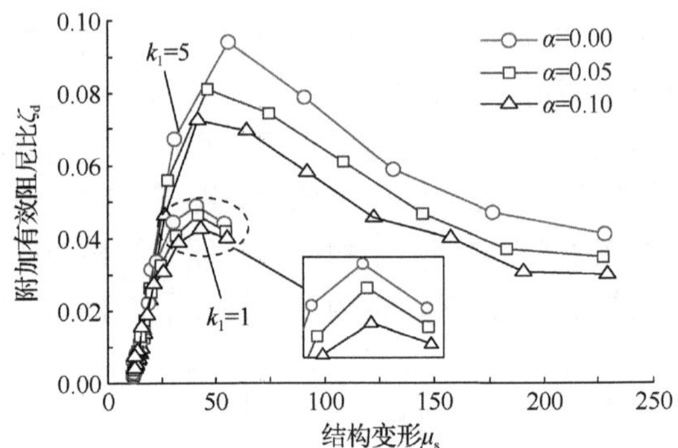

图 4-31　不同第二刚度系数下附加有效阻尼比随结构变形的变化曲线

4.6.3　采用非线性时程方法分析与结构参数相匹配的防屈曲支撑设计原则的合理性

以下面两种工况来分别讨论多遇地震作用下便进入屈服耗能状态的防屈曲支撑（第III类）设计原则及其附加给主体框架结构的有效阻尼比取值方法。工况 1（记为 B1）：仅按常规构造要求及相应性能要求设计防屈曲支撑，而不考虑其屈服位移与主体框架结构屈服位移大小关系时可能出现的情况，即取 $\mu_1 = 20$ 进行防屈曲支撑设计；工况 2（记为 B2）：按照本章中建议的原则进行防屈曲支撑设计，即考虑防屈曲支撑与结构参数相匹配的问题，按式（4-20）进行防屈曲支撑的设计。对上述两种工况，分别计算多遇地震作用下及设防地震作用下防屈曲支撑附加给主体结构的有效阻尼比，如表 4-11 所示。

表 4-11　各水准地震作用下结构附加有效阻尼比

工况	附加有效阻尼比		
	多遇地震作用下	设防地震作用下	变化曲线
B1	0.086	0.048	附加有效阻尼比ζ_d；结构变形μ_s
B2	0.053	0.092	附加有效阻尼比ζ_d；结构变形μ_s

下面分别将以上两种工况在多遇地震和设防地震作用下计算得到的防屈曲支撑附加给主体框架结构的有效阻尼比代入等效分析模型进行时程分析，与考虑防屈曲支撑非线性行为的时程分析结果进行比较。时程分析输入地震动选用小样本容量的两条天然波及一条人工波，并按照规范要求基于频谱特性、有效持时、有效峰值加速度及结构所处场地类别进行地震动的选择。地震波时程曲线及反应谱曲线如图 4-32 所示。从图 4-32 中可以看出，天然波反应谱曲线在结构基本周期点处较为接近，而人工波是基于规范反应谱生成的，因此在全周期范围内均较为接近，两条天然波的基本信息如表 4-12 所示。在进行多遇地震作用及设防地震作用下的时程分析时，分别将各条地震波的峰值加速度根据抗震规范时程分析加速度值的要求调整为 0.007g 和 0.02g。

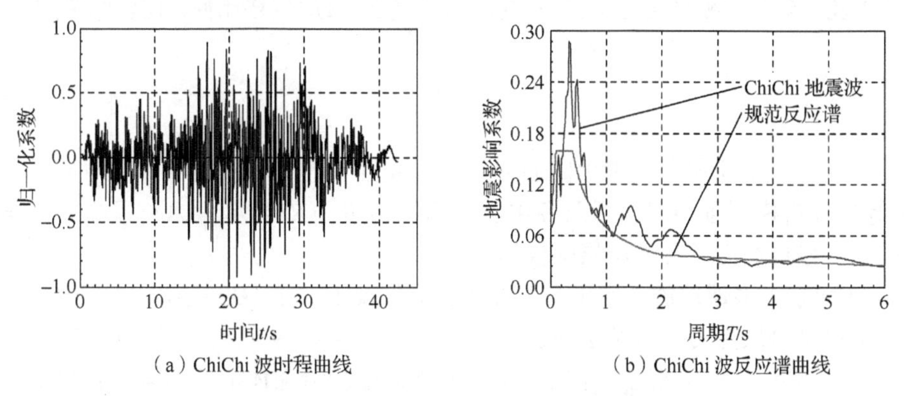

（a）ChiChi 波时程曲线　（b）ChiChi 波反应谱曲线

图 4-32　地震波时程曲线及反应谱曲线

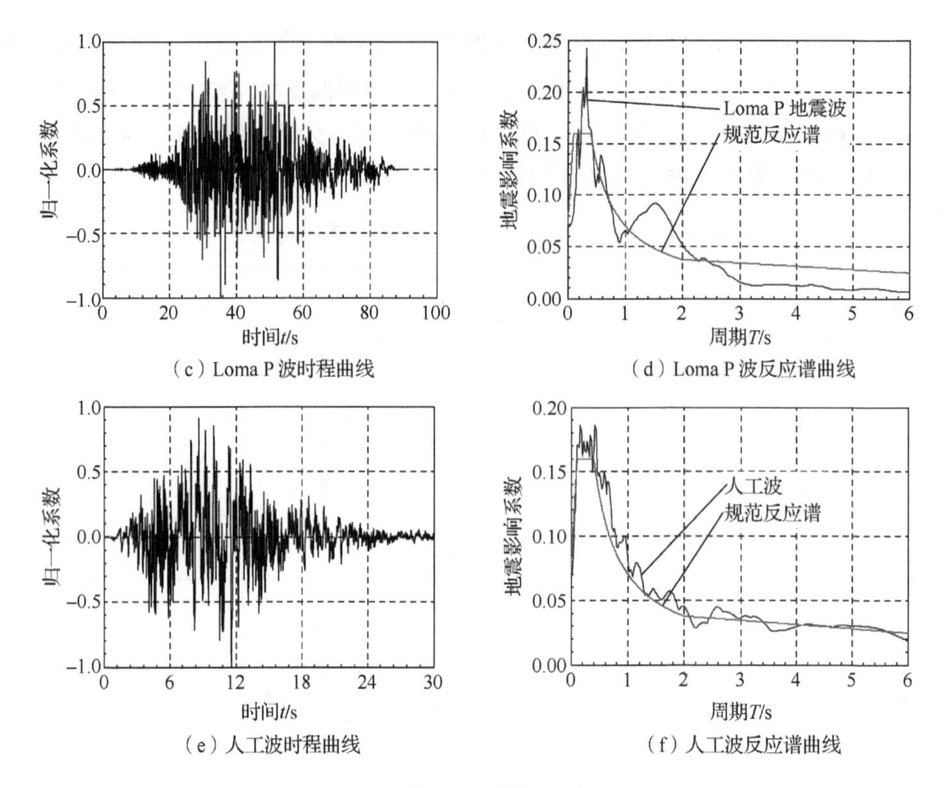

（c）Loma P 波时程曲线　（d）Loma P 波反应谱曲线

（e）人工波时程曲线　（f）人工波反应谱曲线

图 4-32（续）

表 4-12　天然波基本信息

地震波编号	地震名称	发生时间	记录台站	地震等级 M	地面峰值加速度（PGA）/g	地面峰值速度（PGV）/（cm/s）	地面峰值位移（PGD）/cm
T1	Loma P	1989 年	Los Gatos-Lexington Dam	6.93	0.143	27.01	16.59
T2	ChiChi	1999 年	CHY 004	5.90	0.008	0.403	0.071

将上述两种工况等效分析模型与非线性分析模型时程结果进行对比，分别比较在多遇地震作用及设防地震作用下两种工况对应的等效分析模型楼层剪力与非线性分析模型楼层剪力比值以及等效分析模型楼层位移与非线性分析模型楼层位移比值，比较结果用式（4-52）表示：

$$\kappa_i = \frac{R_{0i}}{R_{1i}} \tag{4-52}$$

式中，κ_i 表示等效分析模型与考虑防屈曲支撑非线性行为分析模型各楼层地震反应之比；R_{0i} 表示等效分析模型各楼层剪力及各楼层层间位移角；R_{1i} 表示考虑防屈曲支撑非线性行为分析模型各楼层剪力及各楼层层间位移角。

图 4-33 所示为多遇地震作用下，工况 1（B1）及工况 2（B2）所对应等效分析模型与非线性分析模型楼层剪力比值及层间位移角比值对比结果。从表 4-11 及图 4-33 中可以看出，工况 1（B1）计算所得多遇地震作用下防屈曲支撑附加给主体框架结构的有效阻尼比较设防地震作用下的要大。若按此时多遇地震作用下的附加有效阻尼比进行结构的第一阶段抗震设计，则可能会高估防屈曲支撑的耗能能力，从而使设计得到的结构抗震安全性不足。

图 4-33（a）和（c）中多遇地震作用下等效分析模型各楼层剪力及层间位移角小于考虑防屈曲支撑非线性行为分析模型各楼层剪力及层间位移角，即 κ<1，也说明若工况 1（B1）按多遇地震作用下的附加有效阻尼比进行结构抗震承载力设计，将高估防屈曲支撑的耗能作用。工况 2（B2）计算所得多遇地震作用下防屈曲支撑附加给结构有效阻尼比较设防地震作用下的要小。由图 4-33（b）和（d）中多遇地震作用下 κ>1 可知，若将此时多遇地震作用下的附加有效阻尼比用于结构抗震设计，则会提高结构的抗震安全储备。

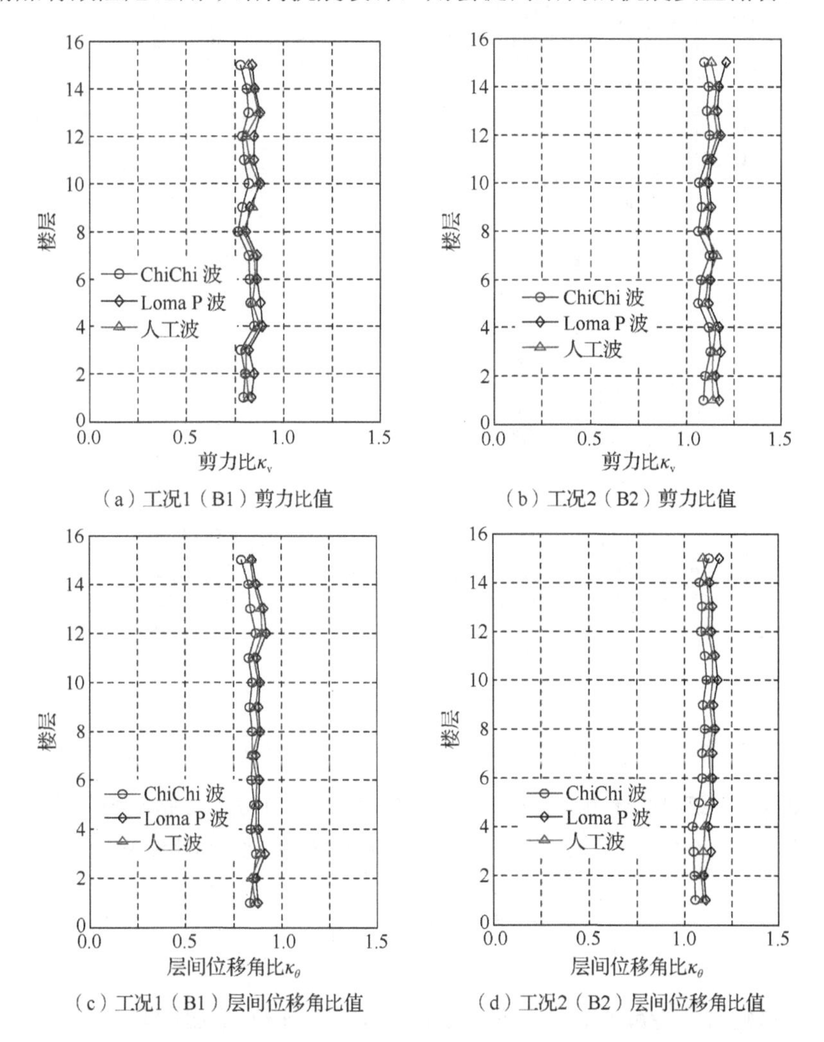

图 4-33 多遇地震作用下工况 1（B1）及工况 2（B2）所对应等效分析模型与非线性分析模型楼层剪力比值及层间位移角比值对比结果

图 4-34 所示为设防地震作用下，工况 1（B1）及工况 2（B2）所对应等效分析模型与非线性分析模型楼层剪力比值及层间位移角比值对比结果。从图 4-34（a）和（c）中可以看出，设防地震作用下，工况 1（B1）所对应等效分析模型的楼层剪力及层间位移角均大于非线性分析模型的楼层剪力及层间位移角，即工况 1（B1）对应 κ>1；而工况 2（B2）对应 κ<1，表明按照工况 2（B2）设计的防屈曲支撑使结构在弹塑性工作阶段具有更高的抗震安全储备。

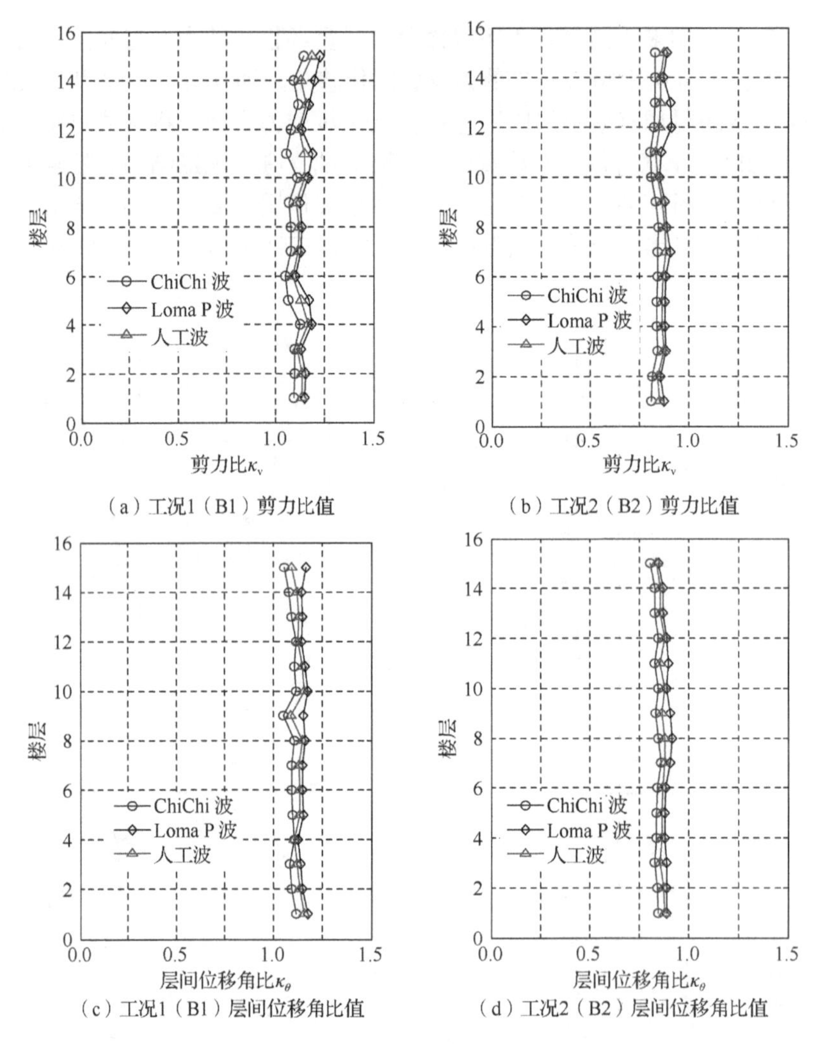

图 4-34　设防地震作用下工况 1（B1）及工况 2（B2）所对应等效分析模型与非线性分析模型楼层剪力比值及层间位移角比值对比结果

本 章 小 结

本章基于《建筑消能减震技术规程》（JGJ 297—2013）给出的附加有效阻尼比计算方法，推导了防屈曲支撑减震结构等效单自由度体系的附加有效阻尼比计算式；分析了主体结构处于不同工作阶段下，防屈曲支撑附加给结构的有效阻尼比变化规律，并采用自由振动衰减法验证了其变化规律的正确性；同时分析了防屈曲支撑在多遇地震作用下的耗能及设防地震作用下的安全保证条件，讨论不同结构体系中不同钢材种类防屈曲支撑屈服阈值及安全阈值的取值情况；通过有限元分析模型对阻尼器型防屈曲支撑（第Ⅲ类）的设计原则进行了讨论，分析了结构第一阶段抗震设计时防屈曲支撑附加给主体结构有效阻尼比的合理取值，得到以下结论：

1）在主体结构处于弹性阶段时，防屈曲支撑附加给主体结构的有效阻尼比随结构变形的增加呈先增大、后减小的变化规律；在相同变形条件下，随支撑弹性刚度与主体结构弹性刚度比值的增大而增加；同时随防屈曲支撑第二刚度系数 α 的变化更为显著，α 值越小，附加有效阻尼比越大。

2）在主体结构处于塑性阶段时，防屈曲支撑附加给结构的有效阻尼比随结构屈服后刚度系数 β 的减小而增加；当 $\beta \to 0$ 时，其值随结构变形的增加趋于一恒定常数值 $2(1-\alpha)k_1/[\pi(1-\alpha)k_1+(\pi+\pi\alpha k_1)\mu_1]$。

3）本文建议第Ⅲ类防屈曲支撑的设计原则如下：①确定合适的防屈曲支撑屈服位移，使其附加给结构的有效阻尼比在设防地震作用下较多遇地震作用下要大；②在防屈曲支撑弹性刚度与主体结构弹性刚度较大的情况下，应尽量使防屈曲支撑第二刚度系数 α 要小，如此可避免在结构第一阶段抗震设计时高估防屈曲支撑的耗能能力。

4）防屈曲支撑框架结构多自由度体系附加有效阻尼比变化规律与单自由度体系相似，即在主体结构处于弹性阶段时，附加有效阻尼比随结构变形的增大呈先增大、后减小的变化规律。

5）防屈曲支撑在多遇地震作用下便进入屈服耗能状态，而在罕遇地震作用下安全性又能得到保证的条件如下：防屈曲支撑应力集中因子 γ 满足式（4-44），并且对于不同的结构体系及不同的防屈曲支撑芯材种类，其取值范围有较大差异。对于钢筋混凝土框架结构，若采用 Q390 钢材防屈曲支撑，则 γ 很难有合适的取值区间满足式（4-44）。

6）由于防屈曲支撑附加给结构的有效阻尼比随结构变形呈规律性变化，因此在工程应用中确定设计反应谱地震影响系数时，建议按多遇地震和设防地震作用下防屈曲支撑附加给主体结构有效阻尼比的较小值确定。

第 5 章　防屈曲支撑钢筋混凝土框架结构抗震性能振动台试验研究

5.1　引　　言

随着抗震技术的发展及国民经济水平的提高，一些抗震新技术，如隔减震技术在我国工程建设中得到广泛的应用，其中，防屈曲支撑减震结构体系的应用不在少数[194]。国内外研究学者对该结构体系的抗震设计方法及抗震性能均有广泛的研究[195]，包括理论研究和试验分析。但地震的发生，尤其是大地震的发生具有相当的不确定性，因此至今未能检验防屈曲支撑结构体系在大地震作用下的性能表现。通过试验手段可在各种等级的地震作用下了解结构的抗震性能，其中振动台试验是检验结构在真实地震作用下性能表现较为直接和较为可靠的方法。在防屈曲支撑框架结构体系抗震性能试验研究方面，大部分以振动台试验研究为主要研究方法和手段，但目前大多数试验研究[196-197]均是对钢框架结构进行的。研究人员关注的焦点大部分集中在防屈曲支撑的耗能能力及减震性能上，并且主要针对钢框架而进行，很难做到破坏甚至是倒塌试验，因此对防屈曲支撑及防屈曲支撑框架结构体系的破坏失效机理的研究显得有些无可奈何。目前防屈曲支撑广泛应用于钢筋混凝土框架结构中[198-199]，但对带防屈曲支撑的钢筋混凝土框架结构的整体抗震性能的系统试验研究在国内外鲜有报道。本章针对上述问题，对带防屈曲支撑钢筋混凝土框架结构进行系统深入的试验研究，以期初步探索上述问题的应对解决途径，并从本质上揭示防屈曲支撑框架结构体系的减震作用机理及破坏失效机理。

5.2　试验模型工程背景

《建筑抗震设计规范》不断被修订，对建筑的抗震安全性也有着更高的要求，一大批早些年建造的房屋抗震设防水平较低，有的甚至未进行抗震设防，时至今日，这些建筑已不能满足现行《建筑抗震设计规范（2016 年版）》（GB 50011—2010）中的抗震要求，但大部分仍然在使用中，这无疑对人民的生命财产安全产生潜在的巨大威胁。某框架结构教学楼即在《建筑抗震设计规范》修订之后，由于抗震性能不满足，须进行抗震加固设计。在抗震加固方案选择时，业主要求不能改变原有建筑的风格及平立面布局，因此综合考虑结构特点、施工工期、经济性等方面要求，采用消能减震加固技术进行抗震加固。主要加固思想为，在多遇地震作用下增加结构抗侧刚度，提高结构抗震承载力，在设防地震及罕遇地震作用下增加结构阻尼，减小结构地震反应，从而实现“小震不坏，中震可修，大震不倒”的三水准抗震设防目标。为验证消能减震加固后结构在地震作用下的抗震性能，研究消能减震加固结构体系的破坏形态及机理，以及耗能器在历经地震作用后的性能变化及差异性，对未加固结构（以下简称无控结构）及消能减震加固结构（以下简称有控结构）进行 3 条峰值加速度为 $0.079g$～$0.452g$ 的地震波作用下的 1/5 比例缩尺模型振动台对比试验研究。

5.3 试验概况

无控结构及有控结构振动台试验均在昆明理工大学工程抗震研究所模拟地震振动台上进行，振动台的基本参数列于表 5-1 中，振动台模拟地震系统模型、振动台控制系统及数据采集设备如图 5-1 所示。

表 5-1　振动台参数

基本参数	参数值
台面尺寸（m×m）	4×4
最大载重量/t	30（300kN）
振动方向	*X*/*Y* 平动及绕 *Z* 轴扭转 3 个自由度
最大加速度	±1*g*（载重 20t 时）、±0.8*g*（载重 30t 时）
最大速度/（m/s）	±0.8
最大位移/mm	±125
频率范围/Hz	0.1～100

（a）振动台模型

（b）控制系统

（c）数据采集系统

图 5-1　地震模拟振动台系统

5.3.1 原型结构概述

某框架结构教学楼建于 20 世纪 90 年代，按当时执行的《建筑抗震设计规范》（GBJ 11—89）的规定，该建筑所在地区为 7 度（0.1*g*）设防区，而在《建筑抗震设计规范（2016 年版）》（GB 50011—2010）中其设防烈度已提升为 8 度（0.2*g*）。该建筑为钢筋混凝土框架结构体系，结构总长度为 20m，宽度为 8m，共 3 层，各楼层层高均为 3.6m，总高度为 10.8m，设计地震分组为第二组，场地类别为Ⅱ类，场地特征周期为 0.4s。原型结构中各楼层防屈曲支撑布置方式相同，结构纵向的布置方式为单斜撑布置，结构横向的布置方式为“人”字形布置。原型结构平立面布置如图 5-2 所示。考虑到该建筑为教学楼，框架抗震等级由三级提升到一级，因此与防屈曲支撑相连接的柱均采用加大截面的方式进行加固［图 5-2（b）］，以保证防屈曲支撑在设防地震及罕遇地震作用下保持正常工作。

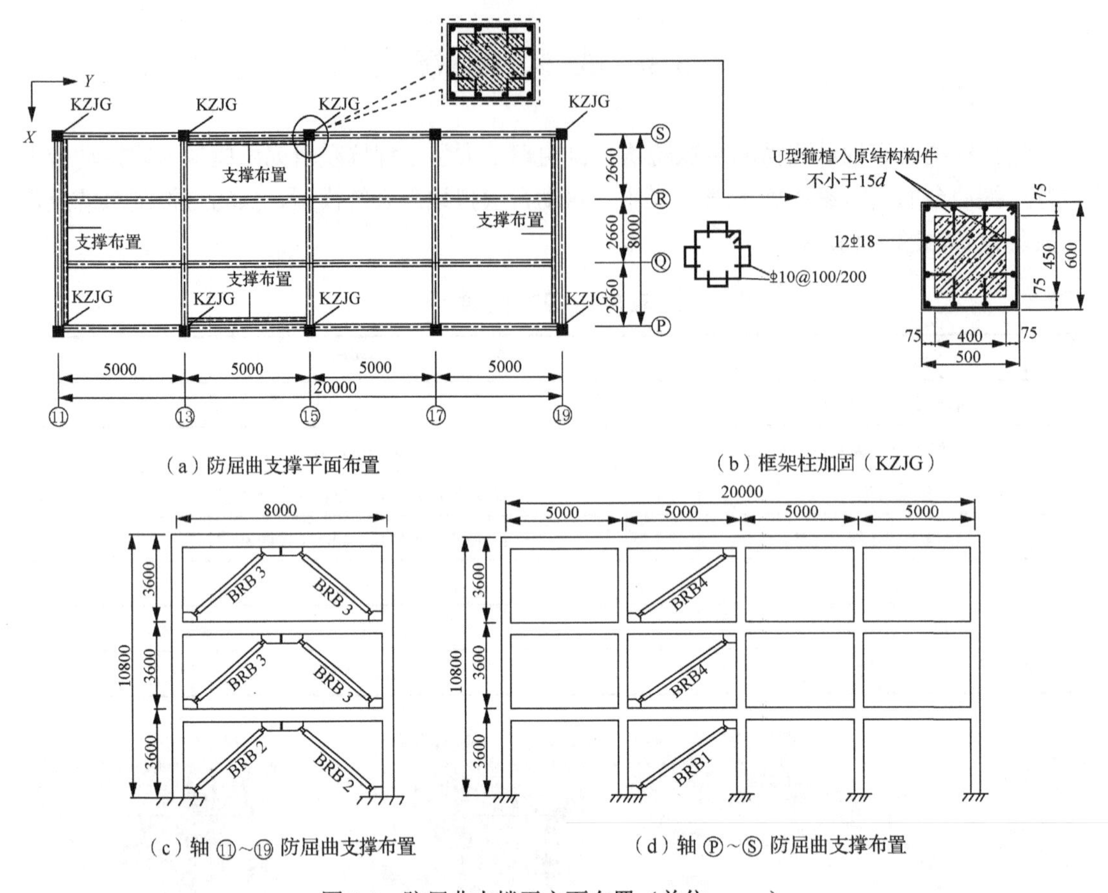

（a）防屈曲支撑平面布置　　（b）框架柱加固（KZJG）

（c）轴 ⑪~⑲ 防屈曲支撑布置　　（d）轴 Ⓟ~Ⓢ 防屈曲支撑布置

图 5-2　防屈曲支撑平立面布置（单位：mm）

5.3.2　相似关系确定

相似关系的确定在整个地震模拟振动台试验设计环节中十分关键。通常，结构模型振动台试验的相似关系是基于结构动力方程建立的，在相似关系的诸多参数中需先确定 3 个基本可控相似系数，即长度相似系数 S_L、弹性模量相似系数 S_E 及加速度相似系数 S_a。此时所确定的相似关系作为结构模型设计的初步相似关系，确定相似关系时需要综合考虑实验室施工条件、吊装能力和振动台性能参数等因素[200]。根据白金汉 π 定理，用上述 3 个基本相似系数及质量密度相似系数建立相似关系的约束方程[201]：

$$S_E / S_\rho S_a S_L = 1 \tag{5-1}$$

原型结构总高度为 10.8m，长度为 20m，宽度为 8m，结合云南省工程抗震研究所实验室振动台台面尺寸（4m×4m），首先确定长度相似系数 S_L=1/5；其次根据试验模型所采用材料（微粒混凝土、镀锌铁丝）材性试验结果确定弹性模量相似系数 S_E=1/2.5；由于考虑重力加速度 g 的影响，为尽量使模型满足用人工质量模拟的弹塑性模型，可通过调整长度相似系数 S_L、质量密度相似系数 S_ρ、弹性模量相似系数 S_E 的大小，使加速度相似系数 S_a 尽量等于 1。由此便可实现竖向荷载下模型结构中应力与材料强度的比值和原型结构保持一致，有利于实现完全相似动力模型，从而实现模型结构与原型结构的开裂相似性。因此最终结合实验室吊装能力、振动台承载力，在考虑满足配重要求的情况下确定质量密度相似系数 S_ρ=1.769。由于加速度相似系数 S_a 与质量密度相似系数 S_ρ 成反比，而模型配重的质量由质量密度相似系数决定，同时，模型与配重总质量受振动台承载力的约束，根据一致相似率[202]，可知模型加速度相似系数取值并不是唯一的，而是与模型附加配重质量成对应关系，按式（5-1）计算得 S_a=1.13。根据振动台试验相似设计理论，由量纲分析法确定振动台试验主要物理量相似系数如表 5-2 所示。

表 5-2 模型结构主要物理量相似系数

物理量	相似关系	相似系数	物理量	相似关系	相似系数
长度 L	S_L	0.200	集中力 F	$S_\sigma S_L^2$	0.016
弹性模量 E	S_E	0.400	周期 T	$\sqrt{S_L / S_a}$	0.421
水平加速度 a	S_a	1.130	频率 f	$\sqrt{S_a / S_L}$	2.377
重力加速度 g	S_g	1.000	质量 m	$S_\rho S_L^3$	0.014
质量密度 ρ	$S_E/(S_a S_L)$	1.769	刚度 k	$S_\rho S_a S_L^2$	0.080
应变 ε	S_ε	1.000	阻尼比 ζ	S_ζ	1.000

在动力相似关系中，振动台水平激励加速度与重力加速度相似比不相等这一问题，只能通过对模型结构附加质量来满足重力相似关系。对模型结构进行配重时，根据原型结构各楼层质量比计算出每一楼层需要附加的质量，采用质量较大的钢块作为附加质量，按以上计算结果将其均匀布置在模型结构各层楼板上，钢块与楼板间采用低强度砂浆进行连接。这种做法只会增加结构的质量，不会影响模型结构的强度与刚度。

5.3.3 模型材料的选用及材性试验

由于原型结构为钢筋混凝土框架结构体系，主要材料为混凝土、钢材，基于本次试验的目的，采用强度模型进行试验，强度模型要求模型与原型结构材料在整个弹塑性性能方面均相似，即要求应力-应变曲线全过程相似。在选用材料时，所选用的材料应具有尽可能低的弹性模量和尽可能大的质量，微粒混凝土与原型结构中的混凝土在力学性能方面具有较好的相似性，模型试验时可以做到模型开裂甚至破坏，具有试验现象比较直观的特点，因此选用微粒混凝土模拟原型结构中的混凝土。微粒混凝土以较大粒径的砂砾作为粗骨料，以较小粒径的砂砾作为细骨料，其施工方法、振捣方式、养护条件均与普通混凝土相同，通过配合比的调整，可达到试验所需混凝土弹性模量要求。原型结构中梁柱构件的纵筋及箍筋采用镀锌铁丝来模拟，楼板中的钢筋采用镀锌铁丝网来模拟，缩尺防屈曲支撑芯板单元及外围约束构件钢材均采用 Q235 钢。上述模型材料在振动台模型设计前均进行了相应的材性试验，如图 5-3 所示。模型材料力学性能如表 5-3 所示。

（a）弹性模量测试

（b）立方体强度测试

（c）镀锌铁丝拉伸

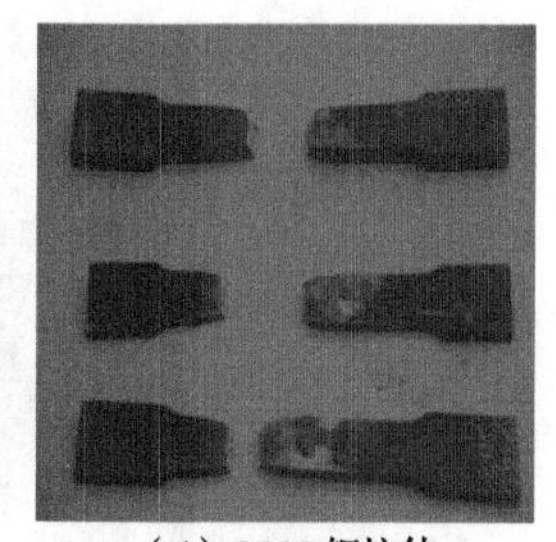
（d）Q235 钢拉伸

图 5-3 模型材料力学性能测试

表 5-3　模型材料力学性能

材料类别	配合比或规格	弹性模量/MPa	相关强度值/MPa
微粒混凝土（M8）	1.20∶0.40∶6.10∶0.31 水泥∶石灰∶粗细骨料∶水	10060	8.09
微粒混凝土（M10）	1.00∶0.24∶5.02∶1.16 水泥∶石灰∶粗细骨料∶水	11120	10.15
镀锌铁丝	8 号～20 号（0.9～4mm）	193000	306.19
Q235 钢	Q235 钢	205330	241.72

注：“相关强度值”一栏，微粒混凝土为立方体轴心抗压强度标准值，镀锌铁丝及 Q235 钢为屈服强度。

5.3.4　模型设计及制作

依据表 5-1 相似系数设计得到的缩尺模型结构总高度为 2160mm（不含刚性底板高度），平面尺寸为 4000mm×1600mm，模型质量为 1.78t，附加配重质量为 7.72t，模型刚性底板质量为 4.5t，模型结构总质量 14t。由于结构模型的长度相似系数为 1/5，缩尺后的梁柱等构件尺寸较大，因此缩尺模型中的框架梁柱、构造柱、次梁等构件均不做简化处理，缩尺构件的配筋面积根据强度等效原则进行换算确定，典型梁柱构件的配筋如图 5-4 所示。防屈曲支撑布置位置及形式与原型结构布置相同，与防屈曲支撑相连接的节点板采用预埋的方式进行处理，如图 5-5（a）所示。梁柱节点如图 5-5（b）所示。防屈曲支撑与结构的连接构造如图 5-5（c）所示。

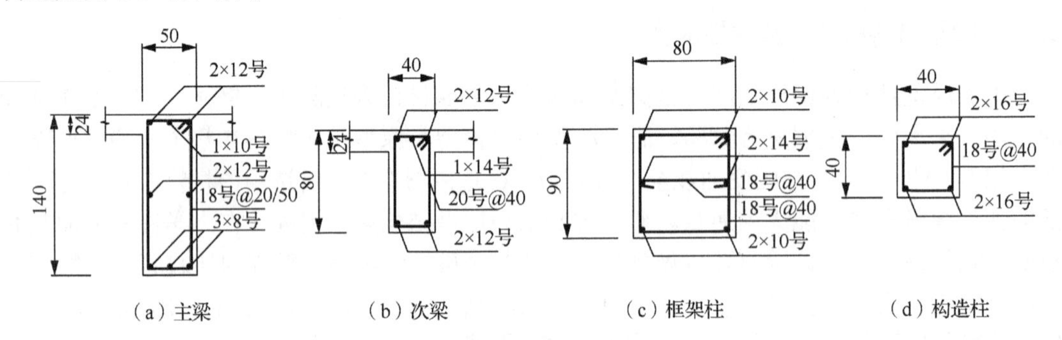

（a）主梁　（b）次梁　（c）框架柱　（d）构造柱

图 5-4　典型梁柱构件配筋图

注：图中的“号”指镀锌铁丝型号，对应的 8 号、10 号、12 号、14 号、16 号、18 号、20 号，分别对应直径为 4.00mm、3.50mm、2.77mm、2.11mm、1.60mm、1.20mm、0.90mm 的镀锌钢丝。

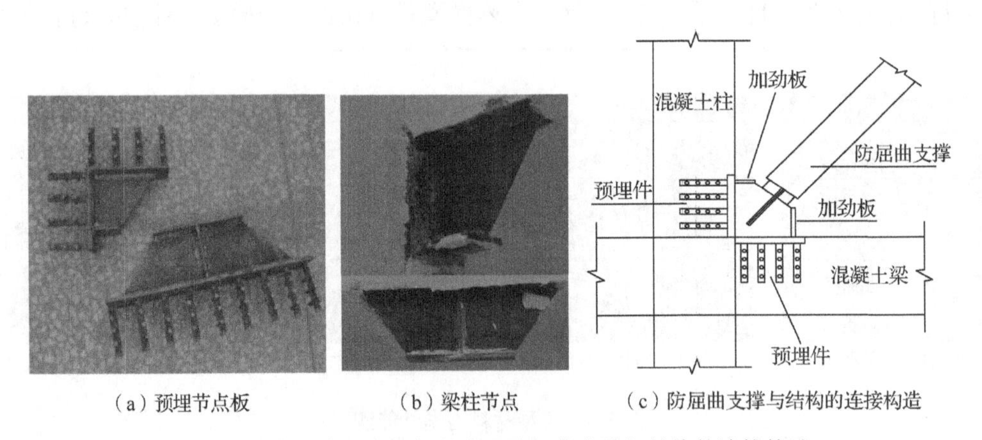

（a）预埋节点板　（b）梁柱节点　（c）防屈曲支撑与结构的连接构造

图 5-5　预埋节点板、梁柱节点及防屈曲支撑与结构的连接构造

该模型结构缩尺后的梁柱等构件尺寸都较大，因此模型制作施工难度相对较小，也较为便捷。首先进行钢筋混凝土刚性底座浇筑，刚性底座应具有足够的强度和刚度以承受上部结构重量以及吊装时可能的冲击力，并将地震剪力充分传递给上部结构，且底座钢筋与上部结构抗侧力构件纵筋锚固连接。本次试验取刚性底板厚 100mm，配筋采用 Φ10@150 及 Φ12@150 双层双向配筋，混凝土强度等级采用 C30。上部结构浇筑时，采用木模板作为外模，内模采用泡沫塑料，泡沫塑料具有易成型、易拆模等优点。将泡沫塑料切割形成梁柱等构件所需空间，布置事先绑扎好的钢筋，然后开始浇筑微粒混凝土，浇筑过程中应对微粒混凝土不断进行振捣，且每天浇水养护。在此模型制作过程中，应特别留意底座上用于与台面连接的预留螺栓孔的位置校核，以及与屈曲约束支撑相连的预埋节点板是否与梁柱中心线对齐。试验模型制作施工过程及施工完成后的模型如图 5-6 所示。

（a）模型底板加工及竖向构件连接

（b）模型结构构件组装

（c）未加固模型

（d）防屈曲支撑加固模型

图 5-6　振动台试验模型

5.4　缩尺防屈曲支撑设计及滞回性能试验

5.4.1　缩尺防屈曲支撑设计

缩尺防屈曲支撑的力学特性直接关系到振动台试验的结果。因此，合理设计与选用缩尺防屈曲支撑减震构件并验证其力学特性显得尤为关键与重要。原型结构采用 TJⅡ型防屈曲支撑进行加固，振动台试验所用缩尺防屈曲支撑的构造形式及组成与其相同，由支撑芯板单元、无黏结层、非屈服连接段、外围约束单元组成，如图 5-7 所示。在设计过程中，缩尺防屈曲支撑应满足以下要求：

1）外围约束单元须具有足够的强度和抗弯刚度。

2）混凝土填充料须具有足够的弹性约束刚度，即混凝土填充料应具有相当的弹性模量。

3）十字形弹性端头板件宽厚比应不超过扭转失稳限值范围。

4）一字形芯材单元宽厚比应满足《建筑消能减震技术规程》（JGJ 297—2013）对防屈曲支撑芯板单元宽厚比的规定。

5）缩尺防屈曲支撑与混凝土填充料间的间隙应满足对应于1.5倍设计最大弹塑性层间位移时，接近于零的准则[203]。根据以上准则，基于屈服承载力及屈服位移相似关系进行缩尺防屈曲支撑的设计，原型结构中防屈曲支撑的屈服承载力 F_y^p 与屈服位移 u_y^p 的关系为

$$F_y^p = K^p u_y^p \tag{5-2}$$

缩尺模型结构中防屈曲支撑的屈服承载力 F_y^m 与屈服位移 u_y^m 的关系为

$$F_y^m = K^m u_y^m \tag{5-3}$$

由前面内容给出的集中力 F 相似关系表达式及长度相似关系表达式为

$$\begin{cases} F_y^m = S_F F_y^p \\ u_y^m = S_L u_y^p \end{cases} \tag{5-4}$$

将式（5-4）代入式（5-2）和式（5-3）中，可计算出试验模型中缩尺防屈曲支撑芯板单元的截面面积为

$$A^m = \frac{S_F F_y^p l^m}{S_L E^m u_y^p} \tag{5-5}$$

式中，缩尺模型结构中防屈曲支撑的屈服承载力 F_y^m 及屈服位移 u_y^m 是根据原型结构中防屈曲支撑的屈服承载力及屈服位移按集中力和长度相似系数确定的，最终设计得到的缩尺防屈曲支撑及其相关参数如表5-4所示。

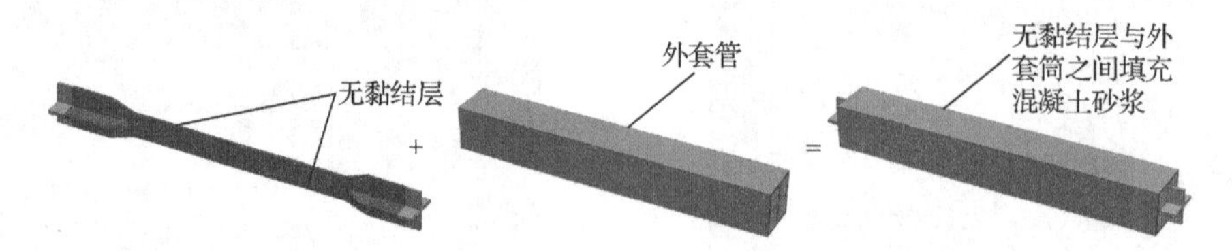

图5-7　缩尺防屈曲支撑构造形式及组成

表5-4　缩尺防屈曲支撑基本参数

构件类型	支撑编号	支撑长度 l/mm	外套筒尺寸/mm	屈服强度 f_y/MPa	屈服承载力 F_y/kN	刚度比 α	屈服位移 Δ_y/mm	极限位移 Δ_u/mm
足尺BRB	BRB 1	4200	□150×150×4	235	650	0.02	4.69	75.64
	BRB 2	3300	□100×100×4	235	250	0.02	3.92	57.59
	BRB 3	3300	□100×100×4	235	200	0.02	3.92	57.59
	BRB 4	4200	□150×150×4	235	300	0.02	4.97	75.64
缩尺BRB	BRB 1m	840	□40×40×2	242	10.4	0.03	0.94	15.81
	BRB 2m	660	□40×40×2	242	4.0	0.03	0.76	12.42
	BRB 3m	660	□40×40×2	242	3.2	0.03	0.76	12.42
	BRB 4m	840	□40×40×2	242	4.8	0.03	0.94	15.81

5.4.2　缩尺防屈曲支撑滞回性能试验

为获得缩尺防屈曲支撑力学性能，验证其是否符合相似关系设计，在振动台试验前，对用于振动台试验的其中两种不同型号缩尺防屈曲支撑（BRB 1m，BRB 2m）进行了低周往复荷载性能试验，支撑材料相应参数如表5-3所示。依照《金属材料　拉伸试验　第1部分：室

温试验方法》（GB/T 228.1—2010）[105]的要求，在缩尺防屈曲支撑构件制作前对芯材所采用Q235 钢进行了材料性能试验，相应的材料性能试验结果如表 5-5 所示。

表 5-5　芯板单元材料性能试验结果

芯材种类	屈服强度 f_y/MPa	抗拉强度 f_u/MPa	断后伸长率 A/%	截面收缩率 Z/%
Q235 钢	241.72	367.68	37.75	74.13

试验始终以缩尺防屈曲支撑的轴向位移为控制目标来进行加载，制作完成后的缩尺防屈曲支撑如图 5-8（a）所示，试验的加载装置如图 5-8（b）所示。以缩尺防屈曲支撑试件的总长度为基准，在其 1/300、1/200、1/150、1/100 及 1/80 总长度幅值下分别循环加载 3 次，并要求构件主要性能指标不发生明显变化，若试件仍未破坏，即在 1/80 总长度位移幅值下的荷载不低于峰值荷载的 85%，则在 1/66 总长度的幅值下等幅值循环加载直至破坏，加载速率为 10mm/min，加载制度如图 5-8（c）所示。

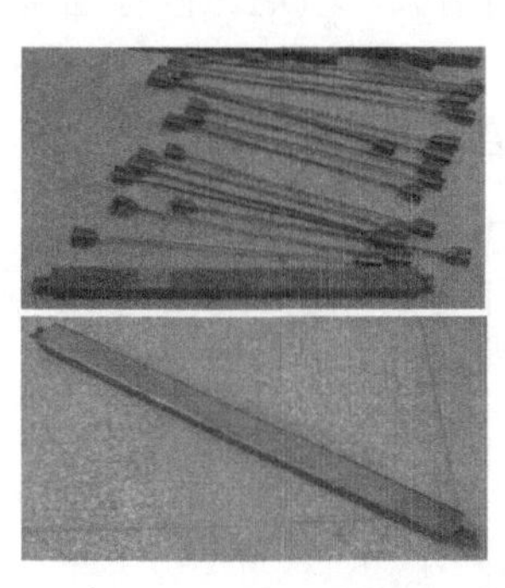
（a）缩尺防屈曲支撑

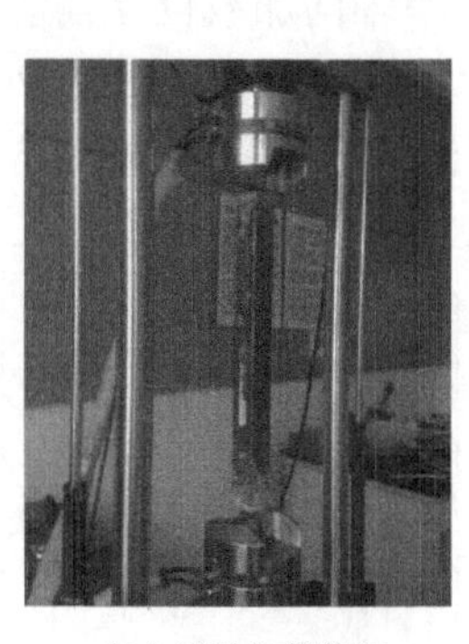
（b）试验加载装置

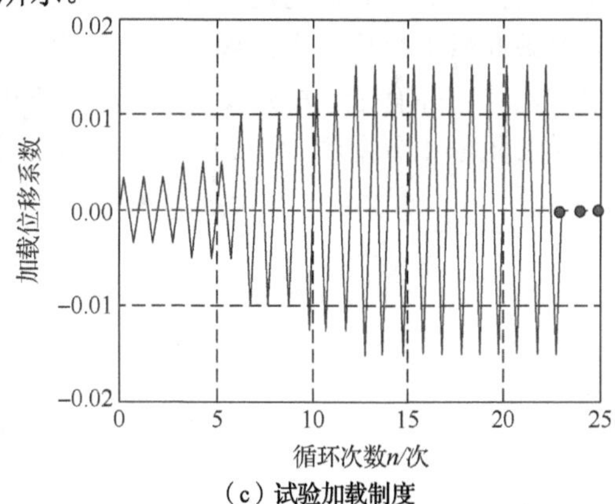

（c）试验加载制度

图 5-8　缩尺防屈曲支撑试验

试验中缩尺防屈曲支撑的破坏形态表现为在端部加劲板附近出现低周疲劳断裂破坏。通过 MTS 机获得支撑轴向力与轴向位移，将力-位移关系绘制在二维坐标轴中，以受拉为正，受压为负。试验所得缩尺防屈曲支撑轴力-位移滞回曲线如图 5-9 所示。其中 BRB 1m 的实测屈服荷载为 11.23kN，与理论屈服荷载的误差约为 8%，实测极限荷载为 17.35kN，与理论极限荷载的误差约为 10%；BRB 2m 的实测屈服荷载为 4.41kN，与理论屈服荷载的误差约为 10%，实测极限荷载为 6.87kN，与理论极限荷载的误差约为 13%，两构件最大拉压荷载分别相差约 9%和 10%，拉压性能基本对称。在滞回曲线的基础上得到两构件的试验骨架曲线如图 5-10 所示。从试验结果看，缩尺防屈曲支撑的设计基本符合设计的相似关系。

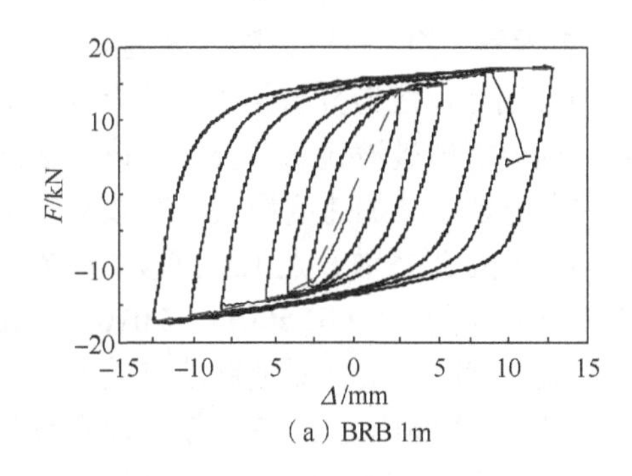

（a）BRB 1m

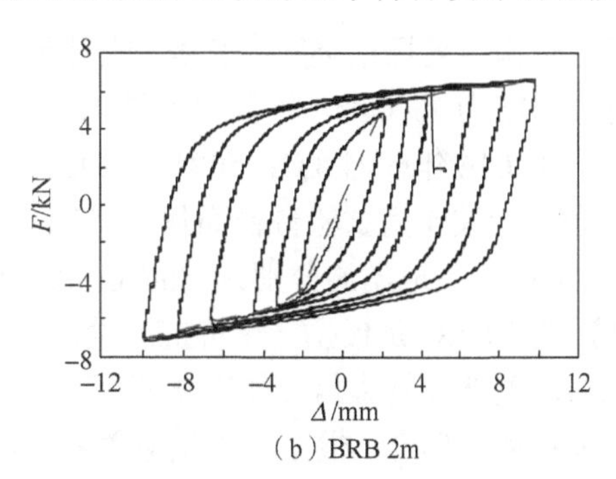

（b）BRB 2m

图 5-9　缩尺防屈曲支撑滞回曲线

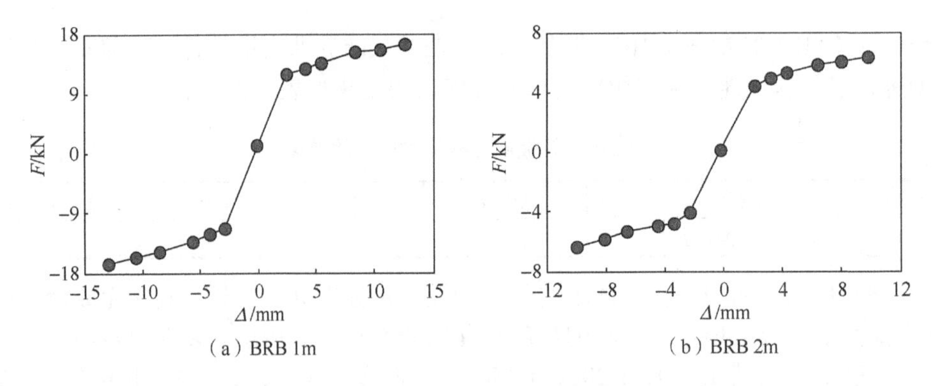

（a）BRB 1m　　（b）BRB 2m

图 5-10　缩尺防屈曲支撑骨架曲线

图 5-11 为缩尺防屈曲支撑 BRB 1m 与 BRB 2m 在不同加载应变幅值下的等效黏滞阻尼比变化图，等效黏滞阻尼比按 2.4.3 节进行计算。从图 5-11 中可以看出，缩尺防屈曲支撑的等效黏滞阻尼比最大值约为 45%，随着支撑轴向加载位移幅值的增大，阻尼比值有连续增大趋势，并有趋于稳定变化的趋势，BRB 1m 及 BRB 2m 在 1/66 总长度应变幅值下的等效黏滞阻尼比分别约为 1/300 总长度应变幅值下的 1.35 倍及 1.25 倍。

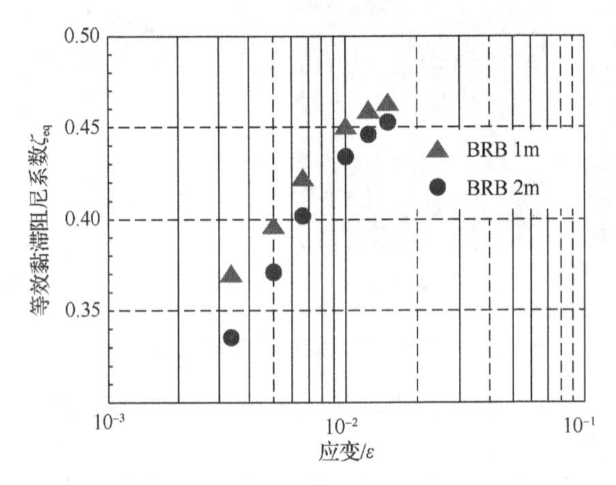

图 5-11　缩尺防屈曲支撑等效黏滞阻尼比

5.5　振动台试验方案设计

5.5.1　地震波输入

原型结构所处场地类别为Ⅱ类，设计地震分组为第二组，抗震设防烈度为 8 度（0.2g），场地特征周期为 T_g=0.4s。根据原型结构所在场地类别及反应谱分析结果，结合《建筑抗震设计规范（2016 年版）》（GB 50011—2010）对时程分析地震波输入的要求，选取 2 条天然波和 1 条人工波作为试验台台面加速度输入，并考虑地震动加速度峰值、有效持时及频谱特性的影响。3 条地震波分别为 ChiChi 地震波、Landers 地震波、人工地震波 RENG，其中人工地震波 RENG 是根据《建筑抗震设计规范（2016 年版）》（GB 50011—2010）设计反应谱生成的，天然波基本信息如表 5-6 所示。地震波持续时间根据原地震波有效持时，按时间相似关系换算确定，根据时间相似关系，地震波时间压缩比为 1/2.38。3 条地震波时程曲线及其在多遇地震作用工况下的三联反应谱（加速度-速度-位移反应谱）如图 5-12 所示。

表 5-6　振动台试验输入天然波基本信息

地震波名称	发生时间	地震名称	记录台站	地震等级 M	地面峰值加速度（PGA）/ g	地面峰值速度（PGV）/（cm/s）	地面峰值位移（PGD）/ cm
Landers	1992-06-28	Landers earthquake	North Palm Springs	7.28	0.089	0.119	3.26
ChiChi	1999-12-21	ChiChi earthquake	TCU015	5.90	0.005	0.551	0.058

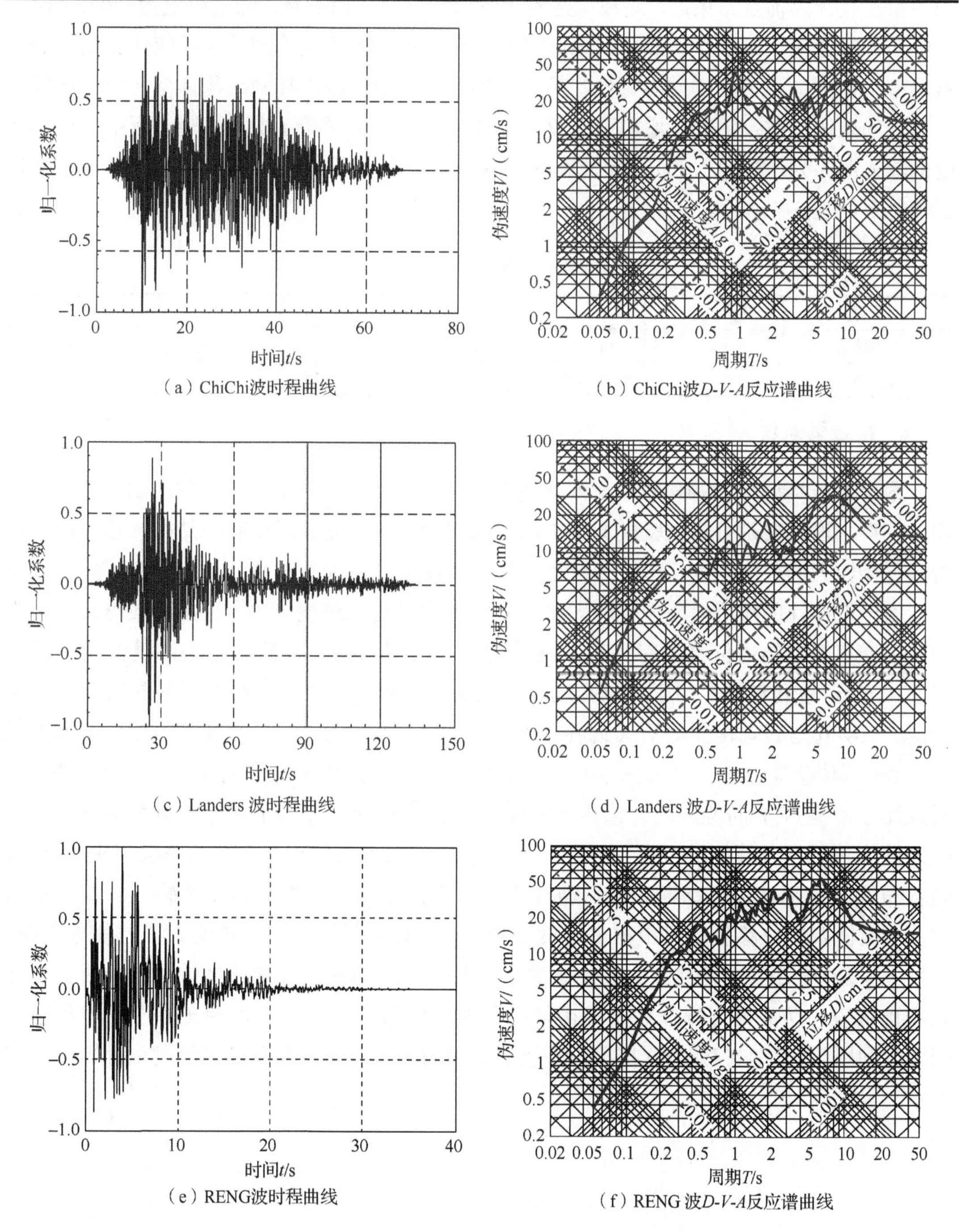

（a）ChiChi波时程曲线　（b）ChiChi波D-V-A反应谱曲线

（c）Landers 波时程曲线　（d）Landers 波D-V-A反应谱曲线

（e）RENG波时程曲线　（f）RENG 波D-V-A反应谱曲线

图 5-12　试验输入地震波时程曲线及其反应谱

5.5.2 试验工况

在试验输入地震波确定后，试验加载工况按照 8 度多遇地震（小震）、8 度设防地震（中震）及 8 度罕遇地震（大震）的顺序分 3 个阶段对未加固模型结构及加固模型结构分别进行模拟地震试验。为了分析模型结构在不同水准地震输入后的动力特性变化及损伤情况，在各级加载开始前及结束后，对模型结构进行白噪声扫频，白噪声激励幅值为 0.07g，由于白噪声具有较为广阔的频谱成分，因此可通过白噪声工况下结构的共振反应计算结构的自振频率、振型、阻尼比等动力特性。另外，为了研究消能减震加固结构体系在超罕遇地震作用下的破坏形态及机理，增加了 9 度罕遇地震作用下的试验工况。试验过程中，地震激励的输入顺序为，先输入 Landers 地震波，后输入 ChiChi 地震波，再输入 RENG 波。具体试验工况如表 5-7 所示。

表 5-7 振动台试验工况

结构	输入方向	加速度峰值 a_{pg}/g	时程输入顺序
无控结构	X / Y	0.07（白噪声）、0.079、0.226、0.452	Landers→ChiChi→RENG
有控结构	X / Y	0.07（白噪声）、0.079、0.226、0.452、0.701	Landers→ChiChi→RENG

5.5.3 传感器布置

本次试验共采用 2 种传感器，即加速度传感器和电阻式应变片，位移由测得的加速度积分获得，这主要是由于试验模型结构的自振周期较小，尤其对于有控结构，防屈曲支撑为其提供较大的抗侧刚度，进一步减小了其自振周期。若采用位移计进行数据采集，则有可能由于位移计的滞后效应产生较大的误差，因此通过加速度传感器采集的数据进行二次积分后计算模型结构位移反应。基于试验目的及模型结构对称性的特点，模型结构共布置 20 个加速度传感器，用于测试振动台台面实际地震动输入、结构平动及扭转反应。在一层、三层⑪与⑲轴楼面处沿 X 向各布置 2 个加速度传感器，二层⑮轴楼面处沿 X 向布置 1 个加速度传感器；在一、二、三层Ⓠ～Ⓡ轴之间楼面处沿 Y 向各布置 1 个加速度传感器；通过比较两测点 Y 向位移的差值可得到结构的扭转反应，二层沿两个主轴方向各布置 1 个加速度传感器，其扭转反应可通过一、三层扭转反应插值求得；刚性底板中央沿 X、Y 向各布置 1 个加速度传感器。无控结构模型与有控结构模型的加速度传感器布置是相同的。结构模型的位移反应可根据加速度反应，在进行基线调整和滤波后，通过积分求得。试验共采用 48 个应变通道，主要位于底层柱根、防屈曲支撑连接梁柱端、防屈曲支撑非屈服连接段。防屈曲支撑非屈服连接段在各地震输入工况下始终保持在弹性工作状态，因此可利用该部位的应变情况推算出防屈曲支撑的轴力。台面及各楼层测点布置如图 5-13 所示。

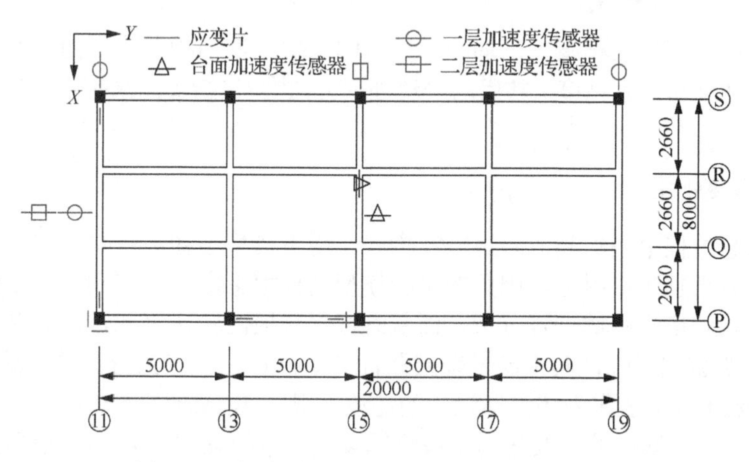

图 5-13　台面及标准层测点布置（单位：mm）

5.6　振动台试验数据处理

5.6.1　振动台试验数据的预处理

通过布置在试验模型结构上的传感器所得的测试信号，由于在测试采集过程中测试系统内部和外部的各种干扰因素[204]，如温度变化、风力作用等因素，将使采集到的振动信号中含有许多不必要的成分，即噪声信号。基于上述原因，应对试验过程中所采集到的信号进行加工处理，修正波形的畸变，剔除混杂在测试信号中的噪声和干扰，削弱信号中的多余内容，强化突出必需的部分，使初步处理后的结果尽可能真实地还原成实际的振动信号，也就是尽可能还原振动的真实情况。通常振动信号预处理的方式有：标定信号的物理单位，即把采集到的振动信号由量化的数字量转换成所测试内容的物理量；消除趋势项，即将由于基线偏离所造成的波形畸变进行修正处理；滤噪处理，即采用平滑处理技术来消除混杂于真实信号中的噪声成分。

1. 数据消除趋势项处理

由于环境温度等因素的影响，试验过程中采集到的振动信号数据可能存在偏离平衡位置的情况，即“零点漂移”[205]。同时由于周围环境的影响可能使采集到的信号中不必要的频率成分出现不稳定情形，这些干扰因素混在采集信号中形成趋势项，即整个过程是随时间动态变化的，因此趋势项的出现及存在会对模型结构模态参数的识别精度大打折扣，甚至有可能识别出错误的模态参数。基于以上原因，须对采集的原始信号进行消除趋势项处理，常用的趋势项消除方法包括[206]：①高通滤波消除趋势项；②多项式拟合法消除趋势项；③EMD 分解法消除趋势项。

2. 数据平滑处理

由以上的分析可知，在试验过程中采集的振动信号数据通常不仅含有趋势项，而且往往混着噪声。噪声信号的形成较为繁杂[207]，除了周期性噪声信号外，还有可能出现随机噪声信号，随机噪声信号的频域范围较为广阔，甚至可能出现高频成分占比较大的情况，这就会导致采集到的离散数据在幅频曲线上出现较多的毛刺，曲线十分不光滑。这些因素都将使模型结构模态参数的识别变得更加困难，也将降低模态参数的识别精度。对采集数据进行平滑处理，可在一定程度上削弱噪声信号的干扰，使幅频曲线更为光滑，从而提高模态参数的识别速度和识别精度。常用的平滑处理方法[208]包括平均法平滑处理、五点三次平滑法处理。

3. 数据滤波处理

由于在试验过程中采集到的各地震波输入作用下模型结构地震响应信号的频率范围主要集中在地震波卓越频率附近，因此在进行模型结构模态参数的识别过程中，往往将采集到的数据从时域转换到频域进行分析，而从时域到频域的转化可通过离散序列的傅里叶变换实现。由文献[209]可知，其中高于奈奎斯特（Nyquist）频率的分量是无法进行识别的，因此可将 Nyquist 频率值作为滤波器设计的滤波上限，Nyquist 频率值的大小与试验数据采样频率的大小有关。滤波的主要作用是滤除采集信号中的虚假成分（即次要成分），提高采集信号的信噪比，平滑分析数据，抑制噪声信号的干扰，分离频率成分等。

5.6.2　加速度积分求位移

本次试验采用加速度传感器采集到的模型结构加速度响应进行二次积分计算结构的位移响应，在进行积分求解前须按照前述方法对加速度数据进行预处理，对加速度数据进行预处理后采用频域积分方法[210]进行离散数据的积分计算。其基本原理为，首先将加速度数据作离散傅里叶变换，然后将变换结果在频域里进行积分，积分计算式为式（5-6），最后经傅里叶逆变换得到积分后的位移响应。

$$y(r)=\sum_{k=0}^{N-1}-\frac{1}{(2\pi k\Delta f)^2}H(k)X(k)\mathrm{e}^{\mathrm{j}2\pi kr/N} \tag{5-6}$$

式中，

$$H(k)=\begin{cases}1 & (f_{\mathrm{d}}\leqslant k\Delta f\leqslant f_{\mathrm{u}})\\ 0 & (\text{其他})\end{cases} \tag{5-7}$$

式中，f_{d}和 f_{u} 分别为下限截止频率和上限截止频率；$X(k)$为加速度响应 $x(r)$的傅里叶变换；Δf 为频率分辨率。

图 5-14 所示为模型结构中某测点处位移计实测位移时程响应与采用上述频域积分法通过加速度响应二次积分计算所得位移响应的对比图。从图 5-14 中可以看出，实测位移时程曲线与二次积分计算位移时程曲线吻合程度较高，说明采用积分方法求得的位移时程曲线能较为准确和可靠地反映模型结构在地震作用下的位移响应。

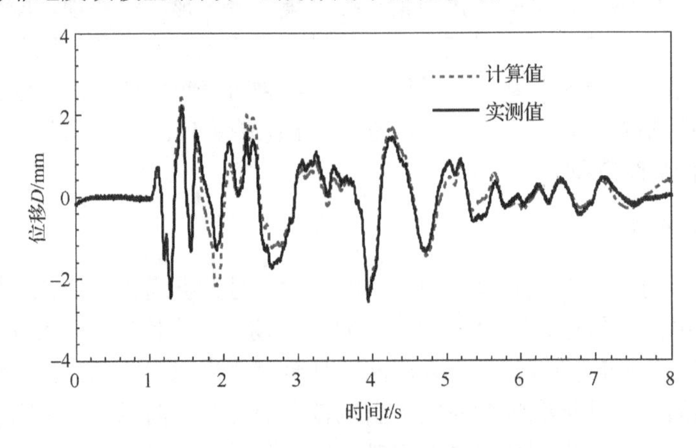

图 5-14　位移时程响应实测值与计算值对比

5.6.3　模型结构模态参数识别

振动系统的模态参数识别是结构动力特性分析的手段和途径，主要是从测试所得的响应信号数据中确定振动系统的模态参数，如振动系统的自振频率、模态阻尼比、模态振型等。目前应用较为广泛的模态参数识别方法[211]包括频域识别法、时域识别法、时频识别法。试验中，为分析模型结构在不同水准地震输入前后的动力特性变化及损伤情况，对模型结构进行白噪声扫频，白噪声激励幅值为 0.07g，通过白噪声激励下采集的各楼层加速度响应可计算模型结构的自振频率、振型及阻尼比等动力特性。采用试验模型结构各楼层测点处白噪声加速度信号对振动台台面白噪声加速度信号做传递函数（频率响应函数）[212]，传递函数由复数形式表达，因此传递函数为复函数，如图 5-15 所示。传递函数是振动系统动力特性在频域内的表现形式，也就是被测系统本身对激励信号在频域中传递特性的描述。其模等于振动系统响应振幅与激励振幅之比，表达被测系统的振动幅值放大与系统自振频率之间的关系。其相位角等于系统响应与输入激励的相位差，表达振动系统的响应滞后行为。因此，求出振动系统的传递函数即可做出模型结构白噪声加速度信号的幅频特性曲线及相频特性曲线，如图 5-16 所示。幅频特性图上的峰值点对应的频率即为模型结构的自振频率，在幅频特性图上，采用半功率带宽法可确定系统在某阶自振频率下的临界阻尼比 ζ_n，在模型结构各楼层测点白噪声加速度反应幅频特性图中，计算相同自振频率处各层的幅值比，再由相频特性图判断其相位，经归一化处理后，便可获得振动系统该频率下所对应的振型形态[213]。

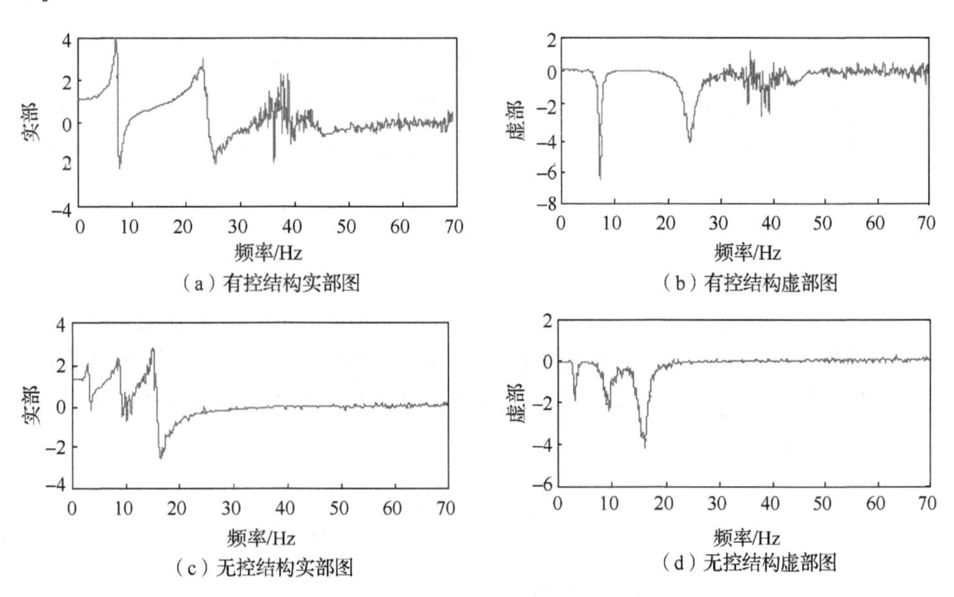

（a）有控结构实部图　（b）有控结构虚部图
（c）无控结构实部图　（d）无控结构虚部图

图 5-15　频率响应函数实部、虚部图

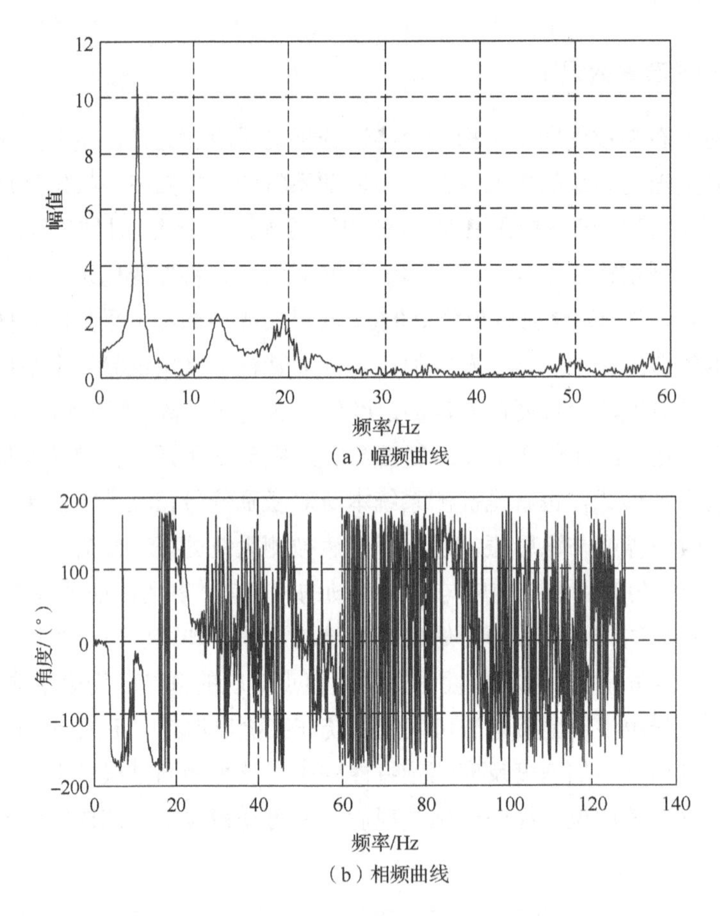

（a）幅频曲线

（b）相频曲线

图 5-16　某工况下的幅频曲线和相频曲线

从以上讨论可知，较为准确地估计模型结构的传递函数是结构模态参数识别的关键环节。传递函数实际上为响应信号的互功率谱密度函数除以其自功率谱密度函数所得到的商，即

$$H(\omega)=\frac{S_{xy}(\omega)}{S_{xx}(\omega)} \tag{5-8}$$

式中，$S_{xy}(\omega)$ 与 $S_{xx}(\omega)$ 分别为基于平均周期图方法处理得到的白噪声激励信号的自功率谱密度函数及模型结构白噪声加速度响应信号与白噪声激励信号的互功率谱密度函数。

基于平均周期图法[214]的自功率谱密度函数及互功率谱密度函数分别按式（5-9）和式（5-10）进行计算：

$$S_{xx}(\omega)=\frac{1}{MN_{\mathrm{FFT}}}\sum_{i=1}^{M}X_i(\omega)X_i^*(\omega) \tag{5-9}$$

$$S_{xy}(\omega)=\frac{1}{MN_{\mathrm{FFT}}}\sum_{i=1}^{M}X_i(\omega)Y_i^*(\omega) \tag{5-10}$$

式中，$X_i(\omega)$ 为白噪声激励信号的第 i 个数据段的傅里叶变换；$X_i^*(\omega)$ 为 $X_i(\omega)$ 的共轭复数；$Y_i(\omega)$ 为模型结构白噪声响应信号的第 i 个数据段的傅里叶变换；$Y_i^*(\omega)$ 为 $Y_i(\omega)$ 的共轭复数；M 为平均次数。

自功率谱密度函数为实函数，主要反映振动信号各频率处功率的分布情况，可使人们容易辨别哪些频率成分是主要的，哪些是不被关心的；互功率谱密度函数为复函数，该函数本身并不具有功率的意义，只是计算方法和自功率谱对应。这两种函数常用来分析结构的动力特性。

以上介绍的传递函数、自功率谱密度函数及互功率谱密度函数均可以采用数值计算软件 MATLAB 自带的信号处理工具箱（signal processing toolbox）进行求解。其中传递函数可通过调用 tfestimate 函数来进行计算，调用程序如下[215]：

```
[Txy,f] = tfestimate(x,y,window,noverlap,nfft,fs)
```

其中，T_{xy} 为传递函数的复数矩阵；f 为与之对应的振动系统自振频率矩阵；x 为激励信号，本试验中即为振动台台面输入白噪声激励信号；y 为响应信号，即模型结构各楼层测点处白噪声加速度信号；window 为窗函数宽度，tfestimate 函数内部隐含采用的是哈明窗，可以通过查找 MATLAB 安装目录下相应的.m 文件进行修改，选用合适的窗函数，由于快速傅里叶变换要在时域内对信号数据进行截断处理，因此有可能会使时域内的信号在两端截断处出现突变，而窗函数则可使该部位的突变变得更为平滑，从而抑制对时域信号进行截断时造成的频率“泄露”现象[216]；noverlap 为样本数据中重叠的点数，默认取值为 50%，通常情况下，白噪声信号数据量要远大于快速傅里叶变换点数，tfestimate 函数将会对信号数据进行分段处理，分别计算每段内信号的自功率谱密度函数和互功率谱密度函数，最后求解传递函数时，再进行叠加，分段进行处理，可以使频谱图更加平滑；nfft 为快速傅里叶变换点数；f_s 为样本数据的采样频率。

自功率谱密度函数可通过调用 MATLAB 中自带的 psd 函数来进行求解，调用程序如下：

```
Sxx=psd(x,nfft,sf,window,nfft/2)
```

互功率谱密度函数可通过调用 MATLAB 中自带的 csd 函数来进行求解，调用程序如下：

```
Sxy=csd(x,y,nfft,sf,window,nfft/2)
```

传递函数的估计精度可通过相干函数来进行评价[217]。相干函数为振动信号的互功率谱密度函数的模的平方除以激励和响应信号自功率谱密度函数的乘积所得到的商，即

$$C_{xy}(\omega)=\frac{\left|S_{xy}(\omega)\right|^2}{S_{xx}(\omega)S_{yy}(\omega)} \tag{5-11}$$

相干函数的取值为 0～1 的正实数，$C_{xy}(\omega)$ 的值越接近 1，则说明噪声信号的干扰程度越小，传递函数的估计精度也就越高。通常认为，当 $C_{xy}(\omega)\geqslant 0.8$ 时，传递函数的估计结果较为准确可靠。

5.7　振动台试验结果及分析

5.7.1　试验现象

无控结构与有控结构均经历了相当于 8 度小震到大震的地震动输入，另外有控结构还经历了 9 度大震地震动输入，试验过程中，对无控结构和有控结构的振动现象与损伤情况进行观察。各水准地震作用下模型结构反应现象简述如下：

1）8 度小震。试验过程中，无控结构与有控结构整体振动幅度较小。无控结构发出轻微响声，顶层框架柱脚及柱顶出现轻微裂缝［图 5-17（a）和（b）］，框架梁构件完好，模

型结构其他反应不明显。有控结构的结构构件未见裂缝及损伤，结构整体保持完好。

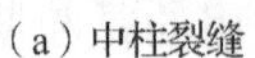
（a）中柱裂缝

（b）角柱裂缝

（c）角柱柱底塑性铰

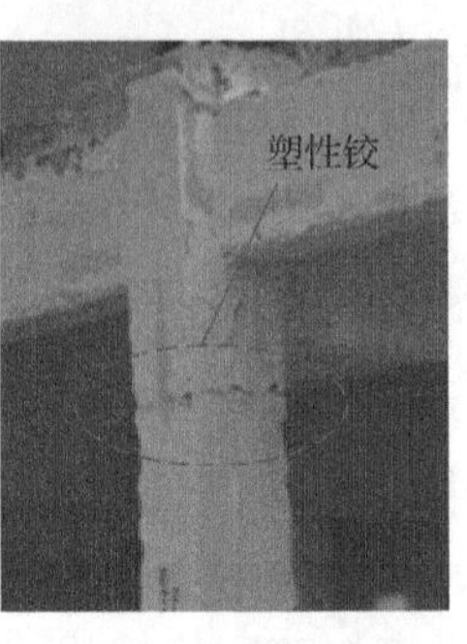

（d）中柱柱顶塑性铰

图 5-17　框架柱端破坏情况

2）8 度中震。试验过程中，无控结构与有控结构振动幅度均有所增大。无控结构动力响应显著，结构内部发出响声，裂缝进一步扩大，顶层框架柱顶及柱脚混凝土开裂进入塑性状态形成塑性铰［图 5-17（c）和（d）］，并不断向下部楼层扩展，结构破坏严重，结构未出现明显的扭转效应。有控结构发出轻微响声，与防屈曲支撑连接主梁梁端及部分次梁出现轻微裂缝［图 5-18（a）］，部分防屈曲支撑在地震作用下伸缩变形明显，开始耗散地震输入能量，总体上结构损伤轻微，关键构件保持完好。

（a）有控结构主次梁梁端裂缝　　（b）无控结构严重破坏

图 5-18　无控结构严重破坏及有控结构梁端裂缝

3）8 度大震。试验过程中，无控结构振动剧烈，结构进入塑性的程度加深，部分框架柱柱端纵筋呈灯笼状鼓屈，主次梁均只出现轻微损伤，结构顶层已形成铰接机制，构造柱被剪断，结构整体破坏十分严重［图 5-18（b）］，基本丧失继续承载的能力，表现为“强梁弱柱”的破坏模式。有控结构梁端裂缝进一步发展，与防屈曲支撑连接梁端部开裂破坏［图 5-19（a）］，部分框架柱出现剪切裂缝［图 5-19（b）］，防屈曲支撑屈服耗能能力显著，结构仍保持较好的整体性。

4）9 度大震。试验过程中，有控结构梁端塑性较继续发展，与防屈曲支撑连接的梁、柱端部出现较大损伤，底层部分框架柱柱脚纵筋外露鼓屈［图 5-19（c）］，部分防屈曲支撑芯板单元因变形超过极限变形而断裂［图 5-19（d）］，屈服耗能能力显著，表现为“强柱弱梁”的破坏模式，结构仍保持良好的整体性，未有倒塌趋势，表明有控结构具有较好的抗震能力储备。

（a）梁端破坏

（b）柱端破坏

（c）柱脚较大损伤

（d）BRB 断裂

图 5-19　有控结构构件及防屈曲支撑破坏情况

5.7.2　动力特性分析

振动台试验过程中，各水准地震作用前后均用白噪声对有控结构和无控结构进行扫频。以各楼层测点处白噪声加速度信号对振动台台面白噪声加速度信号做传递函数（频率响应函数），从而得到模型结构加速度响应的幅频图和相频图。幅频特性图上峰值点所对应的频率即为模型结构的自振频率；在幅频图上，采用半功率带宽法[218]可得到结构某阶自振频率下的阻尼比 ζ_n。其计算式为 $\zeta_n = \Delta f / (f_1 + f_2)$，如图 5-20 所示，其中 f_1 和 f_2 为幅频特性，在图中对应 0.707 倍峰值 A_{max} 处的频率，$\Delta f = f_2 - f_1$；某阶自振频率下幅频特性图上各个楼层幅值之比经归一化处理后，再由相频图判断其相位，便可获得该频率所对应的振型形态。采用前面所述 MATLAB 自带信号处理工具箱的内置函数进行模型结构的动力特性分析，主要分析模型结构的自振频率、各阶阻尼比及各阶振型。

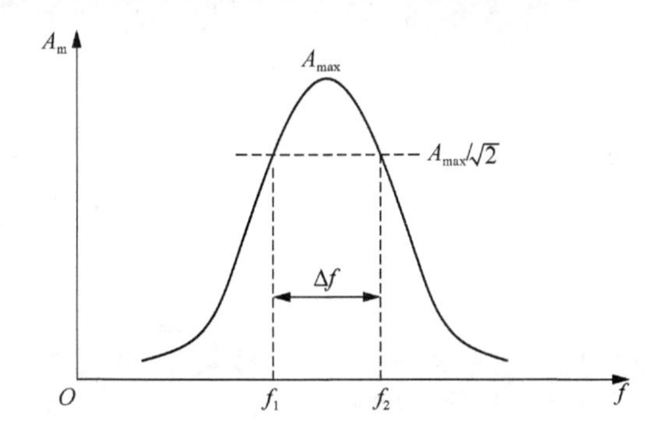

图 5-20　半功率带宽法

模型结构中加速度传感器具体布置位置及相应编号如图 5-21 所示，图中数字表示加速度传感器编号，X，Y 表示加速度传感器测试方向。模型结构动力特性分析时，规定信号说明如下：

1）输入：1 号加速度传感器数据作为 X 方向输入，2 号加速度传感器数据作为 Y 方向输入；3 号和 4 号加速度传感器数据差值作为一层扭转作用输入。

2）X 方向输出：3 号和 4 号加速度传感器数据平均值作为一层 X 方向输出；6 号加速度传感器数据作为二层 X 方向输出；9 号和 10 号加速度传感器数据平均值作为三层 X 方向输出。

3）Y 方向输出：5 号加速度传感器数据作为一层 Y 方向输出；7 号加速度传感器数据作为二层 Y 方向输出；8 号加速度传感器数据作为三层 Y 方向输出。

4）扭转输出：9 号和 10 号加速度传感器数据差值作为三层扭转输出。

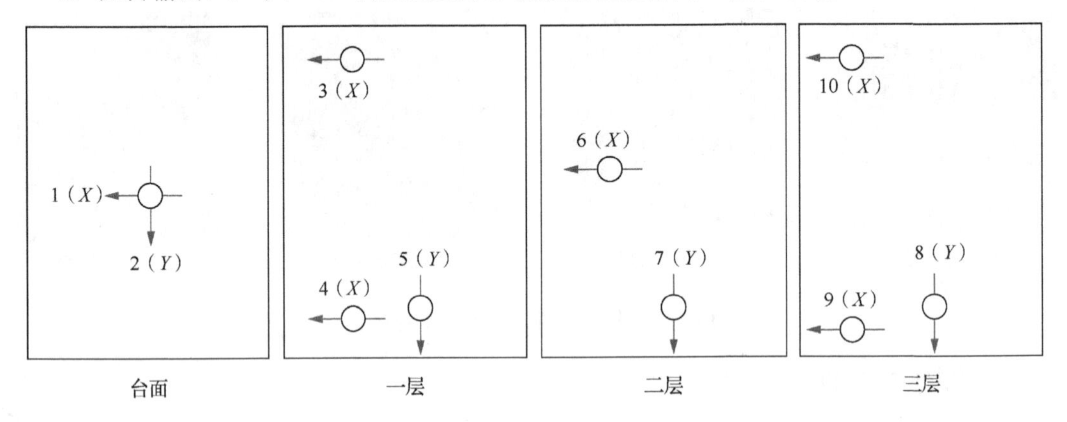

图 5-21　模型结构加速度传感器具体布置及相应编号

图 5-22 为无控结构与有控结构在试验前白噪声工况下采集到的台面白噪声加速度输入信号及模型结构顶层白噪声加速度输出信号。白噪声信号具有较为广阔的频率范围，并且各频带内的噪声能量几乎相同，当噪声信号中的某一频率成分接近模型结构的自振频率时，将激发模型结构产生共振现象，从而可根据共振反应确定模型结构的动力特性。

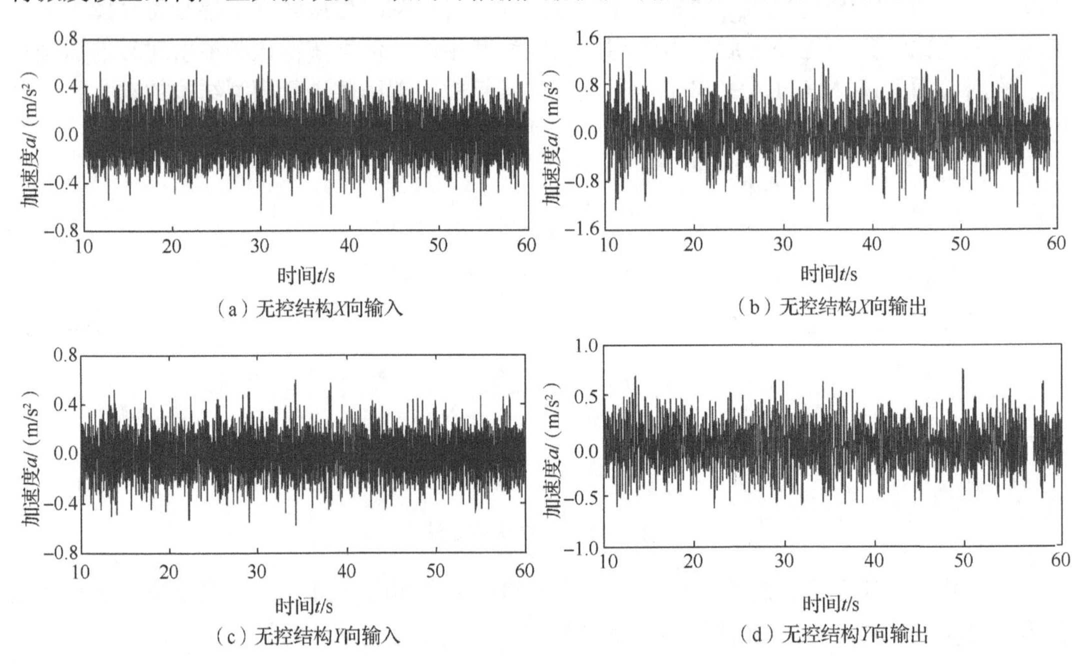

图 5-22　台面白噪声加速度输入信号及模型结构顶层白噪声加速度输出信号

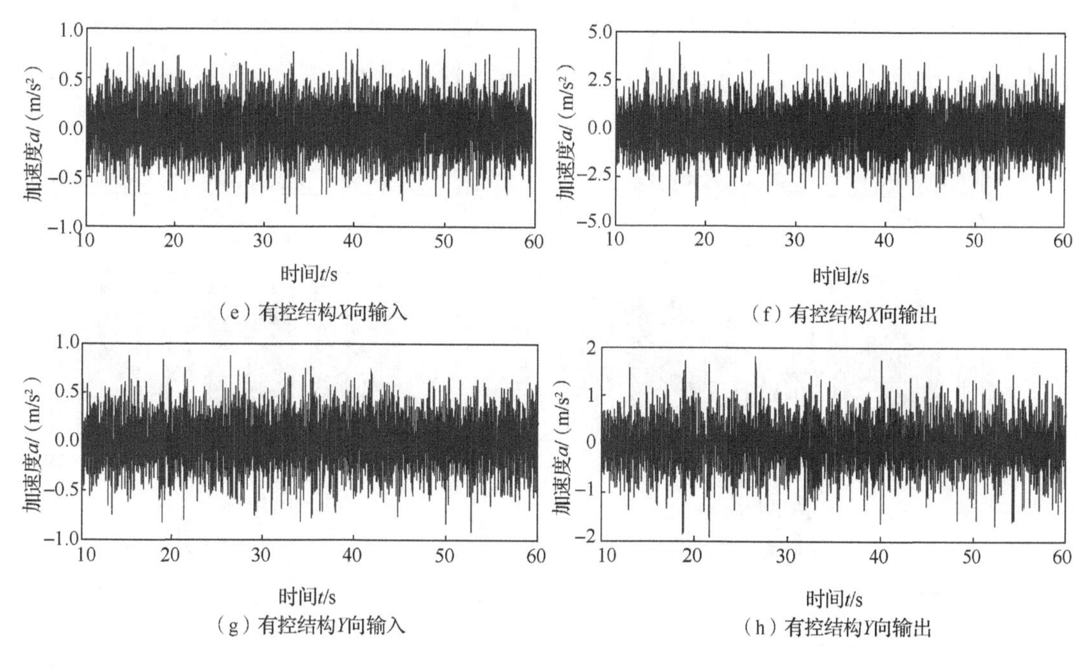

图 5-22（续）

图5-23为无控结构与有控结构在试验前及各水准地震作用输入后的白噪声工况下模型结构顶层的幅频特性曲线及相频特性曲线对比（其余各楼层频率响应函数曲线类似）。从图 5-23 中可以看出，无控结构 *X* 向及 *Y* 向幅频特性曲线上一、二、三阶峰值点均较为明显，在各峰值点附近的波动较小，因此，采用半功率带宽法计算无控结构的各阶阻尼比较为精确可靠；有控结构 *X* 向及 *Y* 向幅频特性曲线上一、二阶峰值点较为明显，但三阶峰值点附近稍有波动，采用半功率带宽法计算三阶振型阻尼比时存在一定的误差，因此根据各方向上一阶阻尼比的结果得到整个模型结构上的前三阶（*X* 向、*Y* 向及扭转方向）阻尼比结果具有一定的精度。模型结构的各阶自振周期及阻尼比取各个楼层计算结果的平均值。

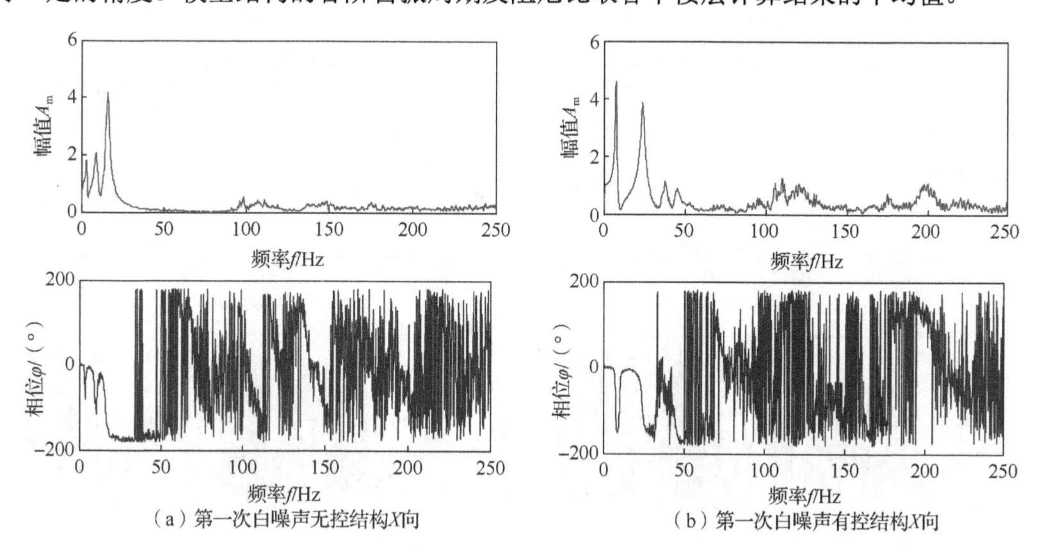

图 5-23　白噪声工况下模型结构顶层幅频曲线及相频曲线

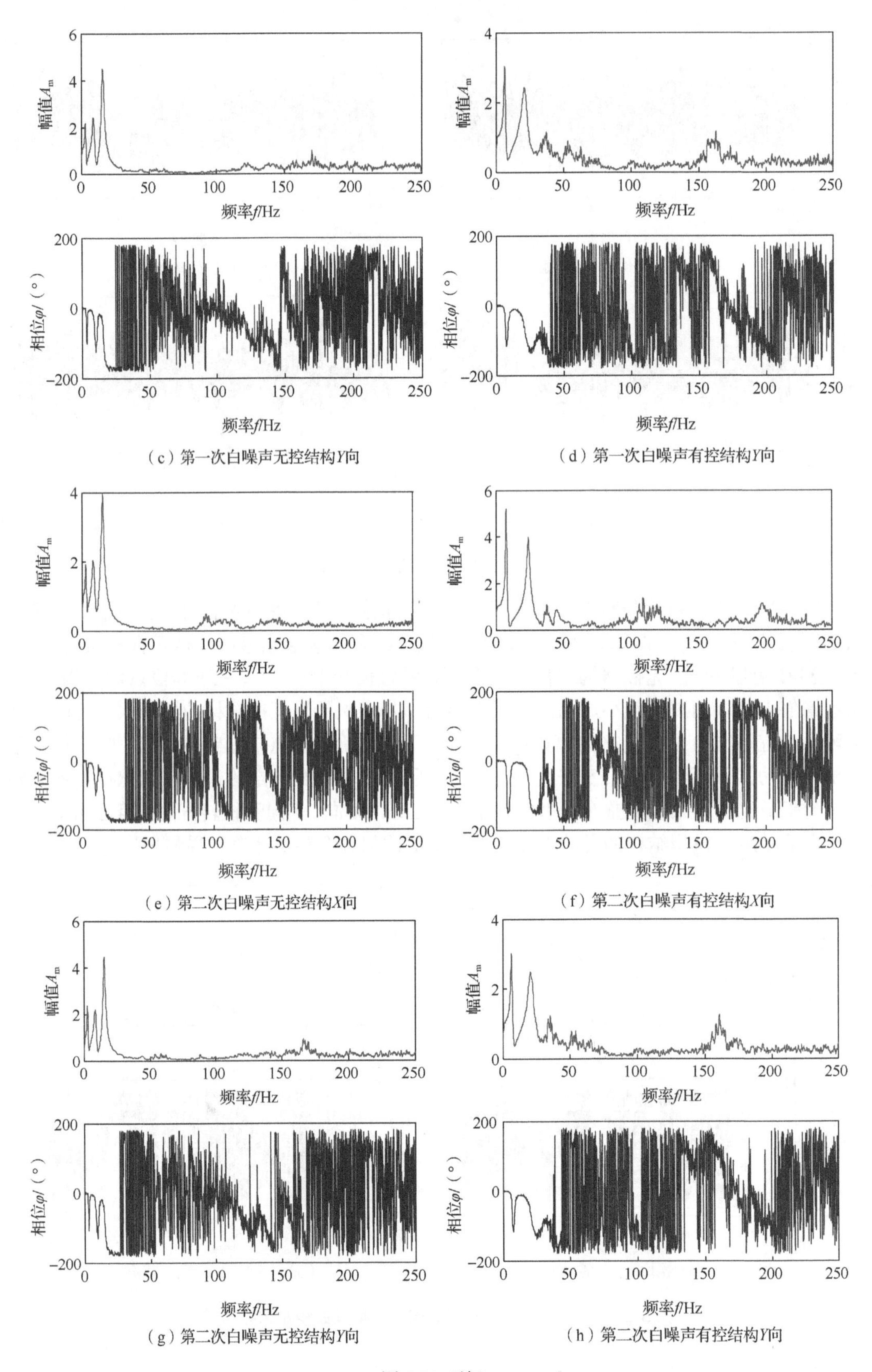

（c）第一次白噪声无控结构Y向

（d）第一次白噪声有控结构Y向

（e）第二次白噪声无控结构X向

（f）第二次白噪声有控结构X向

（g）第二次白噪声无控结构Y向

（h）第二次白噪声有控结构Y向

图 5-23（续）

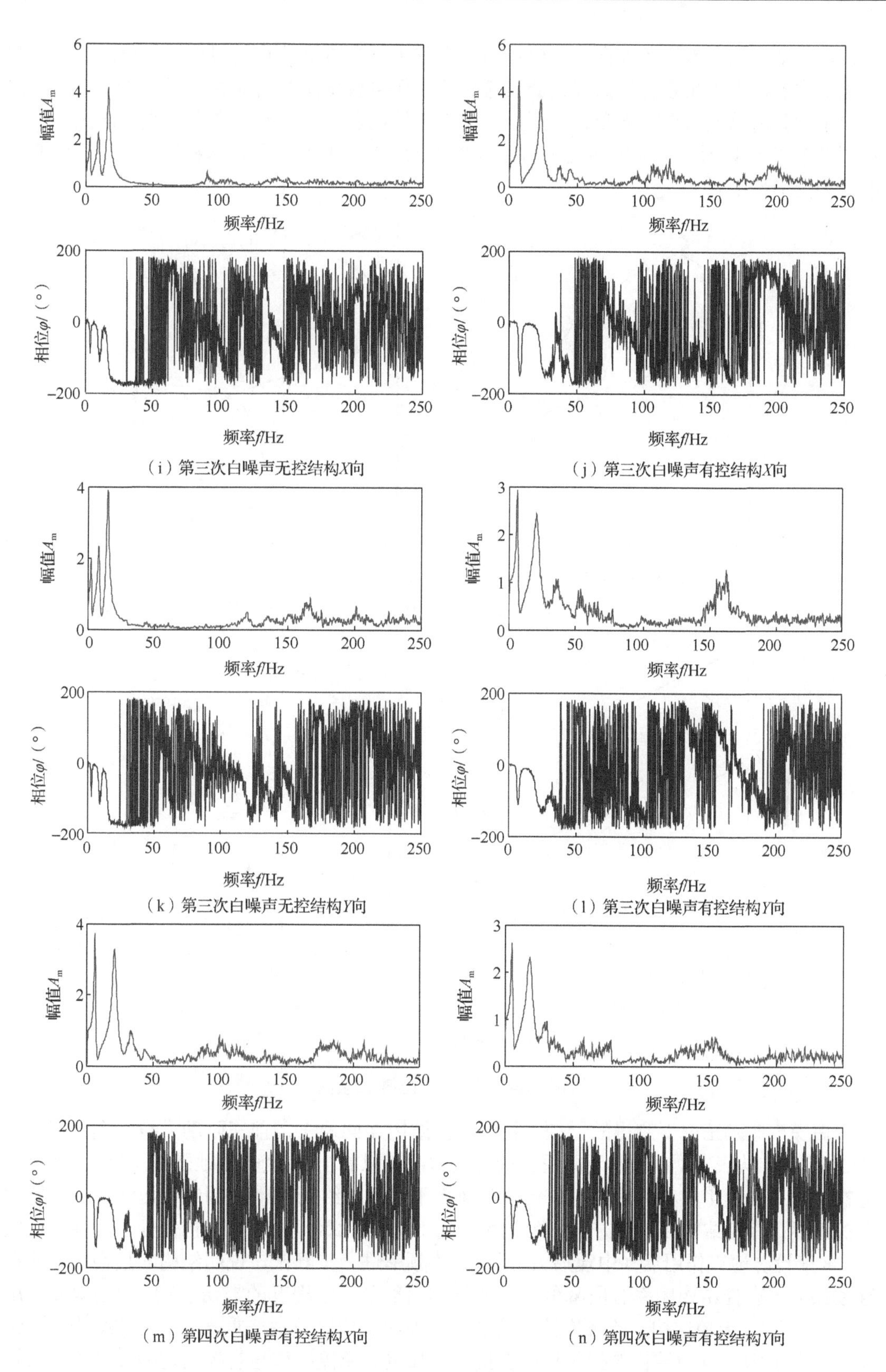

（i）第三次白噪声无控结构X向

（j）第三次白噪声有控结构X向

（k）第三次白噪声无控结构Y向

（l）第三次白噪声有控结构Y向

（m）第四次白噪声有控结构X向

（n）第四次白噪声有控结构Y向

图 5-23（续）

在模型结构各楼层各方向上的幅频特性曲线上，各阶峰值点处对应的幅值之比，经归一化处理后，根据相频特性曲线判断其相位后，便可获得模型结构各阶振型曲线。图 5-24 给出了试验前第一次白噪声激励下所测得的无控结构及有控结构 *X* 向及 *Y* 向各阶振型图。从图 5-24 中可以看出，无控结构和有控结构 *X* 向、*Y* 向振型形态基本相似，均呈现出明显的剪切变形特征。

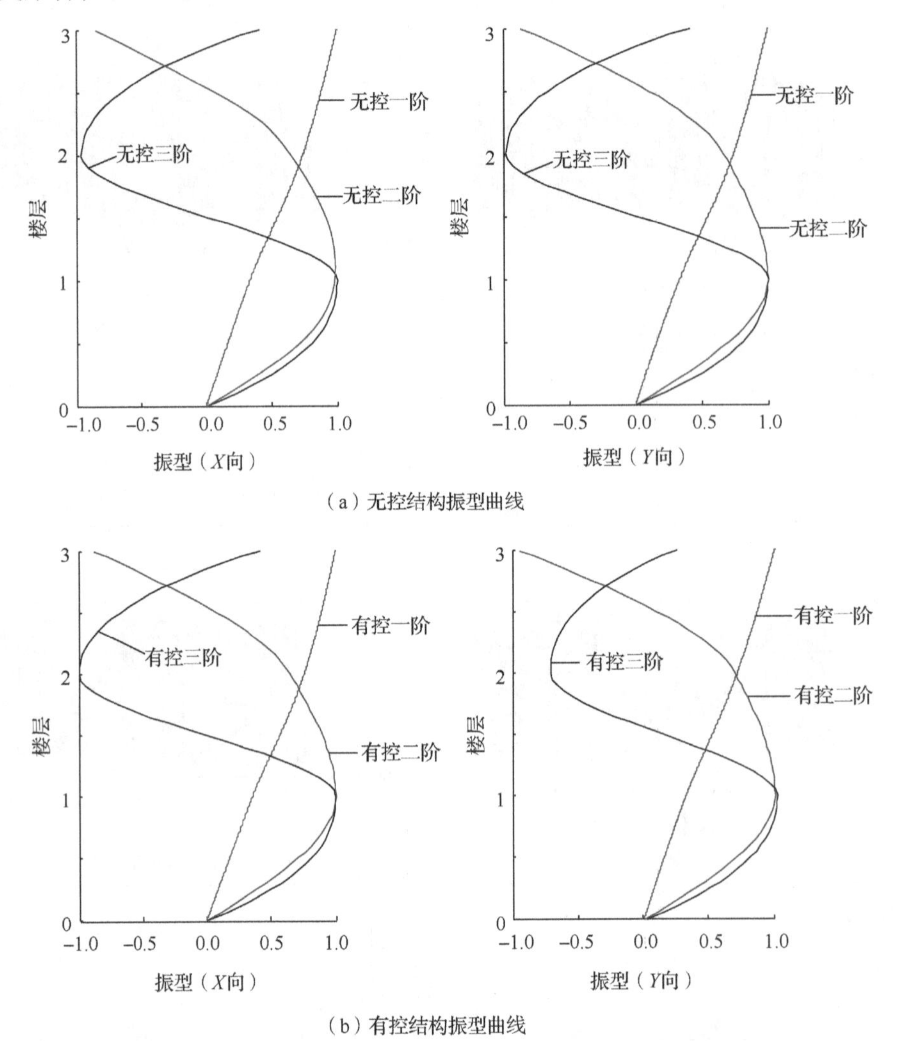

（a）无控结构振型曲线

（b）有控结构振型曲线

图 5-24　模型结构各阶振型图

白噪声激励工况下测得的无控结构和有控结构 *X* 向及 *Y* 向前三阶动力特性变化情况如表 5-8 所示。从表 5-8 中频率及阻尼比的变化情况可以看出：8 度多遇地震作用后（小震后），无控结构在白噪声扫频后两主轴方向一阶频率平均下降约 15%，说明结构已经发生一定程度的破坏；有控结构两主轴方向一阶频率平均下降约 1.6%，可认为结构仍处于弹性工作状态。8 度设防地震作用后（中震后），无控结构频率进一步降低，说明结构的损伤程度还在继续加大；有控结构频率有所降低，说明结构出现了一定程度的损伤。8 度罕遇地震作用后（大震后），无控结构一阶频率降低约 50%，表明结构已发生严重破坏；有控结构一阶频率降低约 19%，表明结构的损伤程度在进一步加重。无控结构与有控结构的频率下降与损伤发展过程较为吻合；阻尼比随地震激励的增大呈提高趋势，说明结构逐步由弹性阶段进入弹塑性阶段，并出现不同程度的损伤；各水准地震作用后，有控结构各阶频率相应于无控结构均大幅提高，阻尼比的变化不如无控结构明显，这可能是因为结构阻尼机制的多样性[219]，除与各弹性材料的内部构成有关外，还与各种摩擦行为、外界气动做功等有关。由于模型结构的附加配重通过低强度砂浆与楼板连接，在白噪声工况激励的过程中，无控结构与有控结构不同工况下的响应也不相同。随着地震激励作用的加大，模型结构出现不同程度的损伤，引起两结构阻尼比不同程度的增加。

表 5-8 白噪声激励工况下模型结构 X 向、Y 向前三阶动力特性

模型	激励方向	白噪声工况	频率 f / Hz			阻尼比 ζ / %
			一阶	二阶	三阶	
无控结构	X 向	试验前	3.606	11.639	15.826	4.16
		8 度小震后	3.050	10.917	15.350	6.25
		8 度中震后	2.113	9.165	14.363	8.27
		8 度大震后	1.586	8.279	14.115	12.93
	Y 向	试验前	3.799	12.411	17.527	4.32
		8 度小震后	3.275	11.092	16.458	7.44
		8 度中震后	2.277	10.894	15.715	8.94
		8 度大震后	1.739	9.792	14.839	13.87
有控结构	X 向	试验前	7.658	25.200	38.958	4.48
		8 度小震后	7.527	24.592	37.633	4.52
		8 度中震后	6.934	23.511	36.859	5.44
		8 度大震后	6.092	22.176	34.528	7.08
		9 度大震后	4.361	16.900	26.807	11.51
	Y 向	试验前	7.133	20.167	35.450	4.40
		8 度小震后	7.038	19.731	34.465	4.41
		8 度中震后	6.296	19.088	32.939	5.13
		8 度大震后	5.881	18.251	31.905	6.75
		9 度大震后	4.075	12.590	21.893	10.68

5.7.3 模型结构加速度反应

振动台同一时程输入加速度峰值在不同工况下会有所差异，因此加速度反应用动力放大系数来表征，动力放大系数 K 为模型结构各楼层加速度峰值与相应方向振动台台面加速度峰值之比。各水准地震作用下无控结构和有控结构各楼层最大加速度动力放大系数包络图如图 5-25 所示。从图 5-25 中可以看出，各地震工况作用下，无控结构和有控结构在 3 条地震波激励下的动力放大系数有所不同，这是由于地震波对结构的影响因频谱特性的变化而有所差异。但在小震工况作用下，两模型结构动力放大系数包络图均大致与结构第一阶振型相似，说明模型结构加速度响应对低阶频率反应较为敏感。随着台面地震激励的加大，无控结构开始出现损伤，并逐步发展进入到弹塑性工作阶段，各楼层动力放大系数均有所下降，特别是顶层动力放大系数下降明显，在中震和大震工况下小于 1 层和 2 层动力放大系数，说明此时无控结构顶层刚度退化较多，阻尼比增大，已遭受严重破坏。有控结构动力放大系数随楼层变化较为平缓，各楼层动力放大系数随着模型结构不同程度的损伤有所降低，这说明有控结构未出现较为严重的局部楼层破坏，同时防屈曲支撑的屈服对结构的加速度响应有一定的控制作用。各工况作用下，有控结构动力放大系数均高于无控结构动力放大系数，有控结构加设防屈曲支撑后抗侧刚度大幅提高，同时与防屈曲支撑相连接的框架柱均采用增大截面法进行加固；而无控结构在地震激励后因出现损伤而频率降低，

这使结构的频率避开了地震输入的卓越频率，从而导致输入结构的地震能量有所降低。

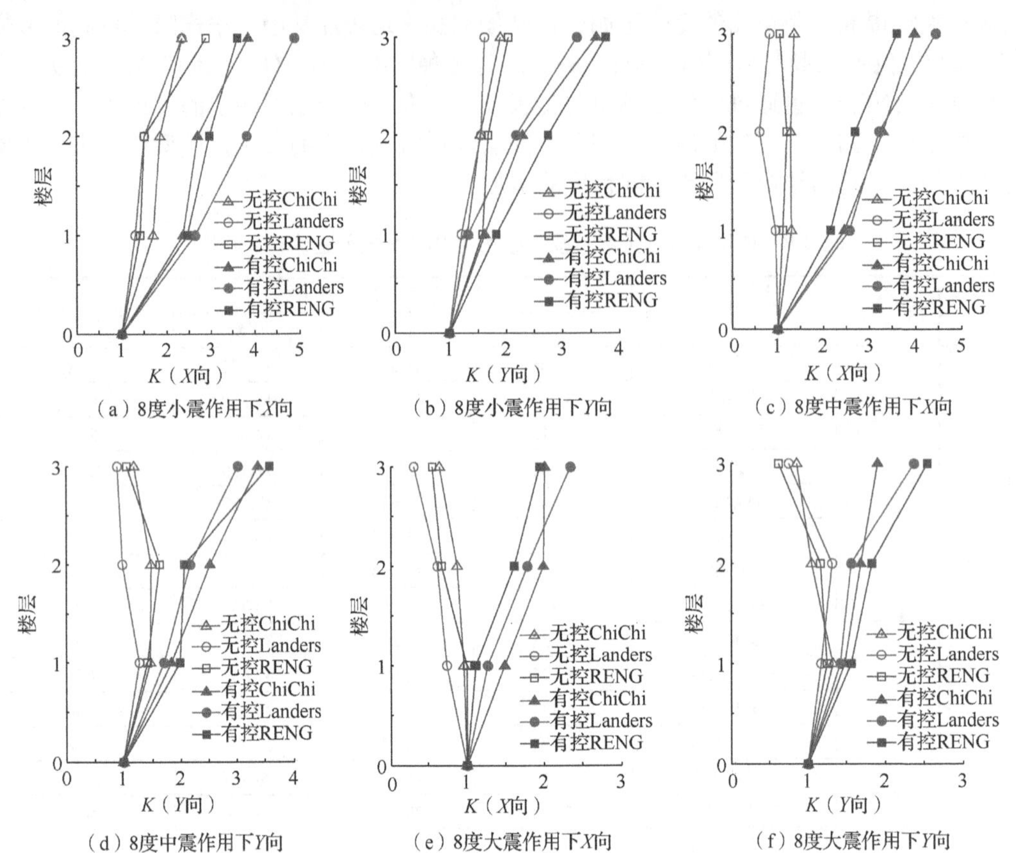

图 5-25　模型结构最大加速度动力放大系数包络图

表 5-9 为无控结构与有控结构在各水准地震工况作用下的楼层最大加速度对比。分析两模型结构的最大楼层加速度分布情况可知，在各水准地震作用下，有控结构最大楼层加速度较无控结构均有所提高，表明防屈曲支撑对模型结构加速度反应控制效果较差，并且会在一定程度上增大模型结构的加速度反应。无控结构在大震作用下顶层受剪破坏严重，刚度退化程度较大，地震作用无法有效地传递到该楼层，因此其最大楼层加速度减小较为明显；有控结构最大楼层加速度沿楼层高度呈均匀变化分布形式。

表 5-9　各水准地震作用下楼层最大加速度对比

楼层	工况	地震波	无控结构 楼层加速度 a_p/（m/s²）		有控结构 楼层加速度 a_p/（m/s²）	
			X 向	Y 向	X 向	Y 向
1 层	8 度小震	ChiChi	1.064	1.127	2.212	1.992
		Landers	0.923	1.025	2.315	2.232
		RENG	1.090	1.190	1.995	1.879
	8 度中震	ChiChi	3.256	3.582	5.422	5.044
		Landers	2.795	3.253	6.202	5.725
		RENG	3.474	4.127	5.997	5.523
	8 度大震	ChiChi	5.321	6.013	10.985	10.252
		Landers	6.231	6.443	11.905	11.299
		RENG	6.628	7.392	11.458	10.555

续表

楼层	工况	地震波	无控结构 楼层加速度 a_p/（m/s²）		有控结构 楼层加速度 a_p/（m/s²）	
			X 向	*Y* 向	*X* 向	*Y* 向
2 层	8 度小震	ChiChi	0.846	0.949	1.765	1.475
		Landers	0.769	0.899	1.816	1.564
		RENG	0.833	1.051	1.560	1.450
	8 度中震	ChiChi	2.564	2.861	4.335	3.846
		Landers	2.295	2.570	4.821	4.376
		RENG	2.833	3.266	4.399	3.985
	8 度大震	ChiChi	4.295	4.734	8.619	8.184
		Landers	5.077	5.190	9.118	8.663
		RENG	5.359	5.810	8.798	7.856
3 层	8 度小震	ChiChi	0.500	0.544	0.959	0.807
		Landers	0.462	0.532	1.036	0.870
		RENG	0.526	0.646	0.882	0.757
	8 度中震	ChiChi	1.141	1.203	2.455	2.295
		Landers	1.038	1.101	2.864	2.446
		RENG	1.192	1.443	2.621	2.106
	8 度大震	ChiChi	1.205	1.089	5.013	4.565
		Landers	1.346	1.354	5.588	5.019
		RENG	1.128	1.430	4.795	4.325

5.7.4　模型结构位移反应

结构位移反应是衡量结构抗震性能目标的一项重要指标，对比有控结构和无控结构在同一时程工况下的位移反应，可评价防屈曲支撑对结构位移反应的控制效果。有控结构和无控结构在各水准地震作用下的相对位移包络图及最大层间位移角分布图的对比分别如图 5-26 和图 5-27 所示。

从图 5-26 中可以看出，无控结构总体位移反应较大，表现最为明显的是结构层第 3 层，随着台面激励作用的加大，第 3 层楼层位移突然增大，并不断向下部楼层传递，这表明无控结构的第 3 层为整个结构的薄弱层，同时 *X* 向楼层位移均大于 *Y* 向楼层位移。加设防屈曲支撑后，有控结构的位移反应得到有效控制，并且在两个主轴方向相当，表明防屈曲支撑在一定程度上改变了无控结构的竖向抗侧刚度分布，消能减震效果明显。

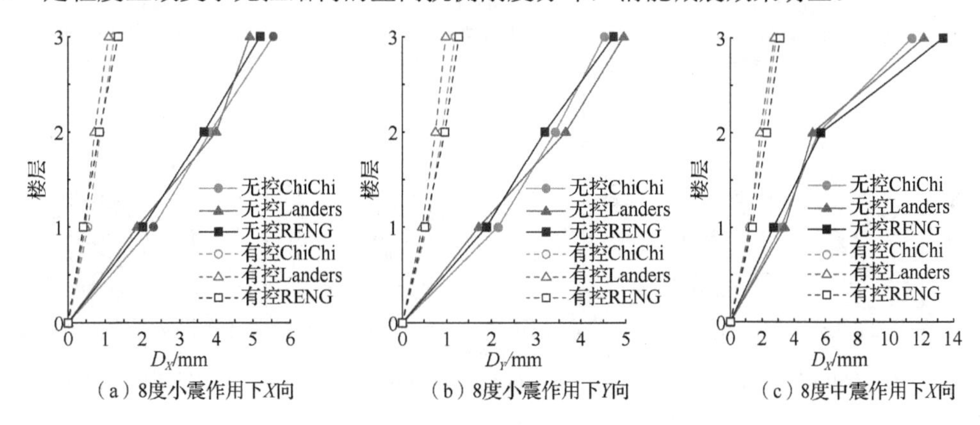

图 5-26　各水准地震作用下模型结构相对位移包络图对比

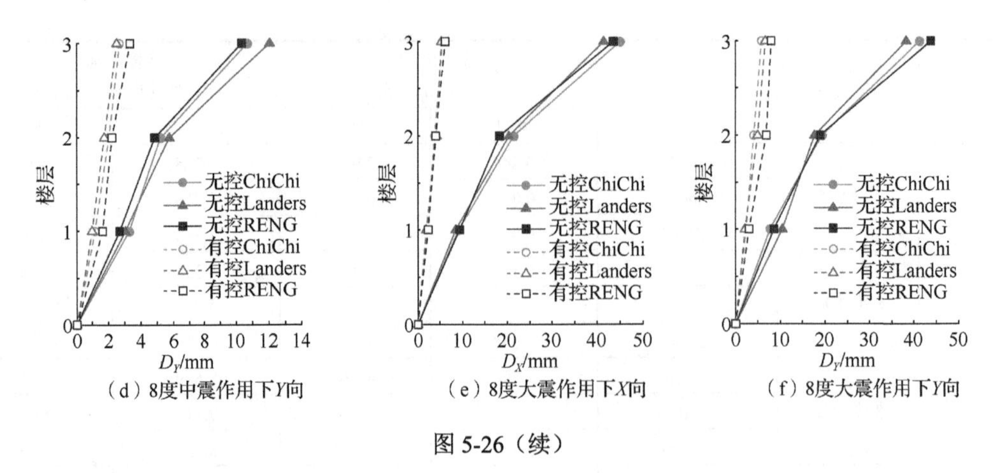

（d）8度中震作用下Y向　（e）8度大震作用下X向　（f）8度大震作用下Y向

图 5-26（续）

从图 5-27 模型结构的最大层间位移角分布情况看，无控结构在各工况下的最大层间位移角均出现在结构层的第 3 层。对于无控结构，小震作用下，X 向及 Y 向的最大层间位移角分别为 1/328 和 1/386；中震作用下，X 向及 Y 向的最大层间位移角分别为 1/95 和 1/121；大震作用下，X 向及 Y 向的最大层间位移角分别为 1/28 和 1/34，在各水准地震作用下均不满足规范对框架结构层间位移角的限值要求。对于有控结构，小震作用下，X 向及 Y 向的最大层间位移角分别为 1/1562 和 1/1497；中震作用下，X 向及 Y 向的最大层间位移角分别为 1/522 和 1/493；大震作用下，X 向及 Y 向的最大层间位移角分别为 1/257 和 1/224，采用防屈曲支撑加固后，各楼层层间位移角相差不大，说明有控结构抗侧刚度变化均匀，无明显薄弱楼层，同时有控结构满足规范的“三水准”抗震设防要求。由以上层间位移角数据按相似关系可推算得到原型结构的相应层间位移角，推算结果与试验结果一致。

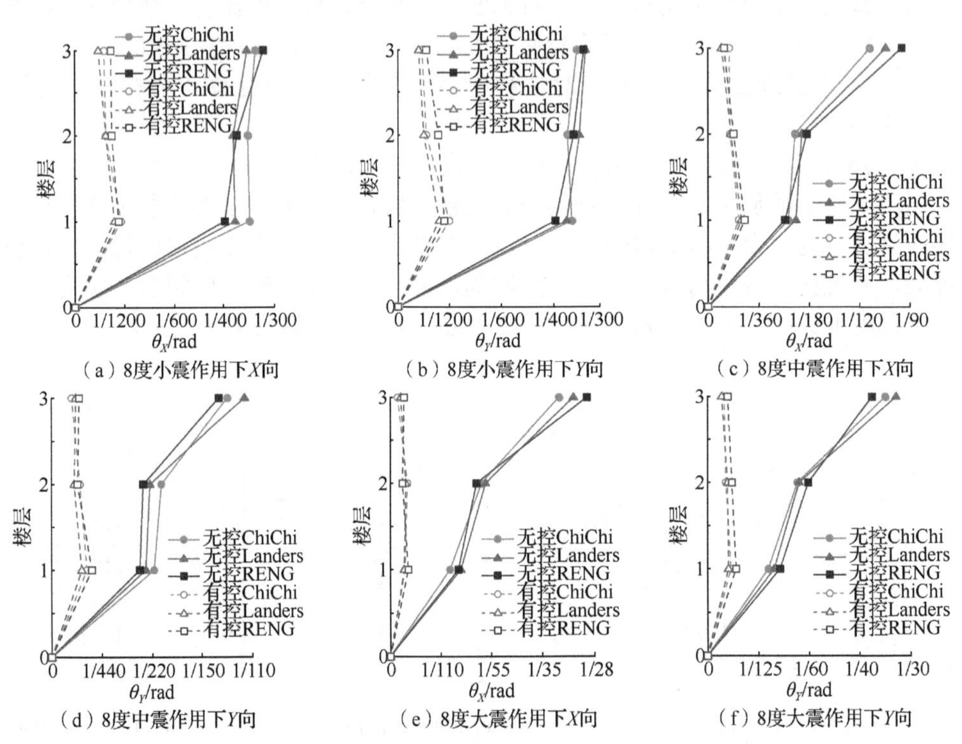

（a）8度小震作用下X向　（b）8度小震作用下Y向　（c）8度中震作用下X向

（d）8度中震作用下Y向　（e）8度大震作用下X向　（f）8度大震作用下Y向

图 5-27　各水准地震作用下最大层间位移角分布图对比

图 5-28 所示为无控结构与有控结构在各水准地震作用下顶层位移时程曲线的对比，图中列举的为 Landers 地震波输入下的位移时程曲线。从图 5-28 中可以看出，在各水准地震作用下无控结构的位移反应均大于有控结构的位移反应。这主要是由于模型结构加设防屈曲支撑后，其抗侧刚度增加，因此在小震作用下其抵抗变形的能力增强，而在中震及大震作用下防屈曲支撑产生屈服变形耗散大量输入结构的地震能量，因此在地震作用下的位移反应得到有效控制，减震效果显著。

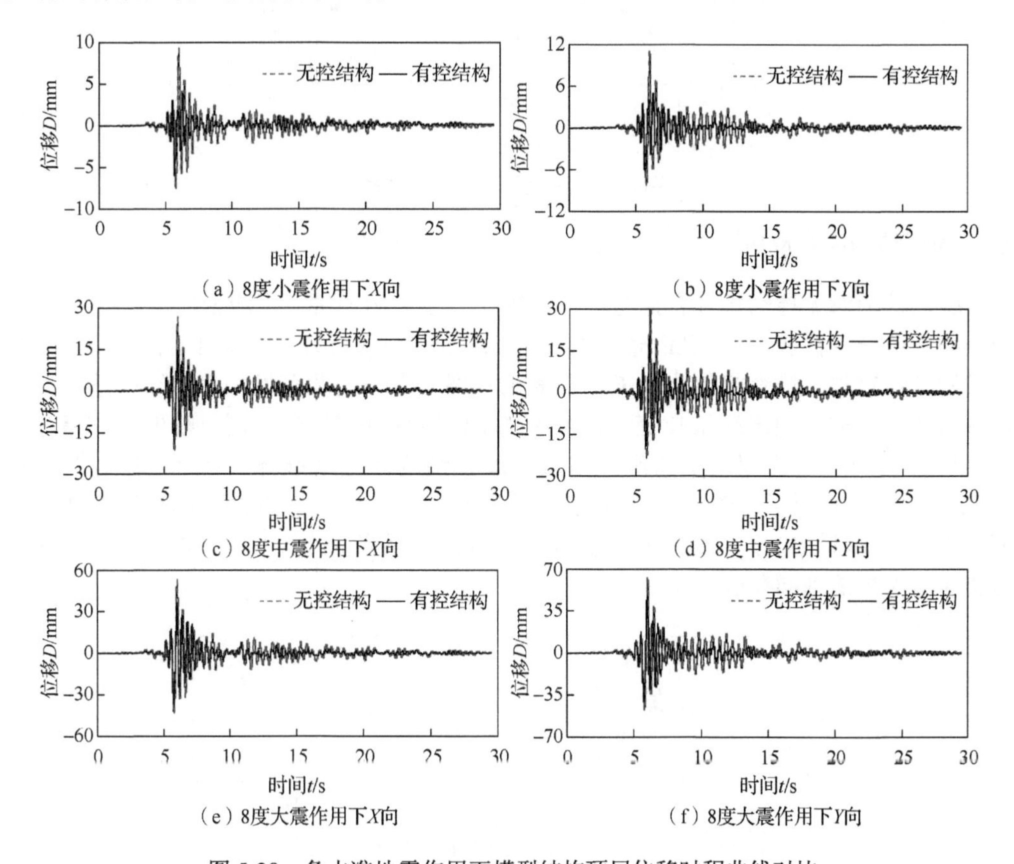

图 5-28　各水准地震作用下模型结构顶层位移时程曲线对比

图 5-29 给出了各地震工况作用下模型结构的位移降低率 η 随台面输入峰值加速度 a_{pg} 的变化情况，位移降低率 η 按下式进行计算：

$$\eta = \frac{\sum(\Delta_{i1} - \Delta_{i2}) / \Delta_{i1}}{n} \times 100\% \tag{5-12}$$

式中，Δ_{i1} 为无控结构在第 i 条地震波作用下的位移响应；Δ_{i2} 为有控结构在第 i 条地震波作用下的位移响应；n 为输入地震波数量。

从图 5-29 中可以看出，模型结构的位移降低率随台面激励作用的增大呈上升趋势，X 向位移降低率均高于 Y 向位移降低率。位移降低率按楼层高度的分布也呈增大趋势，这与无控结构上部楼层为薄弱层，在 X 向为单跨布置有关。8 度小震、中震及大震作用下，结构第 3 层两个主轴方向的位移降低率平均值分别为 89%、92%、96%，说明防屈曲支撑对模型结构的位移反应控制效果显著。按位移相似关系推算到原型结构，结果表明，防屈曲支撑能有效降低原型结构的位移反应。

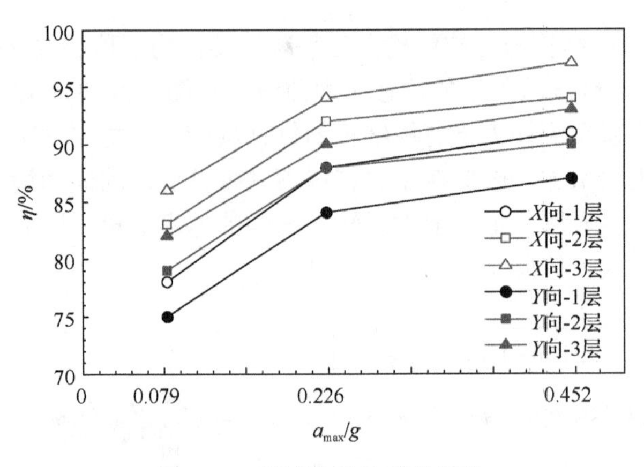

图 5-29　模型结构位移降低率

5.7.5　模型结构应变反应

试验过程中对无控结构及有控结构角柱等受力较大构件进行了应变监测。图 5-30 为两模型结构顶层角柱柱底在 ChiChi 地震波小震工况下的应变时程曲线对比。有控结构的拉压应变时程基本对称，应变峰值小于微粒混凝土开裂应变，由此可推知有控结构基本处于弹性工作状态。无控结构出现压应变大、拉应变小的应变分布情形，同时峰值应变超过微粒混凝土的开裂应变，说明应变监测点附近混凝土结构已出现破坏。图 5-31 为人工波小震工况下有控结构顶层Ⓟ轴上⑬～⑮处防屈曲支撑非屈服连接段位置的应变时程曲线。从图 5-31 中可以看出，该部位应变峰值未超过钢材屈服应变，从而可根据该部位应变时程求得防屈曲支撑的轴向荷载。

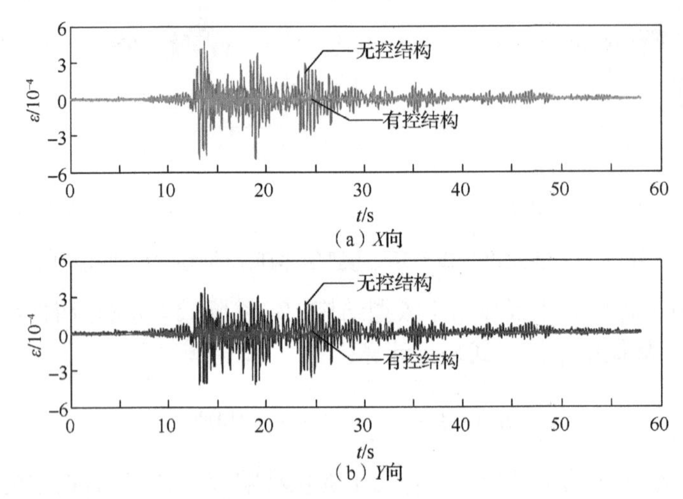

图 5-30　ChiChi 波多遇地震输入下柱应变时程曲线

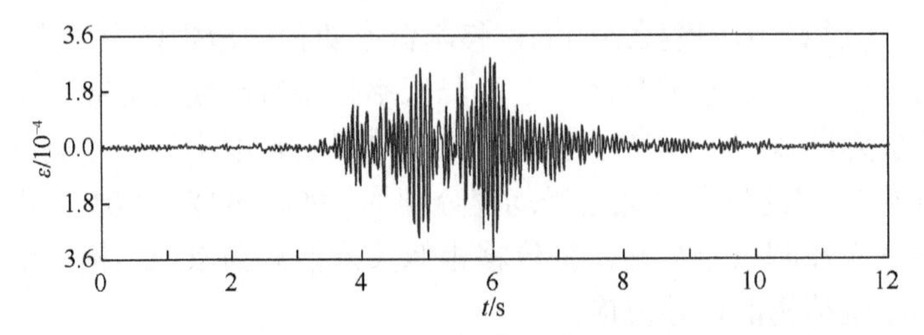

图 5-31　人工波多遇地震输入下 BRB 非屈服连接段应变时程曲线

5.7.6　模型结构扭转反应

两模型结构的扭转反应通过同一楼层两端测点的位移时程差值计算得出。无控结构和有控结构顶层在小震作用下的扭转角分别为 1/4328 和 1/5984，中震作用下的扭转角分别为 1/1891 和 1/3512，大震作用下的扭转角分别为 1/352 和 1/1175，说明两模型结构的扭转效应均不明显，随着结构出现不同程度的损伤及破坏，扭转反应有增大趋势。

5.7.7　模型结构剪力反应

模型结构楼层最大剪力可按下式进行计算：

$$V_{i,\max}=\sum_{j=i}^{3}m_j a_{j,\max}\quad (i=1,2,3) \tag{5-13}$$

式中，$V_{i,\max}$ 为第 i 层最大楼层剪力；m_j 为相应于第 j 层的楼层质量；$a_{j,\max}$ 为相应于第 j 层最大楼层相对加速度。

无控结构和有控结构沿楼层的剪力分布情况如表 5-10 所示。从表 5-10 中可知，在各水准地震作用下有控结构较无控结构各楼层剪力均有所提高，表明防屈曲支撑对模型结构剪力基本无减震控制效果，但其楼层最大剪力沿楼层高度呈均匀变化分布形式，这会使有控结构下部楼层的抗剪强度有所提高；无控结构在大震作用下顶层受剪破坏严重，因此其楼层剪力较小。

表 5-10　无控结构和有控结构沿楼层的剪力分布

楼层	工况	地震波	无控结构楼层剪力 V/kN		有控结构楼层剪力 V/kN	
			X 向	Y 向	X 向	Y 向
1 层	8 度小震	ChiChi	8.3	8.9	17.3	15.8
		Landers	7.2	8.1	18.1	17.7
		RENG	8.5	9.4	15.6	14.9
	8 度中震	ChiChi	25.4	28.3	42.4	40.0
		Landers	21.8	25.7	48.5	45.4
		RENG	27.1	32.6	46.9	43.8
	8 度大震	ChiChi	41.5	47.5	85.9	81.3
		Landers	48.6	50.9	93.1	89.6
		RENG	51.7	58.4	89.6	83.7
2 层	8 度小震	ChiChi	6.6	7.5	13.8	11.7
		Landers	6.0	7.1	14.2	12.4
		RENG	6.5	8.3	12.2	11.5
	8 度中震	ChiChi	20.0	22.6	33.9	30.5
		Landers	17.9	20.3	37.7	34.7
		RENG	22.1	25.8	34.4	31.6
	8 度大震	ChiChi	33.5	37.4	67.4	64.9
		Landers	39.6	41.0	71.3	68.7
		RENG	41.8	45.9	68.8	62.3

续表

楼层	工况	地震波	无控结构楼层剪力 V/kN		有控结构楼层剪力 V/kN	
			X 向	Y 向	X 向	Y 向
3 层	8 度小震	ChiChi	3.9	4.3	7.5	6.4
		Landers	3.6	4.2	8.1	6.9
		RENG	4.1	5.1	6.9	6.0
	8 度中震	ChiChi	8.9	9.5	19.2	18.2
		Landers	8.1	8.7	22.4	19.4
		RENG	9.3	11.4	20.5	16.7
	8 度大震	ChiChi	9.4	8.6	39.2	36.2
		Landers	10.5	10.7	43.7	39.8
		RENG	8.8	11.3	37.5	34.3

防屈曲支撑非屈服连接段始终处于弹性工作状态，因此可根据该部位的应变片数据反推求得防屈曲支撑的轴向荷载，进而求得防屈曲支撑分担的水平地震剪力。图 5-32 给出了有控结构多遇地震输入下防屈曲支撑承担的地震剪力与各楼层剪力的比值 λ。从图 5-32 中可以看出，X 向底层防屈曲支撑分担的楼层剪力较上部楼层要小，最小比值约为 36%；Y 向顶层防屈曲支撑分担的剪力较下部楼层要小，最小比值约为 34%；X 向支撑分担地震剪力最大的楼层为结构的第 2 层，所占比值约为 45%；Y 向支撑分担地震剪力最大的楼层为结构的第 1 层，所占比值约为 49%。有控结构由于加设防屈曲支撑后刚度增大，同时与防屈曲支撑相连接的框架柱采用加大截面法加固，导致结构楼层剪力大幅提高，但由于防屈曲支撑分担部分水平地震剪力后，作用于各层框架柱的地震力相比于无控结构楼层剪力只提高 8%～19%。防屈曲支撑分担地震力的大小对结构的抗震性能有重要影响，分担比值过小，则防屈曲支撑作用效果较差；分担比值过大，则会改变结构的受力模式，可能导致梁、柱先于防屈曲支撑进入弹塑性工作阶段而破坏。中震和大震作用下，防屈曲支撑由于屈服后刚度有所下降，分担的地震力也随之降低，但此时防屈曲支撑为结构提供附加阻尼，一定程度上减小了结构的地震反应。按力相似关系推算到原型结构反应表明，防屈曲支撑能有效分担结构的地震剪力。

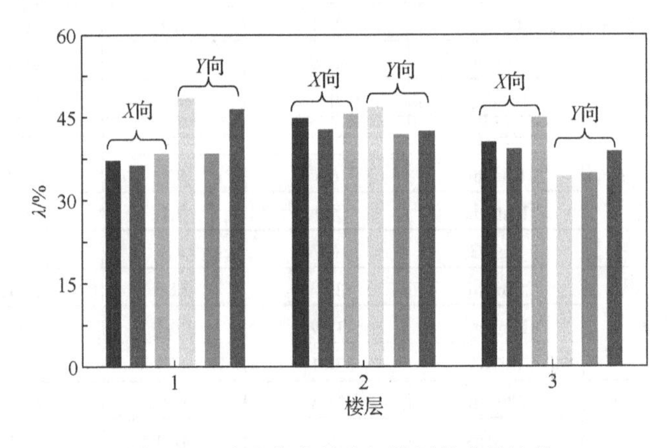

图 5-32　防屈曲支撑分担楼层剪力的比值

5.8　能量耗散分析

5.8.1　防屈曲支撑耗能分析

防屈曲支撑在各地震工况下的轴向力可根据非屈服连接段的应变数据按式（5-14）计算，防屈曲支撑的轴向位移可根据框架结构协调变形条件按式（5-15）计算，如图 5-33 所示。

$$P_i(t) = EA_i\varepsilon_i(t) \tag{5-14}$$

$$\delta_i(t) = \Delta(t)\cos\alpha_i \tag{5-15}$$

式中，$P_i(t)$ 为第 i 根防屈曲支撑的轴力；E 为支撑所用钢材弹性模量；A_i 为第 i 根防屈曲支撑非屈服连接段处截面面积；$\varepsilon_i(t)$ 为第 i 根防屈曲支撑非屈服连接段处应变值；$\delta_i(t)$ 为第 i 根防屈曲支撑的轴向变形；$\Delta(t)$ 为层间位移；α_i 为第 i 根防屈曲支撑与水平方向的夹角。

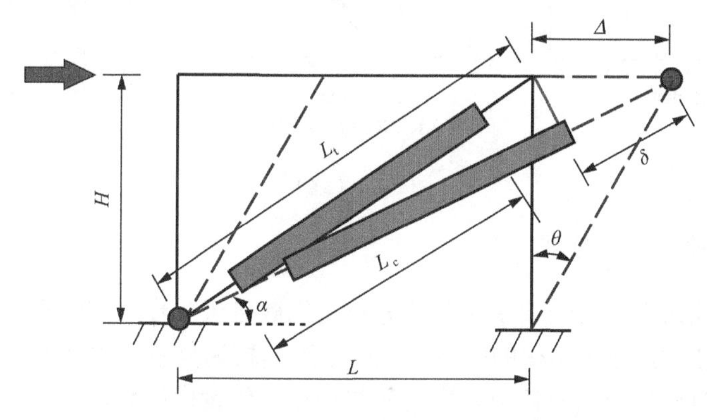

图 5-33　防屈曲支撑变形与层间位移的关系

式（5-14）和式（5-15）计算所得的防屈曲支撑轴向力和轴向位移经整理后，得到防屈曲支撑在各水准地震作用下的滞回曲线。图 5-34 给出了有控结构顶层Ⓟ轴⑬～⑮处防屈曲支撑在各地震动小震、中震和大震工况下的滞回曲线（其他防屈曲支撑滞回曲线形状类似）。从图 5-34 中可以看出，防屈曲支撑在各地震动小震工况下的最大轴向力均小于支撑的屈服承载力，表明在小震作用下支撑处于弹性阶段，只为结构提供抗侧刚度，不增加结构阻尼；中震作用下防屈曲支撑的最大轴力为 5.01kN（拉力），相应的最大位移为 1.58mm，这表明防屈曲支撑已经进入弹塑性工作阶段，并开始发挥其耗能作用；大震作用下防屈曲支撑滞回曲线较为饱满，支撑较大程度进入屈服耗能状态，塑性变形进一步增加，防屈曲支撑充当结构的“保险丝”，成为结构的第一道抗震防线。

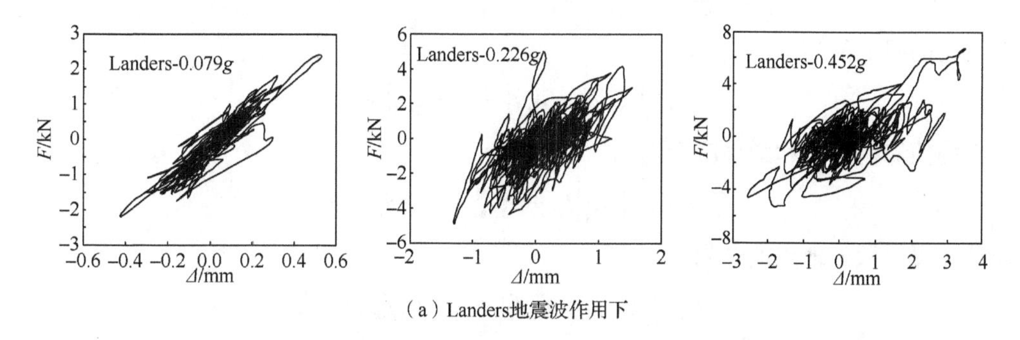

（a）Landers地震波作用下

图 5-34　有控结构顶层Ⓟ轴⑬～⑮处防屈曲支撑在各地震动工况下的滞回曲线

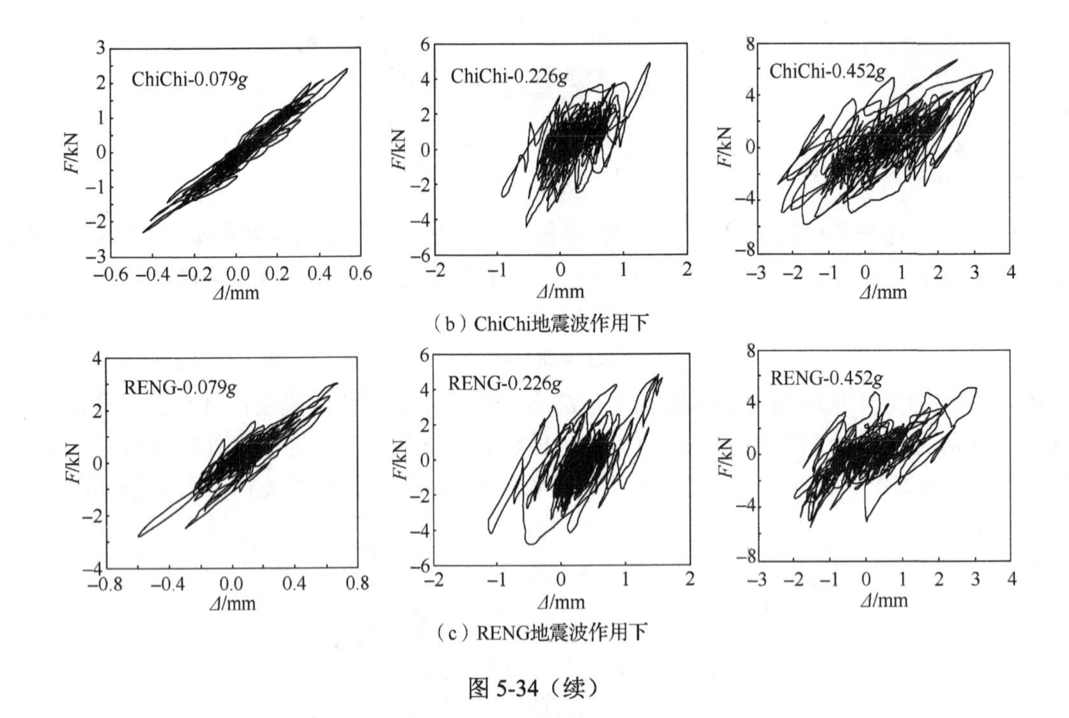

（b）ChiChi地震波作用下

（c）RENG地震波作用下

图 5-34（续）

5.8.2　地震能量输入与分布

分析各地震输入下模型结构中能量的分布与耗散可进一步了解防屈曲支撑结构体系的消能减震机理。通常，建筑结构的能量相互转换过程较为复杂，本书中采用文献[220]中的简化计算方法估算模型结构的各项能量输入与分布。假设模型结构中各楼层的质量集中于楼层平面中心处，并认为在地震输入下仅受水平惯性力作用，则结构的楼层集中质量矩阵为对角矩阵；结构自身的阻尼矩阵采用质量和刚度的线性组合矩阵，即瑞利阻尼矩阵，因此也为对角矩阵。防屈曲支撑耗散的地震能量为支撑轴向荷载-位移滞回曲线所包围的面积。于是，防屈曲支撑结构体系的能量反应方程可表示为[221]

$$E_{\mathrm{ein}} = E_{\mathrm{k}} + E_{\mathrm{c}} + E_{\mathrm{h}} + E_{\mathrm{e}} + E_{\mathrm{b}} \tag{5-16}$$

式中，地震波输入总能量为

$$E_{\mathrm{ein}}=\int_0^t (\dot{u}_1 m_1 + \dot{u}_2 m_2 + \cdots + \dot{u}_n m_n)\ddot{u}_{\mathrm{g}}\mathrm{d}t$$

模型结构的动能为

$$E_{\mathrm{k}}=\sum_{i=1}^{n}\frac{1}{2}[m_1\dot{u}_1(t)^2 + m_2\dot{u}_2(t)^2 + \cdots + m_n\dot{u}_n(t)^2]$$

模型结构的阻尼能为

$$E_{\mathrm{c}}=\int_0^t (c_1\dot{u}_1^2 + c_2\dot{u}_2^2 + \cdots + c_n\dot{u}_n^2)\mathrm{d}t$$

模型结构的滞回耗能和弹性应变能为

$$E_{\mathrm{h}} + E_{\mathrm{e}}=\int_0^t (\dot{u}_1 f_{\mathrm{s}1} + \dot{u}_2 f_{\mathrm{s}2} + \cdots + \dot{u}_n f_{\mathrm{s}n})\mathrm{d}t$$

防屈曲支撑耗散的地震能量为

$$E_{\mathrm{b}}=\int_0^t (\dot{u}_1 f_{\mathrm{d}1} + \dot{u}_2 f_{\mathrm{d}2} + \cdots + \dot{u}_n f_{\mathrm{d}n})\mathrm{d}t$$

式中，$\dot{u}_n(t)$、$u_n(t)$ 分别为质点 $i(i=1,2,\cdots,n)$ 的相对速度、相对位移；m_i 为质点 i 的质量；

c_i 为质点 i 的阻尼系数；f_{si} 为质点 i 的恢复力模型；$\ddot{u}_g(t)$ 为地震波加速度。

基于振动台试验结果，按上述简化计算方法，采用 MATLAB 编制离散序列数值积分计算程序来分析模型结构的各项能量输入与分布情况。图 5-35 所示为各地震动中震和大震作用下有控结构的地震输入能量和防屈曲支撑耗能时程曲线。从图 5-35 中可以看出，在中震作用下，防屈曲支撑耗散的能量最小约占地震输入总能量的 25%（ChiChi 波作用下），最大约占地震输入总能量的 33%（RENG 波作用下）；在大震作用下，防屈曲支撑耗散的能量最小约占地震输入总能量的 42%（ChiChi 波作用下），最大约占地震输入总能量的 51%（Landers 波作用下），这表明在中震和大震作用下防屈曲支撑已进入到弹塑性工作阶段，并发挥了其消能减震作用。

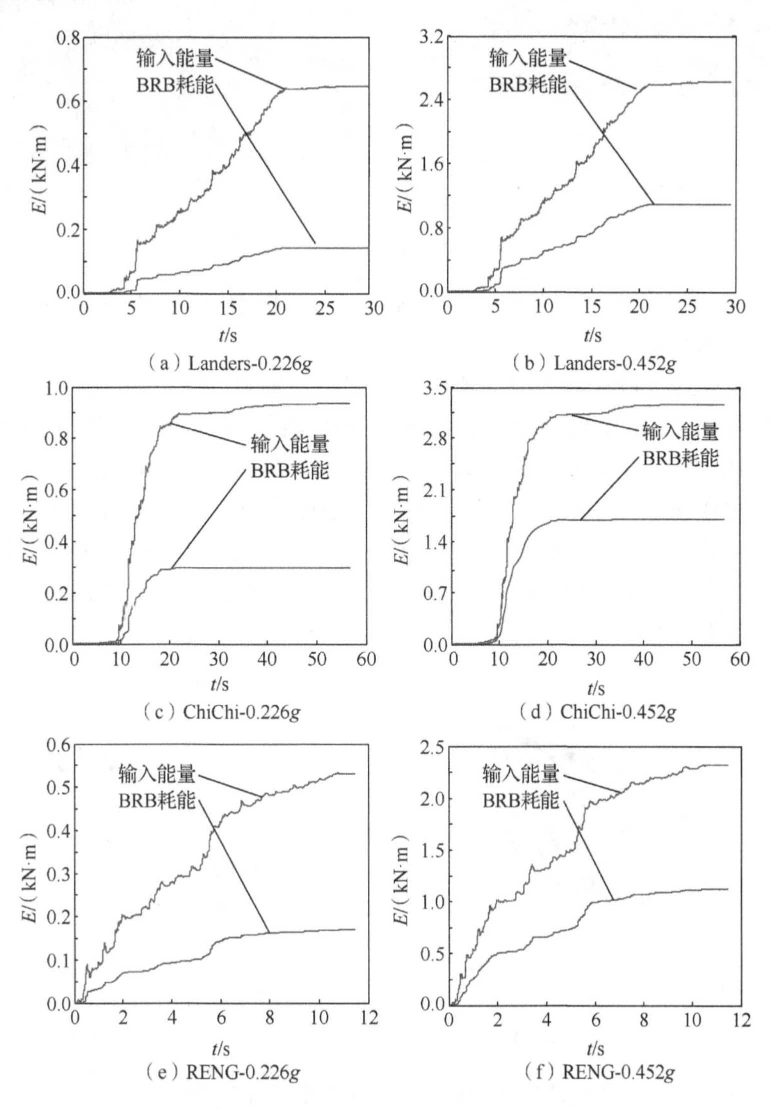

图 5-35　各地震动中震和大震作用下有控结构的地震输入能量和防屈曲支撑耗能时程曲线

5.9　历经震后防屈曲支撑性能评价

为研究防屈曲支撑经历地震作用后的性能变化，并初步尝试探索评价防屈曲支撑在震后继续工作的能力，取有控结构震后两主轴方向各一根芯材未断裂的防屈曲支撑进行试验研究［图 5-36（a）和（b）］，分别为试件 BRB 1m 和试件 BRB 2m，试验加载制度同本章 5.4.2 节防屈曲支撑试验加载制度。图 5-37 给出了历经各水准地震输入后试件 BRB 1m 和试件 BRB 2m 的试验加载曲线。

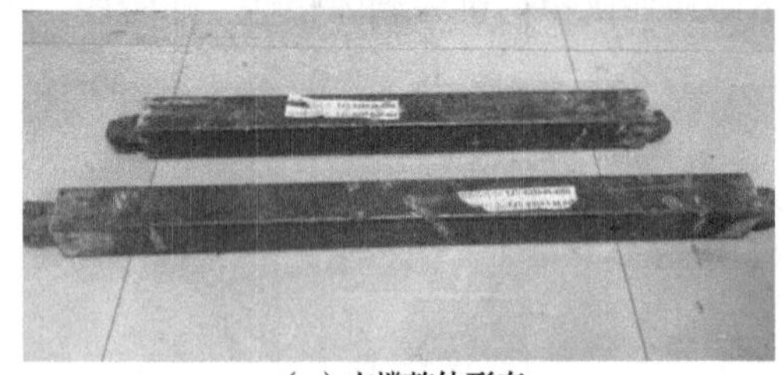
（a）支撑整体形态

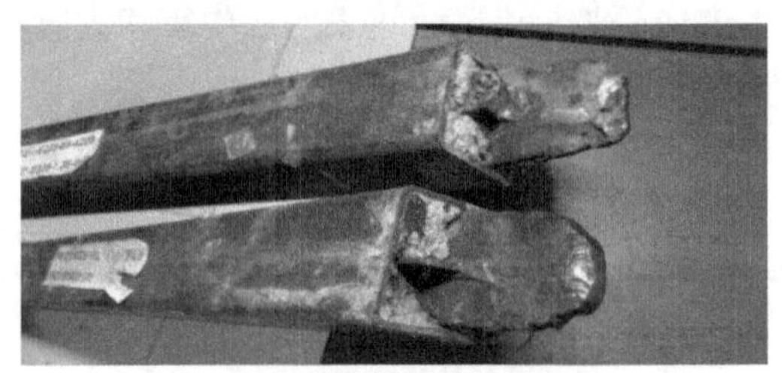
（b）支撑端部混凝土形态

图 5-36　历经震后防屈曲支撑试件

从图 5-36 中可以看出，经历地震作用后防屈曲支撑未出现整体及局部失稳情况，支撑端部混凝土有脱落现象，表明防屈曲支撑已经发挥作用。从图 5-37 震后防屈曲支撑的轴力-位移滞回曲线可以得知，BRB 1m 加载到轴向位移幅值 Δ=8.8mm 时断裂，BRB 2m 加载到轴向位移幅值 Δ=3.3mm 时断裂，这说明防屈曲支撑在经历地震作用后变形能力降低；BRB 1m 和 BRB 2m 的极限荷载分别为 14.1kN 和 4.89kN，分别降低约 19%和 28%；在能量耗散方面，BRB 1m 耗能能力在一定程度上有所削弱，BRB 2m 几乎无能量耗散能力。由此可知，不同型号防屈曲支撑在经历相同地震作用后性能变化有较大差异。因此，随着防屈曲支撑结构体系在我国工程应用中的日益广泛，亟须找到相应的震后防屈曲支撑性能评价检测方法，并更新准则。

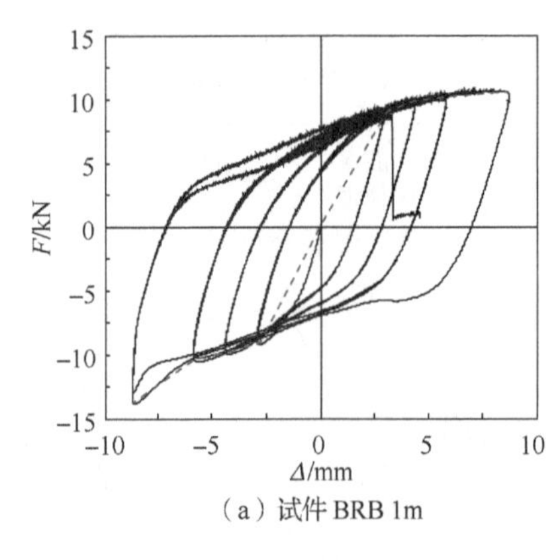

（a）试件 BRB 1m

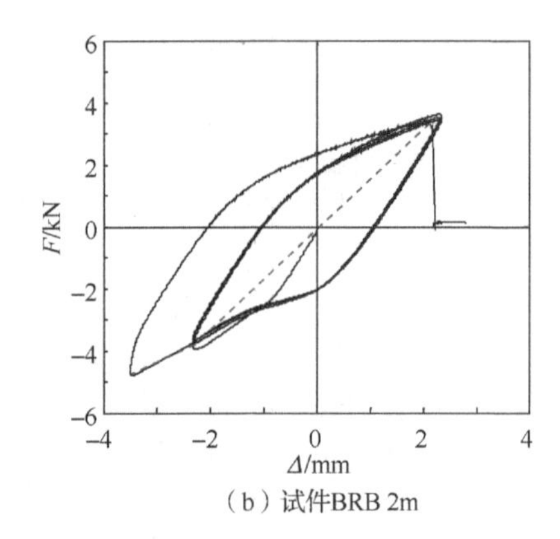

（b）试件BRB 2m

图 5-37　历经震后防屈曲支撑试件滞回曲线

5.10　防屈曲支撑结构体系破坏形态及机理

为研究防屈曲支撑加固结构体系的破坏形态及机理，对有控结构另增加了 9 度大震的试验工况。图 5-38（a）～（d）给出了 9 度大震作用下有控结构与防屈曲支撑相连框架梁柱和相邻框架梁柱的破坏情况对比，图 5-38（e）和（f）给出了防屈曲支撑断裂后的形态。在试验过程中，部分防屈曲支撑超过极限变形能力而断裂［图 5-38（f）］，结构“保险丝”失效，结构体系由防屈曲支撑框架体系向纯框架体系转化，地震作用主要由框架梁柱承担，框架成为主要的抗侧力体系。与防屈曲支撑相连接的框架梁柱较相邻框架梁柱破坏更为严重，这是由于与防屈曲支撑相连接的梁柱受到支撑的传力作用，其剪力会显著增大，相反相邻柱剪力则会减小，结构整体表现为“强柱弱梁”的破坏模式。从图 5-38（e）可以看出，防屈曲支撑约束混凝土在超罕遇地震作用下无损坏迹象，表明约束混凝土具有足够的约束刚度和强度。芯材单元出现多波高阶屈曲模态，这是由于芯材与混凝土之间有一定距离的间隙，芯材在受压膨胀时对外包约束混凝土的侧向挤压作用较小，因此出现上述模态。

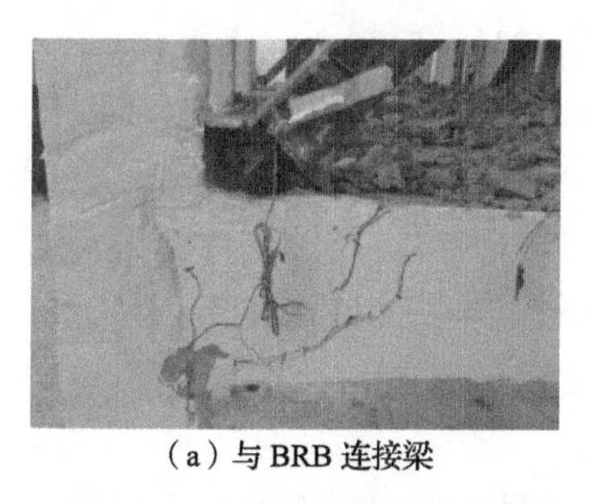
（a）与 BRB 连接梁

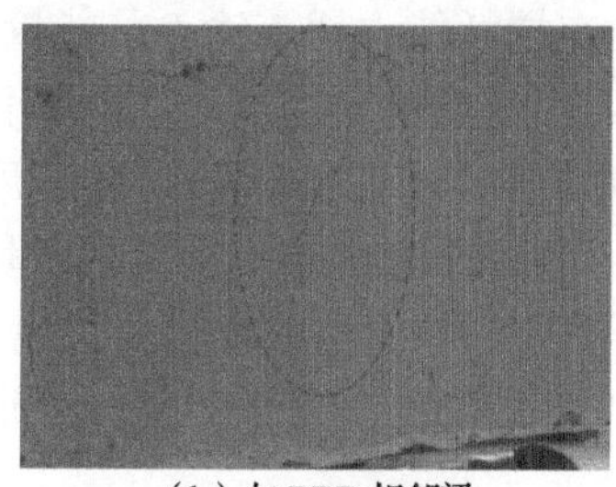
（b）与 BRB 相邻梁

（c）与 BRB 连接柱

（d）与 BRB 相邻柱

（e）约束混凝土完好

（f）芯材多波高阶屈曲

图 5-38　防屈曲支撑结构体系破坏形态

本 章 小 结

本章对某未加固钢筋混凝土框架结构及防屈曲支撑加固结构进行了 1/5 比例缩尺模型振动台对比试验，主要介绍了缩尺模型结构的设计与施工制作，包括相似关系设计及缩尺防屈曲支撑的设计等；研究了模型结构的动力特性、阻尼比、地震响应特征、模型结构的能量分布及耗散特征、防屈曲支撑的耗能能力及震后防屈曲支撑的性能变化；并分析了防屈曲支撑消能减震结构体系的破坏形态及破坏机理，得到以下结论：

1）缩尺防屈曲支撑基本达到预期的减震耗能效果，验证了防屈曲支撑相似理论的应用效果。

2）未加固模型结构试验结果按相似关系推算得到的位移数据说明，未加固原型结构不能满足规范的“三水准”抗震设防要求。

3）防屈曲支撑对结构剪力基本无减震控制效果，多遇地震作用下，防屈曲支撑约承担总地震剪力的 34%～49%。按力相似关系推算到原型结构，结果说明，原型结构中防屈曲支撑能有效分担地震剪力。

4）防屈曲支撑对模型结构位移反应控制效果显著，最大位移降低率为97%。随着地震激励作用的增大，结构位移降低率呈上升趋势，按位移相似关系推算原型结构，结果表明防屈曲支撑能有效降低原型结构的位移反应。

5）从防屈曲支撑在各地震工况下的轴力-位移滞回曲线看，多遇地震作用下，防屈曲支撑为结构提供抗侧刚度，与结构一起形成框架支撑体系；设防地震及罕遇地震作用下，防屈曲支撑为结构提供附加阻尼，能有效提高结构抗震能力。

6）根据结构能量分析，设防地震作用下，防屈曲支撑耗能占地震输入总能量的 25%～33%；罕遇地震作用下，防屈曲支撑耗能占地震输入总能量的 42%～51%。

7）震后防屈曲支撑承载能力及耗能能力均有所下降，不同型号支撑性能改变有较大差异，建议制定相应的震后防屈曲支撑性能评价检测方法及更换准则。

8）防屈曲支撑加固结构体系在超罕遇地震作用下的破坏形态为：防屈曲支撑断裂，结构由框架支撑体系向纯框架体系转化，与支撑连接梁柱的破坏较与支撑相邻梁柱更为严重，结构整体表现为“强柱弱梁”的破坏模式。因此，在防屈曲支撑的工程应用中应注意与支撑连接梁柱及节点的加强处理。

9）防屈曲支撑加固后模型结构破坏模式由加固前的“强梁弱柱”改变为“强柱弱梁”，说明采用防屈曲支撑进行结构加固能改变原有结构的屈服机制。

第6章　结论与展望

6.1　主要结论

本书采用理论分析、数值模拟及静动力试验相结合的方法开展了端部改进型全钢防屈曲支撑构件、防屈曲支撑平面框架结构及防屈曲支撑整体框架结构的抗震性能研究。对本书中提出的改善全钢防屈曲支撑外伸连接段稳定性的改进措施进行了试验验证，共设计了3种吨位不同的试件进行试验研究，以考察所提出改进措施的有效性，并综合评价了端部改进后防屈曲支撑的各项抗震性能指标；通过理论方法分析了防屈曲支撑与框架结构间相互作用关系的变化规律及影响因素，并基于此提出了考虑与结构参数匹配的防屈曲支撑设计原则，同时对使用不同钢材的防屈曲支撑在各水准地震作用下的屈服条件及安全保证条件进行了讨论，并建立有限元分析模型进行验证分析；通过设计三榀刚度比分别为3、5、7的防屈曲支撑平面框架对理论分析得到的防屈曲支撑与框架结构间的相互作用关系及影响因素进行了试验研究及分析；最后对防屈曲支撑整体框架结构的抗震性能及破坏失效机理进行了振动台试验研究，并对震后防屈曲支撑的性能评价检测方法及更换准则进行了展望。主要得到以下结论：

1）端部改进型全钢防屈曲支撑低周往复荷载试验结果表明，本书中提出的端部改进措施能有效提高全钢防屈曲支撑外伸连接段的稳定性，各试件在试验过程中均未在该位置出现失效及破坏情况；并且端部加劲板焊缝的焊接工艺改善有效避免了支撑在该位置末端出现低周疲劳破坏。各试件在低周往复荷载作用下的滞回耗能能力良好，各圈滞回曲线基本重合，说明其滞回性能稳定，各试件均表现出明显的循环强化效应，最终破坏模式均为在靠近试件加载一侧端部断裂，各项抗震性能指标满足国内外相关规范及一般工程结构需求。

2）防屈曲支撑局部屈曲理论分析结果表明，芯板单元与外围约束构件间的接触作用所引起的过大摩擦效应不利于支撑的局部稳定控制；接触力沿支撑轴呈两端大、中间小的分布特点，并且随轴向荷载的增加而增大；当拉压承载力不平衡系数为1.3时，端部接触力可高出中部接触力约50%。因此，建议在防屈曲支撑的设计过程中，采取相应减小摩擦效应的措施。

3）防屈曲支撑平面框架结构理论及试验分析结果表明，在主体结构处于弹性阶段时，防屈曲支撑附加给主体结构的有效阻尼比随结构变形的增加呈先增大、后减小的变化规律；在相同变形条件下，随其弹性刚度与主体结构弹性刚度比值的增大而增加；同时随防屈曲支撑第二刚度系数α的变化更为显著，α值越小，附加有效阻尼比越大。在主体结构处于塑性阶段时，防屈曲支撑附加给结构的有效阻尼比随结构屈服后刚度系数β的减小而增加，当$\beta \to 0$时，其值随结构变形的增加趋于一恒定常数值$2(1-\alpha)k_1/[\pi(1-\alpha)k_1+(\pi+\pi\alpha k_1)\mu_1]$。书中建议第Ⅲ类防屈曲支撑的设计原则如下：①确定合适的防屈曲支撑屈服位移，使其附加给结构的有效阻尼比在设防地震作用下较多遇地震作用下要大；②在防屈曲支撑弹性刚度与主体结构弹性刚度较大的情况下，应尽量使设计得到的防屈曲支撑第二刚度系数α要小，如此可避免在结构第一阶段抗震设计时高估防屈曲支撑的耗能能力；

③由于防屈曲支撑附加给结构的有效阻尼比随结构变形呈规律性变化，因此在工程应用中确定设计反应谱地震影响系数时，建议按多遇地震和设防地震作用下防屈曲支撑附加给主体结构有效阻尼比的较小值确定。

4）在与框架结构相互作用的过程中，防屈曲支撑端部附加弯矩的产生机制为：支撑随着框架侧向位移的增大产生转动变形，致使支撑轴力相对于支撑节点产生偏转角，从而引起支撑端部的附加弯矩的产生。分析结果表明，支撑的轴力偏转角及支撑端部转角变形与框架层间位移角间近似呈线性关系。

5）防屈曲支撑平面框架试验结果表明，防屈曲支撑在产生轴向拉压变形的同时也产生十分明显的转动变形，这种转动变形在框架发生较大侧移的情况下表现得更为显著。在试验过程中支撑共出现“S-S”“S-L”“S-C”3 种不同的转动变形模式，各转动变形模式的出现与支撑的初始几何缺陷有关。

6）防屈曲支撑在多遇地震作用下便进入屈服耗能状态，而在罕遇地震作用下的安全性又能得到保证的条件如下：防屈曲支撑应力集中因子γ满足式（4-44），并且不同的结构体系及不同的防屈曲支撑芯材种类，γ取值范围有较大差异。对于钢筋混凝土框架结构，若采用 Q390 钢材防屈曲支撑，则γ很难有合适的取值区间满足式（4-44）。

7）防屈曲支撑整体框架结构振动台试验结果表明，缩尺防屈曲支撑基本达到预期的减震消能效果，验证了防屈曲支撑相似理论的应用效果；防屈曲支撑对结构剪力基本无减震控制效果，多遇地震作用下，防屈曲支撑约承担总地震剪力的 34%～49%；防屈曲支撑对模型结构位移反应控制效果显著，最大位移降低率达 97%，随着地震激励作用的增大，结构位移降低率呈上升趋势；从防屈曲支撑在各地震工况下的轴力-位移滞回曲线看，多遇地震作用下，防屈曲支撑为结构提供抗侧刚度，与结构一起形成框架支撑体系，设防地震及罕遇地震作用下，防屈曲支撑为结构提供附加阻尼，能有效提高结构抗震能力。

8）基于振动台试验结果进行结构能量分析结果表明，设防地震作用下，防屈曲支撑耗能占地震输入总能量的 25%～33%；罕遇地震作用下，防屈曲支撑耗能占地震输入总能量的 42%～51%；震后防屈曲支撑承载能力及耗能能力均有所下降，不同型号支撑性能改变有较大差异；防屈曲支撑结构体系在超罕遇地震作用下的破坏形态为：防屈曲支撑断裂，结构由框架支撑体系向纯框架体系转化，与支撑相连接梁柱的破坏较与支撑相邻梁柱更为严重，结构整体表现为“强柱弱梁”的破坏模式。因此，在防屈曲支撑的工程应用中应注意与支撑连接梁柱及节点的加强处理。

6.2 研究展望

本书通过对防屈曲支撑及其框架结构体系进行理论分析和试验研究，在防屈曲支撑构件、防屈曲支撑平面框架结构及防屈曲支撑整体框架结构的抗震性能方面取得了相应的研究成果，但在该研究领域仍存在一些问题需进行进一步的研究，主要有以下几个方面：

1）由于防屈曲支撑芯板单元与外围约束构件间的接触作用而引起的摩擦效应将影响防屈曲支撑的拉压非对称性能，并且摩擦效应的存在不利于支撑的局部稳定控制，因此，需更加深入研究摩擦效应对防屈曲支撑各项抗震性能指标的影响，并寻求减小摩擦效应的有效措施。

2）在与框架结构相互协同工作的过程中，防屈曲支撑在产生轴向拉压变形的同时将出现转动变形，这种转动变形将在支撑端部引起附加弯矩，因此有必要对这一不利因素对防屈曲支撑性能及相应设计上的影响进行深入的研究。

3)历经震后防屈曲支撑滞回性能试验结果表明,不同型号支撑性能变化具有较大差异。随着防屈曲支撑在我国工程应用中的日益广泛，并且全球正处于地震动活跃时期，震后防屈曲支撑是否还能继续可靠工作，是否需要更换，均无统一标准。因此，对震后防屈曲支撑性能评价检测方法及更换准则亟须进行深入系统的研究。

参 考 文 献

[1] 胡聿贤．地震工程学[M]．北京：地震出版社，2006：6-10．

[2] 同济大学土木工程防灾国家重点实验室．汶川地震震害研究[M]．上海：同济大学出版社，2008：13-18．

[3] CONSTANTINOU M C, SYMANS M D. Experimental study of seismic response of buildings with supplemental fluid dampers[J]. Structural design of tall buildings, 1993, 2(2): 93-132.

[4] 张志强，李爱群．建筑结构黏滞阻尼减震设计[M]．北京：中国建筑工业出版社，2012：5-10．

[5] 中华人民共和国住房和城乡建设部．建筑消能减震技术规程：JGJ 297—2013[S]．北京：中国建筑工业出版社，2013．

[6] 社团法人，日本隔震结构协会．被动减震结构设计·施工手册[M]．蒋通，译．北京：中国建筑工业出版社，2008：36-39．

[7] 蔡克铨，翁崇兴．双钢管型挫屈束制消能支撑之耐震行为与应用研究[R]．台北：台湾大学工学院地震工程研究中心，2002：65-68．

[8] BROW A P, AIKEN D I, JAFARZADEH F J. Bucking restrained braces provide the key to the seismic retrofit of the wallace F. Bennett Federal Building[J]. Modern steel construction, 2001, 27(3): 36-42.

[9] WAKABAYASHI M, NAKAMURA T, KATAGIHARA A, et al. Experimental study on the elastoplastic behavior of braces enclosed by precast concrete panels under horizontal cyclic loading: Part 1&2[C]//Summaries of Technical Papers of Annual Meeting of the Architectural Institute of Japan, Tokyo, 1973: 1041-1044.

[10] KIMURA K, TAKEDA Y, YOSHIOKA K, et al. An experimental study on braces encased in steel tube and mortar[C]//Summaries of Technical Papers of Annual Meeting of the Architectural Institute of Japan, Tokyo, 1976: 1041-1042.

[11] MOCHIZUKI N, MURATA Y, ANDOU N, et al. An experimental study on buckling of unbonded braces under centrally applied loads[C]//Summaries of Technical Papers of Annual Meeting of the Architectural Institute of Japan, Tokyo, 1980: 1913-1914.

[12] WADA A, SAEKI E, TAKEUCH T, et al. Development of Unbonded Brace[J]. Colum technical publication, 1989, 23(3): 365-369.

[13] 郭彦林，刘建彬，蔡益燕，等．结构的消能减震与防屈曲支撑[J]．建筑结构，2005，35（8）：18-23．

[14] 和田章，岩田卫，清水敬三，等．建筑结构损伤控制设计[M]．曲哲，裴星洙，译．北京：中国建筑工业出版社，2014：18-25．

[15] 周云．防屈曲耗能支撑结构设计与应用[M]．北京：中国建筑工业出版社，2007：130-136．

[16] 陈永祁，马良喆．结构保护系统的应用与发展[M]．北京：中国铁道出版社，2015：30-36．

[17] WADA A, QU Z, ITO H, et al. Seismic retrofit using rocking walls and steel dampers[C]//Proceeding ATC/SEI Conference on Improving the Seismic Performance of Existing Buildings and Other Structures, San Francisco, 2009: 102-109.

[18] FUJIMOTO M, WADA A, SAEKI E, et al. A study on brace enclosed in buckling restraining mortar and steel tube[C]//Summaries of Technical Papers of Annual Meeting of the Architectural Institute of Japan, Tokyo, 1988, 10: 1341-1342.

[19] BLACK C J, MAKRIS N, AIKEN I D. Component testing, seismic evaluation and characterization of buckling restrained braces[J]. Journal of structural engineering, 2004, 130(6): 880-894.

[20] YOSHIDA K, MITANI I, ANDO N. Stiffness Requirement of Reinforced Unbonded Brace Cover[J]. Journal of structural and construction engineering, 1999, 7: 141-147.

[21] YOSHIDA F, OKAMOTO Y, MURAI M, et al. A study on local failure of buckling restrained braces using steel mortar Planks[C]//Summaries of Technical Papers of Annual Meeting of the Architectural Institute of Japan, Tokyo, 2010, 9: 961-962.

[22] USAMI T, WANG C L, FUNAYAMA J. Developing high-performance aluminum alloy buckling restrained braces based on series of low-cycle fatigue tests[J]. Earthquake engineering & structural dynamics, 2012, 41(4): 643-661.

[23] NAGAO T, TAKAHASHI S. A study on the elasto-plastic behavior of unbonded composite bracing (part 1: experiments on isolated members under cyclic loading)[J]. Journal of structural and construction engineering, 1990, 415(9): 105-115.

[24] INOUE K, SAWAIZUMI S, HIGASHIBATA Y, et al. Bracing design criteria of the reinforced concrete panel including unbonded steel diagonal braces[J]. Journal of structural and construction engineering, 1992, 432(2): 41-49.

[25] INOUE K, SAWAIZUMI S, HIGASHIBATA Y. Stiffening requirements for unbonded braces encased in concrete panels[J]. Journal of structural engineering, 2001, 127(6): 712-719.

[26] KUWAHARA S, TADA M, YONEYAMA T, et al. A study on stiffening capacity of double-tube members[J]. Journal of structural and construction engineering, 1993, 445(3): 151-158.

[27] HAGINOYA M, NAGAO T, TAGUCHI T, et al. Studies on buckling-restrained bracing using triple steel tubes (part 1 and part 2)[C]//Summaries of Technical Papers of Annual Meeting of the Architectural Institute of Japan, Tokyo, 2005, 9: 1011-1014.

[28] 赵俊贤．全钢防屈曲支撑的抗震性能及稳定性设计方法[D]．哈尔滨：哈尔滨工业大学，2012．

[29] ZHAO J X, WU B, OU J P. A novel type of angle steel buckling restrained brace: cyclic behavior and failure mechanism[J]. Earthquake engineering & structural dynamics, 2011, 40(10): 1083-1102.

[30] JINKOO K, YOUNGILL S. Seismic design of steel structures with buckling-restrained knee braces[J]. Journal of constructional

steel research, 2003, 59(12): 1477-1497.

[31] WANG J, SHI Y, YAN H, et al. Experimental study on the seismic behavior of all-steel buckling-restrained brace with low yield point[J]. China civil engineering journal, 2013, 46(10): 9-16.

[32] GUO Y, WANG Z, XIAO Y. Seismic behavior of buckling restrained braced composite frames[J]. Advanced science letters, 2011, 4(8): 2968-2972.

[33] USAMI T, KANEKO H. Strength of H-shaped brace constrained flexural buckling having unconstrained area at both ends (both ends simply supported)[J]. Journal of structural and construction engineering, 2001, 542(4): 171-177.

[34] 同济大学多高层钢结构及钢结构抗火研究室，上海蓝科钢结构技术开发有限责任公司．TJ 屈曲约束支撑设计手册[Z]．4 版．上海：上海蓝科建筑减震科技有限公司，2011：10-15.

[35] TERADA T, SATAKE N, HORIE T, et al. Low cycle fatigue characteristics and cumulative fatigue damage of unbonded brace damper buckling-restrained by channel section steel[J]. Journal of technology and design, 2002, 16: 111-116.

[36] HOVEIDAE N, TREMBLAY R, RAFEZY B, et al. Numerical investigation of seismic behavior of short-core all-steel buckling restrained braces[J]. Journal of constructional steel research, 2015, 114(3): 89-99.

[37] TAKEUCHI T, HAJJAR J F, MATSUI R, et al. Effect of local buckling core plate restraint in buckling restrained braces[J]. Engineering structures, 2012, 44: 304-311.

[38] HOVEIDAE N, RAFEZY B. Local buckling behavior of core plate in all-steel buckling restrained braces[J]. International journal of steel structures, 2015, 15(2): 249-260.

[39] BLACK C, MAKRIS N, AIKEN I D. Component testing, stability analysis and characterization of buckling-restrained unbonded braces[R]. Tokyo: Pacific Earthquake Engineering Research Center Report, 2002.

[40] SHIMOKAWA H, MORINO S, KAMURA H, et al. Elasto-plastic behavior of flat-bar brace stiffened by square steel tube[C]//Summaries of Technical Papers of Annual Meeting of the Architectural Institute of Japan, Tokyo, 2000, 9: 901-902.

[41] ZHAO J X, WU B, LI W, et al. Local buckling behavior of steel angle core members in buckling restrained braces: cyclic tests, theoretical analysis, and design recommendations[J]. Engineering structures, 2014, 66(2): 129-145.

[42] JUDD J P, MARINOVIC I, EATHERTON M R, et al. Cyclic tests of all-steel web-restrained buckling-restrained brace subassemblages[J]. Journal of constructional steel research, 2016, 125(6): 164-172.

[43] 马宁．全钢防屈曲支撑及其钢框架结构抗震性能与设计方法[D]．哈尔滨：哈尔滨工业大学，2010.

[44] DING Y K, ZHANG Y C, ZHAO J X. Tests of hysteretic behavior for unbonded steel plate brace encased in reinforced concrete panel[J]. Journal of constructional steel research, 2009, 65(5): 1160-1170.

[45] TAKEUCHI T, MATSUI R, NISHIMOTO K. Effective buckling length for buckling restrained braces considering rotational stiffness at restrainer ends[J]. Journal of structural and construction engineering, 2009, 639(5): 925-934.

[46] DUSICKA P, TINKER J. Global restraint in ultra-lightweight buckling-restrained braces[J]. Journal of composites for construction, 2013,17(1):139-150.

[47] TSAI C S, LIN Y C, CHEN W S, et al. Mathematical modeling and full-scale shaking table tests for multi curve buckling restrained braces[J]. Earthquake Engineering and Engineering Vibration, 2009, 8: 359-371.

[48] WU A C, WEI C Y, LIN P C, et al. Experimental investigations of welded end-slot connection and unbonding layers for buckling restrained braces[J].Progress in steel building structures, 2011, 33(6): 98-104.

[49] TSAI K C, HWANG Y C, WENG C S, et al. Experimental tests of large scale buckling restrained braces and frames[C]//Proceedings of Passive Control Symposium, Tokyo, 2002: 972-978.

[50] WEI C Y, TSAI K C. Local buckling of buckling-restrained braces[C]//The 14th World Conference on Earthquake Engineering, Beijing, 2008: 1125-1129.

[51] ZHU S Y, ZHANG Y F. Seismic behavior of self-centering braced frame buildings with reusable hysteretic damping brace[J]. Earthquake engineering & structural dynamics, 2007, 36(10): 1329-1346.

[52] MILLER D J, FAHNESTOCK L A, EATHERTON M P. Development and experimental validation of a nickel titanium shape memory alloy self-centering buckling-restrained brace[J]. Engineering structures, 2012, 40: 288-298.

[53] PIEDRAFITA D, CAHIS X, SIMON E, et al. A new modular buckling restrained brace for seismic resistant buildings[J]. Engineering structures, 2013, 56: 1967-1975.

[54] TSAI K C, WU A C, WEI C Y, et al. Welded end-slot connection and debonding layers for buckling restrained braces[J]. Earthquake engineering & structural dynamics, 2014, 43(3): 178-1807.

[55] AIKEN I D, MAHIN S A, URIZ P. Large-scale testing of buckling-restrained braced frames[C]//Proceeding of Japan Passive Control Symposium, Tokyo, 2002: 389-495.

[56] SABELLI R. Recommended provisions for buckling-restrained braced frames[J]. Structural engineers association of Northern California, 2001, 41 (4): 155-175.

[57] CHEN C H, HSIAO P C, LAI J W, et al. Pseudo-dynamic test of a full-scale CFT/BRB frame part II: seismic performance of buckling-restrained braces and connections[J]. Earthquake engineering & structural dynamics, 2010, 39(8): 18-30.

[58] HIKINO T, OKAZAKI T, KAJIWARA K, et al. Out-of-plane stability of buckling- restrained braces placed in chevron

arrangement[J]. Journal of structural engineering, 2013: 938-946.

[59] TSAI K C, LIN C H, HSIEH W D, et al. Tests and analyses of large scale steel plate shear walls constructed with buckling restrainers[C]//Extended Abstracts of International Symposium on New Olympics New Shell & Spatial Structures, Chicago, 2006: 98-109.

[60] TSAI K C, HSIAO P C, LIN S L, et al. Overview of the hybrid tests of a full scale 3-bay 3-story CFT/BRB frame[C]. Proc.,4th Int. Symp. on Steel Structures, Korean Steel Structures Association (KSSC), Seoul, Korea, 2006:73-84.

[61] GAETANO D, MARIO D A, RAFFAELE L. Field Testing of All-Steel Buckling-Restrained Braces Applied to a Damaged Reinforced Concrete Building[J]. Journal of Structural Engineering, 2015, 141(1): 1-9.

[62] KEITH D, ADAM S, DAWN E, et al. Experimental evaluation of cyclically loaded, large-scale, planar and 3-d buckling-restrained braced frames[J]. Journal of Constructional Steel Research, 2014, 101(3): 415-425.

[63] American Institute of Steel Construction. Seismic provisions for structural steel buildings: ANSI/AISC 341-16[S]. Chicago: American Institute of Steel Construction, 2016.

[64] CHEN C C, CHEN S Y, LIAW J J. Application of low yield strength steel on controlled Plastification ductile concentrically braced frames[J]. Canadian journal of civil engineering, 2001, 28 (5): 823.

[65] YU Y J, TSAI K C, LI C H, et al. Analytical simulations for shaking table tests of a full scale buckling restrained braced frame[J]. Procedia engineering, 2011, 14: 2941-2948.

[66] TSAI C S, LIN Y C, CHEN W S, et al. Mathematical modeling and full-scale shaking table tests for multi-curve buckling restrained braces[J]. Earthquake engineering and engineering vibration, 2009, 8(3): 359-371.

[67] BERMAN J W, BRUNEAU M. Cyclic testing of a buckling restrained braced frame with unconstrained gusset connections[J]. Journal of structural engineering, 2009, 135(12): 1499-1506.

[68] 李妍．防屈曲支撑的抗震性能及子结构试验方法[D]．哈尔滨：哈尔滨工业大学，2007.

[69] 李国强，孙飞飞，邓仲良，等．屈曲约束支撑抗震性能试验研究[J]．建筑结构，2014，44（18）：71-78.

[70] 周云，尹绕章，张文鑫，等．钢板装配式屈曲约束支撑性能试验研究[J]．建筑结构学报，2014，35（8）：37-43.

[71] 程光煜，叶列平，崔鸿超．防屈曲耗能钢支撑设计方法的研究[J]．建筑结构学报，2008，29（1）：40-48.

[72] ZHAO J X, WU B, OU J P. Flexural demand on pin-connected buckling-restrained braces and design recommendations[J]. Journal of structural engineering, 2011, 138(11): 1398-1415.

[73] 郭彦林，张博浩，王小安，等．装配式防屈曲支撑设计理论的研究进展[J]．建筑科学与工程学报，2013，30（1）：1-12.

[74] 高向宇，王永贵，刘丹卉．端部加强型组合热轧角钢防屈曲支撑静载试验研究[J]．建筑结构学报，2010，31（3）：77-82.

[75] 王佼姣，石永久，严红，等．低屈服点全钢防屈曲支撑抗震性能试验研究[J]．土木工程学报，2013，46（10）：9-16.

[76] 姜子钦．方矩管装配式防屈曲支撑设计理论与试验研究[D]．北京：清华大学，2014.

[77] 顾炉忠，高向宇，徐建伟，等．防屈曲支撑混凝土框架结构抗震性能试验研究[J]．建筑结构学报，2011，32（7）：101-111.

[78] 武娜，高向宇，李自强，等．用带防屈曲支撑的内嵌式钢框架加固混凝土框架的试验研究[J]．工程力学，2013，30（12）：189-198.

[79] 吴徽，张国伟，赵健，等．防屈曲支撑加固既有 RC 框架结构抗震性能研究[J]．土木工程学报，2013，46（7）：37-46.

[80] 郭玉荣，黄民元．防屈曲耗能支撑钢管混凝土柱-钢梁组合框架子结构拟动力试验研究[J]．建筑结构学报，2014，35（11）：62-68.

[81] 胡大柱，李国强，孙飞飞，等．屈曲约束支撑铰接框架足尺模型模拟地震振动台试验[J]．土木工程学报，2010，43（s2）：520-525.

[82] 程绍革，罗开海，孔祥雄．含有屈曲约束支撑框架的振动台试验研究[J]．建筑结构，2010，40（10）：11-15.

[83] 郝晓燕，李宏男，牧野俊雄．装有腹板式钢制防屈曲支撑框架结构振动台试验及分析[J]．振动与冲击，2014，36（16）：130-134.

[84] 黄蔚．防屈曲支撑框架试验、SIMULINK 仿真和等效线性化设计[D]．哈尔滨：中国地震局工程力学研究所，2014.

[85] Federal Emergency Management Agency. NEHRP commentary on the guidelines for the seismic rehabilitation of buildings: FEMA451[S]. Washington: Federal Emergency Management Agency, 2006.

[86] 王维凝，阎维明，彭凌云．不同水准地震作用下铅消能器附加给结构的有效阻尼比及其设计取值研究[J]．工程力学，2014，31（3）：173-180.

[87] 中华人民共和国住房和城乡建设部．高层民用建筑钢结构技术规程：JGJ 99—2015[S]．北京：中国建筑工业出版社，2015.

[88] 周云，唐荣，钟根全，等．防屈曲耗能支撑研究与应用的新进展[J]．防灾减灾工程学报，2012，32（4）：393-407.

[89] 严红．一字形全钢防屈曲耗能支撑试验及抗震性能研究[D]．北京：清华大学，2013.

[90] DUSICKA P, ITANI A M, BUCKLE I G. Cyclic response of plate steels under large inelastic strains[J]. Journal of constructional steel research, 2007, 63(2): 156-164.

[91] TAKEUCHI T, HAJJAR J F, MATSUI R, et al. Effect of local buckling core plate restraint in buckling restrained braces[J]. Engineering structures, 2012, 44: 304-311.

[92] 赵俊贤，吴斌，欧进萍．一种新型全钢防屈曲支撑抗震性能的试验研究[C]//中国力学学会《工程力学》编辑部．第 18 届

全国结构工程学术会议论文集：第Ⅲ册．北京：《工程力学》杂志社，2009：311-317.

[93] 马宁，吴斌，赵俊贤，等．全钢防屈曲支撑抗震性能足尺构件试验[C]//中国力学学会《工程力学》编辑部．第 17 届全国结构工程学术会议论文集：第Ⅲ册．北京：《工程力学》杂志社，2008：126-133.

[94] TAKEUCHI T, YAMADA S, KITAGAWA M, et al. Stability of buckling-restrained braces affected by the out-of-plane stiffness of the joint element[J]. Journal of structure and construction engineering, 2004, 575: 121-128.

[95] CHRISTOPOLUS A S. Improved seismic performance of buckling restrained braced frames[D]. Washington: University of Washington, 2005.

[96] 赵俊贤，吴斌，欧进萍．新型全钢防屈曲支撑的拟静力滞回性能试验[J]．土木工程学报，2011，44（4）：60-70.

[97] BUDAHAZY V, DUNAI L. Numerical analysis of concrete filled buckling restrained braces[J]. Journal of constructional steel research, 2015, 115(9): 92-105.

[98] 赵俊贤，李伟，吴斌，等．内芯板件局部屈曲幅值对耗能型防屈曲支撑滞回性能的影响[J]．地震工程与工程振动，2014，34（4）：168-175.

[99] PIEDRAFITA D, MAIMI P, CAHIS X. A constitutive model for a novel modular all-steel buckling restrained brace[J]. Engineering structures, 2015, 100(6): 326-331.

[100] 汪家铭，中岛正爱．屈曲约束支撑体系的应用与研究进展（I）[J]．建筑钢结构进展，2005，7（1）：1-11.

[101] KIMURA K, YOSHIZAKI K, TAKEDA T. Tests on braces encased by mortar in-filled steel tubes[C]//Summaries of Technical Papers of Annual Meeting of the Architectural Institute of Japan, Tokyo, 1976: 1043-1044.

[102] FUJIMOTO M, WADA A, SAEKI E, et al. A study on the unbonded brace encased in buckling restraining concrete and steel tube[J]. Journal of structural and construction engineering, 1988, 34B: 249-258.

[103] 日本建築学会．钢结构连接设计指南[M]．3 版．东京：丸善出版株式会社，2006：128-133.

[104] KIM J, CHOI H. Behavior and design of structures with buckling-restrained braces[J]. Engineering structures, 2004, 26(6): 693-706.

[105] 中华人民共和国国家质量监督检验检疫总局，中国国家标准化管理委员会．金属材料　拉伸试验　第 1 部分：室温试验方法：GB/T 228.1—2010[S]．北京：中国标准出版社，2010.

[106] 中华人民共和国住房和城乡建设部，中华人民共和国国家质量监督检验检疫总局．建筑抗震设计规范（2016 年版）：GB 50011—2010[S]．北京：中国建筑工业出版社，2016.

[107] 周云．消能减震加固技术与设计方法[M]．北京：科学出版社，2006：152-156.

[108] 马宁，欧进萍，吴斌．基于能量平衡的梁柱刚接防屈曲支撑钢框架设计方法[J]．建筑结构学报，2012，33（6）：22-28.

[109] 马千里．钢筋混凝土框架结构基于能量抗震设计方法研究[D]．北京：清华大学，2009.

[110] 冯宝锐．钢筋混凝土柱抗震性能点转角研究[D]．北京：清华大学，2014.

[111] 缪志伟．钢筋混凝土框架剪力墙结构基于能量抗震设计方法研究[D]．北京：清华大学，2009.

[112] American Institute of Steel Construction. Seismic design manual, 3rd Ed: AISC 327-18A[S]. Chicago: American Institute of Steel Construction, 2018.

[113] Federal Emergency Management Agency. Recommended provisions for seismic regulations for new buildings and other structures: FEMA 450[S]. Washington: Federal Emergency Management Agency, 2003.

[114] 秋山宏．基于能量平衡的建筑结构抗震设计[M]．叶列平，裴星洙，译．北京：清华大学出版社，2010：82-85.

[115] American Institute of Steel Construction. Specification for structural steel buildings: ANSI/AISC 360-16[S]. Chicago: American Institute of Steel Construction, 2016.

[116] SABELLI R, MAHIN S, CHANG C. Seismic demands on steel braced frame buildings with buckling restrained braces[J]. Engineering structures, 2003, 25: 655-666.

[117] DING Y K, ZHANG Y C, ZHAO J X. Tests of hysteretic behavior for unbonded steel plate brace encased in reinforced concrete panel[J]. Journal of constructional steel research, 2009, 65(5): 1160-1170.

[118] IWATA M, KATOH T, WADA A. Performance evaluation of buckling-restrained braces in damage controlled structures[C]//Proceeding of the Conference on Behavior of Steel Structures in Seismic Areas, 2003: 37-43.

[119] KATOH T, IWATA M, WADA A. Performance evaluation of buckling-restrained braces on damage controlled structure[J]. Journal of structural and construction engineering, 2002, 552: 101-108.

[120] 吴斌，欧进萍．软钢屈服耗能器的疲劳性能和设计准则[J]．世界地震工程，1996，11（4）：8-13.

[121] SAEKI E, SUGISAWA M, YAMAGUCHI T, et al. A study on low cycle fatigue characteristics of low yield strength steel[J]. Journal of structural and construction engineering, 1995, 60(472): 139-147.

[122] 赵少汴，王忠保．抗疲劳设计：方法与数据[M]．北京：机械工业出版社，1997：38-42.

[123] MATSUI R, TAKEUCHI T, OZAKI H, et al. Out-of-plane stability of buckling-restrained braces including moment transfer capacity[J]. Earthquake engineering & structural dynamics, 2014, 43(6): 851-869.

[124] WANG C L, USAMI T, FUNAYAMA J. Evaluating the influence of stoppers on the low-cycle fatigue properties of high-performance buckling-restrained braces[J]. Engineering structures, 2012, 41(3): 167-176.

[125] ZHAO J X, WU B, OU J P. Global stability design method of buckling-restrained braces considering end bending moment transfer: discussion on pinned connections with collars[J]. Engineering structures, 2013, 49: 947-962.
[126] ZHAO J X, WU B, OU J P. Effect of brace end rotation on the global buckling behavior of pin-connected buckling-restrained braces with end collars[J]. Engineering structures, 2012, 40: 240-253.
[127] 陈骥. 钢结构稳定理论与设计[M]. 北京：科学出版社，2001：251-260.
[128] ZHAO J X, WU B, OU J P. A practical and unified global stability design method of buckling-restrained braces: discussion on pinned connections[J]. Journal of constructional steel research, 2014, 95(4): 106-115.
[129] 吴京，梁仁杰，王春林，等. 屈曲约束支撑核心单元的多波屈曲过程研究[J]. 工程力学，2012，29（8）：136-142.
[130] 申波，马克俭，邓长根. 轴压套管构件静力稳定的理论与试验研究[J]. 工程力学，2013，30（3）：8-16.
[131] 武秀根，郑百林，贺鹏飞. 限制失稳杆的后屈曲分析[J]. 同济大学学报，2009，37（1）：26-30.
[132] 童根树. 钢结构的平面内稳定[M]. 北京：中国建筑工业出版社，2005：71-75.
[133] 武秀根，郑百林，贺鹏飞，等. 柱体限制失稳形态的统一挠度曲线方程[J]. 同济大学学报，2011，39（6）：799-801.
[134] 郭英涛，任文敏. 关于限制失稳的研究进展[J]. 力学进展，2004，34（1）：41-52.
[135] 武秀根，郑百林，贺鹏飞. 限制失稳模态方程及约束荷载计算[J]. 应用力学学报，2009，26（2）：375-378.
[136] 苏惠芹. H 型截面轴心受压钢构件限制失稳的基本理论研究[D]. 西安：西安建筑科技大学，2006.
[137] 马宁，吴斌，欧进萍. 全钢防屈曲支撑局部稳定性设计[J]. 工程力学，2013，30（1）：134-139.
[138] 赵俊贤，吴斌. 防屈曲支撑的工作机理及稳定性设计方法[J]. 地震工程与工程振动，2009，29（3）：131-139.
[139] 赵俊贤，吴斌，梅洋，等. 防屈曲支撑的研究现状及关键理论问题[J]. 防灾减灾工程学报，2010，30（s1）：93-100.
[140] LIN P C, TSAI K C, CHANG C A, et al. Seismic design and testing of buckling-restrained braces with a thin profile[J]. Earthquake engineering & structural dynamics, 2016, 45(9): 339-358.
[141] 周中哲，陈映全. 具自复位功能的同心斜撑构架耐震行为研究[J]. 土木工程学报，2012，45（s2）：207-211.
[142] CHUN L P, TORU T, RYOTA M, et al. Seismic design of buckling-restrained brace in preventing local buckling failure[J]. Key engineering materials, 2018, 763(1): 875-883.
[143] CHEN W F, HAN D J. Plasticity for structural engineers[M]. New York: Springer-Verlag, 1988: 89-93.
[144] GENNA F, GELFI P. Analysis of the lateral thrust in bolted steel buckling-restrained braces. II: engineering analytical estimates[J]. Journal of structural engineering, 2012, 138(10): 1244-1254.
[145] GENNA F, GELFI P. Analysis of the lateral thrust in bolted steel buckling-restrained braces. I: experimental and numerical results[J]. Journal of structural engineering, 2012, 138(10): 1231-1243.
[146] 庄茁，由小川，廖剑晖，等. 基于 ABAQUS 的有限元分析和应用[M]. 北京：清华大学出版社，2009：105-108.
[147] 王萌，石永久，王元清，等. 循环荷载下钢材本构模型的应用研究[J]. 工程力学，2013，30（7）：212-218.
[148] 石永久，王萌，王元清. 循环荷载作用下结构钢材本构关系试验研究[J]. 建筑材料学报，2012，15（3）：293-300.
[149] 高圣彬，葛汉彬. 交替荷载作用下钢材本构模型的适用范围[J]. 中国公路学报，2008，21（6）：101-106.
[150] 庄茁，张帆，岑松，等. ABAQUS 非线性有限元分析与实例[M]. 北京：科学出版社，2004：188-193.
[151] JIANG Z Q, GUO Y L, ZHANG B H, et al. Influence of design parameters of buckling restrained brace on its performance[J]. Journal of constructional steel research, 2015, 105: 139-150.
[152] 石亦平，周玉蓉. ABAQUS 有限元分析实例详解[M]. 北京：机械工业出版社，2007：92-93.
[153] 吴徽，张艳霞，张国伟. 防屈曲支撑作为可替换耗能元件抗震性能试验研究[J]. 土木工程学报，2013，46（11）：29-36.
[154] 张家广. 防屈曲支撑加固钢筋混凝土框架抗震性能及设计方法[D]. 哈尔滨：哈尔滨工业大学，2015.
[155] TSAI K C, HSIAO P C. Pseudo-dynamic test of a full-scale CFT/BRB frame part I: Specimen design, experiment and analysis[J]. Earthquake engineering & structural dynamics, 2008, 37(7): 1081-1098.
[156] 易伟建，张颖. 混凝土框架结构抗震设计的弯矩增大系数[J]. 建筑科学与工程学报，2006，23（2）：46-51.
[157] WHITMORE R E. Experimental investigation of stresses in gusset plates[R]. Knoxville: Engineering Experiment Station, University of Tennessee, 1952.
[158] THORNTON W A. Bracing connections for heavy construction[J]. Engineering journal, 1984, 21(3): 139-148.
[159] American Institute of Steel Construction. Prequalified connections for special and intermediate steel moment frames for seismic applications: AISC 358-18[S]. Chicago: American Institute of Steel Construction, 2018.
[160] 周中哲，刘佳豪. 含挫屈束制消能斜撑构架效应之接合板耐震设计与试验分析[J]. 建筑钢结构进展，2011，13（5）：44-49.
[161] TSAI K C, HSIAO P C. Pseudo-Dynamic Test of a Full-Scale CFT/BRB Frame Part II: Seismic Performance of Buckling-Restrained Braces and Connections[J]. Earthquake Engineering and Structural Dynamics, 2008, 37: 1099-1115.
[162] LIN P C, TSAI K C, WU A C, et al. Seismic design and test of gusset connections for buckling restrained braced frames[J]. Earthquake engineering & structural dynamics, 2014, 43: 565-587.
[163] LIN P C, TSAI K C, WU A C, et al. Seismic design and experiment of single and coupled corner gusset connections in a full-scale two-story buckling-restrained braced frame[J]. Earthquake engineering & structural dynamics, 2015, 44(13): 2177-2198.
[164] 李国强，宫海，王新娣，等. 屈曲约束支撑施工安装工艺的研究与探讨[J]. 建筑结构，2013，43（22）：35-37.

[165] 林傅雄．地震作用下框架结构变形对防屈曲支撑节点受力性能的影响[D]．广州：华南理工大学，2015．

[166] ZHAO J X, LIN F X, WANG Z. Seismic design of buckling-restrained brace welded end connection considering frame action effects: theoretical, numerical and practical approaches[J]. Engineering structures, 2017, 132: 761-777.

[167] 王永贵．屈曲约束支撑及支撑框架结构抗震性能与设计方法研究[D]．徐州：中国矿业大学，2014．

[168] 王永贵．非切削组合热轧角钢防屈曲支撑构造与抗震性能试验研究[D]．北京：北京工业大学，2008．

[169] 张家广，吴斌．基于最弱塑性铰的钢筋混凝土框架层间变形能力简化计算方法[J]．工程抗震与加固改造，2015，37（1）：1-7．

[170] CHOPRA A K. 结构动力学理论及其在地震工程中的应用[M]．谢礼立，吕大刚，等译．北京：高等教育出版社，2005：88-95．

[171] ZHAO J X, LIN F X, WANG Z. Effect of non-moment braced frame seismic deformations on buckling-restrained brace end connection behavior: theoretical analysis and subassemblage tests[J]. Earthquake engineering & structural dynamics, 2016, 45: 359-381.

[172] 赵俊贤，王湛，林傅雄，等．防屈曲支撑固接节点受力性能的子系统试验[J]．土木工程学报，2014，47（s1）：83-89．

[173] QU Z, KISHIKI S, SAKATA H, et al. Subassemblage cyclic loading test of RC frame with buckling restrained braces in zigzag configuration[J]. Earthquake engineering & structural dynamics, 2013, 42: 1087-1102.

[174] 蔡克铨，陈界宏，王宏远．低屈服钢造耐震间柱构架之抗震行为[J]．地震工程与工程振动，2001，21（s1）：88-93．

[175] MANDER J B, PRIESTLEY M J N. Theoretical stress-strain model for confined concrete[J]. Journal of structural engineering, 1988, 114(8): 1804-1826.

[176] NAGAPRASAD P, SAHOO D R, RAI D C. Seismic strengthening of RC columns using external steel cage[J]. Earthquake engineering & structural dynamics, 2009, 38(14): 1563-1586.

[177] 张家广，吴斌，梅洋．基于 OpenSees 的防屈曲支撑加固钢筋混凝土框架数值模拟[J]．防灾减灾工程学报，2014，34（5）：637-642．

[178] 王永贵．端部加强型屈曲约束支撑抗震性能与设计方法[M]．北京：中国建筑工业出版社，2015：192-199．

[179] Federal Emergency Management Agency. Recommended seismic design criteria for new steel moment-frame buildings: FEMA350[S]. Washington: Federal Emergency Management Agency, 2000.

[180] 巫振弘，薛彦涛，王翠坤，等．多遇地震作用下消能减震结构附加阻尼比计算方法[J]．建筑结构学报，2013，34（12）：19-25．

[181] 朱炳寅．建筑抗震设计规范应用与分析[M]．2 版．北京：中国建筑工业出版社，2017：205-206．

[182] 贺军利，汪大绥．消能减振房屋抗震设计方法研究述评[J]．世界地震工程，2005，21（4）：148-156．

[183] 高淑华，赵阳，李淑娟，等．粘弹性结构动力学分析的等效黏性阻尼算法[J]．振动与冲击，2005，24（1）：18-21．

[184] 陆伟东，刘伟庆，汪涛．消能减震结构附加等效阻尼比计算方法[J]．南京工业大学学报（自然科学版），2009，31（1）：97-100．

[185] BROW A P, AIKEN D I, JAFARZADEH F J. Bucking restrained braces provide the key to the seismic retrofit of the wallace f. bennett federal building[J]. Modern steel construction, 2001, 27(3): 36-42.

[186] 高杰，徐自国，任重翠，等．北京市轨道交通指挥中心（二期）屈曲约束支撑设计及动力弹塑性分析[J]．建筑结构学报，2014，35（1）：56-62．

[187] Federal Emergency Management Agency. Prestandard and commentary for the seismic rehabilitation of buildings: FEMA 356[S]. Washington: Federal Emergency Management Agency, 2000.

[188] 叶列平，陆新征，马千里，等．屈服后刚度对建筑结构地震响应影响的研究[J]．建筑结构学报，2009，30（2）：17-29．

[189] 上海蓝科建筑减震科技股份有限公司．金属减震设计手册[Z]．6 版．上海：上海蓝科建筑减震科技有限公司，2014：18-25．

[190] 高承勇，安东亚．耗能型屈曲约束支撑在结构设计中的合理应用与参数控制[J]．建筑结构学报，2016，37（6）：69-77．

[191] 潘冠宇，吴安杰，蔡克铨，等．屈曲约束支撑钢框架补强的钢筋混凝土框架结构耐震性能试验[J]．建筑钢结构进展，2016，18（1）：29-36．

[192] FAHNESTOCK L A, SAUSE R, RICLES J M, et al. Ductility demands on buckling 2restrained braced frames under earthquake loading[J]. Earthquake engineering and engineering vibration, 2003, 2 (2) : 255-268.

[193] 尹帮辉，王敏庆，吴晓东．结构振动阻尼测试的衰减法研究[J]．振动与冲击，2014，33（4）：100-106．

[194] 周锡元，闫维明，杨润林．建筑结构的隔震、减振和振动控制[J]．建筑结构学报，2002，23（2）：2-12．

[195] 李爱群．工程结构减振控制[M]．北京：机械工业出版社，2007：114-150．

[196] YAMAGUCHI M, YAMADA S, MATSUMOTO Y, et al. Full-scale shaking table test of damage tolerant structure with a buckling restrained brace[J]. Journal of structural and construction engineering, 2005, 67(558): 189-196.

[197] YIN Z, CHEN W, CHEN S, et al. Experimental study of improved double-tube buckling restrained braces[J]. Journal of building structures, 2014, 35(9): 90-97.

[198] 吴克川，陶忠，胡大柱，等．屈曲约束支撑在玉溪一中教学楼抗震加固中的应用[J]．建筑结构，2014，44（18）：94-100．

[199] 任凤鸣，陈浩帆，郭亚鑫．防屈曲支撑性能指标及其工程应用研究[J]．浙江工业大学学报，2016，35（3）：305-309．

[200] 朱伯龙．结构抗震试验[M]．北京：地震出版社，1989：58-60.
[201] 姚振刚，刘祖华．建筑结构抗震试验[M]．上海：同济大学出版，1996：155-160.
[202] 周颖，吕西林．建筑结构振动台模型试验方法与技术[M]．北京：科学出版社，2012：86-91.
[203] 程光煜，叶列平，许秀珍，等．防屈曲耗能钢支撑的试验研究[J]．建筑结构学报，2008，9（1）：31-39.
[204] OHTORI Y, CHRISTENSON R E, SPENCER B F, et al. Benchmark control problems for seismically excited nonlinear buildings[J]. Journal of engineering mechanics, 2004, 130(4): 366-385.
[205] 陆伟东．消能减震结构抗震分析及设计方法试验研究[D]．南京：东南大学，2009.
[206] 高品贤．趋势项对时域参数识别的影响及消除[J]．振动测试与诊断，1994，14（2）：20-26.
[207] 陈隽，徐幼麟．经验模分解在信号趋势项提取中的应用[J]．振动测试与诊断，2005，25（2）：101-104.
[208] 刘习军，贾启芬．工程振动理论与测试技术[M]．北京：高等教育出版社，2004：212-216.
[209] 大崎顺彦．地震动的谱分析入门[M]．2 版．田琪，译．北京：地震出版社，2008：85-88.
[210] 徐庆华．试采用 FFT 方法实现加速度、速度与位移的相互转换[J]．振动测试与诊断，1997，17（4）：30-34.
[211] 王济，胡晓．MATLAB 在振动信号处理中的应用[M]．北京：中国水利水电出版社，2006：126-129.
[212] 陆伟东．基于 MATLAB 的地震模拟振动台试验的数据处理[J]．南京工业大学学报（自然科学版），2011，33（6）：1-5.
[213] 张晋．采用 MATLAB 进行振动台试验数据的处理[J]．工业建筑，2002，32（2）：28-30.
[214] 曹树谦，张文德，萧龙翔．振动结构模态分析：理论、实验与应用[M]．天津：天津大学出版社，2001：37-47.
[215] 刘巍，徐明，陈忠范．MATLAB 在地震模拟振动台试验中的应用[J]．工业建筑，2014，44（s1）：144-148.
[216] 孙苗钟．基于 MATLAB 的振动信号平滑处理方法[J]．电子测量技术，2007，30（6）：55-57.
[217] 周明华，王晓，毕佳，等．土木工程结构试验与检测[M]．2 版．南京：东南大学出版社，2010：289-290.
[218] WILLFORD M，SMITH R，MERELLO R J. Intrinsic and supplementary damping in tall buildings[J]. Structures and buildings, 2010, 163(s2): 111-118.
[219] 克拉夫 R，彭津 J．结构动力学[M]．2 版．王光远，等译．北京：高等教育出版社，2006：385-396.
[220] 闫峰．黏滞阻尼墙耗能减振结构的振动台试验研究和理论分析[D]．上海：同济大学，2004.
[221] 党育，韩建平，杜永锋，等．结构动力分析的 MATLAB 实现[M]．北京：科学出版社，2014：70-73.